De la toile aux chemins de fer

L'extension nationale d'une entreprise bretonne au XIXe siècle

Collection « Histoire »

dirigée par Hervé Martin et Jacqueline Sainclivier

(voir liste des derniers titres parus en fin de volume)

Charles des Cognets

De la toile aux chemins de fer

L'extension nationale d'une entreprise bretonne au XIXe siècle

Presses Universitaires de Rennes
2007

À Raoul, mon frère

UHB Rennes 2 – Campus de La Harpe
2, rue du doyen Denis-Leroy
35044 Rennes Cedex
www.pur-editions.fr

Mise en page : APEX Création (Rennes)
pour le compte des PUR

Dépôt légal : 1er semestre 2007
ISBN : 978-2-7535-0413-4
ISSN : 1255-2364

Remerciements

À Mesdames Hélène Deville, Hélène Fontanet, Yvonne Geffroy, Marie Thérèse Guillauma (†), Annick Thos, à Monsieur Pierre Soubigou (†) et son épouse, à Messieurs, Laurent Boucher, Jacques Quéinnec, Louis Quéinnec, pour leur assistance à collecter leurs éléments d'archives familiales et leur apport à la connaissance des caractères et habitudes de François-Louis Soubigou et des siens.

À Messieurs Louis-Guillaume de Camé-Marcein, Jean-Paul Chevillotte, Yves Chevillotte, Vincent Huon de Penanster, Jean de Keranflec'h, Jacques Rousseau, Henry Siben, pour leur contribution à une meilleure connaissance de leurs parents qui furent en relation avec mon personnage. À Mesdames Grand d'Esnon et Agnès Rostand pour leurs archives familiales. À Monsieur l'abbé Roger Garrec des Archives diocésaines de Quimper et de Léon, Mademoiselle Geneviève Miard des Archives de l'université catholique de l'Ouest, Madame Catherine Masteau du service documentation de l'École nationale des Ponts et Chaussées, Messieurs Jean Yves Chauveau, secrétaire administratif de la division des archives du Sénat, Frère Pascal du Saint-Sacrement, et aux personnes des services du Centre des Archives nationales de la SNCF, du centre de documentation de l'École centrale, du Centre des archives économiques et financières, qui ont répondu spécifiquement aux questions que j'ai pu leur poser, m'évitant ainsi de longues recherches et déplacements. À Madame Éliane Feunteuna pour sa collecte d'informations généalogiques. À Monsieur Hilarion Le Boulc'h pour sa traduction des textes bretons. Aux titulaires des droits à consultation des archives privées d'Albert de Mun, de Félix Faure, de la Banque Fould et Heine pour leur agrément à la consultation des documents déposés aux Archives nationales. Et, à toutes les personnes des différents services d'archives ou de bibliothèques, nationaux, départementaux, communaux, qui se sont toutes et tous montrés d'une très grande disponibilité et compétence.

À Monsieur Louis Elégoët, pour m'avoir interpellé dans son ouvrage « Les Juloded » sur les caractéristiques entrepreneuriales et sociales de ces hommes de Plounéventer, et m'avoir commenté verbalement sa vision de mon principal personnage et de sa caste.

Préface

Une triple fidélité m'a conduite à préfacer l'ouvrage de Charles des Cognets : fidélité familiale d'abord car le principal personnage de cette saga, François-Louis Soubigou, était mon arrière-grand-oncle, auquel le récit associe mon arrière-grand-père, Jean-Pierre. L'image de cet aïeul sur l'un des vitraux de Notre-Dame du Folgoët a marqué mon enfance ; je crois même pouvoir retrouver trace de cette filiation dans les mentons qu'il faut bien avouer « en galoche » de certains de mes proches, descendants Soubigou !

Fidélité finistérienne ensuite, tant le parcours entrepreneurial et politique ici décrit me semble représentatif des valeurs bretonnes : courage et ténacité, d'une part, ouverture et audace, d'autre part. Valeurs solides que l'on trouve à l'œuvre aujourd'hui par exemple, dans des réussites comme celles de Brittany Ferries ou Britair, pour n'évoquer que le secteur des Transports. Valeurs qui m'ont été transmises par mon père André Colin, fils de Marie Soubigou native de Plouneventer, qui fut lui aussi député et sénateur du Finistère !

Fidélité enfin à ce qui fait le cœur de mon engagement professionnel : la création de liens par les réseaux de transport, avec depuis toujours une référence personnelle au désenclavement – enjeu si important pour la Bretagne-, du plan routier breton au projet actuel de TGV, l'un et l'autre mobilisateurs des énergies locales.

★

Le 10 juin 2007 sera mis en service le TGV est-européen. Une jeune cheminote rennaise m'a dit avoir déjà vendu des billets Rennes – Strasbourg direct, sans passer par Paris ! D'ici là, le record de vitesse obtenu le 18 mai 1990 avec une pointe de 515,3 km/h aura, je l'espère, été vaincu, en partenariat entre la SNCF, Alstom et RFF – aujourd'hui en charge de la maîtrise d'ouvrage des nouvelles lignes de chemin de fer, qui serait donc le donneur d'ordres de l'entreprise de travaux publics ferroviaires développée au XIXe siècle par mes ancêtres.

L'historien Fernand Braudel a écrit que la France c'est « l'école laïque (pardon à François-Louis !) et… le chemin de fer ». Il est vrai que cette histoire, commencée avec un peu de retard par rapport à nos amis britanniques, fut dès le XIXe siècle l'une des réussites nationales majeures, alliant de manière originale les talents de juristes, de financiers, d'ingénieurs, d'entrepreneurs : quelques grands ministres, tel Charles de Freycinet, mirent en place le cadre juridique pour que se réalisât le schéma directeur national que Alexis Legrand, sous-secrétaire d'État aux Travaux publics, avait fait voter le 11 juin 1842. Des financiers célèbres, Rothschild ou Pereire et d'autres encore, investirent dans des compagnies ferroviaires, avec des fortunes diverses. De brillants ingénieurs, dont les noms ont traversé le temps comme Gustave Eiffel ou Paulin Talabot, intervinrent pour concevoir les réseaux et les ouvrages d'art. L'ensemble, 40 000 km de voies ferrées à l'aube du XXe siècle, désenclava nos régions, consolida l'armature urbaine du pays, rendit possible le déplacement des français au gré de leurs besoins ou de leurs loisirs, et mit en communication nos lieux de productions, agricoles, minières, industrielles, avec le monde commercial proche et lointain. L'aménagement du territoire, la mobilité créatrice de richesses sont les termes d'aujourd'hui pour évoquer ces contributions du chemin de fer au développement du pays.

Mais derrière ces hommes médiatisés dans les livres d'histoire ou via les manuels scientifiques et techniques, il y eut aussi ceux, plus discrets, qui bâtirent ces infrastructures totalement nouvelles à travers la campagne française, défonçant les collines, comblant les vallons, forant souterrains et tunnels, édifiant maçonneries, ponts et viaducs, ballastant les plateformes, y disposant les équipements d'exploitation nécessaires. De ces entrepreneurs comme de ces ouvriers, il est rarement question. Organisés généralement en petites structures de faible puissance et de modeste notoriété, dispersés le plus souvent hors des villes, ils ont été passés sous silence.

Et pourtant, les terrassiers, mineurs, charretiers, forgerons, mécaniciens, et leurs encadrants eux-mêmes, eurent plus que leur part de peines, travaillant par tous les temps, dans les chaleurs de l'été comme lors des grands froids, souvent tous les jours du lever du soleil à son coucher, et jusqu'à l'extrême limite de leurs forces. Beaucoup d'entre eux laissèrent leur santé dans ces environnements peu favorables et dangereux, où les accidents et plus encore les épidémies étaient fréquents. Certains y laissèrent même leur vie.

Les patrons de ces entreprises de travaux publics, peu familiers des sphères gouvernementales et financières où se prenaient les grandes décisions, furent souvent fragilisés par des prises de risques financiers excessifs, imposées par un système d'attribution contractuelle impitoyable fait de lourdes remises en cascades. Les donneurs d'ordre, banquiers ou l'Etat lui-même, n'étaient pas tendres et n'hésitaient pas à mettre des années pour solder définitivement les comptes. Sans compter que certaines compagnies étaient contrôlées, directement ou indirectement, par de redoutables capitaines d'industrie plus préoccupés d'opérations spéculatives que de développement de véritables services de transports à destination des populations.

C'est de l'histoire de ces constructeurs que traite l'ouvrage de Charles des Cognets, à travers la vie de François-Louis Soubigou. Il analyse le pourquoi et le comment de ses fréquentations politiques, exposant la manière dont il sut gérer le relationnel nécessaire pour permettre à son entreprise – l'une des rares de ce type à avoir atteint un niveau national- de se porter sur les appels d'offres lancés par les grandes compagnies ferroviaires. Il décrit les conditions financières difficiles imposées par leur très grand client, la Compagnie du Clermont-Tulle concessionnaire du réseau d'Auvergne dont la très longue gestation est aussi décrite ici.

★

C'est avec plaisir et comme un récit d'aventure, que se lit ce texte sérieusement documenté, accompagné de reproductions très illustratives. On y retrouve des situations de spéculation décrites par Balzac lors des débuts du chemin de fer et certains verront peut-être dans le personnage central un Eugène Rougon au petit pied, capable néanmoins de croiser la tête haute nombre d'amis et d'adversaires, fort connus aujourd'hui. Dans cette Bretagne du XIXe siècle, au mieux ignorée et plus souvent méprisée, il fait revivre les hommes qui eurent le courage et la clairvoyance des pionniers face à l'apparition de nouveaux marchés aux développements prometteurs, des entrepreneurs, et des ouvriers, ambitieux et profondément modernes.

Anne-Marie Idrac
Présidente de la SNCF

Introduction

> « Vous connaissez “les Julots”, ces hidalgos Léonais, dont la vaisselle est riche et la table opulente. Tous bacheliers, parlant bien deux belles langues, le français et le breton, race vraiment à part, vraiment noble, glorieuse de ses origines et de son originalité. »
>
> Frédéric Le Guyader.
> *La chanson du cidre.*

Dans l'un de ses carnets, où il notait au fil de l'eau les pensées inspirées par ses rencontres amicales ou politiques, ainsi que celles que lui suggéraient ses promenades ou ses lectures, Albert de Mun, qui fut académicien et successivement député du Morbihan puis du Finistère, écrivit un jour : « L'homme est le seul sujet qui intéresse vraiment l'homme. L'anecdote humaine, la biographie, est la plus attrayante étude [1]. » Fit-il part de cette pensée à ses proches ? A ceux avec lesquels il partagea les mêmes idées ? Rien ne permet de l'affirmer, car ces notes étaient intimes. Simplement, l'étude de la vie personnelle, professionnelle, et, politique, de François-Louis Soubigou qui fut de ses amis est une bonne illustration de ce commentaire.

Né peu de temps après la chute de Napoléon, dans une Bretagne où les souvenirs de l'Empire et plus encore ceux de la Révolution étaient encore vivaces et souvent douloureux, François-Louis Soubigou passa son enfance et sa jeunesse en voyant se succéder, à la tête de la France, trois rois et trois royautés très différentes entre elles. Il n'hésita pas, malgré sa relative inexpérience, à participer à la première période démocratique de la très brève Deuxième République, cette phase créative, romantique, un peu naïve, parfois brutale, qui fut celle de l'Assemblée Constituante.

Peu après, avec sa parentèle, cette caste particulière qu'au Pays de Léon on appelle les Julods, il contribua comme entrepreneur de travaux publics au développement des voies de communication qui ouvrirent la Bretagne profonde vers le reste de la France, puis, intervenant très au-delà des limites de sa Province, il s'impliqua dans la construction de ce maillage étroit de voies de ferrées qui

1. Phrase notée en 1901, après la lecture d'un texte de l'auteur britannique John Sterling. *CHAN: 378 AP, Fonds Albert de Mun.* Député du Morbihan de février 1876 à octobre 1893 et du Finistère de mai 1894 à décembre 1919, Albert de Mun fut reçu le 10 mars 1898 à l'Académie Française, au fauteuil précédemment occupé par le Breton Jules Simon.

progressivement couvrirent le pays[2]. Cette part de vie professionnelle une fois close, il développa, par la personne interposée de l'un de ses gendres, une activité de négociant vis-à-vis de l'armée et des haras.

Quelques années après les évènements de 1870/1871, à près de soixante ans, il ressurgit électoralement au Sénat pour défendre ses idées et seconder ses amis face aux évolutions fortes et nouvelles impulsées par la Troisième République. Localement, il appuya fidèlement ceux dont, par conviction ou par solidarité, il partageait étroitement et fièrement les idées. Après un triste échec électoral, il s'éloigna définitivement des sphères parisiennes, maintenant une présence discrète au sein du conseil général du Finistère, et acheva sereinement sa vie au tout début du vingtième siècle dans le village de sa naissance qu'il n'avait jamais totalement quitté et où il repose près des siens.

Une vie bien remplie où cette « anecdote humaine », parfois à contre-courant de son siècle, mais tout autant attachée à la modernisation industrielle de son pays, peut être vue comme un fil rouge, guide d'une lecture partielle et vivante d'une certaine évolution de la France et plus encore de la Basse-Bretagne sur l'ensemble du XIXe siècle. Une traversée du temps, depuis un Ancien Régime idéalisé et sacralisé par le souvenir inconditionnel de ses partisans jusqu'à une République désormais solidement établie, depuis une catholicité triomphante et omniprésente jusqu'à une laïcité trouvant fermement mais difficilement son équilibre, depuis une Bretagne où les moyens de communication inexistants bridaient le développement et la modernisation économique jusqu'à une France à laquelle la capillarisation et la densification des chemins de fer et des routes permirent l'ouverture à ces nouveaux défis industriels qui furent ceux du siècle suivant, le vingtième.

2. « Julod » au singulier, « Juloded » ou « Julods » au pluriel. L'origine du nom est mal connue, et sans importance ici. Il identifie une caste paysanne du Léon, aisée et influente, très succinctement décrite en infra. Pour une connaissance très précise et très documentée, voir l'ouvrage de Louis Elégoët : *Les Juloded – Grandeur et décadence d'une caste paysanne en Basse-Bretagne*, PUR, 1996.

Chapitre I

Incident au Sénat

Nous sommes à Paris, au Palais du Luxembourg, le jeudi 7 mai 1885 sous la Troisième République. Il est un peu plus de quatre heures de l'après-midi. La séance du Sénat vient de s'ouvrir quelques minutes plus tôt, le temps pour l'un des secrétaires de donner lecture du procès-verbal des débats du lundi précédent, puis pour l'un des présents de faire enregistrer le dépôt d'un rapport sur une proposition en cours qui concerne l'interdiction de la publicité des exécutions capitales. De la routine parlementaire parfaitement ordinaire.

Le président, Philippe Le Royer, tient à s'assurer, avant de poursuivre, que le deuxième point de l'ordre du jour est épuisé [1]. Mais, surprise ! En réponse à sa question « personne ne demande la parole pour déposer des rapports ? », un homme qui siège à la droite de l'hémicycle se lève et interpelle ses collègues réunis :

> « Messieurs, au nom des électeurs sénatoriaux de mon département et au nom de mon département tout entier, je viens prier Monsieur le président du Sénat d'engager la Commission d'enquête à déposer le plus tôt possible son rapport sur les élections du Finistère. Depuis trois ou quatre mois, ce département est privé de ses représentants légaux. Nous désirerions vivement que cette affaire reçût une prompte solution [2]. »

Cette intervention soudaine que le compte rendu officiel titre très banalement « Incident : MM. Soubigou, le président, Le Bastard » est une étape, parmi d'autres, d'un grave conflit, interne au Sénat, qui fermente depuis les récentes élections du 25 janvier précédent [3]. Et celui qui, soutenu par les « Très bien ! Très bien ! Très bien ! » et « c'est un scandale ! », lancés depuis les rangs de ses amis politiques, vient de manifester son irritation et son impatience, s'appelle François-Louis Soubigou. Il est l'un des quatre sénateurs du Finistère.

Quel est ce personnage étonnant qui intervient ainsi brutalement ? Quel homme est-il donc réellement ?

---

1. Philippe Élie Le Royer assure à ce moment la présidence du Sénat depuis le 2 février 1882. Il l'assurera jusqu'au 21 février 1893.
2. *JO* du 8 mai 1885.
3. Edgard Le Bastard est sénateur gauche républicaine d'Ille-et-Vilaine depuis 1879, et maire de Rennes. Il est cité dans cet incident car, en l'absence de Xavier Blanc resté malade en Savoie, c'est lui qui réagit au nom de la commission.

Il ne ressemble à aucun autre de ses collègues. Aucune pilosité à la mode n'agrémente sa lèvre ou son menton lorsque dans cet aréopage il est de bonne élégance d'arborer moustache, mouche, collier, impériale, quand ce n'est pas la barbe florissante d'un Victor Hugo. Non ! Son menton est glabre. Les favoris esquissent la côtelette, rien de plus [4]. Le costume léonard qu'il porte lorsqu'il vient siéger et représenter son département, son large et superbe chapeau, son turban de flanelle autour de la taille, ne laissent aucun doute sur ses origines bretonnes et terriennes, sur son enracinement profond dans cette province dont l'exotisme fait couler tant d'encre depuis le début du siècle au point que certains la visitent et la décrivent comme d'autres le font de leurs expéditions dans l'Afrique profonde ou la lointaine Sibérie [5]. Ses compatriotes bretons qui sont présents identifient parfaitement ses attitudes de Julod aisé et influent qui les surprennent et les amusent parfois, mais qu'ils respectent. Ceux qui le connaissent mieux, amis comme adversaires, savent que sa langue maternelle a été le breton. Ils n'ignorent pas non plus qu'il lit couramment le latin depuis ses études dans les meilleurs collèges de son département [6]. Les plus anciens se souviennent d'un jeune et fringant représentant du peuple directement venu de son village natal de Plounéventer en 1848. Quels qu'ils soient, ils ont conscience qu'à soixante-six ans celui qui vient d'interpeller le président de séance n'est pas un novice de la politique que les titres parfois prestigieux et les habits bien coupés de beaucoup de ses collègues peuvent intimider, loin de là.

Mais d'abord une explication sur les origines et les prolongements de cet incident qui sort ainsi de l'ombre un sénateur, assidu certes à toutes les séances de la haute assemblée, consciencieusement présent dans les groupes de travail où le sort le nomme, exprimant régulièrement son opinion par ses votes, mais que, pour autant, l'on n'a jamais vu monter à la tribune pour porter publiquement la contradiction au gouvernement ou à la majorité en place dont pourtant, depuis quelques années, il ne partage pas les idées, bien loin de là. Pourquoi lui, habituellement si discret, a-t-il, sciemment, cherché l'affrontement en intervenant d'une manière si intempestive ? Et qui plus est, pourquoi ce jour là !

La commission sénatoriale à laquelle il fait référence a pour mission de déterminer si, dans le Finistère, les élections doivent ou non faire l'objet d'une invalidation.

Décidée le 14 février par un vote du Sénat, cette commission a fait cent quatre-vingt-six entretiens sur le terrain. Menés auprès d'hommes de tous bords et de toutes opinions, élus et non élus, discrets et plus prolixes, ces entretiens ont inévitablement été largement colportés, disséqués, commentés localement, et en conséquence leurs contenus sont parfaitement connus depuis bien avant le rapport final. Ont été recueillis, par exemple, les témoignages du tenancier du Café

4. Par exemple, parmi les finistériens, Émile de Rivérieulx et Adolphe Robin de Morhéry portent le collier, quand Yves Tassel est imberbe.
5. Dans le costume breton traditionnel, le « turban » est la longue pièce d'étoffe que l'homme porte enroulée autour de la taille.
6. Il en gardera, dans ses lettres à son frère Jean-Pierre, la coquetterie de souvent faire précéder sa signature de l'expression « Totus tuus », plus élégante que son équivalent français. À moins que ce ne fut, ainsi que chez le Pape Jean-Paul II, une référence à la lecture des œuvres du prédicateur breton Louis-Marie Grignon de Montfort que les deux frères eurent certainement à méditer dans l'un ou l'autre de leurs collèges.

de La Liberté à Quimper et ceux de son serveur, individus professionnellement fort communicants s'il en est ! Alors, comment conserver le secret sur un sujet aussi sensible où, les intérêts des uns et des autres, d'un parti et de l'autre, voire au sein d'un même parti, sont si contradictoires ? Même si les enquêteurs ont discrètement géré leurs propres débats, trop de bavards sont au courant, et de l'information a naturellement filtré sur les conclusions que le rapporteur s'apprête à déposer et dont certaines, parmi les plus critiques, concernent nommément le dit François-Louis Soubigou. L'activisme de terrain de celui-ci dans les jours qui ont précédé l'élection, puis le jour même de celle-ci, et depuis encore sur les pas de ses collègues enquêteurs, est un des éléments négatifs dans le rapport. Comme l'intéressé a aussi recueilli plus de suffrages que n'importe quel autre candidat, le plus concerné par ces conclusions à venir, c'est lui ! L'adversaire à atteindre pour la Gauche Républicaine déçue, c'est lui ! Il est devenu, quasiment, le seul personnage réellement visé et mis en cause.

Tout ceci, il le sait. Dans une note adressée à son frère Jean-Pierre, à cette période précédant la remise du rapport, il ne parle que de la raison officielle d'ouverture de l'enquête parlementaire qui a été l'accusation d'interventionnisme du Clergé portée par les perdants[7]. Il est trop informé, directement ou via ses amis politiques et ecclésiastiques, des rumeurs qui courent au pays de Léon et de celles que tout le monde peut entendre au chef lieu du département, pour ne pas être conscient de ce qui l'attend, le moment du rapport venu, dans l'hémicycle du Palais du Luxembourg. Il sait très bien que ses interventions personnelles sur le terrain, menées comme pour conclure une affaire d'embauche de journalier ou de vente d'une bête de race, et terminées dans les bistrots, ont heurté des enquêteurs citadins peu habitués à ces usages. Ce qui le conforte, c'est qu'il sait que ses affidés n'auraient pas compris qu'il procédât autrement.

En ce jeudi de session du Sénat, il aurait pu s'inscrire à l'ordre du jour, respectant ainsi les usages. Il ne l'a pas fait, car il est évident que cette demande lui aurait été refusée compte tenu de l'absence du président de la Commission d'enquête, le sénateur des Hautes-Alpes Xavier Blanc. Celui-ci a envoyé une lettre, dont fait état Edgard Le Bastard, pour prévenir les autres membres de la Commission de ce qu'il ne pourrait pas rejoindre son banc au Sénat avant le 11 mai, étant malade dans sa circonscription. François-Louis Soubigou fait, donc, preuve d'une réelle duplicité en interpellant de la sorte le président Le Royer. Car, s'il ignore peut-être l'existence de cette lettre, il ne peut pas ne pas avoir remarqué, en rejoignant sa propre place, le banc vide du président de la Commission. Les deux hommes se connaissent bien, sinon qu'ils ne partagent pas les mêmes idées ni les mêmes amis sans qu'il y ait cependant opposition formelle entre eux puisque Xavier Blanc a même voté contre la nomination de la commission qu'il préside[8] ! Ils se sont côtoyés dans certains des bureaux du Sénat auquel ils appartiennent l'un et l'autre depuis 1876, et ont participé conjointe-

7. Annotation, de sa main, sur un document concernant le contentieux en cours sur les travaux de la ligne de chemin de fer de Clermont-Ferrand à Tulle. AD du Finistère : 78 J 31 et 32, Fonds Maître Perret.

8. Ses amis mettront ce fait en avant, sans doute avec raison, comme gage de sa neutralité par rapport aux conclusions présentées. Un autre membre de la Commission, Gustave Denis, n'a pas voté « oui » ; il s'est seulement abstenu.

ment au groupe de travail présidé par Charles Salmon, sénateur de la Meuse, sur l'enseignement départemental de l'agriculture [9]. Et ne sont-ils pas voisins dans Paris depuis plusieurs années ! Le Gapençais au 1 et le Breton au 3 de la rue de Fleurus ont les mêmes pas à faire qui les mènent au Sénat à travers les jardins du Luxembourg. Difficile de s'ignorer, de ne pas se saluer, voire de ne pas faire quelques pas ensemble, d'autant que si l'un est certainement assez réservé l'autre est de ceux que rien ne laisse indifférent [10].

François-Louis Soubigou intervient donc bien volontairement à contre temps, sachant pertinemment que son contradicteur naturel ne pourra répondre et que personne d'autre ne pourra être désigné par le président pour répondre ainsi au pied levé sur un sujet si délicat et que tous savent être passionnel et explosif.

Ce jeu lui permet de ne pas entrer dans une joute oratoire publique devant un auditoire qu'il pratique mal et dont une large partie lui est hostile, confrontation directe d'autant plus difficile que ce collègue absent sait débattre et argumenter. N'a-t-il pas été le bâtonnier, fort respecté, du barreau de Gap pendant plusieurs années [11] !

Le Breton, ancien élève des Collèges de Pont-Croix et de Saint-Pol-de-Léon, a certes soutenu des présentations orales devant ses sévères professeurs, mais il n'a aucune expérience concrète devant un auditoire aussi large où l'affrontement ne peut être que violent. Les versions latines, qui ont jadis formé son esprit à l'analyse, ne l'ont pas préparé à la soutenance publique d'un argumentaire bien charpenté. Les négociations de contrats commerciaux qu'il a pu pratiquer et où les deux partenaires avaient un désir commun de conclure, ne pourraient être comparées à l'affrontement partisan où seule compte la blessure portée à l'adversaire. Les opérations de stimulation politique qu'il a pu faire, en breton ou en français, face à des personnes hésitantes qu'il faut juste conforter, ne s'apparentent en rien à un débat ouvert devant un auditoire hétérogène où quelques ténors adverses peuvent intempestivement se liguer pour faire monter la pression.

Ajoutons qu'en négociateur madré, habitué dans sa vie professionnelle à toujours préparer le coup suivant face à ses prospects et clients, il prend aussi, ce faisant, une position de victime dont il sous-entend, implicitement mais néanmoins d'une manière très claire, qu'on ne respecte pas les droits. Et c'est donc sa future défense qu'il commence à construire pour le moment désormais proche où il sera nommément attaqué. Le coup est opportuniste mais intelligemment joué. S'il se révèlera inutile à l'arrivée, il eût été de bonne tactique au cas où quelque élu modéré se serait senti des hésitations au moment du vote prévu lors du dépôt de ce fameux rapport.

Mais d'abord comment, près de quatre mois après le scrutin de renouvellement par tiers du Sénat, en est-on arrivé là ? Que s'est-il passé de si particulier ?

Comment en ce début mai 1885, la validité des élections sénatoriales, faites trois mois plus tôt, reste-elle donc encore en suspens pour le seul département du Finistère, supposé avoir envoyé depuis le 25 janvier quatre élus à la chambre

9. Sénat, session ordinaire, n° 134 (BnF : 4-LE95-3 [1877,134]). Les signatures sont nombreuses sur ce projet, dont celle de Raoul de Raismes.
10. L'expression est d'Émile Loubet dans son éloge funèbre de Xavier Blanc en 1896.
11. Avocat, Xavier Blanc sera, au total, vingt-quatre fois bâtonnier du barreau de Gap.

haute de cette Troisième République [12] ? Pourquoi ce vote a-t-il tant mobilisé les esprits, devenant prétexte à un affrontement gauche-droite virulent.

Pour le comprendre, il faut remonter à la source, au contexte global du Finistère politique dans cette seconde moitié du XIXe siècle, à cette lutte acharnée entre les tenants de cette république nouvelle qui peine à s'imposer et les nostalgiques de l'une ou l'autre des organisations monarchiques passées. Il faut retrouver sur le terrain les acteurs politiques et religieux, directs et indirects, impliqués dans cette élection, et revivre un instant ce qu'était un rassemblement de délégués à Quimper Corentin lors d'une élection sénatoriale.

12. Suivant la loi relative à l'organisation du Sénat, le Finistère et les Côtes-du-Nord ont quatre élus, comme la Seine-Inférieure, le Pas-de-Calais, la Gironde et le Rhône. Les autres départements bretons, Loire-Inférieure, Ille-et-Vilaine, Morbihan, en ont trois chacun. Beaucoup de départements n'en ont que deux, voire un seul.

Chapitre II

Les élections sénatoriales du Finistère en 1885

Quelques mots d'abord sur la loi régissant les élections sénatoriales telles qu'elles viennent d'avoir lieu. Le 3 septembre 1870 le Second Empire s'est effondré avec la défaite de Sedan qui a vu l'Empereur Napoléon III se faire encercler et capturer, avec plus de quatre-vingt mille hommes sous les ordres du Maréchal Bazaine. Le lendemain, la République a été proclamée. Les mois qui ont suivi ont été des mois difficiles et douloureux. Les troupes allemandes ont pénétré profondément sur le territoire français, investissant et prenant Paris [1]. La paix une fois signée, des dommages de guerre très lourds ont dû être payés. Des listes de « souscription pour la libération du territoire » ont été ouvertes, sans atteindre le montant nécessaire [2]. Heureusement, la richesse du pays est telle que le consortium de banques sollicitées n'a pas hésité à cautionner les 5 milliards d'emprunts nécessaires pour se libérer de la dette allemande, et l'affaire a été rapidement réglée. Seulement, entre les exigences des vainqueurs, le coût des opérations, les commissions aux intermédiaires, 11,4 milliards de francs se sont définitivement évaporés de la richesse nationale, et le territoire est pour longtemps amputé de l'Alsace et de la Lorraine. Qui plus est pour l'immédiate après-guerre, le soulèvement de la Commune de Paris, durement réprimé par Adolphe Thiers et ses troupes versaillaises, a secoué et désorganisé le pays pendant plus de deux mois du 18 mars au 28 mai 1871. En conséquence, et bien que Mac-Mahon ait pris la tête de l'État dès le 24 mai 1873, c'est seulement au tout début de 1875 que la France a enfin retrouvé une Constitution, adaptée à sa situation nouvelle.

Cette constitution est en fait composée de trois lois initiales, des 24 et 25 février et du 16 juillet, qui, après une longue période d'hésitations sur l'utilité d'une Chambre Haute, ont défini l'organisation du Sénat et des pouvoirs publics, et précisé les rapports entre eux. Ces premiers textes ont ensuite été amendés et complétés par deux lois additionnelles. Enfin, le 14 août 1884, une autre loi a proscrit le dépôt de toute proposition de révision de la forme républicaine du

1. Et, le 18 janvier, devant plusieurs centaines d'officiers prussiens alignés dans la Galerie des Glaces du château de Versailles, a été proclamé le Deuxième Reich.
2. En mars 1872, le total des dons collectés a été pour Quimper d'un peu plus de 70 000 F. À Morlaix il a approché les 58 000 F.

gouvernement, et, abrogé le caractère constitutionnel de sept articles de la loi du 24 février 1875 relatifs à l'organisation du Sénat, facilitant son évolution [3].

Concrètement, en cette année 1885, ce dernier est composé de trois cents membres dont deux cent vingt-cinq élus par les départements et les colonies, et soixante-quinze autres, dits inamovibles, désignés sur listes par l'Assemblée Nationale, réunion conjointe de la Chambre des Députés et du Sénat [4]. Les premiers sont élus à la majorité absolue, et quand il y a lieu au scrutin de liste, par un collège restreint réuni au chef-lieu du département ou de la colonie et composé : des députés, des conseillers généraux et d'arrondissement, et de délégués communaux qui sont des électeurs choisis par les conseils municipaux dans un vote sans débat ni expression de motivations. La position de sénateur inamovible, non astreint au renouvellement par tiers tous les trois ans, vient d'être abrogée par la loi du 10 décembre précédent qui en a tari le renouvellement. Nul ne peut être sénateur s'il n'est français, âgé de quarante ans au moins et s'il ne jouit de ses droits civils et politiques.

Un premier Sénat a été élu le 30 janvier 1876 avec quatre sièges attribués au Finistère pour neuf ans. En cette année 1885, ces mandats étant échus, de nouvelles élections ont été planifiées pour le 25 janvier, et, les différents électeurs décrits ci-dessus ont pris le chemin de Quimper [5]. Dans cette ville qui ne fait alors guère plus de 13 000 habitants, ce sont ainsi 1 171 personnes qui ont afflué pour effectuer leur devoir électoral [6]. L'enjeu est important, car depuis le discours fait à Belleville par Gambetta, le 23 avril 1875, le défi national des républicains est affiché : « Il faut que dans ce Sénat la démocratie républicaine envoie, pour tenir tête à ce dernier effort de la coalition réactionnaire, des hommes vigoureux, dont l'esprit, quoique mûr, soit vibrant et robuste, des hommes à la hauteur de toutes les luttes, car je vous le dis, c'est dans le Sénat que se livrera la suprême bataille. » Suprême bataille pour confirmer une République que les lois constitutionnelles n'ont déclarée qu'indirectement, et encore parce qu'un député et professeur à la Sorbonne, Henri Wallon, a fait adopter un amendement précisant que « le président de la République est élu à la majorité absolue ».

1885, une élection confisquée

Au soir de l'élection, les quatre candidats sortants, représentants de la droite finistérienne, sont non seulement arrivés en tête, mais chacun avec plus de voix que la majorité absolue requise, devançant les quatre candidats de la gauche républicaine, ainsi que deux autres postulants qui avec une seule voix chacun ne sont vraisemblablement crédités que de leur seul bulletin personnel. Aucune

---

3. Entre-temps, le 21 juin 1879, une loi a abrogé l'article définissant Versailles comme siège du pouvoir exécutif et des deux chambres, permettant aux deux assemblées de retrouver leurs sièges parisiens traditionnels du Palais Bourbon et du Palais du Luxembourg.
4. Philippe Le Royer, en tant que sénateur inamovible, fait partie de cette dernière catégorie.
5. Le Sénat de 1876 devant être renouvelé par tiers, il a été procédé le 31 mars à un tirage au sort pour déterminer les départements renouvelables au bout de 3, 6 ou 9 ans. Au grand dam des républicains locaux, les sénateurs finistériens de droite ont bénéficié du délai le plus long. À noter que, cette année-là, les élections du Finistère ont été validées sans difficulté aucune, dès le 10 mars.
6. L'influence des notables a été légèrement diluée par une loi récente qui a fait passer le nombre des inscrits de 385 à 1 174. Parmi ceux-ci 1 171 ont voté, et il y a eu 1 bulletin blanc.

réclamation n'ayant été déposée près du bureau, présidé conformément à la loi par le président du tribunal civil, le *Journal officiel* du 25 janvier les a, tout à fait naturellement, présentés comme élus. Et le 28, le journal républicain, *L'Avenir de Morlaix,* a constaté la situation, expliquant comment après la proclamation des résultats « tous les gentilshommes du Finistère » sont venus serrer la main du « paysan Soubigou ». Car François-Louis Soubigou est arrivé en tête, avec 602 voix, devant ses amis politiques Edouard Le Guen, Raoul de Raismes, Hippolyte Halna du Fretay, qui en ont eu respectivement 595, 594 et 590 [7].

Dans sa retraite du château de Nec'hoat, près de Morlaix, l'ancien ministre de la guerre de septembre 1870 et ancien ambassadeur à Saint-Pétersbourg, le général Le Flô, a pu écrire ce jour-là dans son journal :

> « Les honneurs de la journée ont été pour Soubigou, élu en tête de liste, et qui le méritait par toutes les peines et les fatigues qu'il s'est imposées pendant un mois. C'est un paysan riche [...] joignant à une réelle intelligence et à de l'énergie, d'excellents sentiments politiques et religieux, et une grande finesse. Je ne mets pas en doute que sa personnalité, très flatteuse pour ses congénères, n'ait déterminé le succès de l'élection [8]. »

La remarque, tout en étant fort condescendante vis-à-vis de la classe sociale d'appartenance de l'élu, a été un grand hommage venant d'un homme qui s'était jadis étranglé de rage en obtenant 4 voix lors de la désignation des candidats conservateurs en 1876 à Landerneau, quand l'autre en avait récoltées 141 [9]. Et le journal finistérien *L'Océan*, fidèle thuriféraire des candidats royalistes sous la houlette de son rédacteur en chef l'avocat Hyppolite Chavanon, a pu triompher et expliquer à ses lecteurs que : « Les finesses et les manœuvres du cabinet opportuniste n'étaient pas assez raffinées encore et que la dent des reptiles s'émoussait en vain sur cette terre de granit recouverte de chênes, comme disait Brizeux », reptiles républicains bien évidemment [10].

Alors, que s'est-il passé depuis lors pour que François-Louis Soubigou provoque, trois mois et demi plus tard, un tel incident ? Pour le comprendre, il faut se replacer un peu en amont du jour du vote.

À ce moment-là, compte tenu de la qualité de ses candidats et de ce qu'elle perçoit au contact du terrain, la gauche républicaine se voit gagnante. Elle présente, en effet, des personnalités de premier plan : en tête, Joseph Astor, ancien officier, maire de Quimper depuis quinze ans, et présentement vice-président du conseil général. Un homme dont ses adversaires eux-mêmes reconnaissent l'ho-

7. Edouard Marie Le Guen, avocat, a été élu sénateur, pour la première fois, le 5 novembre 1882. Raoul Georges Joseph Arnold de Raismes, est vice-président du conseil général du Finistère. Le contre-amiral Hippolyte Marie Halna du Fretay est, à cette date du 25 janvier 1885, en retraite de la Marine depuis le 11 mai 1881, année où il a, en vain, tenté la députation sur Quimper.
8. Notes du 25 janvier 1885. Archives du Château de Nec'hoat, citées par Jean-Louis Le Goff dans *Les Cahiers de l'Iroise,* octobre 1999.
9. Résultats de la réunion préélectorale conservatrice faite à Landerneau le lundi 24 janvier 1876, publiés dans *L'Océan* du mercredi suivant.
10. *L'Océan* du 26 janvier 1885. Le Vannetais Hippolyte Jean Baptiste Chavanon est avocat de formation. 1885 est l'année où il devient commandeur de l'ordre de Saint-Grégoire-le-Grand.

norabilité [11]. Puis vient le vice-amiral Siméon Bourgois qui, au terme d'une très belle carrière dans la Marine nationale, est devenu conseiller d'État et président de la Commission de surveillance des banques coloniales. Un Lorrain qui, en tant qu'ancien préfet maritime à Brest et en sus de son passage à l'École navale, connaît très bien le Finistère [12]. Enfin les deux autres, Hippolyte Drouillard et Charles Le Breton, ne peuvent être qualifiés de débutants quand l'un est un ancien conseiller général et maire en exercice de Saint-Pol-de-Léon, et, l'autre un ex-représentant du peuple de 1848 et conseiller général de Pleyben depuis 1871 [13]. Au total, une équipe de qualité qui fait réellement peur à ses adversaires, qui doutent d'eux-mêmes. Le 3 janvier, Monseigneur Freppel, évêque d'Angers, et surtout député du Finistère, a écrit à Hippolyte Chavanon, rédacteur en chef du journal *L'Océan* pour lui faire part de ses préoccupations [14] : « Je ne sais pas ce que nous réserve l'année 1885. L'un de nos sénateurs me dit que ceux du Finistère paraissaient inquiets de l'issue des élections du 25 janvier : je partage cette inquiétude. » Rien de surprenant donc que la première phrase de la lettre de contestation, citée ci-après, qui va mettre le feu aux poudres dans le département et conduire à l'incident du 7 mai au Sénat ne soit : « L'élection du Finistère a trompé les prévisions de ceux qui... »

Au XIXe siècle, les sondages modernes par échantillonnages, études statistiques, redressements n'existent pas. Pour autant, et en particulier dans une telle élection, les prévisionnistes de la préfecture ne sont pas démunis. La population des grands électeurs, statutaires ou désignés, est limitée en nombre et peut être étudiée assez facilement. Les premiers sont des hommes publics dont les prises de positions politiques sont quasi quotidiennes ou à tout le moins fréquentes, en tout cas connues de tous. Pour les autres, c'est-à-dire ceux élus par les conseils municipaux, une analyse de leurs mandants permet de cerner d'assez près leurs orientations. La marge d'erreur est donc faible. Les services de la préfecture et des sous-préfectures disposent d'une vision fort précise de ceux qui se déclarent républicains ou conservateurs, et de ceux plus discrets ou plus indécis qu'ils qualifient de « douteux ». Des décomptes sont faits et refaits. Certaines de ces analyses sont même publiées dans la Presse républicaine, démontrant, chiffres à l'appui, que la gauche dispose avant le scrutin d'un net avantage. Albert de Mun se trouvant, tout début février, dans une réception parisienne en a même eu confirmation

11. CHAN : AP/156 (I) 108, Fonds Armand de Mackau. Son propre père, après une carrière militaire sous le Premier Empire, a été lui-même maire de Quimper de 1836 jusqu'au 16 mars 1848, date à laquelle le nouveau préfet l'a révoqué dans un grand geste de nettoyage des fonctionnaires nommés par le régime précédent.
12. Né à Thionville, Siméon Bourgois a beaucoup navigué, fait les guerres de Crimée, de Chine, participé au blocus de Venise en 1859. Il a eu un rôle important comme ingénieur, s'intéressant à la propulsion à vapeur et aux essais du sous-marin « Le Plongeur », ainsi qu'à l'utilisation des torpilles. Il va disparaître deux ans et demi plus tard le 24 décembre 1887.
13. Pierre Marie Hippolyte Drouillard, est ingénieur de l'École des Mines. Il a travaillé pendant dix ans à la Compagnie du chemin de fer du nord de l'Espagne, et s'est battu devant Paris en 1870. Charles Louis Baptiste Le Breton est médecin à Pleyben, après des études à Paris.
14. Natif d'Obernai, Charles Émile Freppel, Dom Anselme dans l'ordre des Bénédictins auquel il appartient, est évêque d'Angers. Il a été élu, pour la première fois, député du Finistère le 6 juin 1880 à une très large majorité, et sera réélu sans discontinuité jusqu'à son décès. Il ne peut être soupçonné de tiédeur dans cette opération de soutien aux candidats conservateurs, lui qui, le 9 juin 1884, écrivait à l'un de ses correspondants, le baron de Mackau : « Mais en vue de jeter bas la République, l'Union Electorale s'impose à tout le monde... ». UCO : dossier 12.

en entendant le préfet de Police, Ernest Camescasse, déclarer : « Nous étions sûrs d'une majorité de cinquante voix. Mais Freppel [*sic*] arrive la veille avec sa robe violette, harangue les délégués, leur donne sa bénédiction. Et va voter le lendemain avec apparat, escorté de cent délégués [15]. » Venant d'un homme natif de Brest, y ayant été élu député aux élections législatives d'août 1881, et y disposant toujours de solides amitiés dans le milieu républicain, c'est une phrase qui dit tout.

La frustration est amplifiée par la minceur de l'écart entre les candidats. Le premier des perdants, Joseph Astor, comptabilise 580 suffrages, à 6 voix du minimum requis pour être dans la liste des éligibles potentiels. Le second, Siméon Bourgois, en totalise 575. Les deux autres, Charles Le Breton et Hippolyte Drouillard, en ont, respectivement, 565 et 374. Des écarts très faibles en valeur absolue. Ainsi qu'il sera expliqué par le rapporteur de la commission d'enquête lors des débats, « il eût suffi d'un déplacement de 9 voix pour modifier les résultats du scrutin ». Neuf bulletins sur plus de 1 100 votants. Bien moins de un pour cent ! L'amertume des perdants est logiquement et nécessairement forte.

Alors, après s'être concertées pendant quelques jours, plusieurs personnalités locales se manifestent pour protester et contester les conditions dans lesquelles l'élection s'est déroulée.

Contestation

En tête des contestataires, vient Louis Hémon [16]. Né à Quimper, avocat, il est homme d'influence. « Il conduit seul le département, est plus préfet que tous les préfets qui se plaignent, en vain, de cette situation humiliante », dira de lui un jour Amand de Mackau [17]. N'a-t-il pas impulsé, dès 1872, la création du principal journal républicain du département : *Le Finistère* [18]. Courageux, il s'est battu en 1870 devant Paris en tant que volontaire, et a, très récemment, provoqué en duel le rédacteur de L'Union Monarchique. Député, il a statutairement participé au scrutin sénatorial en question en tant qu'électeur et a donc vécu en direct les opérations. Pour autant, cet activisme républicain n'en fait pas un fanatique. Les Renseignements Généraux classent son journal comme « polémique généralement modéré », et reconnaissent sa forte influence, en particulier sur le pays bigouden. Derrière lui, le soutenant dans sa contestation, un avoué et conseiller d'arrondissement, Jules Soudry, et plusieurs délégués de la ville de Quimper

15. Cité par Monseigneur Freppel dans une lettre du 11 février 1885, adressée à Hippolyte Chavanon, rédacteur en chef de *L'Océan*. UCO : dossier 12.
16. Louis Marie Hémon a un frère, Félix, qui est le père de Louis Hémon, l'auteur de *Maria Chapdelaine*. La femme de Félix, mère de l'écrivain, est fille de Charles Le Breton. Les relations familiales, proches ou lointaines, sont loin d'être neutres, de part et d'autre. Ainsi l'un des intervenants lors des débats, Vincent Audren de Kerdrel, n'hésitera pas à faire état de ses liens familiaux avec l'évêque de Quimper.
17. CHAN : AP/156 (I) 108, Fonds Armand de Mackau. Le baron Anne Frédéric Armand de Mackau, une des relations de François-Louis Soubigou, est, depuis 1876, député de l'Orne après l'avoir déjà été sous le Second Empire. Il est président de l'Union des Droites.
18. « Principal journal républicain » veut dire qu'il est diffusé à 300 exemplaires. Mais ce sont 300 lecteurs ayant de l'influence. Il n'a cependant pas la plus forte diffusion du département, largement dépassé qu'il est par *Le Républicain du Finistère*, journal « polémique de la dernière violence », édité à Brest et qui tire nettement plus. Leur adversaire commun, *L'Océan*, tire à 900. AD d'Ille-et-Vilaine : 10 U 158. (Chiffres des Renseignements généraux.)

dont Alfred Beau, conseiller municipal et directeur de l'une des faïenceries de Locmaria[19].

Ces hommes cosignent, donc, le 8 février, une lettre qu'ils adressent à « Messieurs les Membres du Sénat », et qui explique, en particulier, qu'il « est de notoriété publique que les membres du clergé ont pris un intérêt direct à la lutte électorale », au profit des candidats conservateurs bien évidemment.

Surprenant quand on sait que les quatre candidats républicains perdants ne peuvent être, tous ensemble, qualifiés d'infâmes anticléricaux. Si le premier d'entre eux ne se cache pas d'être agnostique, il n'en est pas de même du second ! Celui-ci aurait dû être Armand Rousseau, député du Finistère depuis les élections du 2 février 1871 et sous-secrétaire d'État aux Travaux publics. Très modéré, ne se sentant pas en communion d'idées avec ses électeurs sur les questions économiques pour lesquelles son libre-échangisme pourrait faire peur, il a refusé de se présenter malgré les fortes sollicitations de ses amis. Suite à ce retrait, il a lui-même impulsé la candidature de l'amiral Bourgois dans une rude bataille contre les radicaux de Brest qui n'en voulaient à aucun prix, son crime étant d'être un catholique pratiquant[20]. Il est donc logique que l'amertume de beaucoup de vaincus soit forte vis-à-vis de ce qu'ils ressentent comme une injustice dans l'attitude et les prises de position de plusieurs ecclésiastiques. Simplement, la séparation de l'Église et de l'État est loin d'être vécue avec sérénité. Les arbitrages sur le sujet sont récents et inachevés. Il n'y a pas un an qu'a été votée la suppression, dans l'article premier de la loi constitutionnelle, de la phrase : « Le dimanche qui suivra la rentrée, des prières publiques seront adressées à Dieu dans les églises et dans les temples pour appeler son secours sur les travaux des assemblées[21]. » Surtout, depuis la nomination de Jules Ferry au ministère de l'Instruction publique en février 1879, beaucoup de choses ont changé concernant la place de l'Église dans le monde de l'éducation. Les mots de « laïque, gratuite, obligatoire » marquent désormais le contexte scolaire. Et le ralliement du clergé à la République est loin d'être acquis. Les instructions émises par Monseigneur Joseph Marie Graveran en septembre 1851, qui précisaient que « jamais il ne fut plus nécessaire de rappeler aux populations le respect du pouvoir et de ses dépositaires » semblent un peu oubliées[22].

Au fil de la lettre, outre ces accusations contre les ministres du culte finistériens, quelques rares noms apparaissent. Et parmi ceux-ci, celui de l'un, et l'un seulement, des élus. « Monsieur Soubigou, l'un des candidats, celui qui de beaucoup a joué le rôle le plus actif dans la préparation de cette élection monarchiste... » S'y ajoute, quelques lignes plus loin, l'affirmation qu'on a pu le voir « se faisant suivre d'un cortège nombreux de délégués, tenir table ouverte dans

---

19. Les noms des autres délégués tels que cités par le rapport de la commission sont : Fautrel, A. Miossec, L. J. Guiard, A. Alavoine, Laurent, L. Le Guillou, J. M. Le Hors. Alfred Beau est aussi le gendre de l'écrivain Émile Souvestre. Voir *infra* en 1848.
20. Lettre du 14 janvier 1885 d'Armand Rousseau à sa femme. In *La vie et les travaux de Armand Rousseau*, par Fernand de Dartein, beau-frère par alliance du député (1902). Cette décision de retrait va laisser l'intéressé disponible pour le poste de sous-secrétaire d'État aux Colonies, au mois d'avril suivant.
21. Loi du 14 août 1884. Les rentrées des deux chambres, Sénat et Assemblée Législative, sont à l'époque simultanées.
22. *Statuts et règlements du diocèse de Quimper*, publiés à la suite du synode diocésain célébré en septembre 1851 (1852).

divers cafés de la ville jusqu'à une heure avancée de la nuit». Une accusation qui reprend celle lancée par le journal *Le Finistère* dans sa parution suivant immédiatement les élections, qui, après avoir critiqué la présence de Monseigneur Freppel à Quimper la veille du scrutin, avait affirmé que «François-Louis Soubigou s'était donné en spectacle à Quimper, restant comme un pasteur sans voix et sans jambes, conduisant un troupeau». Une attaque ad hominem contre laquelle, l'intéressé avait aussitôt porté plainte pour diffamation [23].

Rien de surprenant ni d'inattendu à ce que ce soit ce candidat et non pas un autre qui soit ciblé. Tout était déjà dit dans les colonnes du même numéro du Finistère, sur le poids respectif de l'influence des uns et des autres, quand le commentateur écrivait: «M. Soubigou faisait, lui aussi, ses petites conférences, autrement efficaces que celles de M. Freppel. Comme en 1876, il avait choisi pour théâtre les divers cafés de la ville, et son éloquence s'y exerçait à l'aise, au milieu des verres vides ou à vider, sans aucun frais pour ses auditeurs.»

L'attaque était d'ailleurs prévue par le camp des sénateurs élus, puisque le 23 janvier, soit l'avant-veille du jour du scrutin, le journal *L'Océan,* précisait dans un papier signé Le Vieux Job que «notre honorable ami M. Soubigou est personnellement au-dessus d'une telle imputation», et rappelait perfidement le comportement des républicains lors des élections partielles faites deux ans plus tôt, semblables à des «ilotes, qui ne venaient pas des bords de l'Eurotas [24]».

Au passage, une telle mise en cause si forte et si publique de l'honnêteté électorale des conservateurs tombe fort bien pour éclipser une affaire judiciaire en cours qui est extrêmement gênante pour le clan adverse. Un an plus tôt, en janvier 1884, le maire de Brest et conseiller général, Jean-Baptiste Bellamy, a été inculpé, et sa comparution devant la Cour d'Assise siégeant à Quimper est imminente. Notaire, il a été accusé de faux en écriture, d'abus de confiance, de détournements de fonds dans de nombreux dossiers, dont celui de la succession de l'amiral Mallet qui a tout déclenché quand l'étude s'est trouvée incapable de fournir les 10000 F exigés par la veuve qui voulait, au mois de septembre 1883, répondre à un appel de fonds du Comptoir du Finistère, la banque locale dont elle était actionnaire. Très influent, très estimé, c'est l'une des grandes figures républicaines du département. Premier magistrat de la ville, de février 1881 jusqu'à son arrestation, il a été délégué aux élections sénatoriales précédentes. Voilà près de vingt ans qu'il préside la Chambre de discipline de sa profession. Via sa présence au Consistoire de l'Église Réformée de Brest il soutient de nombreuses œuvres sociales. C'est l'un des autres hommes forts du parti, Auguste Salaün-Penquer, alors président du conseil général, qui lui a remis sa Légion d'honneur quatre ans plus tôt [25]. Au premier rang des amis qui se sont mobilisés pour le soutenir, il y a deux des signataires de la lettre au Sénat du 8 février. L'un est Louis Hémon. L'autre est Hippolyte Drouillard, qui de plus l'appuie financièrement

---

23. *L'Avenir de Morlaix* du 11 juillet 1885.
24. La référence à l'histoire ancienne était naturelle pour le lecteur du XIXe siècle. Formé aux humanités gréco-latines, il n'avait aucune difficulté à se souvenir que cette rivière était celle baignant les murailles de Sparte, cette ville sévère où l'on enivrait les esclaves, les ilotes, pour démontrer la nocivité de l'alcool aux adolescents.
25. Auguste Charles François Penquer est, entre-temps, décédé, (18 décembre 1882).

de 30 000 F face à ses créanciers. S'il est condamné, le scandale rejaillira sur eux tous. Alors toute diversion ne peut être que bienvenue [26].

La conséquence de la lettre venue de Quimper est immédiate, et fait que la procédure de validation des élections du Finistère ne se passe pas comme prévu. Le rédacteur du compte – rendu des débats du Sénat du 12 février l'intitule banalement « Vérification de pouvoirs ». Si l'humour lui avait été autorisé il aurait pu, plus justement, l'appeler : « Un essai manqué. »

Polémique

Conformément aux usages, le président appelle à la tribune le rapporteur du bureau chargé de cette vérification [27]. C'est le marquis Henri de Carné, représentant conservateur et monarchiste des Côtes-du-Nord, donc du même camp que les élus mis en cause, qui monte à la tribune [28]. Son intervention est brève, très brève, nettement trop brève et trop peu argumentée. Bien sûr, il fait allusion à la protestation écrite pilotée par Louis Hémon et au fait que le bureau s'est senti tenu d'entendre l'intéressé. Comment le taire ! Impossible ! Le fait est connu de tous. Mais c'est pour arriver, aussitôt, à la conclusion que les élections du Finistère peuvent être validées. Un vrai passage en force, à la hussarde, tel l'officier de cavalerie qu'il était quelques années plus tôt.

C'est ouvrir, fort maladroitement, un champ libre à la contradiction, en l'occurrence à Jean-Marie Chalamet, sénateur républicain de l'Ardèche, qui a lui aussi participé aux réunions du bureau mais avec une oreille plus attentive aux arguments des opposants. Passé par l'École normale supérieure, agrégé, ancien professeur, ancien député, cet intervenant est mieux entraîné que le grand propriétaire de Broons, à mettre en condition son auditoire, et à faire passer en douceur ses idées. Il joue très calmement, très subtilement. Ne remettant pas en cause ce que vient de dire « l'honorable rapporteur », il fait humblement état de ce qu'il lui paraît nécessaire que le Sénat tout entier, et non pas le seul bureau, soit au courant de l'ensemble du dossier. L'argument est simple, de bon sens, et difficile à contrer. La transparence est un argument très vendeur devant tant de personnes à l'ego surdéveloppé. Bon tacticien, il sait de plus qu'il lui faudra prendre le temps nécessaire pour dérouler son argumentation et convaincre. Il demande, en conséquence, le renvoi du débat à une prochaine séance. Après un vote à mains levées qui est déclaré douteux, ce renvoi lui est largement accordé lors d'un scrutin public par 148 voix contre 89. Comme il l'a souhaité, les choses se mettent en place tranquillement, mis à part que les débats sur les élections dans le département de l'Eure qui suivent immédiatement ne s'en trouvent pas facilités. Il est vrai que quelques jours plus tôt, Henri Tolain, dans une intervention à laquelle ressemble étrangement celle de François-Louis Soubigou, est

---

26. Jean Baptiste Raymond Louis Bellamy. CHAN : Léonore-L0169007. AM de Brest. BnF : 4-FN-4317.
27. Ce bureau n'a rien de spécifique. Il est l'un des différents bureaux multipartis élus démocratiquement en début de session pour traiter et préparer dossiers et décisions.
28. Henri Jean Baptiste Antoine, marquis de Carné-Trécesson, est sénateur des Côtes-du-Nord depuis les élections du 10 octobre 1880 où il a remplacé un républicain décédé.

intervenu pour protester contre le retard apporté à la validation des votes de ce département [29].

Le lendemain, comme l'orateur l'a prévu, l'affrontement dure beaucoup plus longtemps. Et il est nettement plus violent. Il pourrait s'intituler: « Attaque sur le Clergé », car c'est celui-ci, et lui seul, qui est mis en cause, même si le nom de François-Louis Soubigou et son comportement hyperactif sont évoqués.

Les acteurs ? Ils sont essentiellement quatre. Deux de chaque camp : Jean-Marie Chalamet bien évidemment pour l'accusation, auquel répond comme la veille Henri de Carné, puis, le relayant dans l'attaque, Henri Tolain, auquel succède pour l'ultime phase de la défense Edouard Le Guen. Les uns comme les autres sont des pointures reconnues de la Haute Chambre.

Les arguments des opposants au rôle joué par le Clergé, et que présente le premier intervenant, s'appuient sur quatre critiques majeures :

– les facilités d'hébergement données sur Quimper et la veille du scrutin à de nombreux délégués par le riche chanoine Lucien Rossi, à la demande du conseiller général de Lesneven, Alfred Lunven [30].

– la présence, dans la ville et en nombre estimé excessif, d'ecclésiastiques le jour du scrutin.

– une réunion faite la veille, chez Edmond de Carné-Marcein, sous l'autorité de Monseigneur Freppel dont le double statut ne laisse pas de générer une grande ambiguïté. Est-ce l'évêque ou est-ce le député qui a parlé ? Les très nombreux participants n'ont-ils pas chanté le *Veni Creator ?* N'a-t-il pas, à l'issue de la réunion donné sa bénédiction et fait baiser son anneau pastoral [31] ?

– la propagande très active et facilement coercitive faite par le clergé dans les paroisses, en amont de ces élections sénatoriales.

À ceci s'ajoutent les faits se rapportant à divers intervenants locaux, dont certains bien identifiés, d'autres moins, et qui, d'une manière plus ou moins directe, font état de possibles achats de voix.

En réponse, Henri de Carné réfute patiemment, consciencieusement, méticuleusement, tous ces points, les reprenant un à un, cherchant à les minimiser et à les retourner. Intervention technique, très bien défendue, longuement préparée, sauf qu'elle manque de souffle et par là même devient vite laborieuse et peu convaincante.

Henri Tolain qui lui succède est un orateur d'une tout autre trempe. Ouvrier ciseleur de formation, il a eu un rôle moteur dans la création de l'Association Internationale des Travailleurs, fondée à Londres en 1864. À cinquante-sept ans, c'est un vrai tribun habitué aux auditoires houleux et difficiles. Il a le sens des mots qui frappent, des raccourcis qui font mouche. Et, lorsque le président

29. Cité par *L'Union Bretonne* des 9 et 10 février 1885. Henri Louis Tolain est sénateur depuis le mois de janvier 1876, après avoir été élu député en 1871. Le journal *L'Océan* du 16 février 1885, favorable aux sénateurs mis en cause, le qualifie de « sénateur faubourien ».

30. Ce reproche rappelle étrangement celui fait en 1846 au banquier Nicolas Drouillard de la Mare, le père d'Hippolyte Drouillard, d'avoir loué, pour se faire élire député de Quimperlé, une vaste propriété close de murs où il avait hébergé plus ou moins de force un certain nombre d'électeurs amenés directement de leurs villages. Il avait été lourdement condamné, en février 1847, par la cour d'assises d'Angers à 37 000 F d'amende et cinq ans d'interdiction de droits de citoyen et de toute fonction publique. BnF : 8-LB 51-4252. La fortune de Lucien Rossi lui vient de son père.

31. Suivant les témoignages, le nombre des présents oscille entre cent et quatre cents.

lui accorde la parole, il n'envoie pas dire ce qu'il pense : « Je crois que, tout particulièrement quand il s'agit d'un pays comme le département du Finistère où, depuis longtemps la politique et la religion font corps, sont intimement mêlées, [...] le centre de la politique est au presbytère. » Puis il revient intensivement sur la présence et l'intervention du député Freppel. Pour conclure par le dépôt d'un projet de résolution qu'il détaille et qui prévoit la nomination d'une commission d'enquête de trois membres.

La dernière intervention est assurée par Edouard Le Guen. Il sait que sa tâche est difficile. C'est un habitué des débats parlementaires. Il est au Sénat depuis novembre 1882, après une présence à la Chambre des députés pendant dix ans. Mais surtout il est avocat de métier. Après avoir minimisé les arguments reposant sur des éléments factuels, il cherche, habilement, à démontrer que l'échec de ses adversaires vient de leur non-représentativité sociologique dans ce département essentiellement rural. N'ont-ils pas mis en avant le fait que le fils de Charles Le Breton est sous-préfet de Châteaulin ? Que l'un des candidats, le vice-amiral Bourgois, sera logiquement le prochain ministre de la Marine ? Ces références ne peuvent avoir séduit des électeurs majoritairement attachés à la terre, méfiants vis-à-vis des fonctionnaires d'autorité, et étrangers au monde particulier de la mer qu'ils ne fréquentent pas. Et de poursuivre en mettant en valeur la réelle représentativité de « l'honorable Monsieur Soubigou, qui jouit dans le Finistère d'une popularité incontestée, et se voit toujours accueilli avec la plus grande sympathie, avec le plus grand respect, par ces cultivateurs dont il porte si dignement le vieux costume, dont il parle si bien l'ancienne langue ». À partir de là et dans la suite de tous les débats à venir, tant sur la nomination de la commission que lors de la présentation ultérieure des conclusions, François-Louis Soubigou apparaît comme la figure centrale et emblématique de cette élection.

Les sénateurs passent ensuite au vote qui approuve la création d'une commission d'enquête de trois membres par 135 voix contre 107, et pour lequel, bien évidemment, les quatre élus mis en cause ne participent pas [32]. Enfin, le 20 février suivant, à l'issue d'un débat assez confus où Henri Tolain se manifeste encore énergiquement, une proposition de Vincent Audren de Kerdrel, étendant la commission à quatre puis à cinq membres est largement approuvée par 131 voix contre 71 [33].

Les nominations se font ensuite au sein des bureaux. Organisée autour de Xavier Blanc qui en assure la présidence, l'équipe désignée est composée d'hommes aux opinions et aux comportements plutôt modérés, même si deux d'entre eux sont classés gauche républicaine : il y a là Edgar Le Bastard qui assure le secrétariat, Jules Honnoré, Alfred Mathey, Gustave Denis [34]. Malgré l'amendement obtenu par Vincent de Kerdrel, la droite ne désigne aucun représentant,

32. Victor Hugo est présent et vote « Pour » la nomination de cette commission d'enquête. Ce sera son unique contribution sur le sujet car il n'interviendra pas dans les débats et, surtout, il disparaîtra le 25 mai suivant, bien avant les affrontements autour des conclusions de cette commission.

33. Vincent Paul Marie Casimir Audren de Kerdrel est l'un des grands orateurs de la droite modérée. Il est sénateur du Morbihan après avoir été représentant du peuple en 1848, député d'Ille-et-Vilaine en 1852, représentant du Morbihan en 1871.

34. Auguste Jules Léon Honnoré est sénateur gauche républicaine de la Meuse. René Charles Alfred Mathey est sénateur modéré de Saône et Loire. Gustave Denis est sénateur centre gauche de la Mayenne.

marquant ainsi son opposition affirmée à l'existence même de cette commission dont elle craint les conclusions, et pour cause.

François-Louis Soubigou ne s'attarde pas à Paris, et à son arrivée en Bretagne, le 16 février, organise une réunion de crise dans son manoir de Mesgloaguen, en Plounéventer, puis une autre, le lendemain, chez son cousin François-Marie Quéinnec, ancien notaire et récent maire élu de Landivisiau [35]. Il est prêt à voir arriver la commission qui, du 4 au 25 mars, va mener ses entretiens en Finistère.

Pendant qu'elle opère, il ne se passe rien de plus dans les débats publics. Et il en est ainsi jusqu'à cette manifestation de mauvaise humeur de l'intéressé, ce jeudi 7 mai, sauf que pendant qu'il intervient ce jour là au Palais du Luxembourg, vient en jugement à Quimper la plainte en diffamation qu'il a lui-même déposée, dès le début de l'affaire, contre le journal *Le Finistère*.

Là-bas, le procureur ne l'épargne pas, déclarant qu'en temps d'élections, « la personne tout entière du candidat peut être déchirée et diffamée [36] ». Malgré cette vision agressive des choses, la décision de la cour est un encouragement pour le plaignant puisque son adversaire est condamné. L'amende de 25 F est faible. Les dommages et intérêts de même montant sont bien loin des 2 000 F demandés. Mais l'autre est touché qui explique que « si les prétentions de notre adversaire ont été singulièrement rabaissées, nous espérions mieux encore, et nous éprouvons quelque surprise de ce que sa demande ait pu être prise au sérieux, même dans cette mesure restreinte ».

Jours et semaines s'écoulent. Le samedi 16 mai, le comte Henri de Tréveneuc, sénateur des Côtes-du-Nord lance une nouvelle remarque acide contre Xavier Blanc qui a été contraint de prolonger de quelques jours son absence [37]. Le 30 mai, encore à Quimper, autre jugement plus étonnant : Jean-Baptiste Bellamy est acquitté. Il est vrai que, ayant été autorisé à continuer son activité, il a pu accéder à tous ses dossiers et les nettoyer. Les républicains exultent et dans un grand geste public et ostentatoire, Ernest Camescasse lui restitue sa Légion d'honneur dont il avait dû se dessaisir [38]. Puis les 25 et 26 juin les conclusions de la commission d'enquête sont enfin présentées au palais du Luxembourg.

Elles ne passent pas facilement, loin de là. Elles mobilisent le Sénat quasi exclusivement pendant ces deux jours. C'est le temps le plus fort de cette invalidation finistérienne.

Le rapport est issu d'une série de 185 entretiens, menés du 4 au 25 mars et répartis sur l'ensemble du département [39]. Il est construit en trois chapitres de développements et de poids différents, précédés d'un chapitre liminaire qui balaye

35. *L'Avenir de Morlaix* du 21 février 1885.
36. *L'Union Monarchique* du 9 mai.
37. Henri Louis Marie Chrestien de Tréveneuc est très proche du sénateur Soubigou, par ses idées politiques, et par son propre parcours commencé, lui aussi, avec l'Assemblée Constituante de 1848.
38. *L'Océan* du 1er juin 1885. Jean Louis Ernest Camescasse, député du Finistère depuis 1880, a mené une carrière de préfet dans différents départements et à la Préfecture de Police de Paris dont il a démissionné le 23 avril. Jean-Baptiste Bellamy, partira s'installer à Paris, où il sera rattrapé par la justice, deux ans plus tard. Ayant cette fois-là préféré prendre la fuite, il sera condamné par contumace aux travaux forcés à perpétuité.
39. Les citations des dépositions qui suivent en sont extraites. Un ultime entretien, qui ne change rien aux données de l'enquête, a lieu le 19 mai à Paris avec Henri de Legge, ancien député (entretien n° 186).

les quelques contre-attaques menées par le parti mis en cause pour faire remonter des griefs d'irrégularités chez ses adversaires et chercher à les déstabiliser.

Le premier chapitre, développé sur quarante-sept pages, met en cause l'attitude du Clergé du Finistère pendant la préparation des élections et la nomination des délégués, l'accusant de prédications politiques et d'influence de la confession mise au service des intérêts électoraux. L'expression « ingérence manifeste et abusive » est d'emblée utilisée. La commission atteste que ce clergé a été sur ce point « d'une efficacité indéniable ». Puis après avoir spécifiquement contré les arguments d'Edouard Le Guen, elle inventorie les faits qui ont été relatés lors des entretiens.

Les électeurs conservateurs interrogés n'ont, bien évidemment, rien vu, rien remarqué, rien soupçonné. Plusieurs affirment, comme le député Émile de Kermenguy, que tout a été fait le plus loyalement possible. L'évêque de Quimper défend la neutralité de ses recteurs, curés, et autres abbés. Les sénateurs élus sont unanimes pour nier quelque intervention que ce soit qui ait pu les favoriser [40].

Les autres, ils sont nombreux, restent assez flous et peu précis, faisant remonter à la surface des faits datant de toutes les élections précédentes, municipales, conseils généraux et d'arrondissements, et même des législatives de février 1871 [41]. Tactique logique puisqu'un très grand nombre de délégués en sont directement issus. Ce sont souvent les vicaires dont les agissements sont critiqués, comme si leurs recteurs les avaient discrètement affectés à cette mission politique. Tel est le cas à Ploudaniel, Plouvien, Plouguerneau, Bodilis, Landivisiau, le Huelgoat, Spézet, Plougastel-Daoulas, et d'autres paroisses encore [42]. Quant à la réunion, la veille du scrutin, sous l'autorité du député-évêque Freppel, elle est peu exploitée. Les participants professaient tous les mêmes opinions, et le sujet est délicat qui en insistant mettrait les deux chambres en délicatesse l'une avec l'autre [43].

En dehors de la réalité des faits, le point le plus frappant reste que les pressions exercées sur ceux qui votent républicain, l'ont été sur des hommes qui sont pratiquants, qui se confessent, qui communient, des hommes qui sont en contact direct et habituel avec le clergé. Et pour cause ! Les vrais mécréants sont bien évidemment hors d'atteinte puisque ne fréquentant jamais l'église ou ses abords.

Le « grand coupable »

Et puis, dans ce chapitre, le lecteur voit apparaître à plusieurs reprises le nom de François-Louis Soubigou. Divers témoins attestent qu'il a fréquemment fait ses visites, accompagné d'ecclésiastiques qui lui facilitaient les contacts. Lui-même reconnaît être monté sur une chaise chez Edmond de Carné pour « un

40. Émile de Kermenguy, a été élu pour la première fois député le 8 février 1876. Il le restera sans discontinuité jusqu'à sa mort en novembre 1893. Son témoignage ne pourrait être autre, son beau-frère Paul de Forsanz a été sénateur conservateur du Finistère jusqu'à son décès en 1882.
41. Dont un fort maladroit refus de communion du recteur de Tréflez à la mère d'Armand Rousseau.
42. Constat repris par Henri Loaëc, juge de paix à Brest (entretien n° 95).
43. Dans sa déposition Edmond de Carné-Marcein a estimé à cent cinquante seulement le nombre des personnes présentes dans ses salons (entretien n° 40).

petit speech, en langue bretonne, qui a duré trois à quatre minutes[44] ». Un mot de sa part résume le pourquoi d'une telle énergie déployée dans ce qui est, en fait, sa première campagne électorale : « Jusqu'ici je n'avais pas eu à demander un suffrage, mais, cette fois-ci, j'ai chiné[45]. » Un bon prélude aux affirmations du deuxième chapitre qui s'intitule « faits imputés aux candidats élus ou à leurs partisans », et où l'analyse est détaillée du comportement de chacun.

Sept d'entre eux sont écartés de l'étude, d'entrée de jeu. Parmi eux, les quatre républicains qui ont été couleur de muraille. Personne n'a vu ou entendu Charles Le Breton. L'amiral Bourgois est resté à Paris car ses amis lui avaient dit qu'il pouvait se dispenser de venir[46]. Joseph Astor a considéré qu'il n'y avait pas lieu de faire de propagande, et même qu'une fois la candidature déposée il fallait s'en abstenir[47]. Quant à Hyppolite Drouillard, il n'a eu qu'un rôle très effacé[48]. Ce sont ou de grands naïfs, ou des hommes aux conceptions étranges de la relation préélectorale avec les électeurs. De leur côté, trois candidats monarchistes ont été inexistants au point qu'aucun témoin ou presque n'a parlé d'eux. Comme s'ils n'avaient pas existé ! « Un seul, M. Soubigou, s'est signalé par une activité et une énergie parfois excessives. » Et pour lui, les reproches pleuvent d'autant que, effectivement, il a couvert le terrain suivant le principe qu'il a exposé au maire de Plouyé chez qu'il il se logeait le 16 janvier au soir, en vue des courses de chevaux de la Saint-Salomon organisées pour le lendemain où il pouvait espérer rencontrer des électeurs : « Je dois me faire connaître, je suis Soubigou, sénateur[49]. »

Et il s'est fait connaître là où étaient ceux qu'il fallait convaincre, c'est-à-dire dans les auberges et les bistrots, refusant même des hospitalités plus honorables qui l'auraient éloigné de la grande masse des délégués[50]. Cette pratique des débits de boisson, il l'a utilisée en amont de l'élection, ainsi que la veille et le jour du vote à Quimper où il s'est organisé au Café de la Liberté une sorte de quartier général pour lui et ses amis. Le 24 janvier au soir de nombreux témoins l'y ont vu siéger derrière une énorme pile de soucoupes, et le lendemain, faire des allers-retours entre ce lieu accueillant et la salle de vote, accompagné à chaque fois de délégués différents[51]. Tout ceci lui est largement reproché, d'autant qu'il a repris ces procédés pendant l'enquête.

Comme pour s'excuser d'avoir étalé tant de turpitudes, le rapport conclut en disant avoir présenté les faits avec peut-être trop d'étendue, mais en ayant tenu à citer tous les témoins. Le correspondant du journal *Le Monde* résume l'ensemble à sa manière très personnelle dans un article publié le 27 juin : « M. Soubigou offre-t-il une tasse de café à son voisin, tentative de corruption. M. Soubigou fait-il une visite au presbytère de Ploeven, il y a là-dessous un complot contre la République. »

44. Entretien n° 12. D'après l'un des témoins, Hervé Le Floc'h, adjoint au maire de Penhars, son intervention a été faite à la demande de plusieurs assistants, et conclue par un : « Soyons toujours bretons et têtes dures. » (entretien n° 15).
45. Yves Lollichon, conseiller municipal et meunier à Pont-Aven (entretien n° 53).
46. Siméon Bougois (entretien n° 6).
47. Joseph Astor (entretien n° 10).
48. Hippolyte Drouillard (entretien n° 152).
49. François Lochon, cultivateur, maire de Plouyé (entretien n° 78).
50. Jean-Louis Le Gac, cultivateur à Plouyé (entretien n° 77).
51. Entretiens n° 55, 63, 64, 65, 66, 73, 183.

Pour autant, tout ceci ne saurait provoquer une décision définitive d'exclusion à l'encontre des sénateurs élus, voire même du seul susnommé. Alors le rapport accentue la pression en décrivant non plus ces libéralités d'eaux-de-vie souvent proposées et toujours réglées sans compter par le sénateur, mais en parlant d'espèces sonnantes et trébuchantes que certains de ses amis auraient fait couler d'une manière tout aussi généreuse. Et comme on ne prête qu'aux riches et que la mise en cause de l'élection fait courir beaucoup de rumeurs, des chiffres circulent. L'un des témoins interrogés, Antoine Salaün, conseiller municipal et délégué de Scaër, affirme avoir entendu, d'un interlocuteur resté anonyme, le chiffre de 80 000 F de dépenses faites par les quatre élus, donc très majoritairement par François-Louis Soubigou [52]. Un chiffre trop élevé pour être vraisemblable, et irréaliste à une époque où l'activité entrepreneuriale de la famille absorbe l'essentiel des liquidités disponibles [53].

L'ensemble du rapport se clôt avec un dernier chapitre, nettement plus restreint, qui traite des irrégularités graves notées pendant le déroulement du scrutin. La liste en est limitée et les faits cités ne concernent que très peu de personnes, les conseillers généraux Léon Lorois et Étienne de Lannurien, et, l'abbé Jean-Marie Stricot, vicaire à Bourg-Blanc. Mal établis, ils ne justifient pas, à eux seuls, les conclusions d'invalidation qui vont suivre. François-Louis Soubigou pour sa part n'est ici mis en cause que par un seul témoin qui l'a soupçonné d'avoir pendant quelque temps surveillé la manière dont les délégués *« douteux »* venaient voter, sans pour autant les accoster ni les interpeller directement, jouant sur le poids de sa seule présence [54].

Le tout se termine par : « La commission d'enquête, à l'unanimité, a l'honneur de proposer au Sénat de prononcer la nullité des élections de MM. Soubigou, Le Guen, de Raismes et Halna du Fretay. » C'est sans appel et sans nuances.

En conséquence, le président du Sénat ne se perd pas dans des circonvolutions complexes. Il pose lui-même et d'emblée le cadre du débat : « L'ordre du jour appelle la discussion du rapport de la commission d'enquête parlementaire sur les élections sénatoriales du département du Finistère. La commission conclut à l'invalidation. » C'est net, c'est précis, il ne peut y avoir interprétation.

La parole est ensuite à la défense.

Edouard Le Guen s'est, à nouveau, inscrit aux débats, mais préfère laisser sa place à Auguste Paris, un autre ténor de la droite, avocat lui aussi, ancien responsable des Travaux Publics au gouvernement de Broglie en 1877, le ministère de combat dit du *« Seize-Mai »* mis en place par le président Mac-Mahon après son coup de force contre la Chambre des députés [55]. Habitué à plaider, l'ancien ministre construit et déroule son intervention, très professionnellement et très classiquement, en trois points :

52. Entretien n° 58.
53. Comparé aux valeurs de bien déclarées ces années-là par les Soubigou lors d'hypothèques, ce montant aurait représenté 60/65 hectares de bonnes fermes.
54. Jean-Marie Clec'h, médecin à Lanmeur (entretien n° 162).
55. Auguste Joseph Paris, qui vient de reprendre son siège du Pas-de-Calais après l'avoir perdu en 1882, est de tendance orléaniste.

– Il commence par mettre en cause la légitimité et les méthodes de la commission d'enquête, arguant de ce que ce type d'enquête est le premier du genre [56]. Pour ce faire et bien que le contexte de référence soit tout autre, il fait appel à une jurisprudence portant sur une élection précédente à Plabennec où la requête a été rejetée par un arrêt du Conseil d'État. Au passage, il cherche à ridiculiser Xavier Blanc dans sa découverte imparfaite, dit-il, des mœurs bretonnes, si différentes de celles de ses montagnes d'origine.

– Son deuxième développement vient soutenir l'attitude du clergé, et, par voie de conséquence, celle de François-Louis Soubigou. Celui-ci est présenté à son avantage. Seulement, de facto, il se retrouve en pleine lumière et exposé aux coups à venir, d'autant que les arguments utilisés confirment, a contrario, qu'il a réellement et généreusement régalé de nombreux délégués la veille et le jour du scrutin, et que le fameux Café de la Liberté a bien été le lieu principal de ces généreuses libations. Au passage, l'orateur reprend l'un des arguments du 13 février sur la représentativité exceptionnelle de ce candidat. « Monsieur Soubigou n'a la prétention d'être ni un amiral, ni un avocat, ni un grand propriétaire. Monsieur Soubigou se fait honneur d'être un Léonard, un paysan breton, qui a conservé le costume de ses pères, qui parle la langue de ses pères, qui en a le cœur et les nobles traditions [57]. »

– Son dernier chapitre, ainsi qu'il le dit lui-même, porte sur la défense des trois autres personnes dont l'attitude le jour du scrutin a pu être considérée comme préjudiciable à la neutralité des opérations, accidentellement bien sûr.

Les débats qui s'ouvrent, quand le rapporteur revient à la tribune, sont denses, vifs, parfois même franchement houleux. Le président doit, à un moment donné, multiplier les rappels à l'ordre devant les interruptions nombreuses qui suivent les paroles de Xavier Blanc lorsque celui-ci déclare : « L'honorable Monsieur Soubigou me permettra de lui rappeler – ceci est fâcheux et bien pénible à dire – qu'il n'a pas toujours respecté d'une façon complète l'indépendance des témoins. » Une fois les intervenants calmés, le rapporteur continue néanmoins à interpeller son collègue sénateur sur son attitude pendant l'enquête :

> « Ce sont des dépositions très caractéristiques qui ne laissent pas la moindre hésitation dans l'esprit et qui prouvent de la manière la plus complète que Monsieur Soubigou, obéissant à sa bouillante nature, a interpellé les témoins dans leur salle d'attente en pleine rue de Morlaix et jusque dans l'antichambre de la sous-préfecture où siégeait la commission. »

L'intéressé, piqué au vif, intervient sur le champ pour « donner à cette accusation le démenti le plus formel ».

Les commentaires qui suivent ne sont pas plus chaleureux. L'accusateur parle de « manque de dignité et de réserve », de « conduite indécente », « de scène et de faits véritablement fâcheux ». Il est de plus en plus clair que le candidat n'est pas resté passif et s'est montré très présent, prêchant pour sa paroisse, n'hésitant pas à payer de sa personne et de sa bourse en sacrifiant aux usages locaux, et utilisant largement les débits de boisson comme salles de réunions préélectorales pour

56. Premier du genre dans le Sénat de la IIIe République, bien sûr !
57. *JO* du 26 juin, page 744. Cette tirade est particulièrement applaudie sur les bancs de la droite.

y faire boire bien autre chose qu'un bol de café dans ce qu'il appelle lui-même lors de sa propre intervention : des « actes de simple convenance bretonne[58] ». Et ceci il l'a effectivement fait non seulement le jour des élections si critiquées, mais pendant toute l'enquête ultérieure. Il est bien le « grand coupable », ainsi qu'il l'a écrit quelques jours plus tôt à son frère Jean-Pierre, précisant immédiatement pour rassurer celui-ci sur sa combativité et son attachement sans faille à leurs communes convictions : « Mais, prêt à recommencer mes méfaits s'il en est besoin[59]. »

L'opinion de la majorité du Sénat est vite faite, d'autant que les discussions dans les couloirs du Palais du Luxembourg ont certainement préparé les esprits à une invalidation, maintenant inéluctable, que les interventions déclamatoires faites à la tribune ne peuvent écarter. Sans surprise, les élections sénatoriales du Finistère du 25 janvier 1885 sont invalidées le 26 juin de cette même année par 149 voix « Pour » face à 90 voix « Contre ». Les quatre sénateurs mis en cause et qui n'ont, très logiquement, pas eu droit au vote, ne peuvent plus désormais participer aux travaux législatifs. Le dernier acte est joué, et le rideau peut tomber sur ce mélodrame politico-médiatique.

L'affaire laissera néanmoins quelques traces écrites pour la mémoire des élus et des citoyens. Le *Journal officiel* publiera les débats in extenso dans ses pages habituelles, et en fera, en outre, un tiré à part. Le Sénat, quant à lui, éditera un ouvrage de près de trois cents pages, annexe au procès-verbal de la Séance du 24 mai 1885 et contenant l'intégralité des entretiens et conclusions de la commission d'enquête.

Et puis, de nouvelles élections seront planifiées pour le 26 juillet suivant. Monseigneur Freppel remontera au créneau plus décidé que jamais, expliquant à Hippolyte Chavanon que : « Si vous voyez des membres du Clergé, dites-leur de ma part, qu'ils devront travailler deux fois plus qu'auparavant ; car une nouvelle invalidation n'est pas à craindre[60]. » L'amiral Bourgois insistera dans ses discours sur l'absence de menaces de sa part, bien au contraire, vis-à-vis de la religion. La Presse républicaine, comme l'*Avenir de Morlaix* du 11 juillet, rappellera que « de tous les personnages compromis dans l'enquête du Finistère, le plus engagé est assurément M. Soubigou », et expliquera pour montrer combien il est loin du peuple que « hors les périodes électorales, on ne le voit point trinquant dans les cabarets ».

Et au soir du vote, l'homme de Plounéventer sera néanmoins en tête avec 598 voix, 4 seulement ayant été perdues dans l'affaire. Le suivront dans le même ordre que précédemment Edouard Le Guen, Raoul de Raismes, le contre-amiral Hippolyte Marie Halna du Fretay, qui auront aussi perdu chacun quelques rares voix. Derrière eux, Joseph Astor se fera doubler par Hippolyte Drouillard, accu-

58. Replacer ces libations dans un contexte culturel breton est le seul thème de sa propre intervention, fort vigoureuse ceci étant, même si, bien plus tard, le quotidien *La Dépêche* du 17 janvier 1894 se gaussera de lui en affirmant qu'il a maladroitement lu un texte préparé à l'avance.

59. Lettre du 10 juin 1885, déjà citée. AD du Finistère : 78 J 31 et 32, Fonds Maître Perret.

60. UCO : dossier 12.

sateur nettement plus virulent et plus combatif devant la commission, qui passera même la barre des 585 votants du minimum requis [61].

Le bihebdomadaire *L'Union monarchique du Finistère* se félicitera de ce résultat, faisant valoir dans son numéro du 29 juillet, comment « M. Soubigou, contre lequel on a épuisé toutes les calomnies, est le plus fêté ». Le *Courrier du Finistère* publiera les remerciements des élus, et, jouant sur la signification française du nom propre utilisé, présentera une lettre de lecteur faite sur mesure et signée « L. Kemener, tailleur de vestes républicaines », et adressée à « M. Drouillard, château de Kerlaudy, Saint-Pol-de-Léon [62] ». Les bonapartistes de L'*Union Bretonne* pondront un éditorial expliquant que ce succès est le leur car « l'élection était tout entière aux mains des impérialistes, très nombreux dans le Finistère », ce qui est faux. Les républicains resteront évidemment plus discrets, reprenant leur souffle pour de nouveaux combats dont celui des élections législatives planifiées pour le 4 octobre suivant, par rapport auxquelles il n'est pas interdit de soupçonner certains d'entre eux d'avoir fait lanterner l'invalidation sénatoriale pour en tirer un effet repoussoir [63].

Cette seconde fois, aucune protestation ne sera « élevée contre la régularité des opérations électorales ». Le bureau chargé de la validation ne se scindera pas en deux groupes antagonistes et irréconciliables. Le nouveau rapporteur, Edouard Allou, ne se fera pas désavouer publiquement par ses collègues [64]. Les sénateurs candidats de la droite remplissant « toutes les conditions d'éligibilité » seront déclarés, sans difficulté aucune, élus pour neuf ans. Ainsi en témoignera le *Journal officiel* du 2 août 1885, rendant compte des débats du Sénat, débats, cette fois-ci, très brefs et parfaitement sereins. Et dans un de leurs tracts, publié pour cette élection législative à venir, les conservateurs réconfortés déclareront : « Encore une fois debout, et bientôt tous aux urnes. » Ajoutant pour se convaincre eux-mêmes : « Le Finistère est bien à nous, et il le restera [65]. »

---

61. Arrivé cinquième, il restera quand même hors course. Il sera néanmoins élu au Sénat, mais neuf ans plus tard, le 7 janvier 1894. Il en profitera fort peu, décédant le 11 juillet de l'année suivante.
62. Kemener est le mot breton pour désigner un artisan tailleur. Le manoir de Kerlaudy est, en fait, sur la commune voisine de Plouénan. Cette très belle et imposante construction XVIIIe, face à la mer, privée de sa toiture, réduite à l'état de ruine croulant sous le lierre, disparaîtra très bientôt définitivement effaçant une partie de l'histoire de Saint-Pol-de-Léon et de Roscoff.
63. Cette accusation fut, d'ailleurs, lancée en plein hémicycle par le baron Raymond Lacroix de Ravignan lors de la séance du 16 mai. Compte tenu de la personnalité modérée de Xavier Blanc, une telle manœuvre ne peut avoir été la sienne. Cette polémique sur l'ingérence du Clergé, n'empêchera pas un mois plus tard, Louis Hémon, soucieux d'une laïcité équilibrée, de voter contre la réduction du budget des cultes. « René Kerviler », in *« Répertoire de Bio-Bibliographie bretonne »,* citant *Le Petit Brestois* du 26 septembre 1885.
64. Edouard Allou est un libéral modéré, sénateur inamovible.
65. Tract conservateur non signé, intitulé « Ça se décolle ! ». Collection privée.

Chapitre III

Voter et faire voter en Finistère au XIXe siècle

Avec cette interminable invalidation, 1885 est une année politique particulièrement médiatique pour François-Louis Soubigou. Sa présence au Sénat ne date cependant pas de cette année-là. Le hourvari fait autour de son élection et de celle de ses trois colistiers ne se fait pas contre un nouvel entrant méconnaissant le dit et le non-dit des institutions de la République, et inconnu de tous. Pas du tout! Il a rejoint la Chambre Haute pour la première fois en janvier 1876, fièrement vêtu de son costume léonard identifiable entre tous ceux de ses collègues qui, s'ils ont été surpris au départ, se sont habitués à sa présence discrète dans les travées, au sein des bureaux, ou à la commission chargée de la gestion des congés où il est régulièrement présent et qu'il lui arrivera de présider.

1876: premier Sénat

Cette année-là, le Sénat, dont l'organisation va être gouvernée par les lois des 24 et 25 février de l'année précédente, déjà présentées, est une nouveauté. Le ralliement d'une majorité d'hommes politiques à l'existence du « Grand Conseil des communes de France », tel que l'appellera bientôt Léon Gambetta dans un discours prononcé à Belleville le 23 avril, a pris du temps. Certains journaux ricanent encore très haut devant une nouvelle structure qu'ils jugent coûteuse et inutile. « La France, en guise d'étrennes, va se donner un Sénat. Aux enfants un pantin, aux pères un sénateur. Il s'agit cette fois de ne pas être dupé et d'en avoir pour ses 15 000 francs par an », écrit *L'Illustration* du 1er janvier.

Si la gestation a été un peu longue, c'est tambour battant que sont menées les élections. Un décret du 3 janvier, repris par une circulaire signée de Louis Buffet, vice-président du Conseil et ministre de l'Intérieur, convoque les conseils municipaux pour le 16 afin d'élire les délégués municipaux, au scrutin secret, sans déclaration et sans débat, et à la majorité absolue. Ceci fait, le 30, ces délégués fraîchement nommés viennent au chef-lieu du département accomplir leur devoir électoral conjointement avec les grands électeurs statutaires, le Sénat nouveau devant se réunir le 8 mars suivant.

En Finistère, les candidats sont des hommes connus. Plusieurs sont députés. D'autres, ou parfois les même, siègent au conseil général [1].

Dès le 1er février, le journal *Le Pays* présente les résultats des uns et des autres. Sur 390 votants, ont obtenu et sont déclarés élus : François Monjaret de Kerjégu, avec 251 voix, François-Louis Soubigou, 245 voix, Paul de Forsanz, 242 voix, Raoul de Raismes, 240 voix. Polémique comme à son habitude, le commentateur qualifie trois d'entre eux de « candidats de la préfecture » et le quatrième, François-Louis Soubigou, de « candidat de l'Administration », appellation qui semble signifier un appui de plus haut niveau. Ce classement est à peine différent de celui sorti des primaires internes de l'Union Conservatrice, tenues à Landerneau le 24 janvier, et où Paul de Forsanz a devancé « le baron Soubigou », suivant l'expression de *L'Électeur du Finistère*. En face, le premier républicain battu est le député Armand Rousseau qui totalise 140 voix, suivi du maire élu de Brest, le médecin saint-simonien Auguste Salaün-Penquer, du député-maire de Lannilis Augustin Morvan, et enfin de Théophile de Pompéry, journaliste et, lui aussi, député du Finistère.

Pendant la campagne, la presse républicaine s'est beaucoup investie en faveur de ses candidats. Certains ont diffusé eux-mêmes des déclarations, tel Armand Rousseau, obligé de se défendre malgré lui de vouloir imposer à tous un enterrement civil, faux argument idéal pour faire oublier sa modération et émouvoir des électeurs pour lesquels toute cérémonie touchant à la mort est d'ordre sacré et culturel [2]. *L'Électeur du Finistère* du 5 janvier a publié un manifeste commun où ils ont expliqué : « L'ordre social ne compte, parmi nous, aucun ennemi », et « les intérêts conservateurs, sauvegardés par la Constitution, protégés par le pouvoir incontesté du Maréchal-Président de la République, ne courent aucun danger. » De larges colonnes et des pages entières ont suivi, répétant les mêmes arguments [3]. Des articles critiques ont été répétés contre Paul de Forsanz et François de Kerjégu. Pourquoi eux plus que les autres ? Paul de Forsanz est un homme d'influence dans le monde des grands propriétaires fonciers. François de Kerjégu a longtemps présidé le tribunal et la chambre de commerce de Brest, et a été l'un des principaux fondateurs de la banque, bien en vue localement, du Comptoir du Finistère. Députés en exercice, leurs noms, souvent médiatisés, sont familiers aux délégués. François-Louis Soubigou, politiquement moins visible, est accusé, pour sa part, d'être « un républicain de 1848 qui a renié ses anciens principes », et « qui ne pense que par le milieu royaliste où il vit, qu'il en partage les préjugés et les rancunes, que son costume est une coquetterie, que son vaste chapeau abrite les pensées les plus aristocratiques du monde ». Ces diatribes ne semblent pas avoir vraiment convaincu face à des adversaires restés fort discrets sur leur propre programme qui se limite, semble-t-il, à se placer, comme les autres, sous la bannière de Mac-Mahon. La rédaction de *L'Océan,* qui les soutient, en a dit tout juste un

1. François-Louis Soubigou y siège de puis 1871, et y siégera constamment jusqu'à sa mort, réélu sans concurrence ou presque.
2. Tract de réponse d'Armand Rousseau à un libelle en breton, signé Jérôme Doutouz de Lambervès. AP : Famille Rousseau.
3. *L'Électeur du Finistère* : « Manifest an deputeed republicaned eus ar Finister. » Ce journal disparaîtra, le 15 novembre 1876, pour renaître dans L'Union Républicaine. Celle-ci deviendra, en 1886, *La Dépêche de Brest.*

peu plus, dans un message adressé aux conseillers municipaux le 14 janvier et faisant, là encore, référence au président de la République : « Nous marcherons à sa suite pour la défense de l'Ordre, de la Religion et de la Société. »

Une petite tentative de déstabilisation a bien eu lieu pendant cette période électorale, mais fort anodine. Le 24 janvier, statuant huit jours avant l'élection, le Conseil d'État a rejeté l'appel de Louis Hémon contre la décision prise précédemment par le préfet du Finistère, lui refusant la communication de la liste des conseillers municipaux du département en poste antérieurement à la publication du décret fixant les élections des délégués et de leurs suppléants [4]. En résumé, pas d'affrontements devant les gardiens du droit, mais les adversaires sont bien en place pour le prochain round, celui de 1885 déjà décrit, qui réunira presque les mêmes hommes [5].

Après l'élection, *L'Océan* du 31 janvier, bien évidemment, respire : « Dieu soit loué ! Nos prévisions se sont très heureusement réalisées », et rend grâces à la discipline interne du parti. *Le Finistère* du 2 février, ne pouvant pavoiser, prend de la hauteur : « Défaite dans le Finistère, victoire dans la France. » Et leurs confrères nationaux et locaux s'intéressent un peu plus à François-Louis Soubigou. *L'Illustration* du 4 mars, après avoir rappelé son importance professionnelle, « son nom se rattache à la construction des chemins de fer de Bretagne », et sa notoriété locale dans le canton de Landivisiau, ajoute curieusement qu'il est « sans antécédents politiques et parlementaires ». Quelques-uns passent, d'emblée, à la caricature. *L'Électeur du Finistère* du 13 mars, donc diffusé après l'ouverture de la session parlementaire, explique que « le grand chapeau et le costume breton de Monsieur Soubigou produisent au Sénat un mouvement de curiosité dont les journaux de Paris font mention [6] ». Plus tard le maire de Brest, Auguste Salaün-Penquer, prétendra que le Figaro aura eu peur « de l'absence de cravate de notre honorable sénateur [7] ». Ignorant ou feignant lui aussi d'ignorer que le nouvel élu ne découvre pas la capitale pour la première fois, le journal *L'Opinion Nationale* a, quelques jours avant ses confrères, publié ce qu'il appelle un opéra en deux actes, intitulé : « SOUBIGOU ou L'élu du Finistère. » La scène, censée se passer « dans un village breton », daube sur l'attachement du personnage central, nommément désigné, à sa terre natale [8]. Elle vaut d'être citée et en voici l'extrait publié par *L'Électeur du Finistère* du 17 mars :

JOËL

Soubigou ! C'est bien lui, mes amis, le voici !

---

4. AD du Finistère : 3 M 328.
5. Plus généralement en France, les dirigeants du journal républicain *L'Opinion Nationale* l'ont offert gratuitement lors des élections sénatoriales aux délégués hésitants. Et 7 000 instituteurs ont répondu présent. BnF : GR FOL-LC2-2974.
6. Le 10 janvier suivant, *Le Droit National, journal de Brest et du Finistère,* parlera du même chapeau en termes inverses : « Les belles formes de celui de M. Soubigou font l'admiration des parisiens. »
7. *L'Avenir de Morlaix* du 4 novembre 1893.
8. Ce n'est pas la seule pièce où apparaît le nom « Soubigou ». Tristan Bernard fera représenter en décembre 1912, une pièce intitulée *Les Phares Soubigou.* L'action ne comporte rien qui puisse être rapproché de la vie de François-Louis Soubigou, hormis qu'elle se passe en Bretagne et que le nom est suffisamment rare pour pouvoir penser que l'auteur l'a emprunté soit au sénateur, soit à son neveu Louis, alors député.

SOUBIGOU
Laissez-moi !

JOËL
Non ! Mon frère, il faut rester ici !

SOUBIGOU
Que me voulez-vous donc ?

JOËL
Te donner connaissance
D'un arrêt qui s'impose à ton obéissance.

SOUBIGOU (pâlissant)
Un arrêt lequel ?

JOËL
Le peuple ayant voté
T'a nommé sénateur, à l'unanimité !

SOUBIGOU
Moi ! Partir pour Paris ! Quitter ma cornemuse,
Mon rocher, mes brebis ! Jamais !

TOUS
Ciel !

SOUBIGOU
Je refuse !

Dans le monde de la politique d'hier et d'aujourd'hui, il est des attaques et des caricatures plus perverses et plus haineuses que celle-ci.

Pour le reste, en cette année 1876, il n'y a pas débat sur la légalité des opérations de vote. La différence importante entre le dernier élu et le premier battu, cent voix sur moins de 400 votants, ne stimule personne pour aller déposer une contestation officielle susceptible de permettre cette spectaculaire remise en cause qui se produira neuf ans plus tard.

Un allié politique fort controversé

Enfin, hors de ces élections où il est nommément en jeu, François-Louis Soubigou est, durant toutes ces années, activement impliqué dans la vie politique locale et les processus électoraux de son département bien au-delà de son poste de conseiller général ou de simple sénateur. S'il n'est pas un leader capable d'entraîner après lui une foule de parlementaires hésitants, ses amis politiques savent que son influence est toute autre quand il s'agit de galvaniser les électeurs finistériens, en particulier léonards. Il connaît bien leurs motivations et leurs habitudes, et sait les haranguer dans une langue qu'il pratique naturellement et dont il utilise à plein les capacités expressives. Si sa fortune personnelle ne lui permet pas de plaider une assimilation totale à leurs soucis de tous les jours, il sait jouer la carte de la proximité. Et donc, lorsque des enjeux politiques surgissent, il est systématiquement sollicité pour monter au créneau. Ce n'est pas toujours simple car à l'intérieur de la droite des combats sanglants ont lieu, et certaines inimitiés sont quasi insurmontables. Mais il le fait.

Ainsi en 1880 [9]. Cette année-là, au mois de juin, ont lieu des élections législatives pour la 3e circonscription de Brest, c'est-à-dire les cantons de l'extrême ouest du département, ceux de Ouessant, Saint-Renan, Ploudalmézeau, Lannilis, et Lesneven, dans la région appelée le Bas-Léon. Il s'agit de remplacer Louis Monjaret de Kerjégu, frère de François, qui vient de décéder subitement à soixante-huit ans, le 14 avril. Ce n'est pas que la droite se sente en danger dans une région électorale que ses adversaires décrivent comme « pourrie de cléricalisme [10] ». Seulement le défunt a été à la Chambre un député actif qui s'est fait une spécialité des questions d'enseignement, sujet sensible pour la droite en général et la droite finistérienne en particulier. Il a de plus, sans états d'âme et en toute discipline, voté la confiance au Ministère de Broglie lors des événements dits du Seize-Mai. Il s'agit donc, pour ses amis, de trouver une « pointure », capable de reprendre le flambeau, une pointure que personne ne voit émerger parmi les intervenants locaux.

Très vite, un nom est mis en avant par Hippolyte Chavanon, le rédacteur en chef de *L'Océan* : « Charles Émile Freppel », évêque d'Angers, celui dont la bénédiction soulèvera quelques polémiques et arguments d'invalidation lors des élections sénatoriales de 1885. Il lui écrit dès le 22 avril pour lui proposer d'être candidat. De son côté, Jules Delmas, du *Courrier du Finistère,* se précipite chez le maire de Bohars, Camille de Dieuleveult, qui préside le Comité Royaliste, pour qu'il se mobilise dans le même sens, puis se fend, à son tour, d'un autre courrier au candidat déjà pressenti par son collègue [11].

L'homme qu'ils sollicitent est un battant [12]. Cinquante-trois ans, Alsacien né à Obernai, ancien professeur d'éloquence sacrée, il a un caractère bien affirmé. Pierre Véron, le rédacteur en chef du *Charivari,* affirmera plus tard que la Chambre le surnomme « la tempête dans un bénitier ». Le chanoine Mugnier, qui enregistre dans ses carnets personnels ce qu'il observe de la vie parisienne depuis son logement de la rue du Bac, écrit de lui, faisant référence au journaliste ultramontain de *L'Univers* qui influence trop à ses yeux les recteurs et vicaires de Bretagne : « C'est un Louis Veuillot en violet, moins le talent primesautier [13]. » La députation, qu'il a déjà tentée en vain dans le département de la Seine, est une réelle ambition personnelle qui peut lui faire négliger toute prudence. Cette fois-ci, il s'agit tout de même, étant évêque, de se faire élire dans un département, et donc un diocèse, qui n'est pas le sien !

L'opération est d'autant plus délicate que « Monsieur de Quimper », Monseigneur Nouvel de la Flèche, n'est pas favorable à l'implication des ministres du culte dans des élections à quelque titre que ce soit, et donc encore moins comme candidats dans son propre diocèse, et que, par ailleurs, il a une sœur

---

9. Sauf indication contraire, les informations concernant Monseigneur Freppel, qui suivent, sont issues des Archives de l'UCO : dossier 9.
10. Expression rapportée par Hippolyte Chavanon dans une lettre du 9 mai 1880, à Monseigneur Freppel.
11. Lettre d'Hippolyte Chavanon à Monseigneur Freppel, du 22 avril 1880. Lettre de Jules Delmas, au même, du 26 avril 1880.
12. *Le Charivari* du 28 novembre 1881.
13. CHAN : 258 AP 1, Fonds du chanoine Mugnier.

cadette qui a épousé, en 1839 à Rennes, Vincent Audren de Kerdrel, un homme fort influent dans les cercles d'opinion [14]. Élu du Morbihan, ce beau-frère sort d'une période de quatre ans comme vice-président du Sénat où il est l'un des principaux animateurs de la droite libérale, et où, à ce titre, il est très lié au comte Alfred de Falloux, proche des idées conciliantes de l'évêque d'Orléans, Monseigneur Dupanloup. Or de Falloux est un Angevin qui connaît très bien son évêque avec lequel il entretient des démêlés réguliers. Car malgré la devise choisie à sa nomination, « Sponte favor, ægre spiculas », le prélat manie bien plus souvent le dard qu'il ne distribue le miel, ayant été jusqu'à l'excommunication du comte pour de pures questions matérielles n'ayant rien à voir avec la religion, et n'ayant plié que devant la levée de l'interdiction par le Nonce.

Droite libérale ? Qu'est-ce que cela veut dire en ce dernier quart du XIXe siècle ? La réponse est dans les propos de Vincent de Kerdrel lui-même, propos tenus chez le duc de La Rochefoucauld-Bisaccia, le 4 mai de cette année 1880, peu après les élections :

> « La République s'acclimate ; elle entre dans les mœurs, les paysans s'y attachent ; des intérêts nouveaux émergent et s'établissent ; dans quelques années, elle aura pour défenseurs les trois quarts de la population rurale. Nous autres conservateurs catholiques nous avons un rôle à jouer, celui de contraindre la République à rester modérée et bienveillante, respectueuse des grands principes sociaux. Plus vous poussez les choses à l'extrême droite, plus vous provoquez la République à pencher vers l'extrême gauche. Nous avons des exemples récents : le 24 mai et le 16 mai ; l'attitude militante du Clergé et des congrégations qui ont provoqué de rudes représailles [15]. »

Il milite ainsi pour une République acceptée sans enthousiasme, mais quand même acceptée parce qu'elle est « le gouvernement légal de la France ». Et son jeu n'est pas de hurler et de clouer au pilori celle que les ultras appellent « la gueuse », mais, simplement et démocratiquement, de faire pencher les lois vers des options modérées. Il redoute donc le pire avec un homme au caractère aussi tranché et aussi irascible que l'évêque d'Angers, pour qui le sens du compromis n'est pas la plus visible des qualités. En conséquence, il décide de monter au créneau contre cette candidature.

Ne pouvant agir directement, puisque implanté en Morbihan, il mobilise ceux qui lui paraissent les mieux placés pour agir à sa place et contrer de l'intérieur du parti celui qu'il qualifie de « maladroit, violent, sans mesure, téméraire, bonapartiste… ». En l'occurrence il fait appel à ses collègues sénateurs, et parmi ceux-ci, François-Louis Soubigou, qu'il a déjà fréquenté dans l'Assemblée Constituante de 1848. Celui-ci réagit positivement à sa demande et appuie son message. Mais malgré ce relais de poids, la manœuvre échoue. Comme échouent les autres actions anti-Freppel du sous-préfet républicain de Brest, Paul Deschanel [16]. Comme s'efface la rumeur laissant penser que ceux qu'alors on appelle les impé-

---

14. Le journal *Le Finistère* du 22 juillet 1885, paraissant avant le second tour des élections sénatoriales nécessité par l'invalidation des candidats, attestera avoir reçu un courrier de l'évêque de Quimper affirmant que l'opinion républicaine n'était pas un péché et qu'il recommandait l'abstention à son clergé en matière politique.
15. Renseignements généraux, APP : Ba 941.
16. Il s'agit bien du futur président de la République, sous-préfet de Brest de décembre 1879 à avril 1881.

rialistes, c'est-à-dire les bonapartistes, pourraient créer une liste autonome. Les combinaisons des uns et des autres ne peuvent contrebalancer l'influence de ceux qui sont surnommés les « grands électeurs », c'est-à-dire les curés-doyens en poste dans les cinq grandes paroisses de la circonscription que sont Lannilis, Lesneven, Ploudalmézeau, Plouguerneau, et Saint-Renan. Or, dès le 9 mai, le plus influent, car il cumule sa fonction paroissiale à Plouguerneau avec celle de supérieur des retraites de Lesneven, l'abbé Jean Favé, a écrit à Hippolyte Chavanon : « Il nous faut Monseigneur Freppel et pas d'autre [17]. » Et ses collègues le suivent sans restriction. Conséquence, le 6 juin 1880, l'évêque d'Angers est élu à la Chambre des députés avec une très large majorité, et, le 2 juillet, vient y annoncer la couleur : « Messieurs, je suis Alsacien et je représente des Bretons : c'est assez dire que pour lasser ma patience vous aurez à vaincre deux ténacités au lieu d'une ; c'est peut-être beaucoup [18]. »

Les relations avec les libéraux ne progressent pas pour autant. Le 9 mars 1881, le député-évêque écrit au même Chavanon, parlant d'un mandement de l'évêque de Poitiers, Monseigneur Jacques Bellot des Minières, qui lui a déplu : « Je ne conseillerai pas aux journaux catholiques d'insister sur cette bévue pour ne pas prêter d'armes aux républicains et surtout aux catholiques libéraux qui relèvent la tête plus que jamais. » Malgré ceci, le 21 août, lors des élections législatives générales le nouvel élu, à nouveau confronté au verdict des urnes, retrouve son siège sans difficulté.

De ces campagnes électorales internes au parti et concomitantes aux campagnes officielles menées contre les républicains, resteront quelques cicatrices dans les esprits. Imbu de ses facilités littéraires d'avocat, Hippolyte Chavanon a trop écrit au candidat élu en dénigrant les quatre sénateurs pour qu'il n'en reste pas quelque chose [19] : Kerjégu ? « Un politique sans consistance et uniquement préoccupé de sauter d'une barque dans l'autre pour flotter toujours au premier rang. » Forsanz ? « C'était autrefois une belle intelligence, ce n'est plus aujourd'hui qu'une ombre. » Raismes ? « Il est peu intelligent, sa nomination fut l'œuvre de la presse catholique du Finistère. » Soubigou ? Il dispose d'un clan dont la droite a besoin, « mais il est fort peu intelligent, sans instruction et libéral ». Il n'est pas possible de propager des accusations si injustes et si graves sans qu'il n'en filtre et n'en reste durablement quelque chose dans la mémoire blessée d'hommes plutôt tenaces. Nul ne peut s'étonner que l'évêque d'Angers en soit toujours, plusieurs années plus tard, à se plaindre de ce que tous les autres députés finistériens le gênent, en particulier Joseph Marie Boucher, ajoutant : « Je ne puis m'appuyer dans le Finistère que sur le Clergé, sur les vrais catholiques, sur les vrais royalistes [20]. »

Classe-t-il quand même François-Louis Soubigou parmi ces derniers ? C'est peu plausible en pensant aux liens de caste de celui-ci avec le député mis en cause. Et, même si le sénateur ne craint pas de prendre sa plume pour solliciter

17. Information citée par l'abbé Eugène Terrien, bibliothécaire des Facultés catholiques de l'Ouest, dans son ouvrage : *Monseigneur Freppel, sa vie, ses œuvres, son influence et son temps* (1932).
18. Information citée par l'abbé Eugène Terrien dans son autre ouvrage : *Monseigneur Freppel, apologiste et défenseur des droits de l'Église* (1927).
19. Lettre d'Hippolyte Chavanon à Monseigneur Freppel du 15 mai 1880.
20. Lettre du 14 février 1888 à Hippolyte Chavanon.

l'évêque lorsque nécessaire, même si ce dernier écrit à Hippolyte Chavanon, en septembre 1884, que chez les sénateurs sortants « aucun n'a démérité », il reste difficile de croire qu'une grande amitié soit née entre deux natures si différentes. L'évêque reste trop honni des conservateurs modérés. Pour eux, il n'est pas amendable. Dans une lettre à Armand de Mackau, datée du 10 avril 1885, Alfred de Falloux s'en alerte encore : « On ne fera jamais de ce malheureux personnage un homme qui respecte les premières conditions du bon sens et de la loyauté. [...] Tantôt il nous compromettra, tantôt il nous trahira, tantôt il nous vendra sans aucun scrupule, selon ses haines ou ses lubies du moment[21]. »

Et quand en amont des élections législatives d'octobre 1885, le chanoine Treussier, professeur au Grand Séminaire de Quimper, alerte l'évêque – député sur les nouvelles manœuvres libérales qui visent à promouvoir la candidature concurrente du recteur de l'Institut Catholique de Paris, Monseigneur d'Hulst, les relations ne se réchauffent ni avec les sénateurs ni avec les députés finistériens. Encore le brave chanoine de Quimper ne sait-il pas que quelques mois plus tôt, en août 1884, cet autre prélat, parlant des croyants catholiques, a écrit dans ses notes personnelles un texte fort libéral : « Libre à eux d'écouter leur préférence politique et dynastique. L'Église, à cet égard, n'a pas de conseils à leur donner, car il est de sa tradition de vivre en paix avec tous les gouvernements réguliers, qu'elle qu'en soit la forme, <u>pourvu</u>, comme dit Saint Augustin, <u>qu'ils administrent honnêtement et équitablement les choses humaines</u>[22]. » Une pensée toute contraire à celle de l'évêque d'Angers.

Malgré toutes ces turpitudes conservatrices préélectorales, le 4 octobre 1885, le département du Finistère réélit celui-ci et avec lui Émile de Kermenguy. Qui plus est, arrive un groupe compact de députés conservateurs, Louis de Kersauson-Penandreff, Gaston Conen de Saint-Luc, Henri de Legge, Charles Chevillotte, Étienne Roussin, Joseph Marie Boucher, Paul de Saisy, Léon Lorois. Le sénateur Soubigou, qui s'est démené sur le terrain pour appuyer certains d'entre eux comme Henri de Legge, peut être satisfait[23]. Tous les républicains ont disparu[24] : Louis Hémon, Ernest Camescasse, Armand Rousseau, Corentin-Guyho, Georges Arnoult, etc. Une grande revanche de la droite par rapport aux invalidations sénatoriales du début d'année, qui va faire illusion pendant un moment, au point que, lors d'un dîner chez Charles Chevillotte en juillet 1888, députés et sénateurs conservateurs du Finistère en seront encore à se féliciter d'avoir gagné du terrain[25].

---

21. CHAN : AP/156 (I) 27, Fonds de Mackau.
22. Le souligné est du rédacteur lui-même. Maurice Le Sage d'Hauteroche d'Hulst qui a fondé l'Institut catholique de Paris en 1875, en a été nommé recteur en 1881. Le chanoine Treussier sera à l'origine de la propagation du mouvement silloniste dans les différents collèges de garçons du Finistère, au tournant du siècle.
23. AD du Finistère : 39 J 1, Fonds de Legge.
24. L'échec républicain est net. Le dernier conservateur obtient 61 780 voix quand le premier républicain en a 57 314 sur 61 153 votants. Corentin Léonard Marie Guyho, dit Corentin-Guyho, est docteur en droit, avocat au Conseil d'État, député depuis 1876. Georges Marie Arnoult est président du Comice Agricole de Pont-l'Abbé. Pour les autres, voir *supra*.
25. UCO : dossier 10 (lettre de Monseigneur Freppel à Hippolyte Chavanon).

Puis vient l'année 1889, l'année du centenaire de la Révolution, où le boulangisme atteint son apogée[26]. Le 27 janvier, le général obtient à Paris moitié plus de voix de plus que son adversaire soutenu par le gouvernement. Il développe une influence inattendue dans plusieurs cercles politiques qui ne sont pas tous, et de loin, classés à droite, et dont il trouble le jeu. En Finistère, il semble, un instant, incontournable pour le parti conservateur, comme l'écrit Monseigneur Freppel à Armand de Mackau, dans une lettre du 22 février, où il lui fait part du plan arrêté en réunion de l'ensemble des députés et sénateurs du département qui ont fait l'analyse des chances électorales de chacun pour les élections législatives à venir. Mis à part les secteurs de Brest, 2 et 3, et de Morlaix 2, où le succès est assuré pour Joseph Marie Boucher, Émile de Kermenguy, et l'évêque lui-même, l'appui des boulangistes semble à celui-ci incontournable pour tous les députés conservateurs sortants, avec les cas particuliers de Brest 1 et Morlaix 1, « où l'échec est certains à moins que M. le général Boulanger ne se porte lui-même », ce type de scrutin par arrondissement et non par liste comme en 1885 ne leur étant *a priori* pas favorable[27].

Seulement le gouvernement manœuvre et fait avancer un projet de loi interdisant les candidatures multiples. Un changement de règle aux objectifs évidents, contre lequel François-Louis Soubigou et ses amis sénateurs tentent en vain, le 13 février, de s'opposer. Écrasés par 222 voix contre 54, la loi passe et le général ne peut plus être candidat à Brest, Morlaix, et toute autre ville de province, en sus de Paris. Pire encore, son influence devient inexistante quand le ministre de l'Intérieur, Ernest Constans, dissout la Ligue des Patriotes qui le soutenait à fond. Et quand il s'enfuit piteusement en Belgique, les jeux sont définitivement faits pour les élections législatives[28]. Le Comité conservateur finistérien devient plus nocif qu'utile, son président, l'avocat Henri Ponthier de Chamaillard, s'abstenant de tout effort tout en en gardant la direction[29]. De leur côté, les républicains, autoritairement menés par Louis Hémon, s'activent efficacement. Et le 22 septembre 1889, effectivement, seuls les trois candidats conservateurs nord-finistériens n'ayant pas besoin d'un appui boulangiste sont réélus. Les temps sont bien en train de changer en Finistère.

Pendant ce temps, au Luxembourg, le groupe des inamovibles s'éteint progressivement, au fur et à mesure que disparaissent les titulaires dont les postes sont redistribués d'une manière, cette fois-ci, territoriale. Conséquence, en 1890, avec le décès de Michel Grandperret, le Finistère passe de quatre à cinq représentants. Première faille dans le bastion de la droite locale au Sénat, c'est Joseph Astor qui, le 3 avril, emporte le nouveau fauteuil avec 654 voix contre 569 à son concurrent Charles Chevillotte.

26. À Plounéventer, le conseil municipal que préside Jean-Pierre Soubigou, refuse toute subvention pour cet anniversaire. AM de Plounéventer : Cahier des arrêtés municipaux, 28 avril 1889.
27. CHAN : AP/156 (I)/108, Campagne boulangiste.
28. Il s'y suicidera en septembre 1891 sur la tombe de sa maîtresse, et, féroce comme toujours, Clemenceau proposera, dit-on, une épitaphe : « Ci-gît le général Boulanger qui mourut comme il vécut, en sous-lieutenant. »
29. Il s'agit d'Henri Pierre Charles de Chamaillard, à ne pas confondre avec son fils, Henri Marie Charles, lui aussi avocat et qui sera élu sénateur du Finistère en 1897.

Le battu est un homme d'importance : armateur à Brest, ex-président de la chambre de commerce, ex-président du tribunal de commerce, conseiller municipal, conseiller général du canton d'Ouessant, député jusqu'au 22 septembre précédent, et disposant de son propre journal, *La Bretagne*[30]. Rien n'y a fait. Compte tenu des liens amicaux qu'il entretient avec François-Louis Soubigou, c'est un peu aussi celui-ci qui est battu. Personne ne s'y trompe. Sur un air à la mode, intitulée *La Ballade des deux Léonards,* une chanson circule à cette époque, dans le département[31] :

> Par les chemins de Cornouaille
> Deux hommes allaient à grands pas ;
> Tous les deux de moyenne taille,
> L'un maigre, sec, et l'autre gras,
> Le premier dit : « Ça m'asticote,
> Le glazic sent la trahison. »
> « Soubigou », reprit Chevillotte,
> « Soubigou vous avez raison ».
> [...]
> « Je suis sans rival en Bretagne ;
> On m'a surnommé le Chineur.
> C'est pour toi que je fais campagne,
> Je voudrais te voir sénateur.
> Pour cela flattons la calotte,
> Courbons-nous devant le blason. »
> « Soubigou », reprit Chevillotte,
> « Soubigou, vous avez raison ».

Outre les liens qui unissent les deux hommes, et leurs relations avec le clergé et la noblesse, la scène illustre le décalage qui se creuse entre le pays léonard, resté très attaché aux valeurs traditionnelles, et le pays « glazic », moins fidèle à l'influence de l'Église et qui se républicanise plus rapidement. Elle confirme le diagnostic de Monseigneur Freppel : « Le tort de ces Messieurs a toujours été de vouloir trop s'occuper du Léon où tout était fait, et de négliger la Cornouaille où rien ne se faisait[32]. »

Enfin, le conflit à l'intérieur du parti conservateur sur le nom et la personnalité du député-évêque, s'éteint définitivement le 22 décembre 1891, jour où il décède brutalement en son palais épiscopal d'Angers. Ses obsèques, célébrées une semaine plus tard en la cathédrale, rassemblent beaucoup de personnalités ecclésiastiques et politiques. La foule est nombreuse dans laquelle François-Louis Soubigou côtoie d'autres sénateurs et députés du Finistère, dont Joseph Astor, présent en tant que maire de Quimper. Une page fort animée des élections en Finistère est tournée[33].

---

30. Un article des *Cahiers de l'Iroise* d'avril 1995, signé France et Jean-Paul Chevillotte, indique que la compagnie arme dix vapeurs à la fin du XIXe siècle. Jean Charles Chevillotte est aussi connu pour la création de l'école d'agriculture du Nivot, installée en 1922 sur les 400 hectares de son ancien domaine, en Lopérec.
31. Citée par René Kerviler, in *Répertoire de bio-bibliographie bretonne.*
32. Lettre à Hippolyte Chavanon du 1 octobre 1890.
33. Respectueux des usages, les quatre sénateurs finistériens prennent soin, dès l'annonce du décès, de passer s'inscrire au 2, rue de Narbonne, adresse de l'évêque lors de ses séjours parisiens.

Un nouveau prélat

Cette disparition crée un grand vide dans le parti. Par qui, ou plus exactement par quel type d'homme faut-il le remplacer ? Pendant quelques semaines un jeu de chaises musicales semble se dérouler, avec les noms de François Marie Trégaro, évêque de Sées, ou François de Cabrières, évêque de Montpellier, quand en fait, depuis le jour même de la cérémonie des obsèques, les jeux sont faits. Ce soir-là, de retour au séminaire où ils logaient l'un et l'autre, Monseigneur Théodore Lamarche, évêque de Quimper et de Léon, a pris à part le recteur de l'Institut catholique de Paris, celui-là même que les libéraux n'avaient pu décider en 1884. Et il lui a confié sa vision des choses :

> « Dans la circonscription électorale de Monseigneur Freppel, le Clergé est maître absolu de l'élection. Or les prêtres de ce pays sont décidés à faire élire un évêque. Je ne puis pas changer leur résolution. Les deux prélats dont il est question ne me paraissent pas convenir, je verrais avec regret qu'ils fussent choisis. J'ai proposé votre nom qui a été accepté. Je vous demande comme un service personnel de vous laisser faire [34]. »

En tant que Prélat de la Maison de Léon XIII, Maurice d'Hulst satisfait effectivement à la condition posée. Mais il refuse. De même qu'il refuse de rencontrer les prêtres importants du Bas-Léon qui sont présents, appliquant un de ses principes énoncés en 1882 : « On n'a que trop mêlé la politique à la Religion, et nous le payons cher. Cela remonte au 16 mai. On a compromis l'Église. C'est une faute, j'ose le dire [35]. » Il suggère plutôt la candidature d'Émile Keller, infatigable et actif orateur à la Chambre des députés. En retour, il s'attire une réponse nette venue de Quimper : « Si l'on propose un laïc venant de loin, les Bretons lui préféreront un indigène obscur et inutile. » Et, quand, le 30 décembre, l'archevêque de Paris, Monseigneur Richard, lui écrit d'une manière comminatoire : « Je crois que la volonté de Dieu semblant se manifester pour vous, il faut envoyer sans retard votre consentement à l'évêque de Quimper », il ne peut que dire oui [36].

À partir de là, l'opération s'enclenche rapidement. Le 29 janvier, le Comité catholique et royaliste, réuni à Lannilis et présidé par le député Émile de Kermenguy, adopte, sans hésitation aucune, cette candidature par 87 voix contre 27. Le battu, Alfred Lunven se rallie spontanément. François-Louis Soubigou suit son ami, entraînant son neveu Louis, notaire à Lesneven et président de la jeunesse catholique du Finistère [37]. En février, le candidat fait sa tournée électorale, organisée par les curés – doyens de Ploudalmézeau et de Lannilis, et pilotée par Edouard Le Guen. Le 18, il est à Quimper, le 19 à Brest, et du 20 au 26, il se « laisse trimbaler », suivant sa propre expression. Et tout ce qu'il découvre l'enchante. De retour, le 29 février, il écrit à son confident l'abbé Paul Pisani :

34. Note faite, en avril 1893, par Monseigneur d'Hulst au cardinal Rampolla pour faire le point sur l'origine de sa candidature. AHAP : 2 D 2 – 10. Monseigneur Trégaro obtiendra une compensation avec l'insertion de son portrait dans le vitrail posé pour le couronnement de N. D. du Folgoët en septembre 1888. Monseigneur de Cabrières s'intéressera à l'Académie française, puis, y ayant échoué, obtiendra la pourpre cardinalice, satisfaisant enfin ses ambitions.
35. APP : Ba 1122.
36. Lettre de Monseigneur d'Hulst à l'abbé Pisani. AHAP : 2 D 2 – 12.
37. AHAP : 2 D 2 – 10.

> « Tout s'est admirablement passé dans cet excellent Pays du Léon qui offre aux yeux le consolant spectacle de la pleine civilisation chrétienne. [...]. Le clergé, maître absolu, est tout ce qu'il y a de plus emballé dans le sens catholico-républicain ; sans faire attention à mes attaches orléanistes, ils n'ont vu en moi que le prêtre et m'ont arboré comme un drapeau contre les prétentions des nobles royalistes. »

Mettant dans l'ombre le nom qu'il porte, oubliant ses relations politiques, le prélat répond en restant « sur le terrain officiel des cardinaux et du pape », une pirouette qui lui évite de déplaire à ses interlocuteurs [38].

Et ainsi, le 6 mars 1892, Maurice Le Sage d'Hauteroche d'Hulst devient député de la 3e circonscription du Finistère avec 11 069 voix sur 11 970 votants. Il est accueilli à la Chambre par Émile de Kermenguy, et par Albert de Mun alors député du Morbihan. Celui-ci le présente à Charles Floquet, ancien Ministre de l'Intérieur et actif républicain, dans un contact qui reste « glacialement poli [39] ». Peu importe. Le nouvel élu peut désormais faire entendre sa voix devant ses collègues députés.

Le grand chelem républicain

Le temps passe encore. Un nouveau renouvellement du Sénat se dessine à l'horizon pour l'ensemble des sièges du département. Avec une étape préalable en juillet 1893, le remplacement de l'amiral Halna du Fretay, brutalement décédé à Paris d'une congestion cérébrale.

C'est Louis Arthur Delobeau qui se présente pour les républicains avec un programme en trois points, et l'aval de leur congrès de Châteaulin. Maire de Brest depuis 1884, il a le soutien de ses collègues des autres grandes villes du département, Quimper, Quimperlé, Morlaix, Châteaulin. Au plan diplomatique, il défend l'alliance avec la Russie, sujet peut-être un peu lointain pour beaucoup d'électeurs. À l'international, il se démarque de certains de ses amis et challengers politiques, comme l'amiral Paul Reveillère, en combattant le libre-échangisme mal vu de la classe paysanne [40]. Enfin, il affiche une position de laïcité sereine en réclamant : « Le maire à la mairie, le prêtre à l'église, l'instituteur à l'école ». Le ton est mesuré, et ne peut faire peur aux hésitants [41]. Il peut d'autant plus éviter la surenchère que les statistiques de son parti lui accordent l'appui de 675 délégués contre 447 à l'opposition et 23 douteux [42].

En face, le concurrent s'appelle Charles Chancerelle. Il est fort connu dans sa région. Son père a développé à Douarnenez une très importante conserverie, et il opère lui aussi dans le même secteur industriel [43]. L'un de ses frères, Wenceslas, a refusé la sollicitation des catholiques locaux pour se présenter au Sénat dans

38. AHAP : 2 D 2 – 12.
39. AHAP : 2 D 2 – 10.
40. Lors de ces primaires républicaines, ce point lui assure 319 bulletins contre 26 à l'amiral, hué par l'assistance lorsqu'il fait sa déclaration de libre-échangiste. *La Dépêche de Brest* du 3 juillet 1893.
41. *La Dépêche de Brest* du 17 juillet 1893.
42. *L'Avenir de Morlaix* du 25 juin 1892.
43. La conserverie s'est continuée via Wenceslas et existe toujours, distribuant ses produits sous la marque Le Connétable.

l'élection complémentaire de 1882, préférant laisser la place au sénateur qui vient de décéder. Et son neveu Robert, fils de Wenceslas, a épousé récemment Marie-Gabrielle Boucher, la fille de Joseph Marie Boucher, le député. Un mariage dont l'un des témoins a été le sénateur de Plounéventer[44]. Opinions politiques et liens familiaux aidant, Charles Chancerelle reçoit l'appui actif de François-Louis Soubigou qui bat le rappel des délégués qui pourraient lui être favorables, n'hésitant pas à solliciter directement les maires fidèles, comme il le fait avec celui de Plomodiern, Corentin Thomas: «Prière de nous adresser les noms de nos amis des communes voisines[45].» Se mobilisent autour d'eux tous les députés conservateurs du département. Inutilement! Le 23 juillet, confirmation que les esprits ont vraiment changé, c'est le candidat républicain qui est élu avec une large avance de 709 voix contre 525.

La différence est sans appel. Comme l'écrira bientôt le quotidien *La Dépêche,* «deux trouées» ont été faites[46]. Et le renouvellement complet des représentants sénatoriaux du Finistère, prévu pour le dimanche 7 janvier 1894, devient pour la droite un échec planifié. François-Louis Soubigou a beau insister près des délégués sur le fait qu'avec ses colistiers il est un homme du pays «connu de tous», il sait que cette fois-ci les chances sont minces, même si la presse républicaine lui accorde quelques chances[47]. Dans une lettre, datée du 9 décembre précédent où le vieux Julod répond à une sollicitation de Corentin Thomas qui lui a demandé une recommandation près du Ministère de la Marine pour un de ses jeunes administrés, il s'exprime sans illusion mais avec panache: «Nous serons battus, mais nous voulons succomber le drapeau à la main[48].» Alors, c'est sans surprise qu'au soir du scrutin, les républicains peuvent faire éclater leur joie. Ils font le grand chelem: Joseph Astor et Louis Delobeau sont réélus sans surprise. Hippolyte Drouillard savoure. Il tient sa revanche de 1885, efface enfin l'invalidation de son père, et fait oublier sa propre éjection du fauteuil de maire de Saint-Pol-de-Léon où un homme de droite, Alain Budes de Guébriant, l'a remplacé après sept années de pouvoir[49]. Corentin Halléguen, avoué et maire de Châteaulin, Alexis Savary, fabricant de matériel agricole et maire de Quimperlé, passent en pleine lumière. Sortent du jeu les trois survivants de 1885, François-Louis Soubigou, Edouard Le Guen, Raoul de Raismes, et sont recalés sans appel possible les deux nouveaux venus, Anatole de Brémond d'Ars et Gaston de Saint-Luc. L'ère des grands propriétaires terriens est terminée. Et c'est sans attendre que Corentin Thomas adresse ses nouvelles requêtes au maire de Châteaulin, nouveau sénateur de son canton.

---

44. AC de Paris: état-civil.
45. Annotation manuscrite sur une lettre circulaire adressée aux conseillers municipaux du Finistère et signée des trois candidats sénateurs du Finistère. AD du Finistère: 64 J 36.
46. *La Dépêche* du 7 janvier 1894.
47. Ce «connu de tous», qui apparaît comme premier argument dans un tract bilingue du 29 décembre 1893, est accentué, qui plus est, grâce à cette structure si particulière de la langue bretonne qui place en tête le mot le plus fort de toute phrase, comme s'il était oralement souligné: «Anavezet omp ganeoc'h». AD du Finistère: 64 J 36.
48. AD du Finistère: 64 J 36.
49. S'il n'est plus «un maire républicain dans la ville sainte» ainsi qu'il l'a écrit dans sa profession de foi, il a retrouvé une position équivalente à Roscoff grâce à l'appui des votes du village républicain voisin de Santec. AD du Finistère: 64 J 36.

Albert de Mun en Finistère

Côté élections législatives, les manœuvres sont aussi actives. Monseigneur d'Hulst, élu avant la fin du mandat de son prédécesseur, doit se représenter dès août 1893. Petite compensation de fierté pour les conservateurs, il passe l'épreuve sans difficulté aucune. Mais tel n'est pas le cas en Morbihan, à Pontivy, où Albert de Mun, sortant, perd au même moment son siège après son ralliement à la République en obéissance à l'encyclique du Pape Léon XIII, *Au milieu des sollicitudes*[50].

Lourde perte pour la droite. Arrière-petit-fils d'Helvétius, ex-officier de cavalerie, fondateur avec René de la Tour du Pin des Cercles catholiques ouvriers en 1872, défenseur de nombreux projets de loi favorables à l'amélioration des conditions du travail, Adrien Albert Marie comte de Mun est un penseur et un brillant orateur dont, quelles que soient les divergences internes, elle ne peut se passer[51]. Alors, quand en 1894, le siège de député de la 2e circonscription de Morlaix se trouve vacant avec le décès d'Émile de Kermenguy, la candidature lui est proposée, à l'instigation d'Albert Le Roux, autre riche propriétaire terrien de Plounéventer, ancien cofondateur de la Société Linière du Finistère, et homme d'influence dans le pays de Léon[52]. Une candidature qu'appuie *Le Courrier du Finistère,* et pour laquelle, sur le terrain, s'implique intensivement François-Louis Soubigou, la relayant plus particulièrement près des électeurs non francophones. Le journal républicain *La Dépêche* s'en gausse longuement, pendant plusieurs numéros, en voyant soutenir un candidat dont l'éloquence aristocratique donne « une sensation d'art que goûtent les délicats », par quelqu'un de plus apte à discourir d'une manière pittoresque en breton et à payer largement à boire à l'issue des réunions[53]. Mais ces critiques blessantes sur l'usage électoral de la langue maternelle de la plupart des électeurs, ces ricanements sur leur acceptation spontanée des bocks distribués, sont contreproductives pour le candidat républicain que soutient le quotidien. Au résultat, Albert de Mun, bien que parachuté dans une circonscription totalement nouvelle pour lui, est largement élu le 21 janvier 1894 avec, à Plounéventer un score spectaculaire de 334 voix sur 388. À noter que le battu, Claude Caill, est Julod et maire de Plouzévédé, comme quoi ceci sans l'appui du Clergé local ne peut suffire[54].

---

50. Monseigneur d'Hulst n'a pas hésité non plus sur le ralliement, répondant en avril 1892, aux critiques du directeur du *Temps*: « C'est la doctrine de l'encyclique. » AHAP : 1 D X 23.
51. René de la Tour du Pin, est un disciple de l'ingénieur et économiste Frédéric Le Play et de sa doctrine sur les sciences sociales, publiée en 1863.
52. Ensemble des informations sur Albert Le Roux par Vincent Huon de Penanster, son neveu, et ancien maire de Plounéventer.
53. En particulier *La Dépêche* du 17 janvier 1894.
54. Son score s'y améliorera avec le temps puisqu'en mai 1906, il obtiendra 395 voix sur 398. Pour autant, il ne semble pas que cette élection ait stimulé le développement du cercle catholique ouvrier de la seule organisation finistérienne numériquement importante, l'arsenal de Brest. En réponse à une question de son ministre qui lui a transmis une lettre de l'amiral Vallon parlant de 2000 ouvriers adhérents et d'une « ardente propagande cléricale », le préfet maritime écrit, le 16 novembre 1894, parlant de cette organisation : « Peut-on lui attribuer une influence politique ? Je ne le crois pas », et exclut sa capacité à mobiliser de tels effectifs. CHAN : 460 AP 4, Fonds Félix Faure. En 1914, Yves Caill, fils de Claude, sera lui aussi battu par Albert de Mun.

À partir de cette année 1894, et tout naturellement, des liens s'établissent entre le nouvel élu et les notables locaux qui tous le choient particulièrement, fiers de recevoir en leurs terres un homme de cette stature intellectuelle. François-Louis Soubigou l'héberge plusieurs fois en sa maison de Mesgloaguen, le faisant accompagner par ses enfants lors de ses promenades à cheval dans la campagne de Plounéventer. Tout autant Albert Le Roux mobilise ses fermiers pour le raccompagner à la lumière des torches après les dîners en son château de Brézal. Les Quéinnec le font quérir à sa descente du train en gare de Saint-Thégonnec ou de Landivisiau. C'est un honneur pour tous d'accueillir celui qui incarne la partie la plus dynamique du parti auquel ils adhèrent, celui que le baron de Mackau appelle « le porte-parole de la droite », et que l'Académie Française va bientôt recevoir en ses rangs [55].

Le combat de trop

En ce qui le concerne lui-même, François-Louis Soubigou tente un ultime combat quelques mois plus tard, le 6 octobre 1895. Il a pourtant, le 22 août, signé une lettre collective avec tous ses amis, pour solliciter la candidature de Monseigneur d'Hulst au fauteuil sénatorial d'Hippolyte Drouillard, disparu à soixante ans à peine [56]. Mais au refus du prélat, et poussé par ses alliés en politique qui savent que dans la défaite comme dans la réussite il est celui qui recueille le plus de voix, il se présente contre Armand Rousseau. Malheureusement pour lui et les siens, il n'a plus l'image et la présence nécessaires. « S'il perdait son habit, on ne le reconnaîtrait et connaîtrait plus ». Sous la perfidie du commentaire de *La Dépêche de Brest,* il y a la réalité qu'à 76 ans et après 18 ans d'un patient travail de sape des républicains, sa cote politique est usée. Alors, pour le vieux candidat, c'est le dernier échec, l'échec sans gloire [57].

Et c'est tristement plus que cela ! Au plan amical, c'est le combat de trop qui écorne ce respect mutuel que son adversaire et lui se témoignent depuis longtemps, indifférents à ce que peuvent en penser les plus sectaires de leurs amis respectifs. Conscient de son erreur, il s'en excuse humblement auprès de celui avec lequel il partage le souvenir des années formatrices du Collège de Léon et qui se prépare à quitter sa maison de Keremma, en Tréflez, pour rejoindre son poste de gouverneur général de l'Indochine. La réponse lui parviendra depuis le vapeur l'Ybarra, naviguant au large de Saigon. La lettre d'Armand Rousseau, datée du 11 mars 1896, est toute en nuances mais ne peut dissimuler l'amertume d'avoir subi cette concurrence injuste : « Non certes, je ne vous en veux pas d'avoir posé votre candidature contre la mienne [...] Vous avez déféré aux sollicitations de votre parti et vous m'avez traité moi-même en homme de parti [...] Mais permettez-moi de vous le dire en toute franchise, je crois que dans cette

55. « Informations des descendants Soubigou, Quéinnec, Huon de Penanster. » Lettre d'Albert de Mackau à Albert de Mun du 9 novembre 1889. CHAN : 378 AP 13, Fonds Albert de Mun.
56. Cette lettre collective est inspirée par Alain Budes de Guébriant. AHAP : 2 D 2/10. René Kerviler, dans son *Répertoire général de bio-bibliographie bretonne,* note sur l'annonce de ce décès : « On remarqua que le président du Sénat, en annonçant cette nouvelle, ne l'accompagna d'aucune oraison funèbre. »
57. Commentaires de *La Dépêche* du jour même de l'élection.

circonstance, je méritais mieux[58]. » Il gardera précieusement cette lettre, sans doute la dernière qu'il recevra de celui qui disparaîtra bientôt à Hanoi, emporté en quelques semaines par un abcès au foie[59].

Blackboulé à soixante-quinze ans, le vieux Julod de Plounéventer raccroche définitivement, contraint et forcé, de ce poste de sénateur qu'il tient contre vents et marées depuis dix-neuf ans. Il raccroche comme ses collègues de la droite locale ont raccroché eux aussi, parce que les conditions qui les avaient jusque-là menés à la victoire ont changé. Il ne s'obligera définitivement plus à ce que son collègue Vincent Audren de Kerdrel appelait être « attaché par le devoir aux mornes rivages du Sénat[60] ». Il ne lui restera pour suivre les débats que les comptes rendus du *Journal officiel*, qu'à sa demande lui retransmettra Albert de Mun.

Son « costume de parade qui ne s'est jamais usé au contact de la charrue », comme l'a écrit méchamment *Le Finistère* des 26 et 28 décembre 1893, n'apparaîtra plus dans les couloirs et les travées du Palais du Luxembourg, attirant le regard amusé ou amical de ses confrères. Son cocher ne l'emmènera plus par tous les temps sur les routes et chemins, passant d'un presbytère à l'autre, d'une mairie à l'autre, d'un manoir à l'autre. Après le décès de Monseigneur d'Hulst, en novembre 1896, son rôle restera très modeste dans la bataille qui opposera le comte Aymar de Blois appuyé par la coterie des châteaux, à l'abbé Hippolyte Gayraud, soutenu par le clergé. C'est vers celui-ci, ce dominicain venu de Toulouse qui se présentera comme missionnaire apostolique, républicain, socialiste, antisémitique et antimaçonnique, qu'ira, semble-t-il sa sympathie, au détriment du conseiller général de Plabennec et ancien maire de Coat-Méal, connu pourtant depuis bien plus longtemps[61].

Sa seule activité publique restera son poste de conseiller général auquel il sera une ultime fois réélu en juillet 1901, à l'âge de 82 ans[62]. Il continuera à y assumer fort discrètement et épisodiquement des responsabilités quasiment limitées à la commission des travaux publics dont il aura été durablement l'un des membres les plus écoutés. À sa mort, dans une allocution très chaleureuse et dénuée de tout jugement politique, le président républicain du conseil général du Finistère, James Monjaret de Kerjégu, rappellera à quel point il aura été « plein d'entrain et de vigueur sur le terrain électoral pour sa propre cause comme pour celle de ses amis[63] ».

58. Ainsi qu'il le dit lui-même, l'amertume d'Armand Rousseau est accentuée par le fait que, se voulant au-dessus des conflits politiciens et se pensant élu sans avoir à combattre, il a dû affronter une concurrence dans son propre parti. Il termine par une phrase très désabusée : « Si j'avais prévu tout cela, je n'aurais certainement pas engagé la lutte ; car un échec aurait été aussi fâcheux pour moi aux yeux de mes administrés que le succès m'a été utile. » AP : Famille Boucher.
59. Armand Rousseau va décéder à Saigon le 10 décembre 1896. C'est le fils Ponthier de Chamaillard qui lui succédera au Sénat, en mars 1897, battant son neveu Armand Allain-Launay.
60. L'expression est dans une lettre à Albert de Mun du 9 février 1881. CHAN : 378 AP 13, Fonds Albert de Mun.
61. Un journal, *Le Léonard*, est spécifiquement créé pour soutenir le comte de Blois. AD d'Ille-et-Vilaine : 1 U 170. L'abbé Gayraud est soutenu par *Le Courrier du Finistère*. Après lecture attentive des débats de l'affaire Dreyfus, Hippolyte Gayraud révisera son jugement et se déclarera partisan de la révision du procès. *Le Courrier du Soir* du 31 octobre 1898. C'est Louis Soubigou, fils de Jean-Pierre, qui lui succédera après son décès en mars 1912.
62. Il aura alors près de lui dans cette assemblée son neveu Louis Soubigou.
63. *Comptes rendus des débats du conseil général du Finistère* du 7 avril 1902. James est le fils de François Monjaret de Kerjégu.

Chapitre IV

Un sénateur discret et dévoué

En dehors de ces périodes d'affrontement électoral, le Sénat accompagne, en cette fin du XIXe siècle, la maturation souvent mouvementée d'une république qui, d'abord fragile, se renforce et s'impose au fil des années. C'est à cette construction politique et économique qui prépare la France du XXe siècle que participe, parfois avec ardeur, parfois contre son gré, François-Louis Soubigou.

Lorsque la Chambre Haute se met pour la première fois en place, la tête de l'État n'est pas dans la capitale [1]. Depuis le repli du gouvernement décidé par Adolphe Thiers face aux événements de la Commune, les députés et le gouvernement siègent à Versailles, installés au mieux dans des locaux superbes mais non prévus à cet usage. Avec les élections de 1876, la Chambre se trouvant à l'étroit libère les lieux qu'elle occupe, et c'est sous les ors de l'opéra royal construit par Gabriel que les sénateurs fraîchement élus se réunissent pour la première fois, le 8 mars.

Beaucoup d'entre eux choisissent de se loger en ville, au plus près du lieu où ils siègent, multipliant la population locale par quatre avec toutes les contraintes et tous les inconvénients qui en découlent. François-Louis Soubigou, dont le cœur et les affaires restent à Plounéventer, s'organise autrement. En fonction de ce train qui, depuis onze ans, relie Brest au cœur de la capitale, il choisit comme beaucoup de Bretons le feront plus tard, de s'installer dans le quartier Montparnasse. Sa première adresse, repérée et enregistrée rapidement par les Renseignements Généraux, est le 1 de la rue du Départ, dans un hôtel-restaurant, l'Hôtel de Bretagne, tenu par Hilaire Parfait Lavenue. La salle de restaurant est vaste, occupant les numéros 1 et 1bis de la rue ainsi que le 68 du boulevard d'à côté, et attire une nombreuse clientèle [2]. Cette présence commerciale au rez-de-chaussée offre quelques facilités dînatoires, mais n'apporte certainement pas calme et tranquillité dans les étages. La rue n'a rien d'aristocratique et le voisinage

1. Loi constitutionnelle du 25 février 1875, article 14 : « Le siège du pouvoir exécutif et des deux chambres est à Versailles. » En janvier 1879, le Sénat autorisera ses commissions à se réunir indifféremment à Versailles ou à Paris, les élus ne résidant pas sur place s'étant lassés de tous ces allers-retours.
2. APP : AB 1272. *Almanach national* de 1876. AC de Paris : D1 P4 343. Le sieur Lavenue fit tout abattre en 1896 pour construire l'immeuble actuel. Sur celui-ci, que ne connut donc pas le sénateur et qui comporte toujours un restaurant au rez-de-chaussée, on peut voir un bandeau portant le nom de l'ancien propriétaire encadré des deux dates clefs : 1854 et 1897.

trop proche de la gare n'en fait pas une adresse prestigieuse. Simplement, devant alterner voyages vers la Bretagne et présence aux séances et commissions, il n'a ainsi que quelques pas à faire pour rejoindre l'un ou l'autre des trains nécessaires. Choix utilitaire et raisonné par conséquent. Et puis il peut espérer que le projet de train parlementaire, prévu fonctionner pendant les sessions des assemblées pour rejoindre une gare implantée quasiment sous le château de Versailles, aboutira peut-être un jour[3]. Enfin, il n'est pas loin du numéro 20 de la rue de la Gaieté, où le bar des 1 000 colonnes accueille régulièrement les réunions des royalistes du quartier[4].

Ainsi pendant un peu plus de trois ans, où le gouvernement et les chambres siègent hors de Paris, il a le loisir de faire régulièrement le trajet de cette ligne Paris-Versailles, admirant au passage les communes campagnardes que sont alors Clamart, Meudon, Sèvres, Chaville ou Viroflay, et leurs vues sur un Paris encore enclavé dans la verdure. Avec certainement, lui si croyant, un moment de recueillement particulier au passage tragique où le dimanche 8 mai 1842 un peu après dix-huit heures, un tragique accident a coûté la vie à de nombreux passagers piégés dans leurs élégants wagons, fermés à clef suivant le règlement en vigueur et que les charbons ardents des deux locomotives renversées ont incendiés[5].

La pension doit être bien tenue puisque le nouveau sénateur y séjourne jusque dans le courant du mois de juillet 1879, lorsqu'une loi nouvelle décide de ramener l'ensemble des institutions à Paris, et, par voie de conséquence, le Sénat au Palais du Luxembourg[6]. À la rentrée du 3 novembre, il s'écarte légèrement de la rue du Départ pour s'installer au 3, rue de Fleurus. Cette nouvelle adresse, qui le maintient à proximité de la gare, le met à deux pas de l'entrée des jardins du Palais du Luxembourg avec l'agrément de parcourir quelques allées ombragées pour rejoindre la salle des séances, distante de quelques pas seulement. Homme d'ordre et d'exactitude, il a la certitude de pouvoir être présent dès l'ouverture des séances. Homme paisible et proche de la nature, il peut y louer aux beaux jours une chaise à 10 centimes pour observer les joueurs de longue paume.

Puis vient cette difficile année 1885. Il quitte alors ce logement pour installer sa nouvelle base au 10 rue Cassette. Pour quelle raison ce déménagement ? Son hôtelier de la rue de Fleurus est décédé et, peut-être la manière dont la veuve gère désormais, seule, cet établissement ne lui convient plus. Ou n'est-il pas, bien

---

3. Deux projets existent : l'un, poussé par la Compagnie de l'Ouest et soutenu par son ancien ingénieur, le Ministre des Travaux Publics Eugène Caillaux, part de la gare des Invalides, rejoint Versailles RG et coupe la ville en deux pour atterrir en souterrain quasiment sous le château : l'autre, celui du PLM, part de Montparnasse, dépasse la Gare de Versailles Chantiers et rejoint l'Orangerie après avoir longé la pièce d'eau des Suisses. Seul le premier projet recevra un début d'exécution, stoppé par le tollé des habitants de la ville, efficacement soutenus par leur évêque près des tribunaux de Versailles et de Paris. AC de Versailles : O 2 1776.
4. Ce bar existait encore, quasiment inchangé, au début des années 1990.
5. Dont l'Amiral Dumont d'Urville, ainsi que son épouse et son fils. Le train les ramenait tous à Paris à l'issue d'une fête organisée à Versailles en l'honneur de Louis-Philippe et dérailla à Meudon. Une chapelle votive édifiée à cette occasion, et disparue depuis, prit le nom de Notre Dame des Flammes. Les accidents restent relativement fréquents, au point que, en 1884, la Compagnie d'Orléans peut se démarquer de ses concurrents en axant sa publicité sur le fait d'avoir transporté 19 millions de voyageurs sans en avoir tué un seul. AD du Lot : 1 PER 11 6.
6. Peut-être aussi avait-il connu cette adresse lors de ses déplacements professionnels, même si *L'Almanach du Commerce* des années précédentes ne l'y répertorie pas.

plutôt, désagréable de continuer à croiser chaque jour de session sénatoriale le collègue Xavier Blanc, ex-président de cette fatale Commission d'enquête, et presque voisin de palier? Difficile d'oublier comment celui-ci a plongé dans les turpitudes des campagnes électorales en Basse-Bretagne! Impossible de ne pas penser, en le saluant, à tous les ragots dont il a été abreuvé par les personnes les plus mal intentionnées. Certains commentaires ont été inscrits dans le rapport. Seulement quels autres a-t-il pu entendre, qu'homme discret et courtois il n'a pas retenus! En tout cas, quelle qu'en soit la raison, François-Louis Soubigou change d'adresse. Il en changera encore en choisissant le 45 rue de Rennes, puis le 91 qui sera sa dernière adresse parisienne[7].

Le Sénat se met donc en place le 8 mars 1876. La présidence de la République est assurée par Mac-Mahon, depuis qu'Adolphe Thiers, après avoir refusé de mener une politique résolument conservatrice comme le lui demandait la majorité de droite de l'Assemblée, a démissionné le 24 mai 1873. Son élection s'est faite sous l'action conjuguée des différents partisans de l'Ordre Moral, conservateurs et monarchistes confondus. Seulement, avec les élections qui viennent d'avoir lieu, il est en face d'une nouvelle Chambre des députés où dominent largement les républicains avec 340 sièges contre 150 à leurs opposants profondément divisés. Après quelques mois où il confie la présidence du Conseil à son ancien chef de cabinet Armand Dufaure, le maréchal ne peut que décider de changer et de demander à un républicain modéré, le breton Jules Simon, de former le ministère.

Un vieux et courageux soldat sans grande envergure politique, essentiellement mis en place pour préparer une nouvelle restauration conforme à ses propres idées. Un philosophe, probe, désintéressé, entré au pouvoir avec indifférence et qui en sortira sans regrets[8]. Cette cohabitation entre deux hommes que rien ne réunit est fragile, d'autant plus fragile que le Sénat n'est pas devenu républicain et qu'il peut, de par la loi, soutenir le Président de la République si celui-ci lui demande de pouvoir dissoudre la Chambre[9]. Thiers ne s'y trompe pas qui, dès le 22 mars 1876, explique chez la princesse Troubetskoï, dont les salons sont parmi les plus fréquentés de Paris, que si Mac-Mahon le demande « le Sénat ne

7. C'est à cette dernière adresse qu'il se fera piéger par un aigrefin qui, ayant visiblement bien étudié le mode de pensée de sa victime, aura organisé son coup avec beaucoup d'astuce et d'aplomb. Ceci se passera le soir du 4 juillet 1890. François-Louis Soubigou sera en son logement quand il recevra un télégramme signé de l'évêque de Quimper lui annonçant que, se trouvant à Paris à court d'argent, il le sollicite de 500 F, une somme qu'il fait quérir par un nommé « de Kerbrat ». L'évêque de Quimper! Un messager breton et à particule! Impossible de refuser! Quand une heure plus tard, un jeune homme fort bien de sa personne interrompra le dîner du sénateur, celui-ci n'hésitera pas un instant et lui remettra la somme demandée sans plus de vérifications. Sauf que dans les jours qui suivront il devra constater que Monseigneur Lamarche ne lui a rien demandé, et, qu'il ne reverra jamais cette somme fort coquette, escroquée avec beaucoup d'élégance. Capable de se moquer de lui-même, il en rira probablement bien lorsqu'il fera sa déposition au commissaire du quartier Montparnasse. Il apprendra à cette occasion que, quelques jours plus tôt, un soi-disant « de Kerangal » aura obtenu du curé de Vincennes une somme plus modique et donc plus adaptée au statut de cette autre victime. Ni l'une ni l'autre des deux affaires ne sera résolue malgré les rapprochements effectués par la police. APP: Ab 1272.

8. L'expression est du comte Paul Gabriel d'Haussonville, dans sa réponse au discours de réception d'Albert de Mun à l'Académie française en mars 1898.

9. Article 5 de la loi du 25 février 1875: « Le président de la République peut, sur l'avis conforme du Sénat, dissoudre la Chambre des députés avant l'expiration de son mandat. »

lui refusera pas» et que «les députés que le pays lui renverra seront au moins aussi radicaux que ceux actuels [10]». Et c'est ce qui se passe début 1877.

Le Seize-Mai 1877

En mai, d'abord. Après une nouvelle interpellation de Gambetta qui avive les passions, «le cléricalisme voilà l'ennemi», le maréchal est poussé par son entourage proche à réagir par la fermeté. Le 16, au prétexte de la loi sur les délits de Presse, il écrit une lettre critique à Jules Simon qui ne peut que démissionner. Dans la foulée, il nomme le duc de Broglie à la tête du gouvernement, avec Oscar de Fourtou à l'Intérieur et Eugène Caillaux aux Finances. Parallèlement, il suspend la session parlementaire pour un mois. C'est le gouvernement que ses adversaires appelleront par la suite, celui du «Seize-Mai», celui qui focalise toutes les oppositions [11]. La réaction des députés républicains est immédiate. Ils sont «363» à exprimer leur défiance et à signer un manifeste à la Nation: «Dans l'impossibilité de porter à la tribune l'expression publique de notre réprobation, notre première pensée est de nous tourner vers vous, et de vous dire... que les entreprises des hommes qui reprennent aujourd'hui le pouvoir seront encore une fois impuissantes.» Parmi les signatures, celles des Finistériens Louis Hémon, Georges Arnoult, Théophile de Pompéry, Joseph Nédellec, Gustave Swiney, Léonard Corentin-Guyho [12].

Dans les semaines qui suivent, la tension monte partout. L'agitation se développe, que le gouvernement cherche à contrôler en muselant son opposition. Louis Hémon, qui a prévu de faire, le 5 juin à Quimper, une conférence publique sur la situation politique, se voit refuser par le ministère de l'Intérieur l'autorisation nécessaire, au prétexte d'avoir choisi une matière «ne rentrant pas dans l'ordre des sujets d'une conférence [13]». Le 16 juin, les deux chambres se réunissent et un nouveau cran est franchi dans l'escalade des affrontements. Un message de Mac-Mahon, lu au Sénat par le duc de Broglie et diffusé par voie d'affiches, annonce: «Le Président de la République fait connaître au Sénat son intention de dissoudre la Chambre des députés, et lui demande son avis conforme [14].»

Conséquence, le 21 juin le Sénat que préside le duc d'Audiffret-Pasquier, ouvre un débat dominé par plusieurs ténors. Parmi eux, Victor Hugo intervient très longuement sur les conséquences économiques de la dissolution: «Le 15 mai tout prospérait, le 16 mai, tout s'est arrêté.» Le lendemain, le même orateur reprend, cherchant à faire réfléchir ses collègues sur le rôle de leur propre représentation: «Si au-dessus du gouvernement il y a le Sénat, au-dessus du Sénat il y a la Nation», et prédisant des jours difficiles: «La colère mêlée à la justice, tel

---

10. Note blanche des Renseignements généraux. APP: Ba 401. Beaucoup d'hommes politiques en vue fréquentaient ainsi l'hôtel parisien de la Princesse, observatrice attentive de la société française pour le compte du tsar Alexandre II.
11. Oscar Bardi de Fourtou est avocat et élu de la Dordogne. Eugène Caillaux, polytechnicien et ingénieur des Ponts et Chaussées, est élu de la Sarthe après avoir assumé d'importantes responsabilités techniques à la Compagnie des Chemins de Fer de l'Ouest. L'un et l'autre sont à la Chambre des députés depuis février 1871.
12. *JO*: séance du 4 mai 1877, et *Le Siècle* du 19 mai 1877.
13. Dépêche chiffrée du Ministère au préfet du Finistère. CHAN: F7 12682.
14. *JO*: séance du 25 juin, et AM de Brest: 6 Fi 1103.

est le lendemain de la dissolution. » Malgré lui, malgré les autres intervenants de la gauche, le Sénat soutient la décision de Mac-Mahon par 149 voix contre 130. Parmi les 149 sénateurs qui votent la dissolution il y a les quatre élus finistériens, dont François-Louis Soubigou. *Le Finistère* du 27 juin, qui l'annonce à ses lecteurs, conclut sur une exhortation en forme de menace : « Que les électeurs se souviennent. » En attendant, les jeux sont nationalement faits.

A partir de cet instant, la presse anti-gouvernementale se déchaîne, comme *Le Mot d'Ordre,* qui proclame que « les prochaines élections renverseront la Bastille moderne », ou *La Lanterne* qui accuse les légitimistes, orléanistes, et bonapartistes, d'être « les trois tronçons du serpent clérical ».

La suite est connue. La gauche, sous la houlette de Léon Gambetta, et bien qu'hétérogène, fait l'union autour des « 363 » et s'impose une unicité de candidature face aux sortants conservateurs. Au mois d'octobre suivant, elle obtient une nette majorité de 327 députés contre 208. Dans le Finistère, cinq des signataires du manifeste sont immédiatement réélus. Seul Corentin-Guyho est battu par le conservateur Léon Lorois. Provisoirement puisque après l'invalidation de son adversaire, il reviendra à la Chambre le 5 mai 1878. Aux élections cantonales de novembre le changement se confirme. La partie est perdue pour Mac-Mahon qui peut réfléchir à l'avertissement de Gambetta, à Lille, le 15 août : « Quand la France aura fait entendre sa voix souveraine, croyez-le bien, Messieurs, il faudra se soumettre ou se démettre. » Il a, désormais, perdu toute influence. Sa situation s'aggrave encore davantage le 5 janvier 1879, avec le renouvellement par tiers du Sénat qui est favorable à ses adversaires. Soixante-six républicains sont élus contre 16 conservateurs. Il démissionne dès le 30, sans que les amis politiques de François-Louis Soubigou, les légitimistes, ne le regrettent vraiment semble-t-il, parlant d'une « ganache politique » leur ayant fait beaucoup de mal [15]. Le sénateur lui-même ressort très troublé de tout ce qui vient de se passer, ayant, dès janvier 1878, fait part de son désarroi à son frère et confident Jean-Pierre : « Je n'ai rien à te dire sur la politique car je n'y comprends goutte moi-même dans ces temps troublés que nous traversons [16]. »

Au maréchal vieillissant, succède Jules Grévy qui va occuper le poste aussi longtemps que le scandale du trafic des décorations impliquant son gendre ne l'oblige pas à démissionner, ce qu'il doit faire en décembre 1887. C'est alors Sadi Carnot qui prend la relève jusqu'à son assassinat par l'anarchiste Caserio le 24 juin 1894, un événement tragique qui sera hors du champ sénatorial de François-Louis Soubigou.

Un participant discret

Comment celui-ci mène-t-il son mandat sous ces présidences où de nombreuses lois sont votées aux objectifs et aux conséquences diverses, où des débats répétitifs ont lieu sur des sujets majeurs pour l'avenir du pays et de la République ? Participe-t-il aux affrontements oratoires ? S'implique-t-il dans les commissions

15. Note blanche des Renseignements Généraux. APP : Ba 403.
16. Lettre du 19 janvier 1878. AD du Finistère : 78 J 31 et 32, Fonds Maître Perret.

et groupes de travail ? Quelle participation est-elle la sienne durant cette période de dix-huit ans où il siège au Luxembourg ? Quel rôle se donne-t-il dans cette assemblée ?

Le dépouillement des comptes-rendus des débats montre une présence discrète, modeste, très réservée, très pragmatique. Pendant toutes ces années, et assez logiquement, il intervient quasi uniquement comme rapporteur sur des sujets touchant la Bretagne, et plus encore le Finistère. Ces sujets sont mineurs par rapport à la politique d'ensemble du gouvernement et de l'opposition, mais, pour les personnes qu'ils concernent, ont une réelle importance dans leur vie de tous les jours, et comme tels, nécessitent d'être traités avec précision et diligence. Ce qu'il sait faire.

Plusieurs portent sur les surtaxes d'octroi des boissons alcoolisées aux entrées de villes et de villages pour lesquelles un agrément législatif est obligatoire avant de pouvoir les appliquer ; ainsi en 1878 pour Redon, Audierne, Plouider ; en 1879 pour Plounéventer ; en 1882 pour Guipavas, Saint-Pierre-Quilbignon, Saint-Malo, Lannion, et encore Plounéventer ; ou en 1888 pour Poullan, et toujours Plounéventer. La question est très matérielle, très terre à terre, d'apparence presque secondaire, mais elle est cependant essentielle pour les finances des communes, sans compter que plusieurs élus pensent que c'est un moyen efficace de lutter contre l'alcoolisme dont ils ont conscience des ravages qu'il cause [17]. Le professionnel défend aussi des projets qui l'intéressent de plus près. Ainsi en juillet 1879, la réalisation des voies ferrées de Concarneau à Rosporden, de Morlaix à Roscoff, de Quimper à Douarnenez, un sujet qui, s'il est sensible en Finistère, ne génère pas débat au Luxembourg, et dont il maîtrise parfaitement le contexte géographique, économique, financier et technique [18].

Par ailleurs, il n'hésite pas à participer à des commissions qui souvent ont comme sujet les travaux à faire dans les communes, tels les chemins vicinaux, les ouvrages d'art, les bâtiments, etc. Pour quelqu'un qui a des intérêts dans une entreprise de travaux publics, c'est un bon moyen pour être informé des chantiers intéressants que des départements lointains peuvent vouloir entreprendre. De même, sa présence à la Commission des congés lui permet un contact en terrain neutre et ouvert avec les autres élus. Quoi de plus facile, à l'occasion d'un départ en vacances, que d'écouter discourir le demandeur sur ce qu'il part faire dans sa circonscription, son conseil général, sa commune, ou tout simplement sa zone de résidence ! Quoi de plus instructif s'il déclare se déplacer pour participer à l'un de ces nombreux débats de conseils généraux ou municipaux qui portent sur les financements et les tracés de ces voies ferrées qui se tissent partout en France !

Les enjeux agricoles

Et puis, un peu à part dans un monde d'affrontements d'idées, il y a un sujet qui lui tient particulièrement à cœur et auquel la Troisième République s'intéresse bien plus que le Second Empire. C'est l'agriculture. Celle-ci se plaint

17. Les octrois ne disparaîtront qu'au début du vingtième siècle.
18. *Tables analytiques du Sénat : 1876 – 1893.* Le cas de la ligne de Morlaix-Roscoff sera décrit plus loin.

de la mondialisation qui ouvre ses marchés historiques à la concurrence de ces produits fabriqués par des Japonais ou des Chinois « qui vivent à quatre sous par jour », du protectionnisme industriel qui enchérit le prix de ses équipements, des tarifs trop élevés du transport, des taxes votées pour financer la police et l'armée ainsi que l'enseignement [19]. L'action de l'homme de Plounéventer y est concrète, directe [20]. Il est en terrain connu. Il participe à l'élaboration d'un projet de loi qu'ils sont plusieurs sénateurs de diverses tendances à déposer le 16 juin 1877. Parmi ces hommes ainsi rassemblés, il y a, outre lui-même, deux noms déjà cités : Raoul de Raismes et Xavier Blanc. Comme quoi, malgré les récents affrontements du Seize-Mai, des hommes raisonnables savent coopérer au bien commun. Considérant que « l'agriculture n'a été longtemps qu'un art empirique et comme telle ne pouvait guère donner lieu qu'à une sorte d'apprentissage » et qu'elle est désormais une « science sérieuse », leur proposition porte sur son enseignement départemental dont ils expliquent que le Sénat « s'honorera en fondant aussi les bases de l'enseignement agricole dans ses rapports avec l'intérêt de la jeunesse laborieuse de nos campagnes ». Faisant valoir combien cet enseignement est développé en Allemagne où existent 174 écoles de degrés divers et dix facultés ou instituts supérieurs, ils provoquent l'attention de leurs auditeurs en expliquant que l'Alsace-Lorraine, dont tous pleurent la perte, vient d'avoir sa première école à Rouffach. Surtout, ils proposent que « les notions élémentaires d'agriculture et d'horticulture [soient] à l'avenir comprises dans les matières obligatoires de l'enseignement primaire » et que, dans un délai de six ans, il soit établi une chaire appropriée dans tous les départements non encore pourvus, chaire dont le professeur puisse être nommé par un jury composé pour un tiers au moins de « propriétaires ou agriculteurs [21] ». Puis leur groupe se transforme en une commission sous la présidence de Charles Salmon, représentant de la Meuse. Mis à part que les mots « départemental » et « communal » sont ajoutés dans le titre à la demande de Xavier Blanc, celle-ci reprend les idées précédemment développées [22]. Et c'est dans cet esprit que sont instituées en juin 1879, les écoles pratiques d'agriculture, deuxième niveau de formation entre les fermes écoles et l'Institut National d'Agronomie, l'INA, réactivé après sa mise en sommeil suivant le coup d'état de 1851 [23]. Cette question agricole ouvre aussi la porte aux débats sur le protectionnisme douanier versus le libre-échange. Un thème sur lequel ses ennemis politiques l'accusent de ne pas avoir d'opinion bien stabilisée, tant il est vrai que son cœur d'agriculteur ne peut que rêver de taxes sur les importations quand les intérêts du négociant, qu'il est par ailleurs, le poussent à réclamer l'ouverture des frontières [24].

19. *Almanach français*, article signé Le Trésor de la Rocque, inspecteur des finances (1886). CHAN : F7 12434. Brochure de l'Union Nationale (1897). CHAN : F7 12480.
20. Ceci malgré le fait que de 1870 à 1879, agriculture et commerce sont un seul ministère, et qu'ensuite, l'Agriculture étant devenue autonome, les ministres s'y succèdent à peu près tous les ans.
21. *JO* du 27 juin 1877.
22. Xavier Blanc est bien le futur président de la commission d'enquête de 1885.
23. La loi du 28 mars 1882 sur l'enseignement primaire ne parlera seulement que d'application des sciences à l'agriculture.
24. Ainsi de *L'Avenir de Morlaix* du 5 octobre 1895.

En fait, il reste essentiellement tourné vers ses électeurs finistériens, menant pour eux des actions d'intercession vers les institutions nationales, comme le font d'autres de ses collègues et comme le pratiquent encore beaucoup d'élus aujourd'hui. Ces interventions appuient les réalisations des associations agricoles locales qui se sont mises en place et auxquelles il participe lui-même ainsi que ceux de sa famille. Il en est ainsi de la Société d'Agriculture de Morlaix, structure pionnière créée en décembre 1819, où il retrouve ses frères Jean-Pierre et Jean-Louis, ainsi que ses cousins Quéinnec. Tous y sont actifs, contribuant aux débats et commissions [25]. C'est une étonnante société où se côtoient avec eux tous les grands noms de la bourgeoisie morlaisienne, qu'ils soient du commerce, de l'industrie ou de la magistrature, et où se mêlent des hommes aux opinions politiques parfois antagonistes comme Hippolyte Drouillard ou le général Le Flô. Le répertoire pour l'année 1879 fait apparaître, mêlés aux grands propriétaires locaux, des négociants, des avocats, des notaires, des entrepreneurs, des ingénieurs, un marchand de vin, un employé de la Manufacture des Tabacs, l'économe de l'Hospice [26]. On y débat de sujets sérieux. Et surtout un vrai travail expérimental est fait dont les résultats sont vite présentés à tous et propagés. Ceci porte sur les méthodes de labour et de culture, l'utilisation des engrais, l'irrigation, les graines et semences, les outils et les machines agricoles, l'amélioration des races bovines et équines. Une propagande technique qui laisse malheureusement de côté les questions sociales sous-jacentes. Mais il est vrai qu'il y a tant à faire.

Les Soubigou sont réputés pour la qualité de leurs prairies. François-Louis, lui-même, et ceci sera rappelé par le président du conseil général à son décès, entretient très soigneusement ses propres terres. Ce sera d'ailleurs sa seule occupation, une fois sorti de la vie politique active. Avec son frère Jean-Pierre, il leur arrivera, en 1888, de rafler les deux premiers prix du concours régional décerné à Brest pour cette catégorie.

Leurs taureaux et génisses sont souvent primés avec des sommes parfois fort coquettes. Un premier prix atteint facilement les 50 à 70 F, voire davantage. Les derniers prix sont de 20 ou 25 F. À comparer aux 415 F auxquels Jean-Pierre Soubigou achète un taureau au comte Paul de Champagny en 1880, président de la Société d'Agriculture de Morlaix. Il est vrai que cette bête est un Durham, une race venue de Grande-Bretagne et très recherchée, en particulier par les Juloded, pour renforcer la race locale jugée trop fluette [27]. François-Louis Soubigou utilise d'ailleurs ses relations parisiennes pour promouvoir ce type de croisements en s'entremettant avec succès, le 10 mars 1883, près du ministre de l'Agriculture, afin d'obtenir une subvention de 1 000 F, destinée à l'acquisition par les éleveurs de l'arrondissement de Morlaix de deux de ces taureaux [28]. Ce faisant, il ne se crée

25. Comme Jean-Louis Soubigou participant en 1865 aux travaux visant à définir un livret pour les ouvriers agricoles équivalent à celui utilisé pour leurs collègues de l'industrie.
26. CCI de Morlaix.
27. Dans le *Herd Book* des Durham, plusieurs noms de Juloded apparaissent parmi les éleveurs : Soubigou au Tréhou, à Ploudaniel, à Plounéventer ; Quéinnec à Pleyber-Christ, à Guiclan ; etc. BnF : 8-S-1220. Paul de Champagny a son élevage à Keranroux, près de Morlaix.
28. CHAN : F10 1591. L'année suivante, la Société d'Agriculture déposera elle-même sa demande et sera informée des 800 F obtenus via les quatre sénateurs du département. CCI de Morlaix. Chan : F 10 1591.

pas que des amis, certains qui le combattent en profitent pour l'accuser de ne pas être un bon paysan en mésestimant les races traditionnelles et le cheptel existant. Et ceci le démarque de ceux qui au sein de la Société Nationale d'Agriculture, association très conservatrice, préconisent uniquement une meilleure sélection des races autochtones, tel Hervé Marie Tanguy, vétérinaire à Landerneau[29].

De son côté, Jean-Pierre Soubigou, s'appuyant sur son frère et ses amitiés politiques, s'active en 1886 pour la création d'une association destinée à rechercher des débouchés aux produits agricoles bretons, un projet novateur et précurseur, soutenu par les Sociétés d'Agriculture de Brest et de Morlaix, et certains comices[30]. C'est aussi lui, dans son rôle de maire de Plounéventer, qui se démène pour développer la station que les haras de Lamballe installent dans sa commune.

Cette implication dans les instances professionnelles n'est ni neutre ni dénuée d'arrière-pensées, celles-ci allant bien au-delà des intérêts associatifs affichés. Plusieurs comices sont marqués politiquement. Les représentants de l'État ne s'y trompent pas qui n'hésitent pas, en complément des commentaires techniques, à faire part à leur ministre des orientations politiques qu'ils détectent. Dans un rapport de 1883 où il critique les opinions conservatrices des dirigeants de Landerneau, le sous-préfet de Brest va très loin: «Toutes ces sociétés de cette nature disparaîtraient si elles n'avaient pas un but électoral[31].» C'est globalement injuste car c'est se montrer oublieux des réalisations bénéfiques souvent réalisées par ces structures. C'est aussi exagéré car l'évolution positive qui est, dès cette époque, celle de l'agriculture bretonne est bien issue des multiples expériences et du prosélytisme technique, qui se développe dans ces instances, et qui relaye très professionnellement les actions plus ou moins isolées menées jusque-là. Enfin, si Landivisiau est contrôlée par les Soubigou et leurs parents, Quéinnec, Martin, Pouliquen, les républicains savent être présents de leur côté comme à Morlaix avec Hippolyte Drouillard, ou à Quimper avec Louis Hémon et Joseph Astor.

La discipline de parti

Et pour le reste? Quelles sont les prises de position du sénateur de Plounéventer face aux grands projets de ces présidents du Conseil qui se succèdent et dont la mémoire populaire a pour la plupart retenu les noms, comme Albert de Broglie, Charles de Freycinet, Jules Ferry, Léon Gambetta, Armand Fallières, Jean Casimir-Perier, etc.

La réponse? Il la donne à la tribune lors de son invalidation, ce jeudi 26 juin 1885, quand il exprime en peu de mots sa conception de son rôle de sénateur: «Messieurs, je ne suis pas un orateur, et mes électeurs, qui le savent, ne m'ont pas envoyé ici pour faire des discours, mais pour défendre par mes votes les principes religieux et sociaux auxquels nous sommes inébranlablement attachés eux et moi.» Et ce jour-là, où il est pourtant directement concerné par les débats et fortement mis en cause, la totalité de son discours ne couvre que la moitié d'une colonne sur les trois que comporte chacune des pages du *Journal officiel*,

29. Séance de la Société nationale d'agriculture du 30 mai 1888. APP: Ba 888.
30. *Le Courrier du Finistère* du 13 mars 1886.
31. CHAN: F10 1591.

quand l'ensemble de toutes les interventions, faites par les uns et les autres ce même jour et sur ce même sujet, s'étale sur quasiment dix-huit pages et qu'à chaque échange c'est de lui, et quasiment de lui seul, qu'il est débattu. C'est strictement dans cette logique de participation quasi silencieuse mais constante et attentive, que sa présence politique dans l'hémicycle peut être mesurée [32].

Aux débuts du Sénat, en 1876, les premiers sujets sur lesquels il est amené à se déterminer sont purement conjoncturels. En mars puis en avril, la question est posée de désigner des Commissions d'enquête pour vérifier la validité des élections sénatoriales en Corse et en Guadeloupe. Est-ce par conviction ou par solidarité, toujours est-il qu'il s'oppose à ces deux mises en cause, comme d'ailleurs la majorité de ses collègues.

En juillet 1880 et après une longue maturation, vient en débat une amnistie destinée à apaiser les cicatrices de ce tragique événement encore très présent dans tous les esprits qu'a été la Commune. Homme d'ordre, provincial ayant observé avec suspicion ces événements parisiens, oncle d'un Jean-Louis Soubigou sous-lieutenant au bataillon des Mobiles du Finistère, ayant peut-être revécu en esprit les journées d'émeutes de mai et de juin 1848 quand il était encore jeune représentant du peuple siégeant à Paris, François-Louis Soubigou fait partie de la minorité qui vote contre [33].

Puis le Sénat commence vraiment à exister, à se positionner sur des sujets de plus grande ampleur. L'activité parlementaire devient bientôt intense. La république commencée dans l'incertitude et la discrétion de l'amendement Wallon, s'installe et évolue dans une volonté profondément novatrice. Et donc le sénateur Soubigou vote. Il vote sur des projets importants et d'autres plus ordinaires. Il vote sur des décisions qui concernent son métier d'entrepreneur. Il vote et contribue aux projets touchant le monde agricole avec lequel il maintient et maintiendra durablement des liens étroits. Il vote sur des questions qui touchent des points sensibles à son cœur de catholique et de royaliste.

Il y a les affrontements sur la conquête et l'expansion coloniale, Indochine, Madagascar, Afrique du Nord, Afrique Noire, guerre contre la Chine, toutes ces opérations que Jules Ferry soutient activement, que la droite combat énergiquement en estimant les opérations inutiles et trop coûteuses, et qui divise la gauche, surtout après les défaites [34].

---

32. Il en est de même au sein du conseil général du Finistère, à l'exception de tout ce qui touche aux questions de travaux publics du département.
33. Jean-Louis Soubigou, ADT : 5Ye 3067.
34. À droite, seul Monseigneur Freppel vote les crédits demandés pour soutenir l'action dans les colonies. Et c'est un républicain, Georges Clemenceau, qui fera chuter Jules Ferry sur la défaite militaire de Lang Son, près de la frontière chinoise.

Il y a, en réaction au Seize-Mai, la loi du 29 juillet 1881 sur la liberté de la presse, portée par le député Eugène Lisbonne, qui simplifie la création des journaux et facilite leur publication et leur fonctionnement[35].

Il y a les grands projets destinés à faciliter le développement industriel et commercial du pays. Avec en particulier, en mai 1878, le ministre des Travaux publics et futur président du Conseil, Charles de Freycinet, qui vient défendre devant le Sénat ses propositions de développement intensif du rail et des canaux et qui se heurte à l'opposition d'Eugène Caillaux qui a eu la charge de ce même ministère de mai 1875 à mars 1876. Un long duel d'ingénieurs qu'emporte le ministre en place qui peut désormais développer son plan d'aménagement du territoire, fait de cohérence et d'ambitions. Lorsqu'en décembre 1879, devenu président du Conseil, il fait son rapport au président de la République sur le début d'exécution de son programme, il peut s'estimer satisfait : six milliards de francs sur 12 ans ont été planifiés sous contrôle des élus nationaux, dans lesquels 3,5 pour les chemins de fer, auxquels s'ajoutent 700 à 800 MF pour les rachats des lignes en suspens. Le reste du budget est beaucoup pour les canaux et un peu pour les infrastructures routières. Au résultat, il prévoit d'étendre l'ensemble des réseaux ferrés à 42 000 km. C'est plus que son estimation initiale, mais des demandes difficiles à rejeter se sont amoncelées. Le journal *La Civilisation* qui, en début d'année, qualifiait les actions des compagnies de chemin de fer de « placement de père de famille », peut continuer, et voir dans leurs cotations une « fermeté de meilleur aloi[36] ».

Il y a cette série de lois qui, non sans mal, organisent progressivement le droit et les conditions du travail. Les prud'hommes sont créés en février 1880. Les syndicats professionnels sont autorisés en mars 1884[37]. En décembre 1890, apparaît timidement le contrat de travail sans limitation de durée mais résiliable unilatéralement de part et d'autre. Puis, prolongement des lois de 1874 interdisant d'employer des enfants avant douze ans le jour et seize ans la nuit, de nouvelles mesures sont prises en novembre 1892 pour leur rendre, ainsi qu'aux femmes, les tâches un peu moins pénibles. Sont aussi créés des inspecteurs du

35. « L'imprimerie et la librairie sont libres ». « Tout journal ou écrit périodique peut être publié, sans autorisation préalable et sans dépôt de cautionnement... » Les républicains seront fort surpris de voir, en 1886, le Conseil d'État, statuant au contentieux, préciser que les décrets préfectoraux interdisant l'affichage des manifestes monarchiques sont illégaux aux termes de cette loi. CHAN : F7/12435. Le même Eugène Lisbonne, devenu sénateur, soutiendra, en février 1889, un nouveau projet rendant justiciable des tribunaux correctionnels les délits d'injures publiques, qualification plus large et plus facile que celle de diffamation. François-Louis Soubigou votera contre cette restriction, qui, approuvée par la majorité du Sénat, sera rejetée par la Chambre des députés. *JO*, séance du 5 février 1889.

36. *Revue générale des chemins de fer* (1880). CCI de Paris : 600088. *La Civilisation, Journal du dimanche* des 30 mars et 19 octobre 1879, BnF : 4-L2-3939. Louis Charles de Saulces de Freycinet, X-1846, corps des Mines, s'est intéressé dès son début de carrière au secteur des transports, dirigeant pendant cinq ans l'exploitation de la Compagnie du Midi. Eugène Caillaux, X-1841, a commencé comme ingénieur à la Compagnie de L'Ouest.

37. L'encyclique de Léon XIII, *Rerum novarum*, du 15 mai 1891, encouragera l'Église à s'intéresser au sort des ouvriers et à favoriser la création de syndicats chrétiens.

travail[38]. En juillet 1893 apparaissent les premières mesures touchant les conditions d'hygiène et de sécurité[39].

Sur tous ces projets, le sénateur du Finistère ne semble pas s'être écarté, ou même avoir pensé le faire, de la ligne suivie par son parti, y compris sur des sujets ayant toutes les apparences de devoir être favorables à ses intérêts professionnels et à ceux de ses parents et associés, comme le vote du programme Freycinet, un homme dont pourtant ils sont plusieurs à droite à reconnaître l'honnêteté et l'intégrité[40]. Il est vrai que sur ce point, il n'est personnellement pas à une contradiction près, n'hésitant pas dans ses discours électoraux sur le terrain à stigmatiser le gouvernement qui ruine le pays en construisant des écoles et des chemins de fer. À un point tel que la veille du scrutin de 1885, il faut, pour le calmer, les paroles réalistes d'un entrepreneur de Pont-l'Abbé, Auguste Michel, qui lui rappelle qu'il tient sa fortune de ces grands travaux, et l'intervention des policiers pour couper court à l'agitation qui s'amorce autour de lui[41].

Enfin, il y a en ces années de grands changements, quelques propositions phares des républicains qui heurtent de front ses convictions les plus profondes, celles qui mêlent intimement son attachement imprescriptible à la religion catholique et son respect sans faille aux héritiers de la monarchie disparue et à ce qu'ils représentent[42]. Des projets sur lesquels ses prises de position le distinguent peut-être plus que tout autre parmi les sénateurs du Finistère, lui qui, dit-on, s'est engagé à être « l'énergique défenseur de la religion et de la société menacées[43] ».

Ainsi, avant la création du Sénat une loi a été votée, en juillet 1875, autorisant l'existence de facultés privées, dites libres à l'époque, sous réserve qu'elles comprennent « au moins le même nombre de professeurs pourvus du grade de docteur que les facultés de l'État qui comptent le moins de chaires », avec possibilité pour les étudiants de se présenter aux examens de l'État ou devant un jury spécial mixte présidé par « un membre de l'enseignement public ». Sentant cette organisation mise en cause, la droite lance en mai 1876 des pétitions dans tout le pays pour collecter les signatures d'opposants à cette révision. François-Louis Soubigou dépose le mois suivant sur le bureau du Sénat, celles venues de différentes communes du Finistère et de l'Ille-et-Vilaine[44]. Malgré ceci, la loi est modifiée en mars 1880 avec l'abrogation de ces jurys mixtes. Plus que cela, le nouveau projet contient un article sept dont la particularité et l'importance

38. Les conditions restent cependant très dures. Il est possible de demander à un garçon de moins de quatorze ans de porter des charges de 15 kg, et d'en pousser ou tirer de 300 kg. AD des Yvelines : 16 M 23/86. Le premier ministère du Travail apparaîtra plus tard, le 25 octobre 1906.

39. Mais il faudra attendre avril 1898 pour que devienne obligatoire la garantie des ouvriers contre les risques d'accident.

40. L'un des activistes monarchistes, le comte de Blacas, déclare même : « Monsieur de Freycinet, s'il n'est pas un diplomate accompli, un ministre de capacité hors ligne, est au moins un honnête homme, un homme intègre ; nul ne peut l'accuser de faire cause commune avec les tripoteurs financiers. Il commande notre estime. » APP : Ba 404.

41 Témoignage de Gustave Kersaux, négociant (entretien n° 24).

42. Il y a, en cette fin de siècle, le cas particulier de l'affaire Dreyfus, mais François-Louis Soubigou n'est déjà plus sénateur quand le fameux bordereau est découvert, et ne semble pas avoir été en situation d'expression publique sur cette question.

43. APP : Ab 1272. Dans un tract de décembre 1893, commun avec les autres candidats sénateurs conservateurs, il insiste : « Ato euz votet a-enep al lezennou kontrol d'ar Relejion, d'ar Famill, da wiriou ar goustians hag ann Tadou a famill,... ». AD du Finistère : 64 J 36.

44. *JO* pour les séances des 8 et 21 juin 1876.

n'échappent à personne. Il spécifie que « nul n'est admis à diriger un établissement public ou privé de quelque ordre qu'il soit, ni à y donner l'enseignement s'il appartient à une congrégation religieuse non autorisée ». Derrière ce texte un peu sibyllin, se cache la volonté du gouvernement de s'opposer à une congrégation dont il considère l'influence sur l'enseignement comme excessive et sur laquelle un rapport conjoint du ministre de l'Intérieur et du garde des Sceaux dit qu'« il n'est pas un gouvernement qui oserait en proposer la reconnaissance aux Assemblées législatives ». Quand le texte est présenté au Sénat, François-Louis Soubigou fait partie de ceux qui, sachant quelle congrégation est visée, assurent le rejet de cet article. Son vote n'a pas plus d'efficacité que celui de ses collègues puisque, quelques jours plus tard, un décret gouvernemental donne trois mois à la Compagnie de Jésus pour se défaire des établissements qui sont les siens et se dissoudre. Celle-ci obtempère, n'ayant même pas l'appui du Nonce, Monseigneur Wladimir Czacki, qui a décidé de la sacrifier pour protéger les autres congrégations [45].

Surtout, en cette période, est présentée une série de textes qui organisent durablement l'enseignement en France et dont l'importance est encore reconnue aujourd'hui. En juin 1878, sur la base d'une subvention d'État, est faite obligation aux communes d'assurer la construction d'une école. Puis viennent les lois Ferry. La première, en juin 1881, qui déclare l'enseignement primaire gratuit dans les établissements publics ne déchaîne pas vraiment les passions. François-Louis Soubigou, peut-être inquiet de l'accroissement prévisible des dépenses de l'État, fait partie des opposants et soutient les différents amendements qui cherchent à détourner indirectement la loi de ses objectifs initiaux. L'autre, en mars de l'année suivante, heurte de plein fouet ses convictions les plus profondes puisqu'elle déclare l'enseignement laïc et obligatoire pour les enfants de 6 à 13 ans. C'est donc sans surprise que l'ancien élève des collèges de Pont-Croix et de Saint-Pol-de-Léon joint son vote à celui des adversaires du projet et s'implique dans la société anonyme à capital variable que François-Marie Quéinnec, installe, le 13 décembre 1882, aux fins de supporter la création et le fonctionnement d'une école privée à Landivisiau [46]. Enfin, en octobre 1886, la loi Goblet qui impose la laïcisation du personnel enseignant ne reçoit pas un meilleur accueil de sa part [47]. Nul doute que s'il avait été encore présent lors de la nomination du ministère Émile Combes de 1902, il n'eut manifesté son opposition [48]. En attendant, tenace et rancunier, il s'opposera, en avril 1893 au sein du conseil général du Finistère, à l'attribution d'une contribution financière pour l'érection d'une statue de Jules Ferry à Saint-Dié.

---

45. *JO* des 29 et 30 mars 1880. Le décret prolonge le délai jusqu'au 31 août pour les établissements d'enseignement littéraire ou scientifique.
46. Marie-Louise Soubigou, fille de Jean-Pierre, déposera en septembre 1903 une déclaration d'ouverture pour une école privée de filles. AM de Plounéventer : cahier des arrêtés municipaux.
47. AD du Finistère : 64 U 13. Sa contribution est de 1 000 francs. Ce qui est une très belle somme. Auprès de lui, souscrivent (pour 500 francs) d'autres personnages politiquement actifs comme l'ancien banquier Albert Le Roux, et Charles Huon de Penanster, précédemment député des Côtes-du-Nord. En mars 1885, son neveu Jean-Louis suivra son exemple pour la fondation et l'entretien d'un pensionnat de garçons à Saint-Thégonnec.
48. Deux autres lois heurteront certainement ses convictions religieuses. La loi Naquet du 27 juillet 1884 qui rétablit le divorce, et celle du 15 novembre 1887 qui autorise les enterrements civils.

Le nouveau Prétendant

Quant à l'autre sujet qui lui tient à cœur, son attachement monarchique, il l'affiche publiquement, chaque 21 janvier, en assistant à la messe anniversaire célébrée en la chapelle de la rue Pasquier à la mémoire de Louis XVI. Il y retrouve, sous l'œil vigilant des Renseignements généraux, des hommes comme Albert de Mun ou Eugène Caillaux. Pour lui comme pour ses amis la monarchie reste leur idéal où seul peut prétendre au trône le comte de Chambord, qui vit en exil à l'étranger[49]. Seulement le 24 août 1883, celui-ci, dernier représentant d'une royauté disparue le 21 janvier 1793, restaurée après le premier Empire et que la révolution de 1830 n'a fait que suspendre aux yeux de ses partisans, meurt à Frohsdorf, en Autriche. En un instant, un Orléans, le comte de Paris, acquiert, près des féaux de son concurrent familial, une légitimité qu'il attendait depuis longtemps sachant Henri de Bourbon sans descendance. Certains personnages plus fiers ou plus susceptibles que d'autres se font désirer, et quelques-uns sont carrément critiques, tel le marquis Adrien de Mun, le père du député, qui écrit à son fils : « À un prétendant énigmatique et inactif pendant quarante ans, va succéder une momie ambulante[50]... » Mais globalement le ralliement se fait, d'autant que le nouveau Prétendant décide d'agir.

Sachant qu'il est urgent de tisser des liens étroits avec l'autre camp monarchiste pour rassembler en une seule équipe ceux qui s'opposaient et se dénigraient activement jusque-là, il lance des invitations à tous ceux qui dans le parti de son cousin décédé ont joué un rôle ou disposent d'une influence significative sur les militants. Suite à un carton précisant que « Son Altesse Royale le comte de Paris vous prie de bien vouloir vous rendre au château d'Eu », François-Louis Soubigou est reçu dès le 8 décembre. Il n'est pas seul. Avec lui sont présents les trois autres sénateurs du Finistère, Raoul de Raismes, Hippolyte Halna du Fretay, Edouard Le Guen, ainsi que les députés Émile de Kermenguy et Émile Villiers. Que se dit-il lors de cet entretien devant tous ces portraits princiers et royaux qui décorent la salle de Guise du château d'Eu ? Certainement maints serments de fidélité du côté des visiteurs. De la part du prince, ce sont de forts encouragements à se montrer actifs dans la propagande et la promotion de ce qu'il représente, et des « instructions... pour l'organisation et le fonctionnement des comités conservateurs » dans les départements. L'adhésion de François-Louis est, en fait, déjà acquise. Depuis le mois de septembre, il a accepté de s'impliquer nommément dans les Cercles Royalistes de Paris, et d'y apporter sa contribution financière. Il y côtoie quelques ténors comme, Émile Keller, ex et futur député du Territoire de Belfort, Léon Lorois, ex et futur député du Finistère, Aristide Cavaillé-Coll, le facteur d'orgues, Louis Buffet, sénateur et ancien Ministre de l'Intérieur, Charles Chesnelong, sénateur inamovible. Avec eux et quelques autres, il représente « l'élément non titré tel que le désire le comte de Paris ». Tous

49. APP : Ba 988. Une occasion parmi d'autres de rencontrer le député de la Sarthe et ministre, acteur incontournable du développement des voies ferrées en France. Un contact amical et, en même temps, fort utile pour l'entreprise.

50. CHAN : 378 AP 12, Fonds Albert de Mun. Lettre antérieure de quelques jours au décès du comte de Chambord.

ces responsables sont bien nombreux, peut-être un peu trop nombreux, pour une structure peu efficace au dire des Renseignements Généraux qui portent un jugement assez sévère sur l'ensemble du parti. Dans un document de synthèse de trente-six pages rédigé cette année-là, la préfecture de police reconnaît au nouveau Prétendant une grande habileté à faire évoluer ses actions, sa tactique, ses moyens, pour conclure très négativement : « On voit les généraux. On cherche les soldats [51]. » Ce constat est identique à ce qu'écrit, au même moment, le recteur de l'Institut Catholique de Paris, Monseigneur d'Hulst, dans ses notes personnelles, où il parle d'un état-major sans armée [52].

Cet affaiblissement des idées monarchistes n'est cependant pas confirmé par les élections législatives au scrutin de liste, d'octobre 1885, qui envoient à la Chambre une solide minorité de conservateurs, en particulier grâce à l'action coordinatrice d'une des relations politiques de François-Louis Soubigou, le baron Armand de Mackau, qui travaille activement à rapprocher en vue des élections des points de vue aussi différents que ceux de Monseigneur Freppel et Paul Granier de Cassagnac, un royaliste et un impérialiste. Une approche opposée à celle d'Albert de Mun qui, malgré l'opposition de plusieurs députés alliés, rêve d'un grand parti catholique, et qui est, au même moment, stoppé net dans ce projet par ordre exprès du Pape Léon XIII. Le gouvernement se met à craindre que d'habiles manœuvres ne relancent l'influence au sein de l'Administration et de l'Armée de ceux qui sont les héritiers des monarques passés. Des bruits circulent d'une possible émeute royaliste, que certains souhaitent dit-on depuis 1881. Le nom du général Athanase de Charette, ex-commandant de Zouaves Pontificaux, que le parti légitimiste pousse en avant pour bénéficier de l'adhésion des ses anciens subordonnés, continue à inquiéter plus ou moins. Surtout, la présence du prétendant au trône de France sur le territoire français, gène beaucoup les républicains. Disposant du château d'Eu que lui a transmis le duc d'Aumale après la levée du séquestre et de la loi d'exil en 1871, il en a fait sa résidence en 1874, lui donnant une importance qui inquiète.

L'étincelle, ou le prétexte, vient de ce que ses actes d'ordre privé se transforment en ce lieu en événements publics et publicitaires, prenant même un aspect quasi institutionnel. Au mois d'octobre 1885, la fille du duc de Chartres, Marie d'Orléans, épouse le prince Valdemar de Danemark [53]. Puis le 29 mai 1886, le comte de Paris fiance sa fille aînée, Marie-Amélie, avec le prince Charles de Bragance, héritier du Portugal [54]. L'une et l'autre cérémonie ne mobilisent pas outre mesure les Français, mais donnent lieu à de grandes réceptions, quasi royales où se pressent de nombreux invités titrés venus de France et de l'étranger. Le gouvernement, présidé par Charles de Freycinet, réagit. Le 22 juin, une loi est présentée à la Chambre des députés dont l'article 1 stipule : « Le territoire de la République est et demeure interdit aux chefs des familles ayant régné en France

51. Synthèse des menées légitimistes faite au cabinet du préfet de police, (1883). APP : Ba 405.
52. Informations extraites de diverses notes blanches des Renseignements généraux, établies pendant cette période de 1883. APP : Ba 405, et, Ab 1272. Et aussi AHAP : 1 D X 23, Fonds Monseigneur Richard.
53. La bénédiction nuptiale est donnée par Monseigneur d'Hulst qui affiche là ses penchants orléanistes, qu'il masquera plus tard. AD de Seine Maritime : 4 M 2709.
54. Le mariage lui-même a lieu à Lisbonne le 22 mai 1886.

de ses amis politiques, il est légitime de penser que la teneur de ce document peut l'avoir séduit. En tout cas, elle ne le dissuade pas de se rendre une dernière fois, le 12 juillet 1891, à une audience du Prétendant, puisque les services du Ministère de l'Intérieur sont informés de sa présence dans le train quittant Douvres en fin de matinée [63].

À soixante-douze ans, c'est le dernier déplacement du vieux Julod vers le comte de Paris, d'autant que, l'année suivante, un événement majeur des relations entre l'Église et la République a lieu. Le 16 février 1892, le pape Léon XIII publie son encyclique *Au milieu des sollicitudes* dans laquelle il conseille le ralliement à la République.

L'adhésion des catholiques bretons à cet ordre venu de Rome n'est pas facile. Certains s'imaginent même inconsidérément qu'il s'agit d'une « manœuvre » et qu'il est possible de se rallier tout en restant « aussi intransigeant, aussi exclusif, aussi combatif que jamais », ainsi que le constatera encore en 1896 le journaliste Henry de Trémaudan [64]. Tout ceci ne peut toucher celui qui, après son ultime échec aux élections de 1895, vit maintenant beaucoup plus tourné vers ses proches que pour le rétablissement d'une hypothétique monarchie. Il est légitime de penser que, soit par esprit d'obéissance absolue vis-à-vis de l'Église, soit par influence de ses amis les plus proches agissant par discipline à défaut d'être convaincus, le ralliement personnel de François-Louis Soubigou est acquis sans trop d'états d'âme mais sans grand enthousiasme pour autant.

Maintenant, quel parcours préalable a donc suivi cet homme pour être devenu l'un des notables finistériens de la Troisième République ? Dans quel contexte a-t-il évolué précédemment pour que ses confrères en politique puissent le considérer comme l'un des piliers de la droite parlementaire locale ? Qui est ce « libéral » dont le journaliste conservateur Hippolyte Chavanon a pu écrire : « Soubigou n'a été fait sénateur que pour rallier au moment du vote certains dissidents et assurer aux conservateurs dans le Finistère, une majorité plus forte. Il disposait d'un clan dans l'arrondissement de Morlaix dont on avait besoin [65]. » Quelle a été sa vie avant la conquête de ce fauteuil sénatorial. De quel milieu social, familial, professionnel est-il issu pour oser porter si sereinement cette tenue vestimentaire si inhabituelle ? Plus généralement, quel homme est-il ? Hors du contexte politique du Sénat de la Troisième République, quelle est son « anecdote humaine » ?

63. APP : Ab 1272.
64. CHAN : 333 AP 48, Fonds Étienne Lamy.
65. Lettre du 15 mai 1880, d'Hippolyte Chavanon à Monseigneur Freppel, déjà citée.

Chapitre V

Plounéventer, au pays de Léon

L'année 1819 n'est pas présentée comme particulièrement exceptionnelle dans les livres d'histoire. En ce XIXe siècle, si riche de temps forts et de soubresauts, souvent tragiques, parfois grandioses, plusieurs fois guerriers ou révolutionnaires, elle paraît bien calme, bien paisible. Les troupes étrangères présentes en France depuis la chute de l'Empire viennent de quitter le territoire, redonnant de la respiration au pays [1]. Celui-ci est, en profondeur, traversé d'antagonismes tenaces que les lois récemment votées, loi relative aux écrits et cris séditieux, loi sur la liberté individuelle, loi sur la presse, ne risquent pas d'apaiser. Des tensions fortes existent, qui se traduisent de-ci, de-là par des mouvements qui en d'autres temps auraient déclenché l'insurrection. Ainsi à Brest, au mois d'octobre, le dimanche 24, l'organisation d'une Mission, demandée par l'évêque de Quimper, provoque des mouvements de foule proches de l'émeute devant la cure où se sont logés les participants religieux venus pour la cérémonie [2]. Le lendemain, à Morlaix, l'accueil est tout autant mouvementé. Malgré tout, aucune action violente, pas plus à Paris qu'en Bretagne, n'atteint le paroxysme nécessaire pour impulser de profonds changements et encore moins une révolution.

Alors, intéressons-nous à deux événements tranquilles du mois de février.

Février 1819

Dans les premiers jours, à Toulouse, l'Académie des Jeux Floraux se réunit. Elle couronne, d'un lis d'or, un jeune homme de dix-sept ans, fils d'un général d'Empire et d'une mère bretonne. Personne ne devine que ce premier succès pour une ode écrite en une nuit, est le début d'une célébrité littéraire et politique exceptionnelle. Suivront pourtant bientôt d'autres hommages, bien plus éclatants encore. L'impétrant sera fort célèbre, et il nous émeut encore.

Une semaine plus tard, à des centaines de kilomètres de la ville rose, un homme d'une trentaine d'années prend son cheval et parcourt le chemin menant

1. Le 30 novembre 1818 et conformément à l'accord d'Aix-la-Chapelle du 9 octobre précédent.
2. Dans la gestion juridique de cette affaire, est impliqué un substitut du procureur du roi qui siégera, quelques années plus tard, avec François-Louis Soubigou sur les bancs de l'Assemblée Constituante de 1848. Il s'appelle Gabriel de Keranflec'h.

du manoir maternel où il réside encore avec son épouse, jusqu'à la mairie de son village. Il est heureux. Il s'appelle Jean-Marie Soubigou, et, il vient déclarer la naissance d'un nouvel enfant, un fils, à son foyer qui en compte déjà trois. C'est le maire, qui prend la plume pour rédiger l'acte et le signer :

> « L'an mil huit cent dix neuf, le douze du mois de février, par devant nous, Jean Abhervéguéguen, maire et officier de l'état-civil de la commune de Plounéventer, canton de Landivisiau, département du Finistère, est comparus à midi, Jean-Marie Soubigou, époux de Marie-Yvonne Josèphe Martin, du lieu de Kergréguen, commune de Plounéventer, lequel nous a présenté un enfant de sexe masculin né le onze du mois de février à onze heures du soir de lui déclarant et de la dite Marie-Yvonne Martin, son épouse, a déclaré vouloir lui donné les prénoms de François-Louis ; les dits déclaration et présentations faites en présence de Nicolas Martin, cultivateur de Plounéventer âgé de vingt-sept ans, et, Allain Abhervéguéguen, cultivateur de Plounéventer âgé de vingt-six ans, lesquels après qu'il leur a été donné lecture ont signé [3]. »

Le bébé dont la déclaration de naissance vient d'être ainsi faite se nomme, donc, François-Louis Soubigou. Le jeune débutant, que la ville rose honore, s'appelle Victor Hugo.

Les deux hommes, le poète en début de sa gloire et le petit bas breton qui vient de pousser son premier cri, n'échangeront sans doute jamais grands mots car leurs idées politiques resteront durablement aux antipodes les unes des autres. Mais leurs pas se croiseront plus tard dans les couloirs de deux assemblées essentielles de la France républicaine du XIXe siècle : l'Assemblée Constituante de 1848, et, bien après, le Sénat de la Troisième République. Victor Hugo remarquera certainement cet adversaire discret et tenace, dont le costume, rappelant par trop l'habit à la française d'une époque révolue, tranche avec les tenues beaucoup plus modernes et recherchées des autres représentants. Sans doute se salueront-ils quand le tirage au sort les fera cohabiter dans un même bureau parlementaire. Et, François-Louis Soubigou sera présent dans les travées quand la gauche tout unie se lèvera à l'entrée tardive du vieux poète sénateur, le 4 mars 1881 en plein débat sur les tarifs douaniers, et que le président les interpellera tous en leur disant : « Le génie a pris séance. Le Sénat a applaudi et il reprend le cours de sa délibération [4]. » Leurs relations n'iront guère plus loin.

Alors donc, comment se présente cette commune de Plounéventer en ce début du XIXe siècle ?

Une commune bien ordinaire

La réponse est : peu différente de ce qu'elle est aujourd'hui s'il faut en croire le témoignage de ceux qui, quelques années plus tôt ou plus tard, visitent la région et rendent compte de leurs observations.

À la veille de la Révolution, Jean Ogée, dans son *Dictionnaire de la Province de Bretagne,* en a fait la description d'une manière très succincte : « Cette paroisse ressortit à Lesneven et compte 2 800 communiants, y compris ceux de Saint-

3. AM de Plounéventer : état-civil.
4. *JO* du 5 mars 1881.

Servais, sa trève. Ce territoire est un pays plat, où l'on voit des terres en labour, des prairies et des landes. On parle le breton [5]. »

Jacques Cambry, qui y est passé quelques années plus tard, en 1794, avec mission de recenser et protéger le patrimoine artistique du département, l'a décrite comme un territoire, « couvert de terres de labour et de prairies ». « On ne connaît aucune mine dans le district : mais des fragments de minéraux, des pierres teintes, de couleur ferrugineuse et cuivrée, des cristaux améthystés, les eaux minérales de la chaussée de Brézal, commune de Plounéventer, [...] tout me démontre qu'il en existe, et même en grande quantité [6]. »

Le Brestois Jean-François Broumische, parcourant le Finistère dans les années 1829 à 1831, traversera le bourg où il estimera n'y avoir « rien qui puisse retenir l'attention ». Il fera le même commentaire, à Plouédern, en ajoutant que dans ces deux communes voisines « on rencontre des tisserands ; c'est une branche d'industrie qui s'exploite partout dans les alentours de Landerneau [7] ».

À la fin du siècle, l'historien Louis Le Guennec se montrera plus prolixe et plus lyrique :

> « Le pays aux environs de Plounéventer est plat, coupé à peine de loin en loin par des vallons où coulent quelques petits ruisseaux, affluents de l'Élorn ou de la Flèche. La route borde des champs fertiles entourés de haies feuillues, des landes d'où surgit parfois, au milieu des ajoncs fleuris, la masse grisâtre d'une pierre mégalithique, d'immenses prairies où galopent en liberté de jeunes chevaux et paissent tranquillement des troupeaux gardés par une fillette en haillons, la baguette de coudrier à la main, des hameaux signalés par le bouquet de vieux chênes ou d'ormes qui ombragent les toits de chaume verdissants ou les ardoises lépreuses. »

La description, plus riche, ne se démarquera pas des précédentes, et pourrait tout autant s'appliquer à beaucoup d'autres communes du Léon ou même de Bretagne, voire de quelque autre région en oubliant la référence incertaine mais obligatoire pour l'époque à ce qui est peut-être un menhir [8].

C'est donc là, à Plounéventer, au lieu-dit Kergréguen, que naît François-Louis Soubigou.

Bien des années plus tard, un journal local, *Le Courrier du Finistère* du 1er mars 1902, parlera de « cet enfant du peuple, ce fils d'un tout modeste cultivateur que rien ne semblait préparer aux destinées politiques ». Que nenni ! Kergréguen n'est pas une modeste ferme, un penty au toit de chaume afféagé à un pauvre métayer subissant durement la loi d'un propriétaire foncier.

Les Soubigou sont dans leurs terres, et ce depuis trente ans. Et la domesticité qui les entoure est nombreuse, treize personnes au total entre garçons de ferme, cuisinière, et servantes [9].

---

5. *Dictionnaire historique et géographique de la Province de Bretagne*, « *dédié à la nation bretonne, par Ogée, ingénieur – géographe de cette province* » (1843).
6. Jacques Cambry, « *Voyage dans le Finistère* » (An VII).
7. Jean-François Broumische, « *Voyage dans le Finistère* » (1977), ouvrage resté longtemps inédit.
8. Louis Le guennec, *Morlaix et sa région* (ouvrage posthume, 1979). Texte cité, dès 1906, par Guillaume Toscer dans son livre *Le Finistère pittoresque*.
9. Recensement de Plounéventer de juin 1836. AD du Finistère : 6 M 632. Le plus jeune a alors dix ans, et le plus âgé soixante-quatre.

Une vraie famille julode

C'est en 1790, que Jean Soubigou, l'arrière-grand-père du futur sénateur, devient propriétaire d'un vieux manoir fortifié posé sur sa motte féodale cernée d'eau et bâti quelques siècles plus tôt par la famille de Kerraoul. Il l'acquiert, avec les terres attenantes, près de Mathieu Poinçonneau, maître ordinaire de la Chambre des Comptes à Paris [10]. Puis, il s'éteint en mai 1808, laissant son bien à son fils Nicolas et à sa bru Marie-Renée Abhervé-Guéguen [11].

Le fils ne survit pas longtemps à son père et disparaît en 1810, laissant Kergréguen aux bons soins de Marie-Renée qui n'apprécie pas cette très vieille bâtisse vétuste et inconfortable, peu pratique pour y cohabiter avec le foyer créé en 1809 entre son fils Jean-Marie et Marie-Jeanne Martin. En 1812, elle fait construire une nouvelle habitation, totalement nouvelle, moderne, plus confortable. Faite de trois corps de logis, d'un étage sur rez-de-chaussée chacun, bien éclairée, la nouvelle demeure permet d'héberger confortablement une famille, et une domesticité multiple. Un ensemble imposant quoique sévère, avec ses ouvertures agrémentées de belles et longues pierres de granit, sa porte principale en anse de panier, ses grandes et vastes cheminées.

Ces pierres, ou plutôt une partie d'entre elles, viennent d'un autre manoir sis à une ou deux lieues de là, Mézarnou, devenu depuis peu propriété du frère de Marie-Renée. Il l'a acquis d'un homme qui, lui-même, l'a obtenu comme bien national après la confiscation faite aux dépens du petit-fils de Mathieu Poinçonneau, le vendeur de Kergréguen. Superbe construction bâtie au milieu du XVIe siècle par Maurice de Parcevaux, en rénovation du manoir familial d'origine, cet authentique témoin renaissance de la richesse passée de la noblesse locale, fournit, effectivement, des matériaux de première qualité, prêts à l'emploi puisque, deux siècles plus tôt, les pillages du gentilhomme brigand Guy Eder de La Fontenelle, venu de son repaire de Douarnenez, ont laissé certains bâtiments en ruines. Marie-Renée n'a qu'à y puiser [12].

Une ancienne motte féodale, un vaste et beau manoir, plusieurs hectares de terres fertiles et de belles prairies. Comment fait-on, en cette fin de l'Ancien Régime, pour être un notable dans une commune purement rurale en n'ayant pas ses racines dans la noblesse ou la magistrature, et pour disposer des moyens financiers nécessaires pour se construire un tel manoir et disposer des terres alentour quand on n'est pas grand négociant dans l'un des ports commerçants de Landerneau ou Morlaix ? D'où vient cette aisance, d'où vient cette posi-

10. L'implantation des Soubigou sur Plounéventer est récente. Les racines profondes de la famille sont à Sizun.
11. Les deux familles Soubigou et Abhervé-Guéguen sont très liées, puisque Marie-Renée a des frères, Jean et Allain, qui ont épousé Marie-Jeanne et Marguerite, sœurs de Nicolas.
12. Cette demeure semble être le seul bien national acquis par la famille Soubigou. Et encore est-ce par voie indirecte. D'une manière générale, la saisie des biens du clergé, puis des émigrés, n'est pas approuvée par une majorité de Julods, opposés à cette Révolution qui remet en cause l'ordre et les hiérarchies établies, dont la leur, et chasse les prêtres qui ne se soumettent pas.

tion sociale, dont dispose Jean Soubigou, et qu'il va transmettre à ses descendants [13] ?

Jean Soubigou est un Julod. C'est-à-dire qu'il appartient à un groupe social particulier, d'environ 3 000 personnes, qui occupe alors une place prépondérante dans le monde économique léonard. Il descend de ces paysans – marchands qui, dès le XVe siècle, se positionnèrent comme intermédiaires entre ceux et celles qui travaillaient le fil de lin dans la pénombre de leur chaumière et les négociants des ports voisins qui importaient la graine nécessaire depuis les ports baltes et exportaient les toiles, une fois tissées, sur les marchés étrangers, en particulier anglais, des toiles, les « crées », particulièrement recherchées pour leurs qualités de finesse et de solidité. Ces marchands-toiliers, les Juloded, se chargeaient en amont de l'approvisionnement des fils produits dans d'autres communes du Léon ou qu'ils partaient acheter dans les autres évêchés de Bretagne, voire à l'étranger, du stockage transitoire, du blanchiment, de la constitution des bobines pour le tissage. Au retour des toiles, ils veillaient au dernier apprêt final avant de les revendre aux négociants-exportateurs. Avec un sens inné de l'organisation, industrielle et commerciale, ils avaient compris que la bonne place dans la chaîne de la valeur était, non pas dans le tissage lui-même, tâche répétitive et indifférenciée, mais dans la préparation d'un fil de qualité, la collecte du produit fini, et le contrôle qualité avant commercialisation. Ils n'assuraient pas la charge de la fabrication laissée aux multiples tisserands individuels. Ils n'assumaient pas les risques de la distribution, reportés sur les exportateurs. Ils maîtrisaient cependant tout le processus et conservaient par-devers eux le savoir-faire face à la concurrence.

La richesse acquise se réinvestissait en extension des surfaces possédées pour plus de culture ou plus de pâture, et parfois dans des tanneries permettant d'écouler les peaux issues des élevages. Une partie des bénéfices était consacrée à l'édification des magnifiques enclos, que les touristes du XXIe siècle viennent visiter, dans les bourgs où ces hommes étaient présents et animaient les fabriques paroissiales. Le point haut de la fabrication et du commerce fut l'année 1680. Puis le protectionnisme colbertiste, favorable aux toiles venues de Champagne, s'était fait sentir de plus en plus lourdement, et les échanges commerciaux à travers le *« Channel »* étaient devenus insignifiants, les Britanniques se transformant même en exportateurs vers le reste de l'Europe et l'Amérique. Le modèle commercial Julod, coupé du client final, avait montré ses limites, et en ce début du XIXe siècle, si l'activité de tissage se continuait, elle ne générait plus les mêmes bénéfices.

La période favorable avait, cependant, été suffisamment longue et profitable pour avoir permis la montée en puissance des membres du groupe. Puissance financière, sans laquelle eût été impossible la gestion des divers stocks, stocks de matière première pendant sa préparation, stocks de produits finis pendant la phase de commercialisation, tous stocks coûteux mesurés en tonnes. Puissance économique par le contrôle assuré sur une population de travailleurs, inorganisée et interdépendante de la réussite de leurs donneurs d'ordres. Puissance

13. D'après Louis Elégoët, la propriété fait alors 24 hectares. Plus tard, en janvier 1861, les nécessités commerciales nécessiteront une prise d'hypothèque, celle-ci valorisera Kergréguen à 57 400 F, pour le manoir et 45 hectares de terres. AD du Finistère : 5 S 38.

sociale puisque, dit-on, ils portaient parfois l'épée, lors de certaines cérémonies. Puissance intellectuelle enfin car, ayant étudié au collège, astreints à se déplacer pour leur commerce, ils se frottaient à d'autres cultures, d'autres usages, une autre langue [14]. Cette richesse, acquise par le travail et le sens des affaires, leur avait assuré une qualité de vie très supérieure au reste de la population des bourgs et des campagnes.

Cette ouverture vers d'autres horizons, aurait pu les disperser, les amener à s'expatrier. Mais non. Contrairement à la noblesse dont les cadets allaient facilement convoler très loin de la terre familiale ou à la bourgeoisie commerçante des villes voisines au sang fortement mêlé d'apports étrangers, leurs mariages se faisaient à l'intérieur d'un ensemble de communes contiguës. Simplement, là où les paysans modestes prenaient généralement femme dans l'immédiat voisinage de leur ferme ou de leur hameau, leurs alliances étaient conclues sur une zone géographique de plusieurs lieues d'étendue. Ni du second ordre, ni représentatifs du tiers état, ils avaient ainsi cultivé au fil du temps un esprit de groupe autonome et particulier.

Ainsi, quand Jean Soubigou achète Kergréguen en 1790, il est l'un des hommes les plus importants et les plus influents de la commune. Alors, quand la loi du 14 décembre 1789 décide que désormais les maires seront élus, c'est tout naturellement vers lui que se tournent 142 électeurs sur 180. Des électeurs, réunis sous la présidence du recteur Guillaume Le Bras et qui sont moyennement représentatifs de l'ensemble de la population puisque payant en impôt l'équivalent d'au moins trois jours de travail, mais des électeurs qui considèrent qu'il a la stature nécessaire pour discuter avec les autorités lointaines de l'État.

La fonction, en cette période troublée, est peu gratifiante, et il n'hésite pas à s'en écarter quand vient la loi du 12 novembre 1792 qui ordonne le renouvellement des municipalités. C'est son fils, Nicolas, qui est sollicité, mais qui, après une valse-hésitation entre lui et Jean Dieu Mével, laisse la charge de la commune à ce dernier, en janvier 1793. Cette passation de pouvoir n'épargne pas à l'intéressé de se trouver, quelques semaines plus tard, partie prenante dans un fait sanglant de l'histoire révolutionnaire du Léon. Un événement que l'abbé Lan Inisan racontera en détail et avec un certain parti pris, cent ans plus tard, sous le nom de « bataille de Kerguidu [15] ».

Emgann Kerguidu

Cette année-là, le 24 février, la Convention décrète la mobilisation, dite des 300 000 hommes, où elle invite tous ceux qui ont entre dix-huit et quarante ans à venir s'inscrire sur les registres. La raison en est le conflit en cours avec la Coalition qui regroupe la plupart des pays européens contre la France, une union militaire dans laquelle se trouvent, entre autres, l'Angleterre, l'Espagne, l'Autriche, la Prusse, la Hollande. Le danger est majeur et nécessite des troupes,

---

14. Port de l'épée : voir Jean Ogée, même ouvrage, à propos des « Léonais » participant à la procession de la Pentecôte à Josselin.
15. *La Bataille de Kerguidu*, Lan Inisan, prêtre de Plounevez-Lochrist. Édition française 1977, traduction de l'édition bretonne de 1878.

autrement dit de la chair à canons. Mais cette mobilisation forcée enflamme les esprits, déjà échauffés par l'exécution du roi le 21 janvier précédent.

À Saint-Pol-de-Léon, où un seul homme est venu s'inscrire, une émeute éclate le 19 mars, un mardi, jour du marché. Le tocsin sonne dans les villages alentour. Des hommes de plusieurs communes voisines convergent sur la cité. Le soulèvement s'étend. À Plounéventer, les portes de l'église que le maire a fermées à clef, sont enfoncées pour pouvoir accéder aux cloches qui carillonnent pendant plusieurs heures. Une lettre, partie de Brest le 20 mars à destination de Lebrun, dit Lebrun-Tondu, président du Conseil exécutif provisoire, lui signale que « des rassemblements nombreux et armés et d'autant plus dangereux que ces paysans sont courageux et opiniâtres », se forment dans plusieurs bourgs entre Brest, Lannilis, Morlaix et « Saint Paul de Lyon [*sic*] [16] ». La situation s'aggrave, obligeant le général Canclaux à quitter Brest avec une troupe nombreuse pour mater les villages révoltés [17]. D'après le correspondant de Lebrun, ce sont mille sept cents hommes qui partent en trois colonnes séparées. La rencontre a lieu, le dimanche suivant, aux confins des communes de Plougoulm et de Tréflaouénan. La bataille est vite perdue par des hommes très braves mais médiocrement armés et surtout mal commandés face à un véritable professionnel qui ne dispose pourtant que d'un seul canon. Une centaine d'entre eux, peut-être beaucoup plus, restent sur le terrain, et trois cents autres garderont dans leur chair le souvenir douloureux de ces jours de combat.

Nicolas Soubigou participe-t-il à cette sanglante embuscade perdue dans les champs et les chemins creux autour du moulin de Kerguidu par ceux que les rapports officiels appellent les « brigands » ? C'est possible. Ce n'est pas certain. Lors de l'enquête qui suit, le maire Jean Dieu Mével, très prudent, déclare qu'il n'a pu reconnaître personne parmi les révoltés de sa commune, et que ceux-ci n'ont pas dépassé le village le plus proche, Trémaouézan. Sous-entendu, ils n'ont pas participé à l'affrontement. Une affirmation faite contre toute évidence, puisqu'un témoin qui revenait de Brest les a vus bien au-delà. Peu importe ! Que Nicolas Soubigou ait rallié ou non « les brigands », il se retrouve, le 27, parmi les délégués chargés de négocier avec le vainqueur, lequel vainqueur les garde en otages pendant deux jours jusqu'à ce qu'il ait obtenu les dédommagements financiers exigés.

Car les habitants des communes révoltées sont taxés. La famille Soubigou pour 300 livres, leurs trois domestiques hommes de 5 à 6 livres, le groupe des servantes pour 12 livres. La famille Abhervé-Guéguen, pour la moitié. Sur la seule commune de Plounéventer, ce sont 9 790 livres, 2 sols et 6 deniers, qui sont prélevés sur l'ensemble de la population, riches et moins riches confondus [18]. En outre, les armes existant dans la commune sont saisies, soit 135 fusils et 2 pistolets. Une très belle récolte ! De ces quelques jours de combats restera un souvenir

---

16. Lettre remise le 23 mars. CHAN : D XLV 1. C'est ce même Lebrun qui, quelques semaines plus tôt, en tant que président de quinzaine de l'éphémère Conseil exécutif, avait signé l'ordre d'exécution de Louis XVI.
17. Jean Baptiste Camille de Canclaux. Son ardeur républicaine n'empêchera pas qu'il devienne comte sous Napoléon Ier et pair de France sous Louis XVIII.
18. AD du Finistère : 100 J 531, Archives de Kernuz.

marquant pour tous, en cette période aux mœurs expéditives où beaucoup furent souvent condamnés et exécutés pour bien moins que cela [19].

Ce grand-père, Nicolas, héros d'une résistance courageuse face aux armées bleues, n'est plus là quand le petit François-Louis serait en âge de l'écouter raconter ses exploits, et, il n'est pas d'usage à cette époque d'interroger ses père et mère sur le passé ou leur enfance. Cependant, en reprenant les termes de Jacques Cambry, parlant des riches cultivateurs léonards : « La mémoire conserve l'histoire des actions et des mœurs des générations passées. » Alors, peut-être que quelqu'un dans le cercle familial, ou un vieux domestique encore un peu chouan, transmet-il au jeune garçon le souvenir de cette époque de révolte armée où des hommes de conviction se battirent pour dire « non ». Peut-être même le prend-il par la main pour entrer en cette chambre étrange, où les meubles noirs témoignent, dit la légende familiale, de l'abattement de tous à l'annonce de la mort de Louis XVI [20]. Nul ne le sait. Simplement, petit enfant, gamin ou adolescent, François-Louis Soubigou est inévitablement conditionné par un environnement, familial et culturel, solidement royaliste et légitimiste. Et quand, plus tard, sénateur, il participera aux messes expiatoires parisiennes qui commémореront cette date du 21 janvier 1793, se présentera certainement à son esprit le souvenir de cette pièce si écrasante, symbole permanent d'un deuil imprescriptible, et sans doute aura-t-il au fond de lui-même une pensée émue pour ce grand-père inconnu, maltraité par un officier républicain. Cette chambre de la mémoire, c'est bien plus qu'un mobilier figé dans le témoignage d'une fidélité solide et durable. C'est la conservation et la transmission du sens d'un ordre établi, garant d'une échelle de valeurs stables et fortes.

Et, en en ces années 1819 et suivantes, cet ordre établi est toujours celui des anciens. Le père, Jean-Marie, occupe, comme son père et son grand-père avant lui, une position sociale avantageuse dans sa commune comme dans le département. À trente-trois ans, il est conseiller général, et fait partie, depuis au moins six ans, du Conseil de Fabrique de la paroisse, organisme essentiel dans la vie religieuse locale. Son action y est bien reçue, puisqu'il sera réélu en 1833, et en assurera la présidence trois ans plus tard, et ceci jusqu'à la fin de sa vie [21]. Professionnellement, il continue une activité de marchand – toilier plus réduite que par le passé, mais qui rassemble encore autour du manoir une domesticité nombreuse. Tout ce qui a fait l'histoire de la famille est encore à sa place.

Et donc en ce début du XIXe siècle, quand naît François-Louis Soubigou, ses parents et alliés forment toujours ce cercle fermé et fortement soudé. Dominant nettement la classe paysanne locale, ils n'en sont cependant pas totalement coupés comme l'est la noblesse partie vers les villes, et qu'ils ont en fait remplacée

19. François Barbier, maire de Ploudalmézeau, autre paroisse insurgée, est guillotiné à Brest le 17 avril. Jean Prigent, le maire de Plouzévédé, commune qui jouxte alors Plounéventer, subit le même sort quelques jours plus tard à Lesneven.
20. L'existence de cette chambre est attestée par l'une des descendantes de François-Louis Soubigou, détentrice d'un de ces meubles. Il est cependant possible que la couleur noire du mobilier ait simplement donné lieu à une interprétation symbolisant l'état d'esprit de la famille après l'exécution du roi.
21. AD du Finistère : 164 V DEPOT. Il démissionnera, en fait, deux semaines avant sa mort, remplacé immédiatement par son fils Joseph.

sans s'y être intégrés [22]. Et quand, plus tard, ses ennemis politiques attaqueront le sénateur de Plounéventer sur « son costume de parade » ou ses « amis du Faubourg Saint-Germain », c'est bien parce que les électeurs de sa zone d'influence continueront à se reconnaître en lui, et, que pour le contrer, il sera essentiel de couper cette filiation culturelle et sociale qui l'avantagera encore par trop.

En attendant, via cette saga paysanne et entrepreneuriale, le petit François-Louis se voit inculquer l'intérêt pour des affaires saines et construites dans la durée, un sens certain du travail et du travail bien fait, une conscience affirmée de sa propre valeur face aux autres quels qu'ils puissent être, et enfin, le sentiment que ces qualités sont indissociables de l'héritage plus large de sa celtitude. Ceux ou celles qui assurent la transmission de cet héritage culturel ne le savent pas. Mais ils ou elles dotent le petit garçon de cette formation d'esprit et de ce mode de pensée qui le porteront plus tard à combattre sans crainte ses adversaires les plus renommés, ou à se créer des amitiés solides quand il aura à gérer ses propres opérations politiques et commerciales face à des personnalités de pointure nationale.

Et de la force morale, il en faut à tous les âges en ce début du XIXe siècle. Car malgré l'aisance de la famille, et ses conditions de vie supérieures à beaucoup d'autres, le temps qui s'écoule n'est pas orné que de roses.

L'année douloureuse

L'année 1826, celle de ses sept ans, est une année particulièrement douloureuse pour tous et toutes à Plounéventer. L'été est très chaud, très sec, franchement caniculaire. L'eau propre devient rare. Fontaines, sources et puits, toutes les réserves voient leur niveau baisser dangereusement. Comme dans beaucoup d'autres communes de Bretagne où l'eau des puits et des sources est facilement polluée, la maladie, typhoïde ou dysenterie, frappe durement, très durement [23].

Cela commence dès les premiers jours d'été. L'année précédente, entre juillet et août, quinze décès ont été enregistrés. Cette fois-ci il y en a trente et un, soit le double. Septembre apporte du mieux : quatre personnes disparaissent, nombre égal à celui de 1825. Mais durant tout le mois d'octobre et début novembre, les deuils se succèdent, frappant toutes les familles.

Les Soubigou sont loin d'être épargnés. Kergréguen abrite non seulement Jean-Marie, sa mère, son épouse et leurs enfants, mais aussi le couple que forme sa sœur Marie-Françoise avec Nicolas Martin, le témoin de la déclaration de naissance de François-Louis. Et le manoir est très durement frappé. Nicolas et Marie-Françoise voient disparaître tous leurs enfants : le 1er octobre, une fillette de quatre ans, le 3 un garçon de six ans et demi, le 8 un autre garçon de neuf mois, le 16 l'aînée, une fillette de presque treize ans, le 29 une dernière fillette de onze ans et demi [24]. Chez Jean-Marie le jeune François-Louis et ses deux

22. Suivant l'expression de l'un d'entre eux, venu s'installer à Morlaix au XXe siècle, il était mieux de rester le premier des Julods dans son village que de devenir le dernier des bourgeois dans une ville.
23. Il faudra attendre 1880 pour que le bacille responsable de la typhoïde soit identifié par le bactériologiste allemand Karl Joseph Eberth.
24. AM de Plounéventer : état-civil. La maman survivra très peu, disparaissant en juillet suivant.

cadets, Allain et Nicolas qui ont six et trois ans, sont épargnés, mais, le 7, le petit Théodore, né le 4 avril précédent, est emporté lui aussi. Six enfants en un seul mois.

Enfin l'épidémie s'arrête. Les services de la mairie font le décompte : soixante-cinq décès sur les seuls mois de juillet à novembre [25]. Un lourd, très lourd, tribut pour une commune qui totalise moins de deux mille cinq cents âmes, et qui ne perd habituellement que soixante-dix personnes par an [26].

Mais la vie est forte. Quelques mois s'écoulent, et, le 25 janvier 1828, un nouveau et ultime bambin apparaît au foyer Soubigou. Ses parents le prénomment Jean-Pierre. François-Louis et cet enfant resteront durablement très liés, et, le benjamin sera plus tard le confident du « grand » qui assurera durablement près de lui un rôle de mentor.

Trémaouézan

Pour le moment, il s'agit pour ce « grand » de recevoir l'éducation correspondant au rôle qu'il pourra et devra jouer plus tard. En ce début du XIXe siècle, recevoir une formation pour un enfant de la Bretagne profonde n'est pas chose fréquente [27]. Même si la situation générale s'améliore progressivement au fil des années, rares sont les familles qui peuvent financer des études, même simplement au niveau primaire. Quand elles le peuvent, peu l'acceptent car c'est se priver d'une main-d'œuvre facilement disponible et peu exigeante. Dans cette famille de Juloded, aisée et occupant une position sociale en vue, le fait est naturel. La question ne se pose pas. Mais ceci étant décidé, où aller ? Comment le faire ? Que ce soit en méthode simultanée ou en méthode mutuelle, les conditions matérielles et intellectuelles dans lesquelles fonctionnent les rares écoles ne sont pas idéales [28].

Puisqu'il en est ainsi, la meilleure solution possible est celle du précepteur. Et qui mieux qu'un prêtre, bien formé au séminaire, habitué à s'exprimer intelligiblement pour convaincre tant en breton qu'en français, lisant le latin dans le texte, peut répondre aux exigences et aux souhaits de Jean-Marie pour ses enfants. François-Louis est envoyé suivre l'enseignement de l'abbé Mathias Allançon, recteur depuis plusieurs années de la petite paroisse voisine de Trémaouézan [29]. Le

25. Sur l'année 1825, la commune a totalisé 73 décès. Durant cette terrible année 1826, elle en dénombre 123. L'année suivante, la mortalité redescendra à 74 décès. AM de Plounéventer : état-civil. Malgré ceci, la moyenne de 1823 à 1832 s'établira à 81, contre 101 puis 92 pendant les deux décades précédentes. Armand Duchâtellier, *Recherches statistiques sur le Finistère*, 1835.

26. La forte mortalité ne peut surprendre. L'année précédente, à Brest, sur une épidémie mal définie, qualifiée comme pouvant être une « fièvre adéno-méningée de Pinel », « une gastro-entérite de Broussais », ou encore une « fièvre entéro-mésentérique », le traitement prescrit par les autorités sanitaires ne comporte essentiellement que des saignées, des lavements répétés, une diète sévère. AD du Finistère : 5 M 40.

27. En 1833, 79,9 % des conscrits sont illettrés. Une enquête faite en 1837 à la demande du baron Germain Boullé, préfet du Finistère, soucieux d'une amélioration de l'éducation des enfants, établit que sur 35 000 qui sont d'âge scolaire, seuls 6 850 sont scolarisés. Ce qui est un léger progrès par rapport à 1829, où ils étaient 4 209.

28. En 1834, sur les 250 garçons de 5 à 12 ans vivant à Plounéventer, 30 fréquentent l'école en hiver, et 7 en été.

29. Fait attesté dans une plaquette, rédigée en breton par l'abbé Jean-Marie Perrot et traduite en français par Jean Geffroy, petit-fils de François-Louis Soubigou, et intitulée *Cultivateur et Sénateur*. Précisions sur le recteur de Trémaouézan communiquées par le Service des archives de l'évêché de Quimper et du Léon.

jeune garçon va y apprendre les bases du français et des mathématiques, acquérir le goût des versions latines, recevoir les principes moraux et religieux conformes aux aspirations paternelles. C'est tout autant, et peut-être même plus, que ce qui s'enseigne dans les « écoles instituées » où les connaissances se limitent à savoir « déchiffrer le latin dans son missel et le breton dans son catéchisme », suivant l'expression du lieutenant d'état-major Guérineau de Boisvillette qui inspecte la région en octobre 1829 pour le compte du ministère de la Guerre [30].

Peut-être le jeune garçon entend-t-il parler là-bas de la naissance à Saint Renan, le 5 septembre 1831, d'une nièce de son précepteur. Il ne peut le savoir, et pas davantage l'imaginer, et personne pas plus que lui, mais cette petite Marie-Françoise deviendra dans quelques années sa seconde épouse.

Cette période d'enseignement personnalisé se termine quand l'abbé précepteur est pressenti pour rejoindre la cure de Milizac, plus éloignée et plus difficilement accessible à partir de Kergréguen. Se pose donc la question de la continuation des études du jeune adolescent. Jean-Marie hésite sans doute un peu entre les rares possibilités qui existent à cette époque. Bien sûr des progrès ont été faits depuis le début du siècle pour l'alphabétisation et l'éducation des enfants de tous âges. Mais il reste tant et tant à faire ! Et à ce niveau d'études, le choix est extrêmement limité [31].

Pont-Croix

Il y a bien le Collège de Lesneven qui se crée en cette année 1833, mais qui n'assure pas tous les enseignements et dont on ne sait ce qu'il donnera. Il y a aussi une très vieille institution, héritière d'une longue et solide tradition de sérieux et de qualité construite au fil des ans sous l'autorité de l'évêque local : le Collège de Léon. Fondé en 1580, celui-ci a formé de nombreuses générations de petits bretons, dont beaucoup de Juloded. Plus récemment, juste avant les événements de 89 qui ont vu déserter les salles de classe et disparaître ce siège épiscopal, le dernier prélat, Monseigneur Jean François de la Marche, a cautionné la construction de nouveaux bâtiments et la nomination d'un principal efficace et compétent l'abbé Jean Péron [32]. Ce même Jean Péron a repris les rênes en 1806 au sortir de la période révolutionnaire grâce à l'appui du maire de la ville, Jacques Michel de Kerhorre, qui, étant intervenu directement près de Napoléon, a obtenu le 22 brumaire an XIV de la République, c'est-à-dire le 13 novembre 1805, la signature d'un décret disant que « le département du Finistère est autorisé à établir une école secondaire communale dans le bâtiment de son ancien collège [33] ». Lui a succédé à son décès en septembre 1827 François Montfort. Né en 1794 à

30. Mémoire du 1er octobre 1829. ADT : M 1237.
31. Le faible nombre potentiel d'élèves ne justifie pas de nombreux collèges. Peu de familles peuvent dépenser annuellement 400 francs par enfant, pour « l'éclairage, le blanchissage et la rétribution collégiale ». AM de Saint-Pol-de-Léon : 1Z3.
32. C'est en fait le 30 avril 1791 que les biens du Collège ont été déclarés biens nationaux, et, en février 1792, qu'a été proclamée sa laïcisation. (Pour une histoire succincte mais exhaustive de l'institution, voir l'ouvrage rédigé en 1983 par l'abbé Gauthier pour le 400e anniversaire de sa fondation.)
33. Jacques François Anne Michel, baron de Kerhorre. Ses appuis politiques étaient réels puisqu'il devint baron d'Empire en mars 1811.

Mespaul, village jouxtant Saint-Pol-de-Léon, connaissant bien la région, respectueux de l'héritage de son prédécesseur, ce dernier a continué la réactivation et le retour au succès du Collège. Oui, mais voilà ! En 1830, Louis-Philippe a décidé que tous ses fonctionnaires, donc le Principal du Collège suivant les termes du Concordat, devraient prêter serment. N'acceptant pas cette mise au pas générale, pas plus que son prédécesseur n'avait accepté celle de 1790, François Montfort a claqué la porte le 27 octobre. Et son remplaçant, un laïc du nom de Hellier, ne semble pas avoir maintenu ni le niveau, ni l'audience malgré une expérience précédemment acquise à Saint-Brieuc. Il n'a, visiblement, pas convaincu ni entraîné l'adhésion des familles malgré la diffusion, à son arrivée, d'un prospectus publicitaire détaillé et enthousiaste. Et le Collège décline.

D'un autre côté, Jean-Marie Soubigou est informé de l'existence d'un établissement récent, qui s'est déjà construit une bonne réputation en à peine dix ans. C'est le petit séminaire de Pont-Croix [34]. Jean François Broumische, qui a aussi visité cette ville à peine quatre ans plus tôt, a fait l'éloge de cette institution où « les études sont fortes ; les élèves qui en sortent se font généralement distinguer [35] ». Affirmation qui n'est pas surprenante puisque l'enseignement ne se cantonne pas seulement au latin, mais inclut des cours d'anglais, de dessin et de musique. Qu'espérer de plus et comment hésiter ? Bien des années plus tard, le conseiller de préfecture du Finistère inscrira dans son rapport d'inspection :

> « Suivant un usage constant dans la région, les élèves, pour la plupart appartenant à des familles aisées de cultivateurs, viennent parachever par une teinte d'études classiques l'instruction reçue à l'école primaire, et, après trois ou quatre ans passés au petit séminaire, rentrent dans leurs familles sans avoir jamais eu l'intention d'embrasser l'état ecclésiastique [36]. »

Le nom de « séminaire » ne doit donc pas imposer l'idée que le père Soubigou affiche une volonté de voir l'un de ses fils confirmer une vocation sacerdotale quelconque. Alors, insensible aux arguments publicitaires du Principal Hellier, il choisit l'établissement à cet instant le plus coté. François-Louis rejoint donc le sud Finistère pour s'inscrire en année de septième.

L'année scolaire s'écoule normalement en longues et studieuses journées de 5 heures et quart du matin jusqu'au coucher, à 19 heures trente voire plus tard aux beaux jours quand les pensionnaires sont autorisés à profiter des heures claires du soir. Enfin, le mardi 12 août 1834, c'est la remise solennelle des prix, point d'orgue de quatre jours consécutifs de manifestations qui mobilisent les élèves dans une série d'exercices publics destinés à mettre en valeur le travail effectué pendant l'année et la haute valeur de l'enseignement dispensé. Commencées le jeudi 11 août à 8 heures du matin par la prestation de la classe de Rhétorique, ces présentations se terminent avec la classe de septième le lundi 11 à 2 heures de l'après-midi. Et dans cette dernière classe, en deuxième division, deux élèves se sont particulièrement distingués. Le premier s'appelle Louis Michel Dréau qui

34. L'école est installée dans les locaux de l'ancien couvent des Ursulines, acheté par l'évêque constitutionnel Claude Le Coz le 18 juillet 1822 pour le donner au diocèse avec l'approbation d'une ordonnance royale du 25 juin de l'année suivante.
35. Ouvrage déjà cité.
36. Rapport du 21 janvier 1899. AM de Brest : 1 V 94.

décroche le prix d'excellence. Et il est suivi de près par François-Louis Soubigou tenant du Prix d'Exactitude et de huit autres prix, les « Empires ». Ces citations leur valent de faire partie du groupe qui répond publiquement à des questions portant sur le *Catéchisme du Diocèse,* les soixante-douze premiers chapitres des *Epitome Historiæ sacræ* de l'abbé Lhomond expliqués et traduits, la grammaire française du même, la grammaire latine de Le Tellier, ou encore des *Fables* de La Fontaine prises dans le premier et deuxième Livre. Nul doute que l'un et l'autre élève ne fut brillant[37].

L'année suivante, le futur sénateur exprime encore mieux sa valeur. Il est en sixième, et le mardi 4 août 1835, il se présente aux exercices publics avec en poche le Prix d'Excellence et vingt-sept « Empires », remportés pendant le cours de l'année. Il domine de loin son camarade François Marie Poidvin, de Morlaix, qui le suit et n'en a obtenu « que » seize. Les exercices publics portent, bien entendu, toujours et d'abord sur la Religion. Les enfants ont continué à approfondir l'étude du catéchisme du Diocèse, et sont interrogés sur son contenu. Existent aussi des épreuves d'explication et de traduction latine par rapport aux enseignements de l'année, comme l'histoire de Rome dans le *De Viris illustribus urbis Romæ* du même abbé Lhomond, ou la mythologie dans l'*Appendix* du père jésuite Joseph de Jouvency[38]. Enfin, des épreuves de mémoire portent sur les grammaires latine et française, la géographie de la France, l'histoire ancienne, et toujours, les *Fables* de la Fontaine[39].

La période des vacances qui suit se déroule, certainement d'une manière très active aux alentours du manoir familial. Puis, la rentrée approche et se pose la question de reprise des études. Or le 26 mai, est arrivée une nouvelle majeure. François Montfort a repris les rênes à Saint-Pol-de-Léon, le principal Hellier ayant pris le parti de tirer les conclusions de sa faible réussite.

Le Kreisker

Pont-Croix est vraiment très loin, et son audience est fortement tournée vers la Cornouaille. Puisque le Collège de Léon redémarre dans l'excellence, c'est donc, tout naturellement en bon léonards, que les parents Soubigou se tournent désormais vers cette école chargée d'histoire, pour l'éducation de leurs enfants. Et à la rentrée scolaire suivante, ce sont deux frères Soubigou qui prennent le chemin vers Saint-Pol-de-Léon. Nicolas, le plus jeune, entre en huitième. François-Louis, en bon élève, fait l'économie d'une classe, et entre en quatrième[40]. Les deux frères vont passer là trois ans de pensionnat, ce pensionnat dont le Principal Hellier, qui l'avait placé sous son autorité directe, précisait qu'il bénéficiait d'une

37. Abbé Charles François Lhomond, professeur émérite à la Sorbonne.
38. Joseph de Jouvency, professeur de rhétorique à Caen, La Flèche, Paris.
39. *Programmes des Exercices Publics* du Petit Séminaire de Pont-Croix pour les années 1834 et 1835. ADQ.
40. Le fait est d'importance. Suivant un mémoire du Chanoine Pondaven publié dans le bulletin XLV de la Société archéologique du Finistère « les écoliers venus d'ailleurs étaient obligés de descendre d'un, deux, et quelque fois trois ans ». Mais il est vrai que c'était en 1810. Nicolas Marie est né le 25 août 1823 à Kergréguen. C'est le second fils Soubigou à être nommé Nicolas. Le premier, né le 19 mars 1817, était décédé le 21 juillet de la même année. AM de Plounéventer : état-civil. Cette pratique de donner le prénom d'un frère ou d'une sœur aîné(e) disparu(e) à un nouvel enfant n'était pas rare à l'époque.

« surveillance qui satisfera les familles pour le plus tendre objet de leur sollicitude[41] ».

Le régime des études est, ici aussi, très strict, et l'éducation sans concession. Il s'agit de former des hommes qui adhéreront plus tard aux mêmes principes qui guident l'institution, et pour ce faire, le choix est fait d'inculquer aux élèves une solide formation, tant classique que religieuse.

Les jours ordinaires, c'est-à-dire six jours par semaine du lundi au samedi, les deux pensionnaires se lèvent à 5 heures du matin pour une première lecture de piété, suivie d'une étude pendant laquelle ils passent, par tables constituées, à la « peignerie » pour se laver. Puis à 7 heures, c'est la messe. Enfin vers 7 heures 30, ils ont une demi-heure pour prendre leur petit déjeuner et s'offrir une très courte détente avant d'entrer en classe à 8 heures précises. La journée se partage ensuite entre, à peu près cinq heures de classe, un peu plus de trois heures d'études, et une heure et demie consacrée à la religion. À vingt heures un quart, une dernière prière et extinction des feux. Dimanches et fêtes, c'est presque le repos puisqu'ils ne se lèvent qu'à 7 heures et qu'ils n'ont aucun cours, les heures d'études étant alternées avec la grand messe, le catéchisme, les vêpres, le chapelet[42]. Pas de temps pour la rêverie. D'ailleurs, personne n'est là pour cela, ou ceux qui croient l'être sont très vite étiquetés[43].

Le régime est dur. Non pas tant par les horaires de lever et de coucher qui garantissent, malgré tout, neuf heures de sommeil à une époque où la télévision n'a pas encore offert ses distractions tardives, et où, pour deux jeunes venus de la campagne, se réveiller si tôt est une faible contrainte. Mais tous les instants des sept jours de la semaine sont fort occupés et ne laissent place aux loisirs que pour des durées extrêmement courtes, et uniquement passées en cour de récréation.

Les deux élèves Soubigou sont bien notés. Durant son année de huitième, le petit Nicolas se voit classé dans la première division parmi les treize meilleurs sujets « inter optimos ». Il est loin en avant des six « inter bonos », et surtout des dix « inter debiles », et encore plus du dernier, méchamment qualifié de « lepidum caput ». Dans la classe de François-Louis, la hiérarchie est plus détaillée et s'exprime en français. Il y a quatre niveaux : bon, médiocre, faible, très faible. L'intéressé est classé parmi les bons élèves, et « travaille avec constance et méthode, [ayant] beaucoup de jugement et de facilités[44] ».

L'année suivante, où ils sont respectivement en septième et troisième, les jugements sont toujours positifs. François-Louis est classé quatrième parmi les neuf « bons ». C'est un élève « très bien, au travail soutenu, exact, [ayant] des moyens ». Son jeune frère est en tête de sa classe, et lui est même attribuée l'unique mention « très bien », complétée qui plus est d'une appréciation fort élogieuse : « travaillant beaucoup, sage, tenant bien son cahier ». Jean-Marie Soubigou se sent certainement très fier de ses deux fils.

41. Prospectus signé Hellier, du 28 octobre 1830. AM de Saint-Pol-de-Léon : 1 Z 3.
42. Règlement intérieur du Collège de Léon. AM de Saint-Pol-de-Léon : 1 Z 3. Il y a une légère variante le samedi par rapport aux autres jours de la semaine où la dernière demie heure est consacrée à une lecture de piété.
43. Ceux qui logent en ville, souvent à plusieurs par chambre, ont plus de liberté en dehors des temps d'enseignement et d'études. Leurs résultats s'en ressentent facilement.
44. AM de Saint-Pol-de-Léon : 1 Z 6.

C'est dans ces murs que François-Louis se forme au goût des auteurs anciens lus dans le texte d'origine, goût qu'il conservera toujours. Avoir été bien noté par ses maîtres, signifie en effet qu'il sait réciter de mémoire le premier chant de l'*Énéide*, trois cents vers de l'*Iliade*, six chapitres de la première *Catilinaire,* la moitié du quinzième livre de *Télémaque,* et d'autres encore.

Il apprend, ainsi, Homère où il lit dans le chant II ces mots lancés aux Grecs par Ulysse :« Trop de chefs vous nuiraient ; qu'un seul homme ait l'empire./Vous ne sauriez, ô Grecs ! être un peuple de rois ;/Le Sceptre est à celui qu'il plût au Ciel d'élire/Pour régner sur la foule et lui donner des lois ». L'adolescent l'ignore, mais, l'année de sa naissance, ces quatre vers fort peu républicains ont servi d'exergue à la première édition d'un livre intitulé *Du pape,* un livre qui orientera, s'il ne le fait pour lui-même, le jugement de plusieurs de ses futurs et plus proches amis politiques dans leur conception des relations entre Église et État, entre démocratie et monarchie[45].

Pour l'instant au Collège de Léon, tout paraît, on ne peut dire idyllique dans une institution à la discipline si bien établie, mais comme se déroulant très favorablement. Puis les deux élèves avancent d'une classe. Et là, si pour le petit, inscrit en sixième, les notations restent de la même eau que l'année écoulée, il n'en est pas de même pour son frère. François-Louis Soubigou est en seconde, et son nouvel enseignant le note d'un « bien, travail ordinaire » ! En ces lieux qui tendent à l'exception, il s'agit là d'une appréciation qui ne peut être considérée comme exprimant une réelle satisfaction du maître sur l'élève ! Ce dernier semble donc avoir faibli. Il est pourtant classé quatrième ! Que s'est-il passé ? Très simple ! L'élève en tête de classe est banalement noté « très bien, travail satisfaisant ». Suivent ensuite deux appréciations neutres. Un « très bien, travail ordinaire », et un « bien, travail passable ». Le professeur a simplement placé la barre très haute pour tous, et, distribue très chichement ses compliments. Il n'y a rien d'autre.

Mais peu importe ! Toujours est-il que Jean-Marie Soubigou, père sans doute mécontent du jugement défavorable infligé à sa progéniture, ne réinscrit pas ses enfants au Collège de Léon à la rentrée de la fin de l'année 1838, pas plus l'un que l'autre. François-Louis revient sur les terres familiales sans avoir fait sa Rhétorique, et, il faudra attendre la rentrée de 1840 pour que se présente rue Verderel à Saint-Pol-de-Léon, un autre fils Soubigou, Jean-Pierre, le benjamin, qui n'y restera d'ailleurs qu'un peu plus de deux années scolaires, quittant définitivement l'institution le 31 décembre 1842, l'aisance de la caste ne nécessite pas un investissement intellectuel des enfants au-delà de ce qui est nécessaire pour une bonne gestion du patrimoine familial[46].

45. Tel sera le cas d'Albert de Mun qui dans *Ma vocation sociale,* publié en 1908, reconnaîtra avoir été influencé par cet ouvrage. L'influence de Joseph de Maistre sur la droite légitimiste sera, cependant, davantage issue de ses ouvrages précédents, tel son *Essai sur le principe générateur des Constitutions politique,* paru en 1814.

46. Rue Verderel et non pas 2, rue Cadiou, comme l'Institution du Kreisker d'aujourd'hui dont les locaux, après avoir été ceux du grand séminaire de l'évêché de Léon, disparu à la Révolution, abritaient, en 1840, une école tenue par les Ursulines. Seul Jean-Marie Soubigou, fils de Jean-Louis un des frères de François-Louis, fera vraiment une longue scolarité en ces lieux. Entré en septième, il n'en repartira qu'après y avoir terminé sa Rhétorique dans un Collège de Léon bien ouvert sur l'extérieur, puisque des cours d'anglais y seront dispensés que le jeune homme suivra régulièrement pendant quatre ans. AM de Saint-Pol-de-Léon : 1 Z 14.

Ceci étant, que retirent de ces années d'études les fils Soubigou, élèves studieux et appliqués ?

Évidemment, une bonne connaissance des matières enseignées dans une formation nettement littéraire, moins orientée vers les sciences que vers les humanités, moins portée à susciter des vocations d'ingénieurs qu'à préparer les cœurs et les esprits au service ecclésiastique. La réputation du Collège de Léon n'est-elle pas de savoir former des hommes destinés à être des exemples, sinon des leaders ! Le rapport d'inspection déjà cité, fait bien plus tard et pour Pont-Croix, s'applique ici aussi : « La grande majorité des anciens élèves garde l'empreinte de l'éducation cléricale qui leur a été donnée, reste sous la domination morale de leurs anciens professeurs, et forme ainsi une secte d'élite qui va renforcer dans chaque commune le parti des adversaires du gouvernement. » En reste donc pour les enfants Soubigou, un attachement durable à la religion catholique dans sa rigueur morale, ses rites, ses idées directrices, et la nécessité de son interpénétration profonde avec la société.

Les durs chemins de Bretagne

Et puis, il y a le contexte matériel, dans lequel tout ceci se passe, qui apporte sa part d'expérience concrète à un adolescent disposé à ouvrir grand les yeux et l'esprit sur ce qui l'entoure. Il capitalise là des éléments de réflexion qui le guideront plus tard dans les orientations profondes de sa vie professionnelle.

En ce début du XIXe siècle et hors les grands axes voulus par le duc d'Aiguillon et toujours bien entretenus, les routes de Basse-Bretagne ne sont pas des plus carrossables. S'il vivait encore, Jean de la Fontaine les tournerait à nouveau en dérision. Les chemins, qu'ils soient montants ou descendants, sont fort malaisés. Ils ne sont pas meilleurs qu'en 1794 quand Cambry décrivait ce Finistère où « les chemins de traverse sont des abîmes impraticables dans l'hiver : les voitures s'y brisent ; des chevaux, des bœufs, des hommes y sont tous les jours estropiés. J'ai passé des mares où mes chevaux étaient à la nage, j'étais dans l'eau jusqu'à la poitrine ». Ou qu'en 1817, quand le conseil municipal de Plounéventer recensait, en tout, trois routes vicinales, l'une pour rejoindre la Route Impériale 12 et donc l'accès vers Morlaix, une autre vers la ville voisine de Landerneau et ses marchés, et la dernière partant vers les grèves de la côte nord sans doute pour l'approvisionnement en goémon ou en sable.

Tous les rapports des officiers d'état-major qui parcourent à intervalles réguliers le pays pour inspecter les défenses terrestres de Brest sont unanimes. En dehors des rares grandes routes, « bien ferrées à la Mac-Adam », entretenues et utilisables par tous les temps, quasiment tous les chemins vicinaux sont fangeux et deviennent impraticables à la moindre pluie, ayant été laissés depuis de longues années dans un état de complet abandon [47]. Un autre rapport de décembre 1838,

47. Mémoires des inspecteurs de l'état-major, 1829, 1836, 1838. ADT : M 1237. Dans son ouvrage *Plounéventer des origines à nos jours,* écrit en 1986, l'abbé Jean-Marie Le Bras, qui fut vicaire en cette commune, rappelle « qu'autrefois, les chemins de Plounéventer étaient dans un état si lamentable que le dimanche, en hiver, pour se rendre au bourg à la messe du matin, on avait tout intérêt à se munir d'une boîte d'allumettes ou d'un briquet et d'une poignée de paille pour faire torche, sans quoi on risquait de s'enliser ».

spécifique à la commune de Landerneau, fait état de ce que le chemin vers Plouédern, et donc Plounéventer, est dans un état désastreux avec les charrois considérables de pierres nécessaires aux travaux du chenal. « Les chaussées sont généralement trop bombées, ce qui rend les accotements mauvais, car les voitures roulant de préférence dessus, forment par les temps de pluie des ornières tellement profondes que les chemins deviennent impraticables aux piétons. » Sans compter que les riverains y font insidieusement avancer leurs plantations d'arbres pour récupérer le terrain [48]. Alors en l'absence de chemins carrossables joignant de bout en bout Plounéventer à Pont-Croix ou Saint-Pol-de-Léon, c'est à cheval et par de mauvais chemins creux que les deux frères parcourent les dix ou douze lieues séparant le manoir familial du collège, suivis de leur valet convoyant leurs impedimenta dans des paniers d'osier.

Ces pénibles chevauchées, en toutes saisons et par tous les temps, ne sont pas une épreuve physique pour deux adolescents bien entraînés et dotés de bonnes et solides montures. Mais elles les marquent. Fils de marchands-toiliers, ils savent la nécessité d'un accès facile aux ports d'import-export de Morlaix ou de Landerneau. Ils ont appris que ne pas pouvoir faire correctement circuler les attelages freine la commercialisation des produits de la terre et des petites industries locales. Or ils constatent, par eux-mêmes, sur le terrain, quelle que soit la direction choisie, que l'ensemble des communes rurales est mal servi, mal équipé, que tout est à faire pour les désenclaver, que c'est vital pour la prospérité générale, et qu'il y a beaucoup d'ouvrage possible pour des entrepreneurs courageux.

Ce vécu influencera, plus tard, leur jugement lorsqu'ils décideront de s'intéresser au développement des voies de communication en Bretagne, en Auvergne, et ailleurs. Leur ouverture future à la rénovation des routes, à la densification des chemins vicinaux, au développement des voies ferrées seules aptes à permettre l'accès à longue distance vers les centres économiques majeurs, se forge là. C'est sur ces sols mal empierrés, dans ces fondrières où s'enfoncent le pas de leurs chevaux, à travers les broussailles et les branchages des arbres mal élagués qui empiètent sur la chaussée, qu'ils mesurent les enjeux que, quelques années à peine plus tard, Honoré de Balzac, dont pourtant l'économie ne fut pas le point fort, bien qu'il s'en piquât, exprimera :

> « La France, et la Bretagne particulièrement, possède encore aujourd'hui quelques villes complètement en dehors du mouvement social qui donne au dix-neuvième siècle sa physionomie. Faute de communications vives et soutenues avec Paris, à peine liées par un mauvais chemin avec la sous-préfecture ou le chef-lieu dont elles dépendent, ces villes entendent ou regardent passer la civilisation nouvelle comme un spectacle, elles s'en étonnent sans y applaudir [49]. »

---

48. AM de Landerneau : I O 3. En mai 1849, Yves Prigent, agissant comme maire de Plounéventer, en sera encore à supplier son collègue de Landerneau pour qu'il l'aide à obtenir le classement de cette route qui mène à la côte.
49. Honoré DE BALZAC, *Béatrix* (1842).

Le bonheur est fugitif

En attendant, à l'été 1838, pour François-Louis Soubigou la vie se recentre sur Kergréguen. Qu'y fait-il ? Comment y vit-il ? Les détails manquent totalement. Ce qui est certain, c'est qu'il travaille. La famille est industrieuse. Il n'est pas question de rester désœuvré. Dans la tradition familiale, le père et les deux frères aînés continuent, ainsi qu'ils le déclarent au recensement, l'activité de « fabricant de toile [50] ». La propriété, elle-même, est vaste, et y est attachée une main-d'œuvre nombreuse qu'il faut accompagner. Les occupations ne manquent pas.

Elles ne se limitent cependant pas aux tâches industrieuses. L'attrait pour la vie publique le touche déjà. Malgré son jeune âge, il entre très vite au Conseil municipal que dirige, depuis février 1835, un nommé Yves Prigent, et où son père a un rôle d'adjoint. Lui-même se voit confier, en 1841, une partie du recensement demandé par les autorités de tutelle [51].

Le maire est un homme mature, marié, père de famille, fils légitime de Jean Prigent et Marie Kermarrec. Il a épousé, en 1821, une jeune veuve, Elisabeth Le Bras. Son propre père, toujours présent, ne fait pas partie des électeurs censitaires, c'est-à-dire de ceux qui, payant au moins mille 1 000 F d'impôt, sont admis à voter. Dans la caste des Juloded, il appartient à ce sous-groupe appelé, depuis, de la « seconde coupe », « eil trouc'h » en breton du Léon. Une expression imagée faisant référence à la richesse moindre de la seconde coupe de foin par rapport à la première [52]. Il n'est même pas propriétaire de sa ferme, Leur-ar-Morris, qui appartient à Jean-Marie Soubigou. Pour autant, il est Julod, et comme tel bénéficie de la solidarité de caste face au monde extérieur. Simplement, peut-être parce qu'il a moins d'argent disponible, parce qu'il a moins de biens à entretenir, moins de terres à développer, Yves Prigent est un homme d'initiatives qui ne se contente pas de vivre des revenus traditionnels de la terre et qui cherche à se développer dans une activité entrepreneuriale.

Cette force de caractère et sa position de premier magistrat de la commune, rehaussent son statut au sein de la caste et rendent toute alliance avec ses enfants fort honorable. Et c'est ce qui se passe. Le lundi 27 juillet 1846 il laisse officier son adjoint pour célébrer l'union de sa fille avec un homme de la « première coupe », la « kentan trouc'h ». Ce jour-là, à dix-neuf heures, après la journée de travail, par-devant Yves Simon, conseiller municipal, François-Louis Soubigou, 27 ans, prend officiellement pour épouse Marie-Jeanne Prigent, sans profession. La jeune femme a 19 ans. Les témoins sont, un cousin et son frère Jean-Louis pour le marié, un oncle et un frère pour la jeune épousée [53].

Malheureusement, le 29 mars de l'année suivante à cinq heures du soir, la jeune femme, si heureuse et si fière quelques mois plus tôt d'épouser ce jeune

50. Recensement de 1836. AD du Finistère : 6 M 632.

51. AM de Plounéventer : cahier des arrêtés municipaux, 23 mai 1841.

52. Expressions, première et seconde coupe, décrites en détail par Louis Elégoët. La domesticité qu'emploie Yves Prigent en 1836 à Leur-ar-Morris, est moitié moindre que celle de Kergréguen. AD du Finistère : 6 M 632.

53. AM de Plounéventer : état civil. Une heure plus tard, Yves Prigent reprend ses fonctions de premier magistrat de la commune et prononce, devant les mêmes témoins, le mariage d'un autre fils Soubigou, Joseph, avec Marie Anne Ollivier, une jeune fille de Plouvorn. Cette double noce regroupa certainement plusieurs centaines de personnes.

homme bien nanti et à l'avenir prometteur, disparaîtra. Ce ne sera que le 17 juillet 1851 que le jeune veuf se remariera, épousant cette nièce du recteur Mathias Allançon, née du temps où celui-ci assurait son rôle de précepteur au presbytère de Trémaouézan, et que, devenue doublement orpheline après le décès de ses parents meuniers à Saint-Renan, son oncle a accueillie à Milizac [54]. Elle s'appelle Marie-Françoise Allançon.

Elle lui donnera quatre enfants, qui naîtront tous à Plounéventer: un fils, Auguste, en 1852, et, trois filles, Elisa, Françoise, et Louise, en 1854, 1856, et 1858 [55]. Une dernière naissance difficile. La jeune femme disparaîtra le 12 septembre 1858, cinq semaines après ses couches. À trente-neuf ans, François-Louis Soubigou se retrouvera avec quatre jeunes enfants en charge. Il ne se remariera pas. Il les élèvera seul, et aura la joie de voir les tous s'unir à d'autres personnes de sa caste. La première sera Elisa qui épousera, le 23 avril 1877, Louis Abgrall, petit-fils de Maurice Abgrall, un très riche tanneur de Lampaul. Puis le 18 septembre 1879, les cloches de Plounéventer célébreront un double mariage, pour Auguste Soubigou qui convolera avec Marie Prigent, une nièce de feue la première épouse de son père, et, pour sa sœur Françoise s'unissant à Laurent Boucher, fils de tanneurs lui aussi. Enfin, la dernière fille, Louise, épousera François Boucher, le frère de Laurent, le 10 mai 1881 [56].

Mais d'ici là, des événements bien autrement importants que les fastueuses épousailles julodes du pays de Léon auront eu lieu. Sans que François-Louis Soubigou le sache encore, des événements exceptionnels se préparent en l'année 1848, qui vont modifier profondément le cours de son existence, le propulser vers des responsabilités politiques inattendues, lui faire développer des relations sociales nouvelles, et lui ouvrir les yeux sur les mutations technologiques qui vont profondément transformer la France en cette deuxième moitié du XIXe siècle.

---

54. La mère, Marie-Françoise Provostic est décédée le 1er mars 1835, et le père, Jean-Marie, le 20 février 1836, tous deux à Saint-Renan. AM de Plounéventer : état-civil.
55. Auguste Marie le 19 septembre 1852, Elisa (Marie Josèphe Elisa) le 14 octobre 1854, Françoise (Marie-Françoise Yvonne) le 08 novembre 1856, Louise (Marie-Louise Bazilice) le 05 août 1858. AM de Plounéventer : état civil.
56. M. J. Y. Soubigou : généalogie Soubigou.

Chapitre VI

Février 1848 : une révolution parisienne et romantique

La journée du jeudi 4 mai 1848 est pour Paris, et pour toute la France, une journée exceptionnelle par l'ampleur et l'importance de la manifestation qui se déroule au Palais Bourbon. Il fait très beau. Ainsi que l'écrira le quotidien légitimiste *L'Ami de la Religion* sous la signature de son gérant, Adrien Le Clere, il y a « un de ces soleils à rendre possibles tous les gouvernements », comme si « le printemps venait d'arriver de province avec les nouveaux députés [1] ». Certes, dans beaucoup de quartiers les parisiens vaquent, comme si rien n'était, à leurs occupations habituelles. Mais, aux alentours du pont de la Concorde, près de l'Assemblée nationale comme dans les rues et boulevards alentour, c'est la cohue où se mêlent vêtements populaires et tenues élégantes, le tout ponctué des couleurs vives des uniformes des gardes nationaux et des vivandières. Les places sont chères, en attente de la manifestation exceptionnelle et pacifique qui va avoir lieu. Une manifestation par laquelle, ainsi que le dira le citoyen Dupont de l'Eure dans son discours d'accueil à ses collègues représentants du peuple, « le gouvernement provisoire vient s'incliner devant la Nation et rendre un hommage éclatant au pouvoir suprême dont vous êtes investis [2] ».

Le grand chapeau

La couverture médiatique de cet événement, annoncé depuis longtemps et si attendu, est très dense, le nombre de journaux parisiens ayant explosé depuis février. La rumeur dit qu'il s'en serait créé cent dix-huit [3]. Bien évidemment, sont présents les journalistes établis, ceux du *National* et ceux de *La Réforme* qui voient leurs candidats défiler, tous ceux que Louis-Philippe a poursuivis, tous ceux qui l'ont encensé, tous les anciens, tous les nouveaux. S'y sont joints plusieurs écrivains qui veulent être témoins actifs de cette représentation populaire, porteuse de tant de promesses d'avenir meilleur et d'espoir de gouvernance démocratique. Plus de cent places ont été réservées, aux uns comme aux autres, dans les tribunes.

---

1. *L'Ami de la Religion, journal ecclésiastique, politique et littéraire,* du samedi 6 mai 1848.
2. *L'Ami de la Religion,* même référence. À 81 ans, Jacques Charles Dupont, dit Dupont de l'Eure, est le doyen du gouvernement, et la mémoire vivante de l'histoire politique des cinquante années passées.
3. D'après *La Liberté, journal de Lyon,* du 8 mai. Mais c'est sans doute plus.

Seulement, pour les professionnels comme pour les amateurs éclairés, il est ardu, en ce premier jour, de mettre un nom sur ces nouveaux visages qui se présentent pour la première fois devant leurs yeux. Chaque pisse-copie fait de son mieux pour repérer les personnages les plus importants ou les plus marquants, quitte à broder un peu ainsi que certains le pratiquent encore aujourd'hui. L'identification est d'autant plus difficile que nombreux sont les représentants venus d'une lointaine province et qui, jusque-là, ont été de parfaits inconnus pour les organes de presse. D'où quelque perplexité ou amusement en relisant tous ces textes cent soixante ans, ou presque, plus tard.

Par exemple, comment ne pas avoir quelque interrogation en lisant le journal de Lyon, *La Liberté,* daté du 7 mai. Le reporter, présent à la séance inaugurale, décrit, comme l'attendent ses lecteurs, la foule des élus où il a plus particulièrement remarqué un « député béarnais, coiffé d'un chapeau à incommensurables rebords [qui] fixe l'attention générale[4] ». Malheureusement pour lui, aucun des onze représentants des Basses-Pyrénées n'est réputé, dans l'une ou l'autre de ses biographies qu'elle soit d'époque ou plus récente, avoir porté son costume régional, tant béarnais que basque d'ailleurs, et ce jour-là pas plus qu'un autre. A-t-il eu une vision ? A-t-il « bidonné » son papier ?

Pas du tout ! Il existe encore aujourd'hui un document authentique qui répertorie ces hommes à qui la France profonde confia ce jour-là, pour la première fois légalement et universellement, la responsabilité de la conduite du pays. Un document dont le texte publicitaire, publié par *Le Moniteur universel* du 4 décembre 1848, précisait : « L'intelligent directeur de cette publication joint, à chaque figure le nom, les prénoms, le lieu et la date de naissance, la qualité, le nom du département, enfin un fac-similé de la signature autographe. » Un document fort astucieusement créé.

Sa réalisation commença par l'installation, dans les locaux de l'Assemblée, du matériel nécessaire pour tirer le portrait de chacun des neuf cents élus en utilisant les techniques déjà rodées de Niepce et Daguerre. Messieurs Desmaisons et Jacob, les deux personnages qui lancèrent l'opération, savaient que le procédé ne leur permettrait pas de passer directement à une impression de qualité aux fins d'une large diffusion. Aussi, exploitant leur compétence et leur expérience de lithographes, firent-ils transposer chaque cliché sur la pierre par un artiste professionnel. Une impression en teinte de Chine, et le tour fut joué ! Ils pouvaient désormais tirer pratiquement autant d'exemplaires à très haute définition qu'ils voulaient. Et, dès le mois de décembre 1848, ils proposèrent les premiers portraits à l'admiration des électeurs, à raison de 60 centimes l'unité. Ceux qui souhaitèrent disposer de l'intégralité des visages des élus du peuple l'obtinrent à raison de 8 F le fascicule de vingt.

Alors quand, aujourd'hui, le lecteur de la Bibliothèque nationale parcourt cette « Galerie des représentants du peuple », il ne peut que constater, page 233, qu'il a devant lui le personnage décrit par le reporter de *La Liberté de Lyon,* ce représentant du peuple « coiffé d'un chapeau à incommensurables rebords ». Simplement, ce portrait n'est pas celui d'un Béarnais. Comme l'indique la notice,

4. APP : Aa 428.

il s'agit de François-Louis Soubigou, « cultivateur », et représentant du peuple pour le Finistère, et qui en bon Breton, ce jour-là pas plus que les autres jours, ne se sépara de son impressionnant et éternel couvre-chef[5].

Et donc, en ce 4 mai 1848, en ce matin de l'ouverture solennelle de la première assemblée d'une république française élue au suffrage universel, c'est bien un jeune Breton, et nul Béarnais, nul autre provincial, qui crée l'étonnement et capte les regards curieux des badauds parisiens, et qui, sans gêne aucune et sans affectation ni timidité, accompagne ses collègues qui rejoignent leurs bancs. Et pour ce qui est de *La Liberté,* qui n'est pas diffusée à Plounéventer, il ne la lira sans doute pas et n'en sera pas troublé lorsqu'elle paraîtra dans quelques jours.

Dans une proclamation datée de la veille, le gouvernement provisoire, en place depuis deux mois et qui va en ce jour de liesse transmettre ses pouvoirs aux nouveaux élus, a tenu à préciser la raison du faste exceptionnel apporté à cet événement : « Demain s'ouvrira l'Assemblée nationale ; demain le gouvernement provisoire va remettre aux mains des représentants du peuple le pouvoir que l'acclamation du peuple lui avait confié[6]. » Une assemblée, unique, qui a une double mission. Diriger le pays le temps nécessaire jusqu'à l'élection d'une autre assemblée, législative cette fois. Et, bâtir une constitution adaptée au nouveau régime, et dont l'absence manque dramatiquement.

Quelques mois plus tôt, la révolution de février et le renversement de Louis-Philippe, ont, en effet, changé brusquement le paysage politique français.

Un début d'année mouvementé

Tout a commencé alors avec l'interdiction par le baron Gabriel Delessert, pair de France et préfet de police, du banquet républicain du douzième arrondissement de Paris, celui des quatre quartiers du Jardin des Plantes, Maubert, Observatoire, Saint-Marcel, prévu pour le mardi 22 février.

Depuis le premier banquet, celui du Château Rouge, organisé le 9 juillet de l'année précédente et qui a réuni 1 200 participants, ce type de manifestation s'est multiplié ici et là pour contourner, sous un prétexte festif, la loi prohibant les associations. La colère gronde. « Un vent de révolutions » a affirmé Alexis de Tocqueville devant la Chambre des députés le 27 janvier précédent, et « ce vent, on ne sait où il naît, d'où il vient, ni, croyez-le bien, qui il enlève[7] ». Cette fois-ci, l'émeute a éclaté. Le lieutenant général Jean François Jacqueminot, n'a pas réussi à contrôler la situation malgré un ordre du jour adressé à la Garde nationale du département de la Seine alliant rappel à la loi fondatrice, celle du 22 mars 1831, et intimidation : « La Garde nationale est instituée pour défendre la royauté constitutionnelle[8]. » Son propre hôtel particulier a été saccagé. Le lendemain quelques barricades sont apparues et la tension est montée dan la capitale.

5. BnF : FOL LE65-11. La signature de François-Louis Soubigou est particulièrement belle et ferme. Suivant l'expression du *Moniteur universel,* l'ensemble, signature et portrait, « offre aux disciples de Lavater un double sujet d'études ».
6. Émile Carrey, *Recueil Complet des Actes du Gouvernement Provisoire* (1848).
7. Alexis de Tocqueville, *Études économiques, politiques et littéraires* (1866).
8. *Le Moniteur universel* du 22 février 1848. Et Victor Hugo dans *Choses Vues.*

Le 24, à la Chambre des pairs, comme la veille et l'avant-veille, après avoir vainement tenté d'impliquer Victor Hugo dans sa démarche, le très remuant marquis de Boissy s'est affronté à ses collègues décidés à rester sourds aux bruits de colère extérieurs venant pourtant jusqu'à eux. Le boulevard des Capucines où a éclaté une fusillade n'est en effet pas si loin qu'ils n'aient pu en entendre les échos. L'orateur, coutumier des heurts avec les uns ou les autres, n'a pas été écouté alors que, invité par les organisateurs du banquet interdit, il était personnellement bien informé de l'état d'esprit généré par la décision préfectorale, et que ses craintes en étaient fondées [9]. Le gouvernement Thiers, nommé d'urgence, au départ de l'inactif Guizot et à la place de Molé qui a refusé, n'a pas eu le temps de se mettre en place que le Roi, débordé par les événements, s'est trouvé contraint à l'abdication. « J'abdique cette couronne que la voix nationale m'avait appelé à porter... » De son côté, la Chambre des députés a cédé, le même jour, devant son envahissement par des groupes armés et Alexandre Ledru-Rollin y a fait acclamer une liste de sept noms choisis dans la matinée avec Lamartine sous l'égide du journal, républicain et modéré, *Le National* [10]. Ceci fait, ils ont quitté les locaux du Palais Bourbon pour se rendre à l'Hôtel de Ville, car celui-ci, « c'est les Tuileries du peuple ». Sur place, ils ont dû composer fermement avec une tendance plus dure, plus radicale, patronnée par un autre organe de presse au nom expressif, *La Réforme,* qui leur a imposé quatre autres noms.

Au résultat, c'est un tout nouveau gouvernement de onze membres qui s'est installé, démocratiquement qualifié de républicain [11]. Un gouvernement où certains se sont trouvés plus égaux que d'autres. Le doyen Dupont de l'Eure, trop âgé, s'est installé dans un rôle honorifique. Il y a eu ceux qui ont été nommés ministres à part entière, ainsi Lamartine aux Affaires étrangères, François Arago à la Marine, Adolphe Crémieux à la Justice, Alexandre Marie aux Travaux publics, Alexandre Ledru-Rollin à l'Intérieur. Il y a eu ceux qui n'ont eu aucun portefeuille tels Ferdinand Flocon, Louis Blanc, et Alexandre Martin dit « l'ouvrier » Albert. Et, plus surprenant, il y a eu des ministres n'appartenant pas au gouvernement comme Eugène Bethmont au Commerce, Michel Goudchaux aux Finances qui a été vite remplacé Louis Garnier-Pagès, Hippolyte Carnot à l'Instruction Publique, ou les généraux Jacques Subervie puis Alphonse Bedeau à la Guerre. Un autre poste essentiel a été pourvu, la Mairie de Paris avec Louis Garnier-Pagès auquel a succédé Armand Marrast. Enfin, en arrière-plan, un personnage redoutable, Marc Caussidière, s'est emparé de la Préfecture de Police, négligée par tous les autres.

Au matin du 25, Alexandre Dumas, dans le numéro 2 de son journal *Le Mois* qu'il a défini comme une « revue historique jour par jour de tous les événements qui se produisent en France et à l'étranger », a pu écrire : « Le jour se lève sur Paris monarchique hier, républicain aujourd'hui. » Dans l'après-midi du même jour,

---

9. Hilaire Étienne Octave Bouillé, marquis de Boissy.

10. Alexandre Auguste Ledru, dit Ledru-Rollin est avocat. Sous Louis-Philippe, il s'est fait remarquer comme homme de presse et député d'opposition. C'est le plus démocrate de tous, mais il manque de volonté et de finesse. Lamartine a, alors, cinquante-huit ans. Il va être l'élément central de l'équipe qui se met en place.

11. La présentation des onze membres du gouvernement faite par la presse est : « Dupont (de l'Eure), Alphonse de Lamartine, Crémieux, Arago (de l'Institut), Ledru-Rollin, Garnier-Pagès, Marie, Armand Marrast, Louis Blanc, Ferdinand Flocon, Albert (ouvrier) ».

c'est à l'Hôtel de Ville que Lamartine, dans une grande et célèbre envolée qui a retourné la situation, a fait approuver le drapeau tricolore contre le drapeau rouge réclamé par l'assistance qui avait envahi les lieux :

> « Si vous m'enlevez le drapeau tricolore, sachez-le bien, vous m'enlevez la moitié de la force extérieure de la France [...] C'est le drapeau de la France, c'est le drapeau de nos armées victorieuses, c'est le drapeau de nos triomphes qu'il faut relever devant l'Europe [...] Le drapeau tricolore a fait le tour du monde avec la République et avec l'Empire, avec vos libertés et vos gloires, tandis que le drapeau rouge n'a fait que le tour du Champ de Mars, traîné dans le sang du peuple [12]. »

Avec moins de trente morts et quelques dizaines de blessés, le coup de force est resté, fort heureusement, peu sanglant car la Garde nationale, de recrutement bourgeois, y a été d'emblée favorable. Les troubles réels et sérieux viendront plus tard, touchant d'abord la province puis progressivement la capitale jusqu'au mois de juin où ils seront durement réprimés. Pour l'instant, l'événement est resté très parisien et va le rester longuement encore, bien que le nouveau gouvernement se soit déclaré « sorti d'acclamation et d'urgence par la voix du peuple et des députés des départements » ; tout en précisant que « quand la capitale de la France est en feu, le mandat du gouvernement provisoire est dans le salut public ». Ainsi que l'a écrit Prosper Mérimée dans une lettre datée du 8 mars et adressée à Madame de Montijo, la mère de la future impératrice, avec laquelle il correspond régulièrement depuis un voyage en Espagne en 1830 : « La révolution a été faite par moins de six cents hommes qui, la plupart, ne savaient ce qu'ils faisaient, ni ce qu'ils voulaient [13]. »

Sous l'impulsion d'Étienne Arago, le frère de François, les malles-poste se sont bien vite élancées sur les routes à destination des principales villes de province. Celle rejoignant Brest, qui a quitté Paris dès le 24, a connu quelques difficultés, à Versailles d'abord où le drapeau tricolore qui l'ornait a été pris à partie par quelques personnes un peu trop excitées, puis à Mortagne, et, une dernière fois à Dinan. Tout en étant distribuée au fil du chemin, l'information est parvenue à sa destination finale où la République a été proclamée officiellement le dimanche 27. La population brestoise s'en est trouvée rassurée après un moment d'anxiété et d'inquiétude causé par l'absence momentanée de nouvelles fraîches alors qu'une dépêche télégraphique avait annoncé quarante-huit heures plus tôt que Paris s'était soulevé et qu'un gouvernement provisoire avait été nommé [14]. La Garde nationale des villes traversées s'est mobilisée pour prendre les affaires en main et éviter des débordements venant de ceux que l'arrêt brutal des activités commerciales ou industrielles, lié à la disparition des commandes, aurait pu plonger dans la misère et jeté sur le pavé. Dans les villes, les mots de « liberté, égalité, fraternité » sont apparus aux frontons des bâtiments publics, les concierges étant

12. *Le Mois*, numéro du 2 d'avril 1848. Dupont (de l'Eure) va apaiser les esprits en déclarant, le 6 mai, devant l'Assemblée : « Le drapeau rouge, présenté un moment, non comme un symbole de menaces ou de désordre, mais comme un drapeau momentané de victoire, fut écarté par les combattants eux-mêmes pour couvrir la République de ce drapeau tricolore... ». AAN : Impressions 4.
13. Prosper Mérimée, *Correspondance 1847-1848*. Maison de Balzac : U 8e F90.
14. *Le Moniteur universel* du 4 mars 1848. AM de Brest : 2 I 7.1.

chargés de requérir immédiatement les ouvriers à cet effet [15]. Et les campagnes ? Comme le disait quelques mois plus tôt le secrétaire du préfet du Finistère à son ministre : « Dans les communes rurales, la Garde nationale n'a qu'une existence fictive [16]. » Et donc la solidarité avec les hommes en arme battant le pavé parisien y est restée fort symbolique.

Le mercredi 1er mars, *L'Impartial du Finistère* qui une semaine plus tôt a écarté le mot d'« insurrection » pour n'employer que l'expression « une certaine agitation », a écrit avec enthousiasme : « Que d'événements politiques depuis notre dernier numéro ! Louis-Philippe, ce roi qui semblait si fort, si puissant, a été chassé de France, comme l'a été Charles X, et l'installation d'un gouvernement provisoire républicain est proclamée ; quel enseignement pour les peuples ; quel enseignement pour les rois ! » Ce même jour, le sous-préfet de Brest a averti le maire de la ville qu'il était bon que tous les responsables coopèrent car sinon le « nouveau gouvernement populaire… serait dans la nécessité de se séparer de ceux qui ne lui offriraient pas ces garanties ».

Le samedi 4 mars, *L'Écho de Morlaix* s'est montré lyrique :

> « La République a été proclamée à Morlaix. Les citoyens accourent pour recevoir des armes, et la Garde Nationale s'organise. L'ordre le plus complet n'a pas cessé de régner un seul instant, et chacun s'attache, dans le calme et la raison, à coopérer pour l'établissement de la sainte alliance entre les membres de la grande famille. »

Quelques jours plus tard, il a reconnu que « quelques perturbateurs » aux « prétentions septembrisantes » avaient parcouru les rues de la ville, mais peu nombreux et bien vite maîtrisés.

Le préfet du Finistère, le baron Germain Boullé, s'est adressé aux maires du département pour leur demander de « veiller avec une active sollicitude à ce que l'ordre ne soit pas troublé dans ce beau département [17] ». Une belle déclaration, si bien tournée qu'elle eût pu rester valable avec des résultats inverses de ceux se passant dans la capitale. Ceci n'a pas suffi pour sauver son poste et il a du rapidement publier un message d'adieu en forme de testament politique : « Adieu, Messieurs, sous l'ère nouvelle qui s'ouvre pour notre chère patrie, servez-la avec une nouvelle ardeur. Union et fermeté, c'est, dans le présent et dans l'avenir, la condition du salut et du bonheur de tous », passant la main à un commissaire du gouvernement, Hippolyte Tassel, dépendant plus ou moins théoriquement d'un Commissaire général nommé par Ledru-Rollin pour superviser l'ensemble des cinq départements bretons, Michel Roche [18]. Des appellations de « commissaire » qui donnent des apparences révolutionnaires à des fonctions qui restent ni plus ni moins celle de préfets.

---

15. En janvier 1852, le maire de Quimper donnera des instructions pour les faire effacer. AM de Quimper : 1 I 01.
16. Courrier adressé au ministre de l'Intérieur, le 25 février 1847. CHAN : F/9/508.
17 *L'Impartial du Finistère* du 1er mars. Germain Joseph Boullé avait été nommé le 26 octobre 1836. Il se présentera aux élections du 28 avril et obtiendra 5 087 voix, venues sans doute de nostalgiques du régime déchu.
18. *L'Impartial du Finistère* du 8 mars 1848. Hippolyte Louis Marie Tassel est avocat, inscrit au barreau de Lannion.

Hippolyte Tassel, après avoir déclaré, « cette tâche me paraît aujourd'hui facile, tant le pays entier y concourt », s'est retiré très vite et sans trop de pudeur [19]. Officiellement pour raisons de santé, mais en fait parce que guignant un poste de représentant du peuple du Finistère aux élections rapidement annoncées. Il a été immédiatement remplacé, le 7 mars, par son collègue venu de Loudéac, le médecin carbonaro Adolphe Robin de Morhéry qui a préféré déclarer qu'il trouvait la mission délicate [20]. Celui-ci, qui ne signe plus que Morhéry car révolution et république nouvelle obligent, a eu bien vite les mêmes ambitions que son prédécesseur et s'est porté lui aussi candidat, mais dans les Côtes-du-Nord, son département d'origine. L'un et l'autre ont été élus, et, fin avril, le citoyen Morhéry a libéré la place pour son secrétaire particulier Eugène La Roëllerie [21].

Quelques jours plus tôt à Liverpool, le dimanche 27 février, le vapeur britannique *Cambria* a embarqué, à destination des États-Unis, messages et journaux londoniens traitant de l'événement. Dès le 18 mars, à l'arrivée du bateau au port de New York, le tout a été relayé, permettant à un quotidien américain de titrer avec simplicité : *« The establishment of a french republic on the model of the United States* [22]*. »* Il est vrai que l'ambassadeur des États-Unis a été le premier, dès le 26 février, à se présenter à l'Hôtel de Ville pour reconnaître le nouveau pouvoir et lui offrir ses plus vives et ses plus généreuses félicitations [23]. Il y a eu de l'autre côté de l'Atlantique des réactions plus nombreuses et plus enthousiastes que dans les villes bretonnes de Brest, Quimper, Morlaix, et bien plus d'émotion et d'exubérance collective qu'au village de Plounéventer au Pays de Léon.

En fait, le changement de régime a été accepté sans difficultés majeures dans toute la France. Ainsi que l'écrira plus tard Eugène Cavaignac dans sa circulaire préparatoire à l'élection présidentielle de décembre 1848, « la révolution de février n'est pas la victoire d'un parti sur un autre. La révolution de février, c'est la nation tout entière assistant sans colère, au suicide de la monarchie qui restait seule avec elle-même [24] ». Les citoyens déjà impliqués dans la politique, habitués à se mobiliser face aux interdictions diverses édictées par les gouvernements successifs de Louis-Philippe, ont vu son départ avec satisfaction. Quant aux autres, l'année précédente a été celle d'une telle crise économique succédant à la crise agricole de 1846, année de grande disette où le pain manquait, où le bétail lui-même mourrait de faim, que tout changement même aussi radical, ne pouvait qu'être bien vu par la plupart d'entre eux [25].

19. *L'Écho de Morlaix* du samedi 11 mars 1848.
20. *L'Écho de Morlaix* du samedi 18 mars 1848. Louis Adolphe Napoléon Robin de Morhéry est nommé par Ledru-Rollin sans que son prédécesseur ait réellement quitté ses fonctions. D'où un imbroglio qui dure quelques jours. C'est un homme connu. Lors des journées de juillet 1830, il s'est activé près de Lamartine pour lui faire proclamer la république.
21. Celui-ci sera remplacé, début juin, par Pierre Marie Le Pêcheur-Bertrand, et enfin en octobre, par Louis Brissot-Thivars, avec pour ceux-ci retour effectif au titre de préfet.
22. Cité par Guillaume du Bertier de Sauvigny dans son ouvrage *« La Révolution de 1848 vue par les Américains »*, (1984).
23. *Le Moniteur universel*, dimanche 27 février 1848.
24. *Mémorial de Seine et Oise* de 1848. AD des Yvelines.
25 Le Finistère, qui subit la maladie de la pomme de terre depuis 1845 et le mildiou, va, fort heureusement, faire de bonnes récoltes cette année pour la plupart des céréales. Il ne sera pas vraiment traversé de mouvements de rejet de cette révolution tranquille.

Dès le samedi 26, Ernest Panckoucke, le directeur gérant du quotidien *Le Moniteur universel,* qui retranscrivait les débats des deux chambres existant antérieurement au changement de régime, a décidé d'ajouter un sous-titre qui a frappé les lecteurs : « Journal Officiel de la République Française [26]. » Il a, très vite et copieusement, été alimenté en copie par le nouveau gouvernement qui s'est précipité pour prendre, collectivement, un grand nombre d'arrêtés. Les nouveaux dirigeants ont acté la dissolution de la Garde municipale et la réorganisation de la Garde nationale qui les a portés au pouvoir. Ils ont aboli l'esclavage dans les colonies et possessions françaises, faisant des esclaves libérés de nouveaux électeurs [27]. Ils se sont engagés à garantir du travail à tous les citoyens, une décision qui occasionnera bientôt de sérieux déboires au nouveau pouvoir quand Émile Thomas, qui a pris en charge la mise en place des Ateliers nationaux, sera débordé par le nombre des inscrits, l'ambiguïté de la mission, et les manœuvres de ceux qu'elle gêne [28]. En résumé, ils ont expédié les affaires courantes tout en prenant plusieurs mesures opérationnelles et concrètes, même si toutes n'ont pas abouti, dans un environnement poussant à la démagogie par idéologie et parfois par cynisme. Enfin, ce gouvernement à l'organisation incertaine qui dirige le pays depuis un peu plus de deux mois, peut s'enorgueillir d'avoir organisé des élections d'une ampleur sans aucun équivalent précédent en France.

Un jour d'exception

Pour la première fois, on a parlé de suffrage universel, et surtout, on l'a mis en place. Quelques-uns s'en sont trouvés gênés, quelques autres scandalisés. Le fait est nouveau qui crée, suivant l'expression que Victor Hugo utilisera plus tard, lors de son intervention du 20 mai 1850, pour combattre le projet de limitation du droit de vote, « un jour où celui qui vous obéit se voit votre pareil, ou celui qui vous sert se voit votre égal [29] ». Certes, seuls les citoyens mâles d'au moins vingt-et-un ans ont pu voter, et ceux d'au moins vingt-cinq ans ont été éligibles, mais ils l'ont pu tous, sans aucune condition censitaire, c'est-à-dire sans aucune condition de fortune ou de position sociale [30]. Et « tous », ce fut plus de neuf millions d'électeurs, dont l'immense majorité n'était inscrite sur aucun registre électoral [31]. Une multiplication des votants par un facteur de presque quarante. Pour pallier la difficulté, les maires, chargés d'établir les listes électorales, ont eu à leur disposition tous les répertoires pouvant préexister, ceux issus de d'autres élections quel qu'en fût le type, les tableaux de dénombrements, de recrutement,

26. *Le Moniteur universel,* qui s'est appelé *La Gazette nationale* jusqu'en 1811, est l'organe officiel du gouvernement, presque sans discontinuité depuis le 7 nivôse an VIII. Sa création par Charles Panckoucke, père d'Ernest, date du 24 novembre 1789.
27. Décret du 27 avril, préparé par une commission pilotée par Victor Schoelcher, sous-secrétaire d'État.
28. Émile Thomas, ingénieur de l'École centrale, s'est présenté, dès le 3 mars, pour cette mission. De 15 000 ouvriers prévus au départ, ils seront près de 100 000 en avril et largement plus au moment des événements de juin, dont vingt ou trente pour cent venus de province.
29. *Choses vues. Le suffrage universel.*
30. Ceci ne gêne nullement George Sand qui, le 7 mai, écrit dans ses *Souvenirs de 1848:* « Je ne vois pas que, dans l'état actuel des choses, les femmes doivent être si pressées de prendre une part directe à la vie politique. » Le vote des femmes attendra l'ordonnance du 21 avril 1945, du général de Gaulle.
31. Dans le Finistère, qui compte 612 000 habitants, il y aura 116 774 votants.

de Garde nationale, et bien entendu les états-civils [32]. Un véritable défi d'organisation et de logistique dans un laps de temps aussi court.

C'est Alexandre Ledru-Rollin, ministre de l'Intérieur après avoir été l'un des moteurs du soulèvement et de sa préparation, qui a eu la difficile mission de leur organisation. Il a tardé à le faire, facilitant ainsi la fermentation des esprits dans l'un et l'autre camp. Les élections annoncées initialement pour le 9 avril avec ouverture de l'Assemblée Constituante le 20, ont été, en fait, repoussées par décret au dimanche de Pâques, le 23 avril. Le scrutin a eu lieu par département et à la majorité relative, donc sans ballottage et a priori à un seul tour [33]. Seule la possibilité de déposer une candidature multiple a compliqué le dépouillement, et va donner lieu, dans les semaines à venir, à l'organisation d'une élection complémentaire dans les circonscriptions récusées par les élus multi-départementaux. Ce sera le cas en Finistère pour le siège où a été élu Lamartine.

Partout les candidatures ont été nombreuses, avec souvent diffusion de professions de foi enthousiastes et définitives [34]. Dans l'arrondissement de Morlaix, une réunion de présélection a eu lieu le 26 mars pour tous les cantons. Sur la base d'une voix pour mille habitants, l'avocat André Découvrant, un modéré bien vu par le Clergé dit-on, et tout récent maire de la ville que le préfet a nommé après avoir « démissionné » l'autre en place, a regroupé sur son nom 129 voix favorables [35]. François-Louis Soubigou qui n'a publié aucune déclaration est arrivé deuxième avec 94 voix, précédant James Mège, ancien négociant de la ville qui en a obtenu 73 [36]. Les autres postulants sont proches mais ne feront pas partie des futurs candidats. Soucieux de s'assurer d'une bonne représentativité du secteur au sein d'une organisation qui à l'arrivée sera purement départementale, les participants ont fait le plus possible de publicité autour des seuls noms qu'ils avaient décidé de cautionner [37].

Les votes, organisés par scrutin de liste, ont eu lieu le 23 avril, organisés au chef-lieu de canton pour minimiser les pressions locales, et donc à Landivisiau pour la commune de Plounéventer. Le jour venu les électeurs ont pris la route, pour la plupart en groupes, pour rejoindre les lieux de vote distants souvent de plusieurs heures de marche. Malgré cette contrainte, la participation a été massive. Sur l'ensemble de la France, plus de 83 % des inscrits ont fait l'effort d'aller voter, c'est-à-dire la même proportion que lors du dernier vote censitaire, donc très restreint, deux ans plus tôt.

Le scrutin a été officiellement secret, chaque électeur ayant eu la responsabilité personnelle de porter sur son bulletin les noms qu'il voulait désigner. Comme aucune installation n'était prévue pour se mettre à l'abri des regards indiscrets,

32. Le décret des 20-25 septembre 1792, avait défini qu'un état-civil proprement dit serait tenu par les mairies avec un registre différent par type d'acte (naissances, mariages, décès), remplaçant donc les registres tenus jusque-là par le clergé basés sur baptêmes, mariages, sépultures (d'où l'acronyme BMS, bien connu des généalogistes).
33. Les colonies, ainsi que l'Algérie qui a déjà un statut à part, sont représentées.
34. « Tout autre gouvernement que le gouvernement républicain n'est plus possible en France », J.-C. Voisin, docteur en médecine à Quimper. « Plus de partis en France. Religion, Union, Liberté, Égalité », Henry de Saint-Luc. Les deux, aux AD du Finistère : 64 J 36.
35. André Marie Adolphe Découvrant, avocat, conseiller général, ancien opposant sous Louis-Philippe.
36. Jean Jacques Michel Hippolyte Mège, dit James.
37. *L'Océan* du 3 avril 1848.

une directive du gouvernement a précisé: « Les bulletins pourront ne pas être écrits dans la salle et en présence du bureau. Chaque électeur pourra apporter le sien après l'avoir écrit ou fait écrire en dehors de l'assemblée et après avoir pris soin de le fermer[38]. » Dans un appel au civisme, une circulaire du ministère de l'Intérieur a expliqué que, pour les citoyens, « leur patriotisme, leur sentiment de l'ordre, leur respect pour la légalité, garantissent que les opérations s'accompliront sans trouble et sans confusion ». Lors du vote, les manipulations ont été officiellement limitées, même si parfois comme dans quelques bureaux parisiens des achats de bulletins vierges ont permis à des individus peu scrupuleux de capitaliser des voix à leur profit ou à celui de leurs amis[39]. Il est, cependant, légitime de penser que dans des départements comme le Finistère, où l'illettrisme est très grand, la notion de secret a pu subir quelques nuances d'interprétation pour les électeurs les plus novices ou les moins à l'aise avec l'écriture, qui ont dû faire appel à plus instruits qu'eux. Mais aurait-il pu en être autrement?

Ceci étant, le profil d'ensemble de la députation que le département a envoyé siéger ne tranche politiquement pas par rapport aux autres délégations. Les élus de cette assemblée de 1848 sont, pour l'essentiel, des modérés, et leur référence permanente aux manières et aux usages de la Première République reste de surface, même s'ils se disent « représentants du peuple », et se donnent du « citoyen » quand, la veille, certains étaient comte ou marquis[40]. La province est majoritaire dans le pays et majoritairement rurale[41]. Les notables y sont encore très influents, et surtout les hommes en place n'ont souvent pas eu beaucoup de concurrents. C'est le préfet du Finistère qui a écrit, le 23 mars, au citoyen ministre de l'Intérieur pour s'excuser de ne pas avoir provoqué plus de changements chez les fonctionnaires et les maires, ces derniers nommés et non pas élus : « Il vous surprendra peut-être que nous n'ayons pas encore fait plus de changements mais cela tient à plus d'une cause. Pour les maires, il est fort difficile de les remplacer car dans les campagnes il n'y a pas quelque fois dans une commune trois personnes qui sachent bien lire et écrire. » Son collègue d'Ille-et-Vilaine n'a pas dit autre chose dans sa propre note du 30 mars. Du coup, celui des Côtes-du-Nord s'est inquiété « de l'influence exercée par les prêtres sur un assez grand nombre de communes rurales non seulement du département mais de toute la Bretagne[42] ».

Le gouvernement a hésité sur le nombre de députés à élire. Après avoir fait des simulations sur les bases de 1 élu pour 50 000, puis 55 000, et encore 45 000 habitants, il a opté pour 884 représentants en Métropole où la population

---

38. Une interprétation du bureau de vote est parfois nécessaire. Dans la seule commune de Plabennec, lors de l'élection complémentaire du mois de septembre, vingt-quatre bulletins, sur près de trois mille, qui ne précisent pas le prénom ou la qualité, devront d'être réaffectés un par un au général Le Flô, après levée de toute ambiguïté. *L'Océan* du 18 septembre 1848. Les isoloirs ne deviendront obligatoires qu'avec la loi du 29 juillet 1913.
39. *Le Moniteur universel* du 24 avril 1848.
40. Un décret du 29 février a déclaré abolis tous les anciens titres de noblesse et interdit d'en faire un usage public.
41. Il n'y a que 13 villes de plus de 50 000 habitants dans toute la France où 75 % de la population est rurale.
42. CHAN : F1/CII/97. C'est dans ce courrier que le préfet du Finistère annonce avoir nommé le maire de Morlaix au profit d'André Découvrant. A Plounéventer, ils sont plus de trois hommes à savoir lire et écrire. Mais, il y a trop de liens de parenté directe ou indirecte, pour qu'un Soubigou, un Quéinnec, un Abhervé-Guéguen, éjecte le maire en place, Yves Prigent, le beau-père de François-Louis Soubigou.

est d'un peu plus de trente-cinq millions quatre cent mille personnes, et ajouté 16 autres pour l'Algérie et les autres Colonies[43].

Élus en Finistère

Le Finistère qui compte un peu plus de six cent douze milles âmes a mandaté quinze députés. La bataille a été disputée, puisque le journal *L'Océan* du 14 avril a publié pas moins de soixante-neuf noms de candidats ; et cette liste a été incomplète puisqu'au moins un nom y a manqué, celui de Gabriel de Keranflec'h qui a pourtant été élu. En fait, ils ont été soixante-cinq, vainqueurs et vaincus, à retrouver leur nom sur le procès-verbal officiel de dépouillement que les scrutateurs ont signé après dix-huit heures de travail de dépouillement à l'Hôtel de Ville de Quimper.

Lors de la proclamation des résultats, est arrivé en tête avec 109 351 voix, André Découvrant, connu de tous de par sa situation sociale de fils de commerçant et sa propre profession. Il a précédé un candidat national au sommet de sa gloire politique qui n'est autre qu'Alphonse de Lamartine, lequel a rassemblé sur son nom 104 629 suffrages. Le poète, élu ici comme dans onze autres départements, a choisi, en définitive, de se rattacher à Paris, base plus propice à ses ambitions politiques[44]. Un choix qui provoquera, le 11 juin prochain une élection complémentaire dont le gagnant sera Théodore de Quatrebarbes, un candidat venu du Maine et Loire présentant une référence de vieil opposant à la politique et à la personne de Louis-Philippe. Invalidé, suite à un imbroglio sur la date retenue pour le vote, se retirera définitivement[45]. Et enfin, au mois de septembre, sortira vainqueur un officier rentré d'Algérie au mois de juin, et récemment promu général[46]. Adolphe Charles Emmanuel Le Flô fera là, avec succès, son entrée en politique, contre le républicain Lacoste, juge au tribunal de Châteaulin, et, malgré la candidature concurrente du lieutenant de vaisseau Bourgois, celui-là même qui, avec un grade plus prestigieux, s'impliquera dans la future bataille sénatoriale de 1885[47].

A été classé troisième Victor Rossel, magasinier au port de Brest, fils d'un maître charpentier, qui a talonné de près les deux premiers grâce à 102 433 suffrages.

Il a été suivi d'encore plus près, avec 102 008 voix, par l'évêque de Quimper, Monseigneur Joseph Marie Graveran, qui dans l'enthousiasme du 29 février, a

43. 35 400 486 personnes exactement. CHAN : F1/CII/92.
44. Il est élu dans onze départements.
45. De nombreuses protestations furent aussi déposées critiquant l'intervention du clergé en sa faveur, comme à Meilars où le maire « sous dépendance du recteur » fut accusé de n'avoir « remis les cartes aux citoyens électeurs de la commune qu'après les avoir parqués au bourg », ne leur confiant que le bulletin de Quatrebarbes « avec injonction de le déposer dans l'urne ». Les candidatures multiples restant toujours autorisées, Quatrebarbes s'était déjà présenté en Ille-et-Vilaine, où il avait été battu par l'avocat Hyacinthe Méaulle. CHAN : C//1326.
46. Nomination du 12 juin sous la signature du général Cavaignac.
47. Le dépouillement, clos le 20 septembre 1848 à Quimper et publié dans *L'Armoricain* du 25 septembre1848, déclarera le général Le Flô élu par 24 016 voix sur 33 033 votants. Celui-ci ne rejoindra cependant pas les travées de l'Assemblée Constituante puisqu'il partira sans tarder en mission diplomatique à Saint-Pétersbourg, près du tsar Nicolas I.

donné instruction à son clergé de remplacer la formule de prière en usage jusque-là, « Domine salvum fac regem », par un « Domine salvum fac Francorum Gentem », plus adapté au nouvel ordre des choses, devançant ainsi légèrement l'annonce de la formule officielle du « Domine, salvam fac Rempublicam ». Surtout, il s'est appliqué à motiver les électeurs à se rendre aux urnes le jour venu. Ainsi que l'a écrit le journal *Le Quimpérois:* « Le peuple a respecté le prêtre ; le prêtre est allé au peuple plein de foi et de divine fraternité. »

Ont ensuite été élus, par ordre décroissant des voix : Charles Le Breton, premier en deçà de la barre des cent mille voix ; Hippolyte Tassel, l'avocat venu de Lannion pour être Commissaire de la République ; Germain Fauveau, polytechnicien, ingénieur de la Marine ; Bertrand Lacrosse, qui a capitalisé sur son mandat de député assuré sans interruption depuis 1834, et sur son grade de colonel de la Garde nationale de Brest, laissant occulter son titre de baron ; Alexis Brunel, président en exercice du tribunal de Brest[48].

François-Louis Soubigou, identifié sur ce document officiel comme « cultivateur », mais que le journal *L'Océan* daté du 29 mars a présenté comme « cultivateur-fabricant », est arrivé dixième avec un score de 67 208 bulletins à son nom[49].

Et pour terminer : James Mège ; Émile de Rivérieulx, propriétaire, maire de Trégunc ; Balthazar de Fournas, propriétaire, diplômé de l'École navale ; Joseph de Kersauson-Penandreff, avocat devenu magistrat ; et enfin, Gabriel Gilart de Keranflec'h, procureur du roi à Brest jusqu'à sa démission en 1830 pour refus de prêter serment à Louis-Philippe et installé depuis à Morlaix comme avocat, et qui malgré sa position de conseiller municipal et d'administrateur du bureau de bienfaisance a clos la liste, avec 50 028 voix[50].

La représentation finistérienne, ainsi constituée, et où domine la députation léonarde, est emblématique d'une élection où ont essentiellement été promus des notables. Sur les quinze élus, un seul est ouvrier et fils d'ouvrier, cinq sont hommes de loi, tous les autres ont du bien.

Plusieurs postulants éliminés ont laissé, par ailleurs, un nom dans l'histoire nationale ou régionale. Le premier de ces perdants, 44 051 voix, a été l'écrivain morlaisien Émile Souvestre[51]. Porteur d'un programme libéral, il a eu l'appui amical et chaleureux de Lamartine : « Dans ce moment de rajeunissement social, votre nom est de bon augure. Il signifiait depuis longtemps pour moi, conscience, talent, dévouement à la démocratie, à la République[52]. » Il s'est fait remarquer, le jour même du vote, par la publication d'une lettre interpellant vigoureusement le maire de Morlaix qui a fait lacérer ses affiches au prétexte qu'elles étaient non officielles, une protestation qui a pu faire peur à certains électeurs d'autant qu'elle

48. Bertrand Théobald Joseph Lacrosse recevra un portefeuille de ministre des Travaux publics dans le gouvernement qui va se mettre en place, et sera, sénateur sous le Second Empire. Il avait, en juin 1846, stimulé la création du journal *L'Océan*. Charles Le Breton est celui de l'invalidation sénatoriale de 1885.

49. *Le Moniteur universel*, le nomme « Soubigon ». Cette faute d'orthographe, ou sa variante « Soubignon », existe dans quelques autres documents d'archives.

50. Chiffres officiels du procès-verbal du 29 avril 1848. CHAN : C//1326.

51. Émile Souvestre pourra se consoler, au mois de mai suivant, avec sa nomination de lecteur au Conservatoire national de musique. Il se présentera, malgré tout, aux élections suivantes. Il est, lui aussi, ancien élève du Collège de Léon.

52. *L'Écho de Morlaix* du samedi 1er avril 1848.

a généré une pétition contradictoire signée par de nombreuses personnalités de l'arrondissement[53]. Il y a eu ensuite Paul Féval, le créateur du « Chevalier de Lagardère », le fameux « Bossu », largement éliminé malgré une belle déclaration où il a promis « liberté pour tous, dévouement à la patrie, triomphe de la paix publique[54] ». Dans cette liste de blackboulés, il y a eu encore le poète et romancier Gabriel de la Landelle, et, plus étrange vue l'influence qui est la sienne, le directeur du journal *L'Océan,* Jean-Jacques Gizorme[55]. Il faut aussi citer parmi ces éliminés de marque, Louis Rousseau, l'un des précurseurs du Catholicisme social dont la profession de foi est restée pour le moins ambiguë à une époque où les opinions tranchées ont fait florès : « J'aimerai la République dès qu'il me sera démontré qu'elle peut faire le bonheur du peuple, satisfaire à tous ses besoins physiques, intellectuels, et moraux et faire marcher de front l'ordre et la liberté[56]. » Enfin, le très récent et transitoire maire de Quimper, l'avocat Théodore Le Hars, a été éliminé avec plusieurs autres républicains modérés[57]. François-Louis Soubigou a donc réussi son examen de passage politique. Modestement certes, mais fort honorablement, il est là.

Sa réussite est logique. Bien des années plus tard, l'auteur d'un dictionnaire biographique parlera de lui comme d'un « candidat du clergé aux élections pour la Constituante de 1848[58] ». L'affirmation semble hasardeuse. Avec cet appui, il n'aurait pas eu besoin de se battre pour être là, de faire passer lui-même un message dans les colonnes de *L'Océan* du 14 avril pour déclarer : « Monsieur le Rédacteur, je vous prie de démentir le bruit répandu dans certaines localités que je n'acceptais pas la candidature qui m'a été offerte par les comités électoraux de l'arrondissement de Morlaix. »

Pourquoi d'ailleurs cette opposition souterraine ? Sa jeunesse, il a dix ans de moins que le moins âgé des autres Finistériens, ne lui a pas facilité les choses. Peut-être la localisation excentrée de son village par rapport au chef-lieu d'arrondissement ou à une ville comme Saint-Pol-de-Léon encore auréolée de son ancien statut épiscopal, a-t-elle créé un phénomène de méfiance ou de distanciation. Son appartenance au monde des Juloded, qui se mobilise autour de lui après avoir d'abord poussé le juge de paix du canton de Taulé, y est peut-être aussi pour une large part face à des adversaires qui ne voient pas d'un bon œil monter au premier rang de la représentation politique locale un homme issu d'une caste autre que la leur, et dont la précocité politique peut laisser augurer d'une installation durable dans son mandat électif. Mais peu importe. Il a été particulièrement bien classé lors de la réunion du comité électoral de Morlaix du 26 mars, où il n'a été devancé que par le maire de la ville. *L'Océan* a continué à l'appuyer énergiquement. Et maintenant il a obtenu le nombre de voix requis.

53. *L'Océan* du 25 avril 1848.
54. *Les Murailles révolutionnaires de 1848*, préfacé par Alfred Delvau, (1868).
55. Après une carrière dans la Marine, Guillaume Gabriel de La Landelle a démissionné en 1840 pour se consacrer à l'écriture. Jean Jacques Gizorme est l'ancien directeur du *Bien public* de Lamartine.
56. *Souvenirs de famille*, Armand Rousseau, (1973). Louis Jean Népomucène Marie Rousseau, officier de Marine, est le fondateur du site de Keremma en Tréflez, conquis sur la mer en baie de Goulven et de Tréflez.
57. Théodore Jean Baptiste Le Hars est avocat à Quimper. Nommé en mars, il disparaîtra en août, ayant assuré sa charge l'espace de cinq mois.
58. *Dictionnaire universel des contemporains*, par Gustave Vapereau (1880).

Enfin, en cette période où chacun peut et veut manifester sa joie, les résultats de cette première élection au suffrage universel ont généré chez quelques électeurs un enthousiasme exprimé parfois naïvement comme cette ode publiée par *L'Armoricain* du 27 avril et dédiée à « Messieurs les Électeurs et les Éligibles du Finistère ». Écrite par un habitant de Recouvrance qui signe A.R.L., elle déclame :

> « Vous aurez un prélat dont la haute sagesse »
> « Épurée au contact de la religion »
> « Ne pourra que briller dans cette région »
> « Eh ! Qui s'égarerait, Lacrosse étant le guide ? »
> « Qui craindrait d'avancer sous une telle égide ? »
> « Des bons représentants certes le type est là : »
> « Sage profond, disert, il est mieux que cela : »
> « Il est humain… »

Nul doute que cette poésie n'ait amusé l'élu de Plounéventer, tout autant que chacun de ses collègues ainsi célébrés.

Au total, la France se retrouve avec une représentation parlementaire où l'équilibre des forces est peut-être légèrement meilleur que certains ne le craignaient. Plus de la moitié d'entre les élus semblent vraiment républicains, même si certains le sont plus « du lendemain » que « de la veille ». Le citoyen Adolphe Trobriant, magasinier du dépôt flottant *La Junon* à l'Arsenal de Brest, qui avait prédit au ministre de l'Intérieur que « la même classe moyenne qui était seule privilégiée il y a à peine un mois, consentira difficilement à décheoir [*sic*] et fera tout ce qui dépendra d'elle […] pour diriger l'esprit des électeurs », est-il rassuré pour autant [59] ? Et Ledru-Rollin qui craignait en cas de désignations « réactionnaires ou même douteuses », de voir le pays condamné « à de terribles déchirements [60] » ? Malgré toutes les imperfections pouvant exister dans cette assemblée et dans la méthode utilisée pour la créer, la transformation du pays en une République semble confortée. Désormais, « tous les pouvoirs émanent du peuple, c'est-à-dire de cette collection de citoyens virils dont la totalité est seule souveraine [61] ». Et chaque commune de planter un arbre de la liberté, qu'à Morlaix, le curé de Morlaix salue avec lyrisme : « Que les enfants puissent dire : le jour où cet arbre fut planté, nos pères furent réellement libres [62]. »

Et pourtant, en ce soir du 4 mai 1848, malgré cette ferveur républicaine manifestée par le peuple, malgré la tâche immense qui reste à accomplir, la mise en place de l'Assemblée Constituante n'efface pas et n'amoindrit pas les tensions qui existent entre les hommes au pouvoir parmi lesquels l'équilibre des rapports de force a commencé à changer. Malgré son score aux élections, Lamartine n'a plus la puissance acquise pendant les événements de février, et Ledru-Rollin a fort peiné pour se faire accepter. L'opposition entre le maire de Paris, Armand Marrast, et le préfet de Police, Marc Caussidière, est plus forte que jamais. Le

59. CHAN : F 1 C II 97.
60. Circulaire de Ledru-Rollin datée du 8 avril 1848, reproduite dans VERMOREL, *Les Hommes de 1848* (1869).
61. Armand Marrast. AAN : Impressions 393, 30 août 1848.
62. *L'Écho de Morlaix* du 6 mai 1848.

général Courtais, commandant en chef de la Garde nationale de la Seine, tient mal ses troupes qui ne l'aiment pas.

Quelques jours passent, et, le 10 mai, le gouvernement provisoire qui a fini sa mission transmet ses pouvoirs à une nouvelle équipe, la Commission Exécutive, élue par l'Assemblée, composée de cinq membres, « les Pentarques », où se côtoient : Arago, Garnier-Pagès, Marie, Lamartine, Ledru-Rollin, et dont Louis Blanc et Albert ont été écartés. Un autre général venu d'Alger, un homme à poigne nommé Louis Eugène Cavaignac, prend le portefeuille du ministère de la Guerre. La phase romantique et enthousiaste de la Deuxième République est finie, bien finie. Une période de manœuvres et de calculs politiques commence. Elle sera dure et sanglante avec les idéologies et les intérêts particuliers qui vont prendre le pas sur la générosité et l'intelligence.

Pour l'instant, en ce jour d'ouverture et de fête, entouré de tous ces hommes fraîchement élus et de cette foule enthousiaste, François-Louis Soubigou ne peut imaginer ce que va être ce futur proche. Pourtant il va le vivre en direct.

Chapitre VII

Un représentant breton à l'Assemblée Constituante

Dans cette toute nouvelle chambre, François-Louis Soubigou arrive d'une lointaine province que les dépêches télégraphiques mettent cinq heures à atteindre quand tout marche bien. L'homme est d'un caractère trempé. Mais son expérience politique est encore limitée, et, ce n'est pas sa mission de recensement en mai 1841 à Plounéventer ou sa nomination d'adjoint au maire chargé de l'état-civil au mois de juillet, qui ont pu le préparer à la tâche qui se présente devant lui [1]. C'est, sans aucun doute, la première fois qu'il vient dans la capitale pour approcher les fastes de la République. En ce premier jeudi de mai 1848, il est donc certainement pris d'une grande émotion lors de cette ouverture solennelle où se rassemblent tous ces hommes élus pour la première fois au suffrage universel.

Assez curieusement, il n'a pas l'honneur d'assister le président de la séance d'ouverture lors de la séance inaugurale. Les organisateurs ont bien prévu que les six plus jeunes soient conviés à la tribune en tant que secrétaires en attendant que soit désigné le bureau, opération qui ne peut avoir lieu qu'une fois l'Assemblée officiellement constituée, mais il se fait brûler la politesse par deux de ses collègues. L'un est Pierre Sainte-Beuve, venu de l'Oise, né quatre jours plus tard que lui, soit le 23 février 1819 ; l'autre a pour nom Antoine Avond, élu de la Haute-Loire, né le 9 novembre de cette même année [2]. Il est peu probable que l'intéressé en soit mortifié. Ce n'est pas à lui que peut s'appliquer la phrase de Balzac sur les provinciaux transplantés à Paris et qui s'y sentent diminués : « Les personnes qui jouissent en province d'une considération quelconque, et qui y rencontrent à chaque pas une preuve de leur importance, ne s'accoutument point à cette perte totale et subite de leur valeur [3]. » Sa tenue vestimentaire, portée sans complexe aucun, le prouve. François-Louis Soubigou n'est pas homme à être gêné par le regard des autres tant sur lui-même que sur ce qu'il représente.

1. AM de Plounéventer : Cahier des arrêtés municipaux.
2. D'après le numéro 46 du 20 août 1848 de l'hebdomadaire *Le Voleur littéraire et artistique*, ils sont, dans l'assemblée, un à avoir 27 ans, quatre à avoir 28 ans, et cinq sont nés en 1819 comme François-Louis. Ceci est très loin de la situation de l'année de naissance de François-Louis Soubigou, 1819, où seuls les hommes de 40 ans, payant au moins 1 000 F de contributions directes, étaient éligibles.
3. *Études de mœurs. Scènes de la vie de province. Illusions perdues. Un grand homme de province à Paris.*

La Salle de Carton

S'il s'attendait à ressentir de l'émerveillement devant les ors de la République agrémentant salons et salles des séances, il peut être déçu. Et il n'est pas le seul. L'édifice qui accueille les élus n'est pas celui dans lequel certains d'entre eux ont mené leurs mandatures précédentes. Lorsqu'elle est au complet, cette assemblée unique, nouvelle, pléthorique, doit pouvoir réunir en un même lieu neuf cents représentants du peuple. Neuf cents, c'est plus de deux fois le nombre d'élus existant précédemment. Conséquence, les salles existantes et disponibles étant trop petites, a été bâtie dans la cour d'honneur du Palais Bourbon une construction sur mesure, et provisoire puisque par définition cette Assemblée Constituante devra s'auto-dissoudre à la fin de sa mission. Et en ce tout début de 1848, comme aujourd'hui, provisoire veut dire médiocre. L'architecte Jules de Joly, en place depuis plusieurs années dans les lieux, a été chargé du projet. Il connaît bien l'espace et ses contraintes pour avoir dirigé la construction de l'hémicycle et des salons existants. Malheureusement l'urgence et la volonté d'économie se sont ajoutées à tout le reste. Il a disposé d'à peine un mois, pour ériger cette construction de 42 mètres sur 32, et d'une hauteur de 16. Le résultat est surprenant mais raté, malgré le dépassement de 85 000 F sur un budget de 250 000 F[4]. Le correspondant parisien du journal *L'Océan* du 8 avril fait un éloge étonnant de « ce vaisseau... dont la forme est celle d'un carré long se terminant circulairement ». Mis à part ce journaliste mathématicien original, la plupart des participants et observateurs jugent particulièrement laide cette immense salle aux couleurs vert et jaune.

Victor Hugo, élu le 8 juin seulement lors du vote complémentaire du département de la Seine nécessaire pour remplacer les élus invalidés ou ayant opté pour un autre département, décrira sans complaisance aucune cette curieuse salle :

> « Je suis allé pour la première fois à l'Assemblée le 10 juin. Toto m'a forcé de mettre un habit noir, j'y voulais aller en paletot. La salle est d'une laideur rare. Des poutres au lieu de colonnes, des cloisons au lieu de murailles, de la détrempe au lieu de marbre, quelque chose comme la salle de spectacle de Carpentras élevée à des proportions gigantesques[5]. »

Il est vrai que le poète, ayant jusque-là fréquenté la Chambre des pairs luxueusement installée au Palais du Luxembourg, peut estimer à juste raison avoir perdu au change dans ce décor très spartiate que tous surnomment par dérision la Salle de Carton. Daniel Stern, c'est-à-dire Marie d'Agoult, n'est guère plus tendre quand elle la considère « sans style, sans goût et sans magnificence », l'estimant indigne des députés français et bonne tout au plus pour ceux des États-Unis[6]. D'autres, comme Victor Pierre, parlent de « baraquement d'armée en passage[7] ».

4. AAN : Impressions 1044, rapport Lacrosse du 21 avril 1849.
5. *Choses Vues : journal de ce que j'apprends chaque jour.* « Toto », dont parle ici Victor Hugo, est son fils François Victor. Victor Hugo se classera septième lors de cette élection complémentaire avec presque 87 000 voix, loin derrière le premier, Marc Caussidière, qui obtiendra 147 400 voix. Le taux d'abstention sera important : 40 %.
6. *Histoire de la Révolution de 1848* (1862). Daniel Stern est le nom de plume de Marie de Flavigny, comtesse d'Agoult, maîtresse de Frantz Liszt.
7. Victor Pierre, *Histoire de la République de 1848* (1873).

Les lieux manquent de confort, de lustre, de prestige, même pour des élus revenus aux usages antérieurs pratiqués par la Révolution de 1789 et qui se donnent du « Citoyen » et non pas du « Monsieur [8] ». Quant à l'acoustique, elle est déplorable, et les tentatives désespérées pour l'améliorer n'y apporteront aucune amélioration. Les députés n'entendent pas l'orateur s'il les harangue depuis sa place, et guère mieux s'il s'exprime depuis la tribune. *L'Illustration* du samedi 13 mai caricature à peine la situation : « La plupart des représentants ne sauront bien ce qui s'est dit à l'Assemblée qu'en recevant le lendemain matin *Le Moniteur* ».

François-Louis Soubigou n'a pas fréquenté la Chambre des pairs, et pas davantage la salle de spectacle de Carpentras. Il a connu le sévère granit du manoir familial ou les sombres corridors des collèges de Pont-Croix et de Saint-Pol-de-Léon [9]. Il n'a pas la nostalgie de l'habit d'apparat des huissiers, aujourd'hui réduits à une tenue plus sobre, et, qui, privés de leur chaîne, se sentent comme nus. À défaut de références architecturales majeures, sans doute est-il impressionné par la foule qui l'entoure. Plus des deux tiers des élus sont présents ce jour-là. Alors, avec les invités, c'est la cohue, bien avant que la réunion inaugurale ne commence. Dans la tribune diplomatique où foisonnent les uniformes chamarrés, il peut se faire désigner le Chargé d'affaires de Prusse ou le représentant de la République des États-Unis [10]. Contraste fort avec celle du public qui se distingue par le nombre élevé de blouses qui s'y pressent, attestant d'une origine sociale nettement prolétaire de cette partie de l'assistance.

Par souci d'égalité, il a été décidé que les élus revêtiraient l'uniforme : habit noir avec le gilet blanc rabattu sur les revers, pantalon noir, large ceinture tricolore garnie d'une frange d'or à graine d'épinards, et, à la boutonnière gauche le ruban rouge portant les faisceaux de la République [11]. Néanmoins extrêmement rares sont ceux qui ont fait l'effort de se vêtir comme prévu. À la grande déception des spectateurs [12]. Au sein du gouvernement lui-même, seul Marc Caussidière a respecté cette recommandation. Dans ses mémoires, il expliquera s'être senti vraiment très isolé [13]. François-Louis Soubigou a, comme les autres, décidé de se vêtir suivant son habitude dans les circonstances importantes. Il arbore donc son plus beau costume breton, le visage éclairé d'une grande écharpe blanche. Et il fait sensation, ignorant qu'il est devenu béarnais.

Le nombre considérable de représentants qui se pressent autour de lui doit l'impressionner, comme le faste et la dimension particulière donnés à cette cérémonie à laquelle il participe. Contribuer à bâtir les fondements d'une nouvelle

---

8. Quarante à cinquante mille parisiens, raconte Alexandre Dumas dans *Le Mois*, se sont tout de même précipités pour visiter les lieux rendus accessibles pendant les quelques jours précédant la séance d'ouverture. Le même Alexandre Dumas qui se gausse de cette tentative de copier les usages de la Révolution de 1789.
9. Le souvenir de ces années de pensionnat lui reviendra certainement en mémoire quelques jours plus tard en apprenant le décès de son ancien principal, François Montfort, le 6 mai au soir à Saint-Pol-de-Léon.
10. *Le Mois*, numéro du 6 de juin 1848. Deux pays importants ne sont pas représentés, la Turquie dont l'ambassadeur a quitté la France début mars, et la Russie.
11. « Considérant que le principe d'égalité implique l'uniformité de costume pour les citoyens appelés aux mêmes fonctions », le gouvernement provisoire a arrêté, le 30 avril les caractéristiques précises de la manière dont les représentants du Peuple étaient appelés à se vêtir.
12. *Le Mois*, numéro du 6 de juin 1848.
13. Louis Marc Caussidière est préfet de police pour peu de temps encore. Il est aussi représentant de la Seine dans cette même assemblée.

république qui se veut héritière de la Révolution de 1789, succédant à cette longue période qui a vu un empire surgir et disparaître puis trois rois différents occuper le trône de France, est certainement stimulant pour un homme de son âge. Il sait aussi l'importance que le pays tout entier attache à la mise en place de cette république dont l'organisation définitive, les règles et les usages sont encore à inventer. L'enjeu de cette représentation populaire qu'il découvre est de taille. Tout est à faire pour concevoir cette constitution que le pays attend de ses élus, nécessairement eux-mêmes provisoires. Parmi ceux qui l'entourent, plus d'un nouveau député doit se sentir le cœur un peu serré. Et pourtant aucun d'entre eux n'imagine encore les événements à venir : des soubresauts en mars, l'Assemblée prise en otage en mai, de sanglantes émeutes au mois de juin, de nouvelles élections l'année suivante où plusieurs d'entre eux, dont François-Louis Soubigou lui-même, ne seront pas reconduits, et surtout le coup de force du 2 décembre 1851, auquel le tout nouvel élu du Finistère, légitimiste convaincu, n'apportera pas son adhésion et qui confortera son éloignement de la politique pour de nombreuses années.

Trois pages d'un décret de vingt-quatre articles ont été rédigées pour organiser cette première séance solennelle. « À une heure précise, les membres du gouvernement provisoire et les ministres entreront dans la salle. » C'est le doyen d'âge, Pierre Audry de Puyraveau, qui les accueillera au nom de tous les élus [14]. À ce moment-là, « le président du gouvernement provisoire adressera aux représentants du peuple une allocution ». Puis on passera à la vérification des pouvoirs, opération longue et fastidieuse mais néanmoins minutée. Et pour terminer, le président devra se lever et prononcer ces mots : « représentants du peuple, au nom de la République, une et indivisible, l'Assemblée nationale est définitivement constituée. Vive la République [15] ». La séance se poursuivra par une sorte d'état des lieux fourni par le président du gouvernement sortant et ses ministres.

L'opération se passe, à peu près, comme prévue, interrompue seulement un instant sur l'initiative du général Courtais qui les emmène tous se faire acclamer sur le péristyle par le peuple parisien [16].

Pour être à « une heure précise » devant les représentants du peuple, les membres du gouvernement provisoire quittent, à midi et demi, le ministère de la Justice et la Place Vendôme où ils se sont rassemblés. Ils rejoignent à pied la nouvelle salle du Palais Bourbon, en passant en revue les gardes nationaux et les troupes faisant la haie au long du trajet. Lamartine est acclamé plus que tout autre par la foule massée sur les trottoirs. Daniel Stern y voit « une acclamation ininterrompue, partant à la fois de la foule pressée sur le passage du cortège, de toutes les fenêtres et de tous les toits des maisons ». Un auteur moins complaisant, le blanquiste Louis Ménard, affirme, lui, que la bourgeoisie criait « Vive Lamartine », mais que « le peuple, pour qui ce jour n'était pas une fête, se tai-

14. Né en 1773, Pierre François Audry de Puyraveau représente la Charente-Inférieure. C'est de lui que parle Chateaubriand dans ses *Mémoires d'Outre-Tombe* en disant, par dérision de son implication dans les événements de 1830 : « Il n'est pas encore le Balafré. »

15. Il insistera, le lendemain dans son discours de transmission de pouvoirs, sur le fait que cette République doive être « forte et courageuse comme le peuple qui l'a conquise », revendiquant au nom de ce même peuple tous les pouvoirs conquis. Assemblée nationale : impression numéro 2 de 1848.

16. Amable Gaspard Henri, vicomte de Courtais, est représentant de l'Allier.

sait [17] ». En fait la Garde nationale, recrutée dans la petite bourgeoisie parisienne, est l'élément principal des manifestations de soutien et de reconnaissance, tournées effectivement vers Lamartine.

Mais peu importe! Les élus sont satisfaits et impressionnés. Pierre Lefranc, représentant des Basses-Pyrénées qui, comme les autres, vit de l'intérieur cette journée, écrira dès le lendemain à sa jeune épouse restée par sécurité au pays: « [...] le spectacle dont nous avons joui hier était des plus imposants. Trois cent mille hommes nous entouraient, poussant un même cri, agitant leurs mains et serrant les nôtres. Ce bon peuple est vraiment admirable [18]. » Nul doute que François-Louis Soubigou n'ait pensé de même, sans malheureusement pouvoir se confier à sa compagne trot tôt disparue.

Si les nouveaux élus ne peuvent voir toute la foule ainsi massée, du moins entendent-ils les vingt et un coups de canons tirés depuis les Invalides auxquels répondent coup pour coup d'autres pièces installées sur les Champs-Élysées, et qui annoncent au peuple de Paris que la nouvelle représentation de la France est maintenant réunie.

« Salut et fraternité ».

Les « Citoyens représentants », ainsi qu'ils se nomment en souvenir de la première Constituante du 9 juillet 1789, peuvent se mettre au travail [19].

Le faubourg Saint-Germain

En attendant, il faut se loger. C'est en plein cœur d'un Paris champêtre et aristocratique que François-Louis Soubigou décide de prendre pension. Le garni où il s'installe est au numéro 49 de la rue de Lille [20]. Il y côtoie d'autres représentants, dont deux Finistériens, James Mège et son cousin Gabriel de Keranflec'h qui lui-même a déjà vécu dans la capitale pendant ses études de droit et qui, familier de la topographie parisienne, leur a certainement préconisé cette localisation [21].

Leur immeuble est banal, avec au rez-de-chaussée un marchand de vin et un épicier car, même résidentiel, le quartier doit pouvoir s'approvisionner quotidiennement et ceux qui en ont la charge ne sont que piétons. Mais de nombreuses très belles maisons jalonnent sa rue, et les deux cents hôtels particuliers existant à la fin de l'Ancien Régime sont encore debout, la construction du boulevard

17. *Prologue d'une Révolution*, Louis Ménard (1849). Celui-ci, s'il ne fut pas un grand auteur ou brillant journaliste, sut être un esprit éclectique et inventif qui, outre la création d'œuvres écrites ou picturales, découvrit le collodion. Cet ouvrage, publié à l'origine dans *Le Peuple* de Proudhon, lui valut une condamnation et l'exil.

18. Lettre du 5 mai 1848. AP: Famille Lefranc. Avocat de formation, républicain, journaliste sous le nom de Jean Bonhomme, Pierre Lefranc sera expulsé après le coup d'état de 1851. Revenu en France après 1870, il deviendra, lui aussi, sénateur avant de décéder en 1877.

19. Leur première tâche est la validation des élections, qui pour le Finistère est faite le 5 mai.

20. Celui qui dans peu d'années construira de nombreuses infrastructures de chemins de fer ne le sait pas à ce moment, bien sûr, mais, de l'autre côté de la rue, s'élèvera, quelque cinquante ans plus tard pour l'exposition universelle de 1900, la plus belle des gares parisiennes, aujourd'hui musée d'Orsay. Quant à son logement du numéro 49, devenu peu après son départ le numéro 59 de la nouvelle numérotation des rues parisiennes décidée en juin 1847, il a aujourd'hui complètement disparu.

21. Logent aussi à cette adresse deux autres élus: Pierre Michel Renaud et Claude César Convers. *Almanach* de 1849.

Saint-Germain n'ayant pas encore créé cette grande saignée froide et austère qui fera disparaître quelques années plus tard tant de ces parcs et jardins [22]. Rejoindre son banc en la Salle de Carton est une promenade de quatre ou cinq cents mètres devant de superbes façades dominant des espaces de verdure encore intacts, au rythme des roulements de tambour et des coups de clairon de la caserne qui a succédé à celle des Mousquetaires Gris face à son logement.

Dans un article publié en 1908 dans *La Revue Politique et Littéraire,* Marcel Poëte, qui fut conservateur de la Bibliothèque historique de la Ville de Paris pendant la première moitié du XXe siècle, décrit le faubourg tel qu'il devait être en 1838, et, à peu près encore, quand François-Louis le découvrit :

> « Le fleuve déploie sa nappe tranquille entre la froide magnificence du Louvre et la large grève que surmonte la muraille du quai, vers la Monnaie. À partir du Pont Royal, le panorama s'enveloppe du charme d'une élégante campagne : sur le quai d'Orsay et jusqu'au Corps Législatif, c'est une succession d'hôtels que précèdent des jardins à murs bas et avec ça et là une avenue en berceau s'acheminant vers la façade. Des maréchaux de France y vivent dans le rayonnement des gloires passées [23]. »

Description plus lyrique que celle d'Honoré de Balzac dans son roman *La Duchesse de Langeais* : « Pour premier trait caractéristique, le faubourg Saint-Germain a la splendeur de ses hôtels, ses grands jardins, leur silence, jadis en harmonie avec la magnificence de ses fortunes territoriales. »

Gloires passées ! Fortunes territoriales ! C'est, effectivement et depuis longtemps, un quartier de gens aisés, depuis qu'au XVIIIe siècle a été bâti le Pont Royal, reliant les Tuileries à la rue du Bac. En 1815, dans son ouvrage *L'Hermite de la Chaussée d'Antin* qui se veut une étude sur les mœurs parisiennes, Victor Joseph Etienne de Jouy l'a qualifié de quartier de rentiers. Expression se voulant méprisante, mais sous-entendant, *a contrario,* une richesse certaine.

Si beaucoup d'habitants, gardiens d'un passé aristocratique révolu, et confits dans des habitudes de vie désuètes, gardent la nostalgie d'une monarchie disparue, celle de Charles X, de nouveaux résidents bien en vue y ont élu domicile. Dix-huit pairs du royaume sont rue de Lille. Et la rue voisine, celle de l'Université, en accueille douze autres. La bonne société parisienne apprécie le calme et la beauté des lieux. Dans cette période des années 1830 à 1850 et pour ne citer que quelques noms, se sont logés, se logent ou se logeront rue de Lille des personnages comme Charles Lucien Bonaparte, neveu de Napoléon Ier, ou Élie de Beaumont, membre de l'Institut, des écrivains dont Mérimée et Stendhal, des artistes reconnus comme Ingres, des ambassadeurs étrangers tels ceux de Prusse ou de Wurtemberg. Chateaubriand, dont la fin est imminente, est rue du Bac. Lamartine, au faîte de sa gloire et de sa puissance politique, est, à quelques pas, rue de l'Université [24].

---

22. C'est en 1855 que commencera la construction du boulevard Saint-Germain.
23. Papiers Marcel Poëte. BHL : Ms 144. Malgré Haussmann et malgré les incendies de la guerre civile de 1871, subsistent aujourd'hui, accessibles au public, la très belle construction de l'Hôtel de Salm, devenu le Palais de la Légion d'honneur et les deux bâtiments de la Maison de l'Amérique Latine.
24. AC de Paris : DQ 18.

Tous aiment leurs aises, et les innovations technologiques sont bien accueillies ! N'est-ce pas ici qu'a été installé, parmi les tout premiers arrondissements de Paris, le gaz d'éclairage à usage domestique, quand le Palais Royal, considéré comme le haut lieu de la modernité, n'y vint que plus tardivement [25] ? N'y a-t-il pas, au 42 de la rue du Bac, la Société d'Encouragement pour l'Industrie Nationale ?

Le jeune élu du Finistère est au cœur d'un quartier où, si la vision sociale n'est pas la préoccupation dominante de ses habitants, un regard moderne et ouvert est porté sur l'arrivée de ce que sont les Nouvelles Technologies de ce XIXe siècle, et parmi celles-ci, la mise en communication des biens et des personnes par le développement des routes et des voies de chemin de fer.

Dans ce quartier huppé et animé, à vingt-neuf ans à peine et veuf depuis dix mois, François-Louis Soubigou se retrouve en célibataire. À quelques pas de son immeuble, il y a la rue de Poitiers, où dans une salle de l'Académie de médecine, se réunit un groupe de représentants [26]. Ils se disent monarchistes, et leurs idées devraient le séduire. Mais se faire admettre parmi les grands politiciens que sont Thiers, Odilon Barrot, de Molé, Montalembert, et quelques autres, n'est pas simple quand on ne fait pas déjà partie d'une coterie. Faudrait-il aussi le vouloir. Or quel plaisir trouver à ces débats tortueux et filandreux entre conservateurs légitimistes et orléanistes, que seuls des intérêts à très court terme rassemblent, quand on se revendique homme de terrain ? Comment s'intégrer à un cénacle si parisien, quand on est sans expérience politique, et avec comme seule référence son costume bas-breton ?

Il fréquente donc, plus vraisemblablement, à quelques pas de là, au 2 de la rue du Bac, Le café d'Orsay, établissement bien tenu et très couru, où la bonne société se mêle aux officiers de la première Division Militaire dont les bureaux et les logements sont à l'entrée de la rue de Lille. Il peut y apercevoir, dans la foule qui s'y presse, des écrivains comme Sainte-Beuve, ou encore George Sand qui vient y retrouver ses souvenirs du temps où elle logeait à quelques pas de là, quai Malaquais. Tout ce qui fait la richesse historique et culturelle de cette année exceptionnelle y est commenté : les nouveaux spectacles et les livres récents ; les débats de l'Assemblée et les luttes pour le pouvoir entre factions rivales ; la question sans fin des Ateliers Nationaux ; l'importance des gardes nationaux dans la protection de la République ; un livre publié à Londres par les nommés Karl Marx et Friedrich Engels et qu'ils ont titré *Le Manifeste du parti communiste ;* l'abdication de Louis Ier de Bavière ; les révolutions à Palerme, à Rome, à Venise, dans cette Italie qui cherche son unité et son indépendance ; tous ces soulèvements dans les pays d'Europe qui, à l'instar de la France, espèrent passer en République ; une Constitution en Prusse ; Vienne révoltée et l'Empereur d'Autriche affaibli ; la mainmise des États-Unis sur la Californie où la rumeur dit que les rivières regorgent d'or ; les Anglais qui continuent à pousser leur avantage avec cette technologie qu'ils appellent « railways », dont on dit qu'en six mois ils ont transporté plus de 26 millions de voyageurs en n'en ayant tué que 90, et qui viennent de mettre Paris à six heures du Havre [27]. L'agent général de la Compagnie du

25. Papiers Marcel Poëte, encore.
26. Cet hôtel particulier est, depuis 1923, la Maison des polytechniciens.
27. *Le Voleur littéraire et artistique* du 25 octobre.

Chemin de Fer de Saint-Étienne à Lyon, qui vient en voisin du numéro 105 de la rue de Lille, confirme qu'il faut y investir comme les grands hommes d'affaires James de Rothschild, Jean François Bartholony, les frères Pereire, etc.

Il y retrouve aussi d'autres élus, très nombreux dans les rues avoisinantes. Et bien évidemment, la politique reste au cœur des préoccupations quotidiennes de ces hommes qui travaillent intensivement à la publication de lois nouvelles et à l'élaboration d'une constitution, et pour lesquels la meilleure manière d'y contribuer est de participer aux comités qui se mettent en place afin de réfléchir et élaborer projets et textes législatifs.

L'agriculture, enjeu majeur

L'un de ces comités est chargé de tout ce qui touche au monde rural, c'est celui de l'Agriculture et du Crédit Foncier qui se constitue le 22 mai 1848. Sur soixante-quatre membres, seuls cinq Bretons choisissent d'y adhérer. Trois des Côtes-du-Nord, dont l'ex et très provisoire commissaire de la République en Finistère Hippolyte Tassel, accompagné des nommés Claude Le Gorrec et Guillaume Racinet ; un seul de la Loire-Inférieure, Charles de La Rochette; aucun du Morbihan ou d'Ille-et-Vilaine; un seul du Finistère: François-Louis Soubigou. A-t-il été identifié par son costume léonard comme contributeur légitime à un tel sujet et sollicité comme tel. Peu vraisemblable ! La participation est fondée sur le volontarisme, et il s'est certainement manifesté de lui-même. Il est d'une famille où ils sont plusieurs à s'intéresser aux sujets de fond portant sur le développement de l'agriculture. Jean-Marie, le père, participe fréquemment aux séances de la Société d'agriculture de Morlaix où va le rejoindre bientôt son fils aîné Jean-Louis. Sa compétence y est reconnue. En octobre prochain le président, Hugues Querret, lui remettra une médaille en argent pour les améliorations agricoles qu'il a réalisées sur ses terres. Dans un an, en mai, *L'Écho de Morlaix* attestera de « la beauté et l'importance des animaux qu'il entretient, proportionnellement à l'étendue de sa ferme [28] ». Si donc François-Louis s'implique dans ce comité, c'est que le sujet l'intéresse et qu'il pense pouvoir y apporter une contribution concrète dans les débats destinés à faire émerger de bonnes conditions d'évolution des propriétaires et des exploitants. Et lorsqu'il est interrogé pour définir ses principaux centres d'intérêt, il écrit: « Les céréales, l'élève de bestiaux et des chevaux [29]. »

Le défi de faire évoluer l'agriculture est immense et essentiel. Si les récoltes de l'année 1848 atteignent un niveau record, elles succèdent à deux années catastrophiques et ne peuvent faire oublier les très graves crises alimentaires qui ont précédé, et dont l'origine ne peut être uniquement attribuée aux causes climatiques. Les équipements sont souvent primitifs. Les engrais sont inexistants pour ceux qui n'ont pas la chance de pouvoir enrichir leurs terres par du goémon venu de la côte. Les rendements sont faibles. Beaucoup de récoltes sont encore faites à la

28. *L'Écho de Morlaix* du 21 octobre, ou, *L'Océan* du 27 octobre 1848; prix partagé avec Bernard Breton, de Saint-Thégonnec, et Pierre Silliau, de Lanmeur, deux autres cultivateurs souvent primés eux aussi. Et *L'Écho de Morlaix* du 19 mai 1849.
29. CHAN: C 927.

faucille. Un travail dur, lent, peu productif où dix hommes peinent une journée pour à peine un hectare de coupe [30].

Les membres de l'Association Agricole Bretonne se souviennent que, dans une séance d'octobre 1845, leur président, Jules Rieffel, a répertorié dix-sept années de récoltes insuffisantes de 1815 à 1841, et, chiffré à 13 millions et 42 millions de tonnes de blé les importations faites en France en 1842 et 1843, et à 34,6 celles des dix premiers mois de l'année en cours [31].

En Finistère, le conseil général confirme ce drame et relève qu'en 1847, plus de 51,3 % des vols, soit 296 sur un total de 577, ont porté sur des denrées alimentaires [32]. Et en cette année 1848, des troubles ont eu lieu au mois de janvier, des spéculateurs sur les prix à l'export ayant pris l'habitude de se précipiter à l'ouverture des marchés pour rafler beurre, œufs, poulets, avant que les habitants ne puissent les acquérir. Le 14 à Saint-Pol-de-Léon, en réaction à la pénurie de céréales et surtout de pommes de terre, des groupes de femmes et d'enfants qui n'avaient pas mangé de pain depuis plusieurs jours, se sont opposés au chargement de trois navires de blé. Le 22, des charrettes apportant des pommes de terre aux bateaux en partance pour Plymouth ont été pillées à Pont-l'Abbé. Des interdictions sur ce type de trafic avaient pourtant été décrétées par l'ordonnance royale du 19 janvier restée, visiblement, sans effets [33].

Qui plus est, le mal est profond. Outre les insuffisances du matériel agricole, semences et races animales sont médiocres. L'absence d'investissements pendant la période napoléonienne, et les difficultés à prendre les décisions nécessaires après la chute de l'Empire, ont fait sérieusement stagner le pays, voire même régresser dans certains domaines. Le rapport d'enquête de l'Association Bretonne de 1847 a reconnu les efforts faits pour de nouvelles cultures depuis trente ans, betterave champêtre, carotte fourragère, nouvelles variétés de blé, et autres, mais il y a encore tant à faire [34]. Enfin, l'abondance de l'année en cours ne règle pas la question du faible niveau de revenu des producteurs, car les prix chutent [35]. Plus que tout, car sans faire évoluer les hommes rien ne peut être entrepris sérieusement, la formation des exploitants et de leurs personnels est laissée à la seule initiative de la transmission familiale des savoirs ou à l'expérimentation individuelle. Seuls quelques privilégiés, fortunés et pétris d'utopie, s'y consacrent, sans être toujours bien suivis ni écoutés. Suivant un auteur du XIXe siècle qui vécut de l'intérieur la condition d'ouvrier agricole : « Les paysans ne pouvaient admettre qu'un monsieur de la ville pût savoir couper la lande, retourner une motte de

30. Carnets du vétérinaire Louis Le Ravazet (1887 et suivantes). *Les Cahiers du Trégor : n° 16.*
31. ENPC : 8.3595.
32. *L'Armoricain* du 4 janvier 1849.
33. AD du Finistère : 110 J 47, Fonds Daniel Bernard.
34. Lors de cette enquête, le président du comice de Ploudalmézeau, S. Carof, confirme que des améliorations ont eu lieu par rapport au temps où « l'industrie agricole... ne suivait que les voies routinières qui ont toujours paru aux cultivateurs bretons des traditions sacramentelles ». AD du Finistère : 7 M 11. L'Association bretonne a repris en 1843 les traces de la Société d'agriculture, de commerce et des arts, créée le 11 décembre 1756 par les États de Bretagne, et dont le but était de dresser un état des lieux et de proposer et promouvoir des solutions concrètes. Lorsque Gustave Flaubert traverse le Léon en 1847, il le qualifie de « coin le plus fertile de Bretagne », notant que « les paysans semblent moins pauvres ».
35. *Le Voleur, littéraire et artistique*, du 20 octobre, affirme qu'en Bretagne « le blé noir se vend au prix du son ».

terre, faucher, moissonner, charger du fumier dans la charrette[36]... » Si en plus, il donnait des conseils sur l'entretien des prairies, et l'élevage des bêtes !

La tâche du Comité est, donc, d'importance.

Partant du principe qu'ils ne se connaissent pas ou peu et ne peuvent donc valablement choisir celui qui est le plus à même d'animer les débats, les participants confient, dans un premier temps, leur présidence au doyen d'âge, Alexandre de Tracy, soixante-sept ans, représentant de l'Orne. Ce n'est qu'à partir du 5 juillet que se dégage la personnalité capable de rassembler une large majorité, avec Louis Flandin, représentant de Seine-et-Oise qui va assurer la fonction jusqu'à la fin, y impulsant une activité aussi intense que possible en proposant des réunions quotidiennes de 8 à 10 heures du matin.

En face, côté gouvernemental, une courte période est assurée du 11 mai au 27 juin par Ferdinand Flocon. Soucieux d'utiliser au mieux les compétences rassemblées au sein du Comité, il vient souvent y débattre en direct, n'hésitant pas à ouvrir les portes de son ministère à tous les participants, les jeudis en fin de journée. Remercié trop tôt, sa grande idée de créer des colonies agricoles en France, une partie sédentaires et d'autres mobiles, ne sera jamais concrétisée. C'est Charles Tourret qui prend sa succession dans un ministère qui regroupe l'Agriculture et le Commerce. À un journaliste de *La Réforme,* représentant de la Seine, votant à gauche mais sensible à l'efficacité de Cavaignac, succède un polytechnicien du corps des Ponts et Chaussées, ayant quitté le service pour ne s'occuper que d'agriculture. Celui-ci, soucieux de « combattre la force d'attraction qu'exercent les villes sur les campagnes, [et] régulariser le mouvement irréfléchi qui enlève à l'industrie agricole et livre à l'industrie manufacturière des forces dont l'exubérance, à un moment donné, se traduit en crises financières et en collision sanglantes », va mener à son terme un travail capital de réflexion qui va structurer efficacement et pour longtemps l'enseignement agricole[37].

Dans l'immédiat, le Comité se subdivise en groupes de travail. Le premier, lancé dès le 25 mai et fort d'une quinzaine de membres, est dit du Crédit Foncier, thème durablement et activement mobilisateur car ce sujet est d'importance pour le financement des opérations agricoles. Trois autres groupes sont constitués le lendemain, l'un traitant de la législation agricole et des travailleurs agricoles, le deuxième de l'amélioration des races et du machinisme, un autre enfin chargé de l'amélioration des associations agricoles. C'est à ce dernier, fort de seize membres et présidé par Jean-François Salvat, élu du Loir-et-Cher, que s'inscrit François-Louis Soubigou[38].

Pour participer à un tel groupe, mieux vaut y arriver avec quelques idées fortes et novatrices, cautionnées par un homme de référence. Alors le jeune Finistérien interpelle, par voie de Presse, Hugues Querret, lui demandant dans les colonnes de *L'Écho de Morlaix* du samedi 27 mai « quel serait le moyen le plus économique d'occuper immédiatement les malheureux ouvriers et les cultivateurs indigents du département du Finistère, et de tirer meilleur parti de leurs travaux ». Le thème

36. *Mémoires d'un Paysan bas-breton*, Jean-Marie Déguignet, (1999).
37. Citation extraite d'une lettre de Charles Tourret aux préfets, publiée dans *L'Écho de l'Arrondissement de Morlaix* du 27 juillet 1848.
38. Jean-François Xavier Salvat était lui-même agriculteur et président de la Société d'agriculture de Blois.

est bien choisi dans une région où l'activité manque dramatiquement comme le décrit André Découvrant au « citoyen commissaire » à Quimper, en parlant de sa ville de Morlaix : « Le commerce est entièrement mort ici et les travaux privés ne reprennent pas, de sorte que mon bataillon de travailleurs augmente tous les jours. À la paye d'hier, il dépassait 300. » Un maire qui, de plus, entend dire que les travaux du bassin à flot au port pourraient s'arrêter, jetant sur le pavé 150 ouvriers de plus [39]. Sans chantiers, sans projets, sans rien en échange, comment les occuper, comment les nourrir ?

Mais qui est donc vraiment Jean Joseph Julien Hugues Querret !

Cet homme, injustement oublié aujourd'hui, a l'habitude de se présenter dans ses écrits comme étant un « agriculteur bas-breton, membre correspondant de la Société Nationale et Centrale d'Agriculture pour le département du Finistère et de diverses réunions agricoles et vétérinaires de Bretagne, Inspecteur d'Agriculture de l'Association Bretonne pour l'arrondissement de Morlaix », ajoutant, de lui-même, après cette liste déjà longue : « Etc. [40]. »

Il est, à cette époque, l'une des grandes et rares références de l'agronomie bretonne, avec à peine trois ou quatre autres qui commencent à se faire connaître, tels Théophile de Pompéry ou Louis de Kerjégu. Tous sont proches de Jules Rieffel qui, sur la base des savoirs acquis à Roville en Lorraine près de leur maître à tous Christophe Mathieu de Dombasle, développe méthodiquement dans son immense domaine de Grandjouan, à Nozay en Loire-Atlantique, des expérimentations raisonnées de cultures et d'élevages, et aussi tout ce qui touche les principes et méthodes nécessaires pour transformer des fermiers ou métayers en véritables entrepreneurs agricoles [41].

Officier dans la Marine impériale en 1802, Hugues Querret a participé à plusieurs combats et engagements contre les Anglais. La chute de Napoléon l'a rapidement contraint à quitter son poste. Sa renommée vient de ce qu'il s'est fortement investi dans l'exploitation de sa propriété du Cosquerou en Ploujean, et qu'il consacre son énergie à propager ses idées et ses expériences au sein des multiples associations agricoles où il milite [42]. Tenant absolument à partager avec le plus grand nombre cette science ainsi acquise, il publie régulièrement et diffuse largement, ouvrages, articles, traités, sur la création et l'amélioration des prairies naturelles, sur le défrichement des landes, sur le reboisement, sur l'amélioration de la race chevaline et bovine, ainsi qu'un *Catéchisme agricole à l'usage de la jeunesse bretonne* tiré à 5 000 exemplaires et distribué gratuitement, à commencer par les adhérents de la Société d'agriculture de Morlaix. Il est reconnu et soutenu par ses pairs en agronomie. C'est un notable de premier rang, même s'il manque

39. Lettre du 8 avril 1848. AD du Finistère : 1 M 178.
40. Pour se mettre au goût du jour après les événements de février, la Société d'agriculture avait remplacé le mot « royale » par celui de « nationale ».
41. Christophe Mathieu de Dombasle, né à Nancy en 1777, était fils d'un grand maître des Eaux et Forêts. En vingt ans, il fit de sa ferme de Roville un lieu d'expérimentation reconnu nationalement, et surtout de promotion de ses théories et de ses inventions pratiques, initialisant une formation agronomique supérieure. L'alsacien, Jules Rieffel s'était formé là-bas de 1827 à 1829 avant de s'installer en Bretagne.
42. Ploujean : commune aujourd'hui absorbée par sa voisine, Morlaix.

à sa boutonnière le ruban rouge auquel les sous-préfets et préfets successifs font obstacle, et qu'il n'obtiendra jamais malgré les évolutions politiques[43].

Avec un tel cursus, l'hypothèse pourrait être faite qu'il soit déstabilisé et choqué de voir ce jeune citoyen représentant du peuple, lui demander, tout de go et publiquement, quels moyens il préconise pour donner de l'élan à l'agriculture bretonne, et du travail, utile et productif, à la classe laborieuse des campagnes. À croire que l'intéressé n'a pas lu ses ouvrages! Mais sa réponse est posée et très détaillée, très construite. Difficile, en ce cas, de ne pas se dire que le jeune représentant du peuple ne se sentant pas à même de développer avec autant de brio les théories qu'il partage avec le « membre correspondant de la Société nationale et centrale d'agriculture », les deux parties se sont préalablement mises d'accord pour se renvoyer ainsi publiquement la balle, au bénéfice de chacun. L'un conforte sa réputation d'homme de référence pour tout ce qui touche à l'évolution du monde agricole en exposant ses principes pendant quelques semaines au fil des numéros de *L'Écho de Morlaix*[44]. L'autre se fait une publicité pertinente vis-à-vis de son électorat et collecte des éléments concrets, structurés, documentés, sur un sujet d'importance pour son Comité parisien. Un jeu gagnant-gagnant.

Les conclusions d'Hugues Querret sont pragmatiques. Ne cherchant pas à théoriser, il propose :

– d'améliorer les communications rurales pour, en particulier, faciliter l'accès aux engrais marins, en enlevant au maire la responsabilité des chemins vicinaux pour la donner à un comité « de vicinalisation », composé de quatre ou cinq cultivateurs élus ;

– d'accorder des primes pour le défrichement, l'amélioration des prairies naturelles, le reboisement, l'amélioration des races bovines, chevalines, ovines ;

– de garantir, par arrondissement, une « unité de dévouement et d'action ».

Accessoirement, et ceci confirme que l'un a transmis à l'autre la teneur des débats du Comité parisien, il prend le temps d'expliquer le manque de réalisme de la grande idée de Ferdinand Flocon avec ses colonies agricoles. Pour lui, installer les plus démunis sur des terres de qualité incertaine est une opération ou trop coûteuse ou présentant des résultats potentiels trop hypothétiques. En aucun cas ceci ne saurait être la dépense la plus urgente à faire. Opinion partagée par le président du conseil général qui, malgré semble-t-il l'opinion de ses collègues, minimise, autant que faire se peut, la subvention accordée à Achille Latimier du Cleusieux qui milite pour faire défricher les landes de Bretagne par des enfants trouvés[45].

L'opération médiatique est un succès puisque *L'Écho de Morlaix* du 15 juillet peut écrire : « Les honorables représentants MM. Découvrant et Soubigou, ayant fait savoir à notre compatriote M. Querret que la plupart de ses idées sur l'organisation de l'agriculture en France, avaient été appréciées par le Comité d'agriculture, nous croyons être agréables à nos lecteurs en publiant l'opuscule de

43. CHAN : F12/5246 et F/1dIII/13/6. Le blocage vient d'un rapport du sous-préfet de Morlaix de décembre 1837, l'accusant d'être un « libéral si modéré que les légitimistes le réclament comme l'un des leurs », et mettant en cause sa vie privée.
44. Les 27 mai, 3 juin, 10 juin, et 17 juin.
45. *L'Armoricain* du 16 janvier 1849.

M. Querret... » L'affirmation sur l'appréciation n'est pas mensongère, car, que le Comité ait été inspiré par la présentation des idées de Querret faite par les deux représentants finistériens ou que ces idées soient venues d'ailleurs, le fait est qu'il y a une forte parenté entre ce qui se débat à Paris et les recommandations de « l'opuscule ».

François-Louis Soubigou en tirera pour lui-même des idées, et la commune de Plounéventer ira jusqu'au bout de la première suggestion en le nommant, en janvier 1854, « régisseur des travaux à exécuter par les journaliers indigents de cette commune sur les chemins vicinaux [46] ». Pour le reste, dans les verbatim des débats du Comité et de ses groupes de travail, conservés aux Archives nationales, il est peu présent [47]. Il ne faut pas en conclure qu'il reste silencieux, mais certains noms sont tellement répétés qu'ils écrasent les autres : souvent des orateurs professionnels comme Louis Flandin, ex-avocat général près la cour d'appel de Paris, ou encore Jean Eugène Dezeimeiris et Jean Francisque Jusseraud, médecins tous deux et surtout contradicteurs publics chevronnés ; mais aussi des gens d'expérience tels Napoléon Durand-Savoyat, fils d'agriculteur, agriculteur lui-même, formé aux Instituts de Hofwyl en Suisse et de Roville. Ou encore des idéologues, tel Pierre Joseph Proudhon qui vient y développer longuement ses idées, réclamant un emprunt de 2 milliards de francs car « il faut que les capitalistes soient atteints par l'emprunt », le maintien dans la durée de la majoration exceptionnelle d'impôt de 45 %, la nationalisation de la banque de France, des taux d'intérêt cassés tout en réfutant le risque d'une « émigration des capitaux » que lui oppose un autre participant, et déclarant nettement : « Pour ma part, je n'aime pas l'État, je n'aime pas le gouvernement... »

Napoléon Durand-Savoyat est un pragmatique qui ne peut que plaire au représentant de Plounéventer quand il proclame : « Il est constant qu'il existe deux sortes d'agriculteur, la première l'agriculteur qui parle, la seconde l'agriculteur qui agit. » Il se démène beaucoup pour soutenir les théories de François Guénon qui, après avoir défendu ses idées pendant dix ans devant l'Académie d'agriculture de Bordeaux, a publié en 1838 un *Traité des vaches laitières* où il a décrit sa méthode pour prédire la quantité et la qualité de lait journalier que l'animal va donner au seul aspect de ce que l'on appelle « l'écusson mammaire ». Une commission est désignée pour suivre les expérimentations, à laquelle François-Louis Soubigou s'inscrit. Malgré l'appui de celle-ci et l'insistance de Durand-Savoyat, François Guénon n'obtient pas la pension demandée, ni le support à une rediffusion de son ouvrage. Il finira, semble-t-il, ses jours dans la pauvreté malgré une utilisation réelle de sa méthode pendant plus de cinquante ans [48].

Suite à sa déclaration initiale et à un débat où il est intervenu, François-Louis Soubigou se retrouve impliqué dans un deuxième groupe de travail, créé pour traiter de l'amélioration de la race chevaline, en liaison avec le Comité de la Guerre. L'élevage des chevaux n'est, en effet, plus ce qu'il était au siècle précédent, alors que l'armée en a besoin. Leur nombre a bien augmenté, mais la qualité a

46. AM de Plounéventer : cahier des arrêtés municipaux, 5 janvier 1854.
47. CHAN : C 927.
48. CHAN : C/927, et *Revue de la Société d'ethnozootechnie* : *Varia 6-2002*, article de Jean-François Ricouleau.

régressé. Un rapport rédigé en 1846 par le baron Pierre Paul Dénniée, intendant et membre du Comité de la cavalerie, a stigmatisé la gestion de la population équine par l'État pendant les soixante ans précédents, recensant moins de huit cents étalons dans les haras nationaux pour deux millions huit cent mille chevaux existant en France, et rappelant qu'à la veille de la révolution il y en avait trois mille pour un effectif national équin de seulement un million et demi [49]. Les guerres napoléoniennes sont passées par là où seules la quantité et la rapidité de renouvellement comptaient. Pourquoi créer des élevages de qualité puisque leurs produits étaient voués à une disparition ultra-rapide ! Les résultats de cet autre groupe resteront minces. Pour les représentants du Finistère, le fait principal sera de recevoir une pétition de la Société d'agriculture de Morlaix les interpellant sévèrement sur la conclusion qui suggère de supprimer les haras alors que les élevages privés du département ne produisent que des étalons abâtardis et dotés de tous les vices héréditaires possibles [50]. Il faudra néanmoins attendre l'année 1870 pour que ces haras soient rattachés au ministère de l'Agriculture, et quelques années de plus pour que des décisions structurantes soient prises.

Formation : le grand projet

C'est enfin sous l'autorité de Charles Tourret que le projet, peut-être le plus important de tous ceux que monte le Comité, est mené à son terme, celui de la formation agricole.

L'organisation proposée, inspirée de choix déjà faits au Royaume Uni, définit trois degrés de formation : un premier niveau, départemental, de fermes-écoles conçues chacune comme une « exploitation rurale conduite avec habileté et profit et dans lesquelles des apprentis choisis parmi les travailleurs et admis à titre gratuit, exécutent tous les travaux, recevant en même temps qu'une rémunération de leur travail un enseignement agricole pratique [51] ». Puis dans chaque région culturale, une école régionale assurant une formation supérieure d'où les élèves, une fois formés, pourront accéder au niveau ultime de l'INA, l'Institut national agronomique de Versailles, défini comme « l'École normale supérieure d'agriculture », ou partir en stage comme adjoints des directeurs des fermes-écoles. L'INA, quant à lui est prévu s'ouvrir sur le monde extérieur en envoyant, chaque année, ses trois meilleurs élèves en missions de trois ans quelque part en France ou à l'étranger. Point important, le Comité recommande qu'une publicité et une promotion des résultats issus des expérimentations, soient faites au niveau national comme régional, et que ceci soit inscrit dans les textes comme une obligation.

49. Rapport daté du 25 novembre 1846. ADT : XS 49. Dans ce même rapport le baron s'était montré visionnaire : « Les nombreuses voies de communication entretenues avec soin qui s'établissent de jour en jour entre les villes, les bourgs et les embarcadères de chemin de fer, dont le réseau couvrira incessamment la France, doivent concourir à augmenter, dans une proportion considérable, la circulation des voitures légères destinées au transport des voyageurs et conséquemment l'emploi de chevaux proportionnés à la légèreté des véhicules. L'avenir se prononcera sur ces présomptions, de même qu'il révélera l'influence des chemins de fer sur les mœurs et les habitudes du pays ».

50. Pétition du 2 septembre 1848, portant, parmi d'autres, la signature d'Hugues Querret. BnF : 4-LF 264-12.

51. Formation théorique limitée à deux fois une heure par jour, l'une à cinq heures du matin, l'autre à dix-neuf heures.

Le ministre de l'Agriculture et du Commerce soumet le projet à l'Assemblée au mois d'octobre. Les débats sont très mouvementés, les opposants au projet donnant de la voix bien au-delà de leur importance numérique. Dans cette chambre élue au suffrage universel mais peu représentative des couches sociales réelles du pays, les joutes oratoires sont le fait de députés, certes concernés par la question agricole car riches propriétaires terriens, mais dont il serait exagéré de dire qu'ils sont l'image de la France paysanne profonde. Les opposants les plus virulents, tenants d'un statu quo complété d'une distribution de subventions, s'appellent Sébastien Luneau, avocat aux Sables-d'Olonne, devenu sous-préfet et représentant de Vendée, et Louis Buffet, avocat lui aussi, orateur particulièrement fougueux mais écouté, venu des Vosges[52]. La défense du projet est assurée par Louis Robin de Morhéry, l'ex-Commissaire de la République du mois de mars en Finistère, et Claude Richier, un autre avocat inscrit au barreau de Bordeaux et propriétaire dans le Médoc. De tous, ce dernier est le plus crédible car assurant la présidence de la Société Centrale d'Agriculture depuis presque quatre ans. Les échanges sont très vifs. À Louis Buffet qui affirme: « Je crois que ce qu'on vous demande surtout dans nos campagnes, c'est de rétablir le plus promptement possible l'ordre et la confiance et aussi l'équilibre financier », Claude Richier répond qu'il s'agit de faire passer l'agriculture de l'état de métier le plus pénible de tous, à celui de profession, tout en convenant qu'il verrait bien ramener dans les campagnes les excédents de population urbaine. Quelques envolées préfigurent des débats futurs, ainsi quand Sébastien Luneau s'écrie: « L'agriculteur d'en bas c'est moi; l'agriculteur d'en haut, c'est Monsieur le ministre et la Commission. » Enfin, malgré l'énergie déployée par l'opposition au projet, les représentants présents l'adoptent par 579 voix contre 100[53]. Ferme partisan d'une évolution volontariste de la formation des hommes du monde agricole, François-Louis Soubigou dépose dans l'urne son bulletin de couleur blanche attestant de sa volonté de soutenir cette initiative à la fois localement structurante et ouverte au monde extérieur, et dont le Finistère va effectivement savoir tirer parti[54].

Parallèlement à cette loi, tous les élus qui s'intéressent à l'évolution de l'agriculture, que ce soit pour des raisons de convictions professionnelles ou simplement par souci de bonne gestion de leur potentiel électoral, s'entremettent pour obtenir de Paris quelques avantages pouvant satisfaire leurs mandants. Faisant comme ses collègues, François-Louis Soubigou se mobilise près de ceux qui tiennent les caisses de l'État, et, conjointement avec Gabriel de Keranflec'h obtient, pour l'année 1849, une allocation de 800 F, au bénéfice de la Société d'agriculture de Morlaix[55].

Pour le reste, ils travaillent quand l'Assemblée peut siéger. Et ce n'est pas possible tous les jours!

52. Lorsqu'en 1847 le président du comice de Ploudalmézeau envoie au préfet copie de son rapport à l'Association Bretonne, ce qu'il réclame ce sont des primes élevées qui « deviendraient l'aliment de leur industrie » aux plus démunis, et leur liberté de distribution au niveau local. Voir *supra*.
53. La loi est publiée dans *Le Moniteur universel* du 6 octobre.
54. Quand elle ne vote pas par « assis et levé », l'Assemblée le fait par bulletins nominatifs. Le soutien à un projet de loi s'exprime par du blanc, l'opposition par du bleu, l'abstention par la non-participation au vote. INaLF: Frantext, règlement de l'Assemblée, article 41.
55. AD du Finistère: 36 J 3.

Première alerte

Le 15 mai, le mécontentement et l'agitation les rattrapent brutalement. Vers treize heures, au prétexte d'une manifestation pour la Pologne qu'écrasent les armées prussiennes et autrichiennes, une foule immense et excitée, envahit l'Assemblée réunie. La scène est inattendue, violente. François-Louis Soubigou, comme beaucoup de ceux qui sont là, en est certainement choqué car c'est la République elle-même qui est secouée. À un émeutier ouvrier breton qui veut le rassurer, Monseigneur Graveran répond : « Je n'éprouve… aucun sentiment de frayeur, c'est de l'indignation que je ressens au fond de mon cœur pour l'insulte que l'on fait à la France dans la personne de ses représentants[56]. » Il suffit d'écouter leur collègue, Pierre Lefranc lorsqu'il décrit la situation d'une façon très illustrative dans une lettre datée du 16 mai au matin et adressée à son épouse qu'il veut rassurer :

> « À une heure, nous avons été envahis par une masse de peuple de 20 à 25 mille homme conduits par des fous furieux qui ont forcé la consigne et inondé la salle de l'Assemblée. Il en entrait par les portes, il en tombait comme une avalanche des tribunes publiques, vociférant, hurlant, criant à tue-tête au point que Dieu lui-même n'aurait pu se faire entendre dans cette tempête[57]. »

Victor Hugo de son côté parle « des faces hurlantes, des bras tendus, des poings fermés […] Brouhaha effrayant. La poussière comme de la fumée, le vacarme comme le tonnerre[58] ».

Les représentants du peuple, cloués sur leurs sièges, ayant perdu leur président et leurs secrétaires qui ont été bousculés, faiblement protégés par une Garde nationale mal commandée et incapable d'agir, sont obligés de subir quatre heures durant la pression de ces « furieux ». Enfin, le général Clément Thomas ayant remplacé le général Courtais trop compromis avec les émeutiers, prend le commandement et lance la Garde tambours battants qui fait évacuer la salle et les jardins alentour. Les élus se réunissent sur le champ et, siégeant jusqu'à dix heures du soir, prennent des mesures coercitives à l'encontre des meneurs, interdisant en particulier leurs clubs. Raspail, Barbès, Blanqui, Albert, Huber, Courtais, sont arrêtés. Enfin, Marc Caussidière quitte son poste de préfet de police et démissionne de son mandat de représentant.

Le lendemain, les travaux reprennent sous la haute protection de la Garde nationale et de l'Armée, et Pierre Lefranc peut écrire : « Tout Paris est debout et ressemble à une forêt de baïonnettes. L'ordre a triomphé et triomphera. »

La même forêt de baïonnettes ressort le 21 mai, cette fois-ci pacifiquement pour une fête, celle de la Concorde. Il s'agit de consacrer par des « fêtes publiques et des cérémonies religieuses l'ère nouvelle dans laquelle la France vient d'entrer[59] » !

56. *L'ami de la religion, journal ecclésiastique, politique et littéraire* du 23 mai 1848.
57. AP : Famille Lefranc.
58. *Choses vues : le quinze mai.*
59. L'expression est de Théodore Le Hars, maire de Quimper, dans son arrêté municipal organisant les réjouissances publiques dans sa ville. AM de Quimper : 3 I 4.

Dans la capitale, dès quatre heures du matin, les tambours résonnent[60]. Le défilé se prépare. Les troupes se rassemblent, légions de Paris, détachements venus des départements, artillerie, cavalerie, troupes à pied. Le défilé commence vers neuf heures avec le gouvernement, les ministres, les représentants, les élèves des écoles d'ingénieurs, des ouvriers des Ateliers nationaux. Quelques provinciaux sont venus, à leurs frais, partager la joie des Parisiens. Mêlé à ses collègues rassemblés sur une estrade devant l'École militaire, sans doute surpris de voir certains d'entre eux armés, François-Louis Soubigou peut ensuite admirer le char de l'agriculture et du commerce, orné de guirlandes de verdure, de fleurs, de feuillages d'or, surmonté d'une « magnifique charrue modèle », et traîné par vingt chevaux de labour blancs. La journée se termine par un grand feu d'artifice, au soulagement du ministre de l'Intérieur qui informe le soir même par dépêche spéciale ses citoyens commissaires et sous commissaires que « la tranquillité la plus parfaite n'a cessé de régner[61] ». Malheureusement, cette tranquillité est illusoire et masque seulement la lente maturation de guerre civile qui continue dans Paris, et va éclater en juin.

En attendant, une première loi est votée. Elle décrète l'exclusion de Louis-Philippe et de sa famille de l'ensemble du territoire national, coupant court à un éventuel retour au pouvoir plus facile à mener de l'intérieur ainsi que Louis Napoléon le démontrera bientôt. L'Assemblée se prononce, le 26 mai, par 631 voix pour, face à 63 voix contre. Du Finistère trois élus sont absents, James Mège, Monseigneur Graveran, Émile de Rivérieulx. Douze prennent part au vote. Trois votent contre ; ce sont Vincent Audren de Kerdrel, Gabriel de Keranflec'h et Joseph de Kersauson. Les neuf autres se prononcent en faveur de la proscription, et parmi eux François-Louis Soubigou.

Rien d'étrange à ce qu'il ait ainsi voté, mêlant son nom à celui de républicains notoires ! C'est le parti pris d'un royaliste, inconditionnel et exigeant, qui n'oublie pas que le roi déchu a fait voter le 10 avril 1832 le bannissement à perpétuité, du territoire de la France et de ses colonies, de la branche aînée des Bourbons, celle à laquelle tout légitimiste se doit de faire allégeance. Il ne peut, non plus, oublier que ce même homme a eu pour père ce Philippe-Égalité qui en janvier 1793 a condamné Louis XVI à mort. C'est un vote sanction, cohérent avec des opinions profondes. C'est le choix de quelqu'un qui ne considérera jamais qu'il puisse être déshonorant de s'impliquer conjointement avec un autre homme dont il ne partage pas la majorité des opinions mais qu'il respecte, comme il le prouvera bien plus tard dans ses prises de position au sein du conseil général du Finistère. C'est un vote, enfin, qui lui sera reproché en 1886, lors d'une autre exclusion à laquelle, cette fois-là, il s'opposera fermement.

Le 14 juin, plus activiste, il dépose, avec un groupe de bretons aux opinions très diversifiées, André Découvrant, Émile Depasse, François Dahirel, Hippolyte Tassel, une proposition de loi en deux articles, demandant que les « citoyens ministres » fassent « dresser, avant le 20 juin courant, un compte détaillé des dépenses effectuées par leur ministère respectif, depuis le 1er mars jusqu'au 1er juin 1848 »,

60. Reportage détaillé paru dans *L'Océan* du 24 mai 1848.
61. AM de Brest : 1 Mi 187.

et que chaque membre de l'Assemblée en reçoive un exemplaire imprimé[62]. Une requête qui rappelle, curieusement, celle du cahier de doléances du tiers état de la sénéchaussée de Morlaix, en 1789, qui réclamait: « Responsabilité et comptabilité des ministres aux États généraux, de leur administration. » Cette prise de position, où des hommes plutôt modérés mêlent leurs signatures, exprime peut-être déjà le partage d'un autre sentiment, celui d'élus qui, venus siéger dans l'enthousiasme, commencent à se heurter aux pesanteurs d'une organisation trop lourde, trop traversée de courants dont le fonctionnement démocratique des institutions n'est pas la priorité, et maintenue sous pression par la rue.

Triste mois de juin

Une pression qui ne diminue pas, bien au contraire!

Déjà le 16 mars, les gardes nationaux parisiens ont réagi au moment de leur réorganisation. Une journée dite « des bonnets à poil », première manifestation d'une opposition de droite, à laquelle a répondu, le lendemain, une mobilisation ouvrière animée par Auguste Blanqui, puis une autre le 16 avril. Mais surtout, le 26 avril, un seuil a été franchi à Rouen où la troupe a tiré sur les manifestants, inquiets d'une prévisible suppression des Ateliers Nationaux. Il y a eu des morts, plusieurs dizaines dit-on.

Une fermentation souterraine se développe que certains cherchent à faire croître, pas toujours avec succès, chez les ouvriers inoccupés. Elle se propage parfois jusqu'aux forçats, comme à Brest où la police intérieure du bagne saisit quelques journaux venus de Paris et met au cachot un prisonnier « qui excitait ses codétenus à la révolte[63] ». L'échec, voulu ou non, des Ateliers nationaux va s'accentuant. La bourgeoisie qui cotise ses 45 centimes additionnels pour les financer ne voit aucune amélioration possible et renâcle de plus en plus, d'autant qu'ils sont maintenant entre 100 000 et 130 000 à être pris en charge[64]. Et pour leur part, les entrepreneurs ne se motivent pas vraiment pour leur fournir du travail.

Alors, le 21 juin, la Commission exécutive décrète que les moins de vingt-cinq ans rejoindront les rangs de l'armée, et que les autres auront à quitter Paris pour la province. C'est l'étincelle et l'affrontement! Un « combat de classe » suivant l'expression de Tocqueville. D'un côté ceux qui voient disparaître leur moyen de survie. De l'autre la troupe, la Garde nationale, et la toute nouvelle Garde mobile. Bien encadrée, bien commandée par le général Bedeau, cette dernière se montre féale au pouvoir et participe à la répression, malgré son recrutement populaire récent. Pendant trois jours, les 23, 24 et 25, les quartiers est de Paris sont hérissés de barricades qu'il faut enlever une à une.

Le 24, une dépêche alerte les « citoyens préfets et sous-préfets » de tous les départements. Annonçant que l'Assemblée nationale siège en permanence après avoir décrété l'état de siège dans la capitale, elle précise que la Commission

62. AAN : Impressions 135. François-Louis Soubigou ne peut que se sentir en sympathie avec Hippolyte Tassel, un homme qui a déclaré le 7 mars : « Les travaux publics ! [...] Le gouvernement ne peut que vouloir leur donner la plus grande extension ». *L'Armoricain* du 9 mars 1848.

63. 4 juin 1848. Lettre du sous-commissaire de Brest au citoyen préfet. *AD* du Finistère : 1 M 178.

64. 45 centimes pour 1 franc, c'est-à-dire 45 % de plus sur tous les impôts directs.

Exécutive a démissionné et que le pouvoir a été confié au général Cavaignac [65]. La province s'émeut, qui ne peut comprendre ni accepter cette mise en cause de l'autorité des représentants de la Nation, élus au suffrage universel [66].

Dans quelques communes du sud Finistère, signe que la multiplication de ces événements ne déplaît pas à tous, des rumeurs courent sur une proclamation de Louis Napoléon comme Président de la République [67]. Des gardes nationaux se mobilisent et partent, en urgence et avec l'accord de leurs autorités, soutenir leurs collègues parisiens. Ils quittent Quimper, Lannion, Tréguier, Saint-Pol-de-Léon, pour prendre à Morlaix le vapeur de la Compagnie du Finistère en partance pour Le Havre, d'où ils pourront prendre le train vers Paris [68]. Ceux qui réussissent à embarquer arriveront trop tard, l'émeute étant écrasée. De retour, le 6 juillet, ils témoigneront de « l'accueil fraternel qu'ils ont reçu à Paris [69] ».

Le 25, l'archevêque de Paris, Monseigneur Affre, qui tente de s'interposer sur une barricade du faubourg Saint-Antoine, est abattu. Puis en fin de matinée du 26, tout est fini. Eugène Cavaignac peut publier une dépêche, reprise le lendemain par *Le Moniteur universel:* « Le Faubourg Saint-Antoine, dernier point de la résistance est pris, les insurgés sont réduits, la lutte est terminée, l'ordre a triomphé de l'anarchie. »

Reste à faire le bilan, et il est lourd ! Peut-être 4 000 morts du côté des insurgés. Mais la troupe a perdu 1 600 hommes, dont les généraux Bréa et Négrier. La révolution enthousiaste et joyeuse de février est loin, très loin [70]. De très nombreuses arrestations sont opérées, et les détenus emmenés loin de Paris comme ceux qui vont passer quelques mois sur des pontons en rade de Brest [71]. Un peu plus tard, le gouvernement décidera que l'Algérie peut devenir un territoire idéalement disponible pour beaucoup d'entre eux.

Devenu l'homme fort et incontournable, le général Cavaignac forme un nouveau gouvernement qui va diriger fermement le pays jusqu'aux élections présidentielles, avec au Ministère de l'Intérieur un homme à poigne, Antoine Sénard, un magistrat proche des idées du *National,* qui a présidé l'Assemblée pendant l'émeute et précédemment dirigé la répression à Rouen.

Enfin une Constitution

Débarrassée de la pression populaire, certains projets ayant mûri, soucieuse de prendre des mesures d'ordre, l'Assemblée se met à voter plus souvent.

François-Louis Soubigou participe activement, partageant son suffrage entre la droite et la gauche. Avec la droite, il vote le décret réglementant les clubs, soutient le rétablissement du cautionnement pour la presse, approuve les pour-

65. AM de Brest : 2 I 7.1.
66. Le maire de Landerneau, ville ouvrière, est néanmoins suffisamment inquiet pour demander au préfet des cartouches pour équiper sa Garde nationale. AD du Finistère : 1 M 178.
67. P. M. Le Pêcheur-Bertrand, préfet du Finistère, rapport d'enquête à l'Assemblée.
68. La Compagnie du Finistère, fondée par Edouard Corbière en juillet 1839, assure une liaison maritime régulière de Morlaix au Havre.
69. *L'Écho de l'Arrondissement de Morlaix* du samedi 8 juillet 1848.
70. Un tiers de ceux qui sont arrêtés subiront « la transportation en Algérie ».
71. Une vingtaine d'entre eux y décédera.

suites contre Louis Blanc et Marc Caussidière pour les événements du 15 mai, soutient l'impôt proportionnel contre l'impôt progressif, s'oppose à la réduction d'une heure du temps de travail journalier que le gouvernement provisoire avait décrétée au mois de mars [72]. Il suit la gauche quand elle refuse de poursuivre le même Marc Caussidière à propos des événements de juin, s'oppose au rétablissement de la contrainte par corps, refuse au Crédit Foncier la création de bons hypothécaires.

Et puis il y a ce grand chantier de la Constitution, mission première de l'Assemblée. Le projet de texte est présenté le 19 juin aux représentants réunis qui écoutent le rapporteur dans le silence le plus total. « En présence de Dieu, et au nom du peuple français, l'Assemblée nationale proclame et décrète ce qui suit : [...] » Est créée une présidence de la République, avec un président élu pour quatre ans et non immédiatement rééligible, une assemblée législative de 750 membres élus pour trois ans au suffrage universel, et pas de Sénat [73]. Des débats commencent alors autour de divers amendements. Le 27 septembre, François-Louis Soubigou soutient avec la gauche le rejet du bicamérisme, un vote que ses adversaires lui rappelleront quand il deviendra sénateur. Le 7 octobre, il est de ceux qui rejettent la proposition de Désiré Leblond pour un président élu au secret de l'Assemblée, et celle de Jules Grévy préférant un président du Conseil plus contrôlable. Le 23 octobre, il s'oppose à ce que le texte soit soumis à l'approbation du peuple. Nul n'en saura plus sur son opinion sur le texte global. Le 4 novembre, jour du vote final, il est à Plounéventer rappelé, en urgence, pour des affaires familiales [74].

Une fois l'ensemble du texte approuvé, décision est prise que cette toute neuve constitution donnera lieu à d'immenses fêtes dans tout le pays pendant lesquelles lecture en sera donnée aux citoyens assemblés. Pour Paris, c'est le 12 novembre sur la Place de la Concorde, devant la grille des Tuileries. Le grand soleil du 4 mai n'est plus là, ce soleil « à rendre possibles tous les gouvernements ». La neige se met à tomber au petit matin. Le temps reste maussade. Il fait froid. L'atmosphère n'est pas aux réjouissances, avec le souvenir toujours présent des milliers de morts des émeutes de juin. La cinquantaine de gardes nationaux venus du Finistère, malgré les aléas du passage maritime entre Morlaix et Le Havre, doit trouver la cérémonie bien morose. Armand Marrast lit le texte adopté par l'Assemblée dont il assure la présidence. Ensuite, la République n'étant pas encore laïque, vient un *Te Deum* et une messe pontificale célébrée par l'archevêque de Paris que près de cinq cents prêtres accompagnent. L'ensemble se clôt par un défilé ponctué par les grondements des canons des Invalides et de tous les grands forts entourant Paris.

72. « Considérant qu'un travail manuel trop prolongé, non seulement ruine la santé du travailleur, [...] que l'exploitation des ouvriers par les sous-entrepreneurs ouvriers, dits "marchands ou tâcherons" est essentiellement injuste, vexatoire, et contraire au principe de la fraternité [...] décrète : la journée de travail est diminuée d'une heure... », soit pour Paris 10 heures au lieu de 11, et ailleurs 11 au lieu de 12.

73. *Le Moniteur universel* du 20 juin.

74. L'autre représentant du Finistère empêché de voter est le général Le Flô, en mission à Saint-Pétersbourg. CHAN : C 909. La présence aux séances est obligatoire et les demandes de congé sont votées en séances. Aucune demande ne sera refusée bien que certains s'irriteront de voir manquer, parfois, un tiers des élus.

Une dépêche télégraphique part aussitôt vers tous les préfets et sous-préfets pour faire part du succès de « cette belle et patriotique cérémonie [75] ».

À Brest, c'est le 19 que la garde nationale et les troupes défilent après la lecture, pendant que cent un coups de canon résonnent sur la ville. Là aussi, des *Te Deum* sont chantés, pour la ville à l'église Saint-Louis, et, pour Recouvrance à Saint-Sauveur, ainsi que des actions de grâces au Temple protestant. Le même jour à Morlaix, l'adjoint au maire, Jean-Marie Eléouët, rassemble tous les corps constitués à la mairie, les accompagne à la messe, les ramène aux chants du *Veni Creator* sur la place principale pour leur lire le texte, puis toujours le *Te Deum*, puis le son des cloches, puis le canon mais vingt et un coups seulement.

Malgré son absence de la capitale, François-Louis participe à l'événement. Il est à Plounéventer, le dimanche 24 novembre, quand y est chanté le *Te Deum* en l'église du bourg « pour attirer la bénédiction du ciel sur la stabilité des institutions républicaines ». Il n'y est plus, par contre, le 1er décembre, quand le maire, Yves Prigent, fait la lecture publique du texte sur la place du bourg, accompagné de son Conseil municipal [76]. Après quatre longues semaines d'absence, il est revenu la veille à l'Assemblée, à temps pour approuver l'envoi d'un corps expéditionnaire en Italie chargé de soutenir le pape Pie IX contre Garibaldi.

Un président

Le grand événement de cette fin d'année 1848, qui va conditionner toute la suite, le déclin, et la disparition de la Deuxième République, est maintenant imminent avec l'élection du président de la République fixée au 10 décembre. S'affrontent Louis Napoléon Bonaparte, Eugène Cavaignac, Alphonse de Lamartine, Alexandre Ledru-Rollin, François Raspail, les généraux Nicolas Changarnier et Alphonse Bedeau.

Certains, Lamartine, Ledru-Rollin, Raspail, sont connus mais usés par les à-coups de la période écoulée. Cavaignac tient les rênes du pouvoir mais sa notoriété est faible hors de Paris, et trop positionnée chez les notables, trop élitiste, trop récente aussi. La répression de juin lui a collé une image cruelle que les bonnes âmes poussent à la caricature. Il n'a pas d'appareil derrière lui pour assurer sa promotion dans les cercles d'influence. Changarnier et Bedeau ont les mêmes handicaps, en pire.

En face, il y a l'héritier d'un nom qui depuis longtemps cherche à se positionner avec plus ou moins de crédibilité et de succès. Il dispose de l'appui garanti des nostalgiques de l'Empire. Plus que tout, il ne fait pas peur aux gens de droite, en particulier à Adolphe Thiers et à ses amis du Comité de la rue de Poitiers qui manquent de candidat et jugent celui-ci malléable et facile à dominer.

Telle n'est pas l'opinion de plusieurs représentants du Finistère qui appellent, par voie de Presse, à voter Cavaignac. Manquent cependant au départ, dans la déclaration commune qui est publiée, trois signatures ! Celle d'Émile de Rivérieulx, celle du général Le Flô, ambassadeur lointain sur les bords de la

75. *L'Armoricain* du 14 novembre 1848.
76. Procès-verbaux de la promulgation pour Brest et Morlaix, et, lettre d'Yves Prigent au « Citoyen sous-préfet ». AD du Finistère : 1 M 209.

Neva, et celle de François-Louis Soubigou. Ce dernier rectifie personnellement cette étrangeté en faisant paraître quelques jours plus tard dans *L'Armoricain* du 21 novembre, un encart sur trois colonnes qui précise : « Monsieur le Rédacteur. Veuillez bien, je vous en prie, porter à la connaissance des électeurs du Finistère que j'adopte entièrement la candidature du général Cavaignac comme Président de la République Française. Salut et Fraternité. » Curieusement, il ne fait pas référence à la proclamation précédente de ses collègues ! Les esprits retors pourraient voir dans cette proclamation à contretemps un jeu personnel pour se rendre mieux visible en s'exprimant seul. Plus probablement, congés ou pas, il a déjà pris quelque distance avec les turpitudes de l'Assemblée, et a un peu perdu le contact avec les autres élus. Il faut attendre quinze jours pour que sa signature s'intègre enfin au pavé publicitaire commun que le journal répète systématiquement. *L'Océan,* que son rédacteur en chef bonapartiste, Jean-Jacques Gizorme, a été contraint de quitter, reprend à son tour cette lettre de François-Louis Soubigou, puis la recommandation de vote commune.

Ce soutien, quasi unanime sinon simultané de ses représentants, et les prises de position de la presse locale en faveur de Cavaignac, ont pour effet que le Finistère est l'un des quatre départements, avec le Morbihan, les Bouches-du-Rhône et le Var, où Louis Napoléon Bonaparte n'arrive pas en tête, au profit de Cavaignac. Sur 106 067 votants, ce dernier capitalise 58 641 voix contre 43 042 à son principal adversaire, déclaré gagnant sur l'ensemble de la France. Tous les autres ne recueillent que quelques centaines, voire quelques dizaines, de voix [77].

L'animosité de François-Louis Soubigou à l'égard du Prince Président ne s'atténue pas. Il rejoint la gauche, le 12 janvier pour contrer la proposition de loi Rateau, impulsée par les bonapartistes qui veulent mettre un terme à une opposition gênante pour eux en obtenant l'auto-disssolution de l'Assemblée au prétexte qu'elle a terminé sa mission de Constituante depuis le 4 décembre [78]. Et, toujours avec la gauche et teigneux jusqu'au bout, il repousse, le 12 mars le très généreux projet d'augmentation de 50 000 F par mois du traitement présidentiel.

Entre-temps, il a soutenu, sans hésitation, les républicains qui, soucieux de se concilier les bonnes grâces des campagnes votent la suppression totale de l'impôt sur le sel ; un vote qui ne va ni contre sa légitimité électorale ni contre ses propres intérêts.

Ses autres prises de position, sont faites avec la droite : rejet de la loi d'amnistie, motion Oudinot visant à l'apaisement après la dissolution de la Garde mobile, refus d'enquête sur la nouvelle émeute du 29 janvier 1849, interdiction des clubs, affaire du Piémont.

Ces derniers votes se font dans une atmosphère de délitement de l'Assemblée Constituante. Son existence est limitée dans le temps. Tous le savent. Tous

77. *L'Armoricain du 16 décembre*. Ledru-Rollin : 1 581 voix, Lamartine : 430, Bedeau : 35, Changarnier : 34, Raspail : 14. Louis Napoléon arrive en tête chez les marins embarqués sur les bâtiments de guerre. Au niveau national, il rafle 5 434 000 voix, devançant de très loin Cavaignac et ses 1 448 000 suffrages.

78. En dehors de lui, ils sont trois Finistériens à voter contre : André Découvrant, Charles Le Breton, Hippolyte Tassel. Le morlaisien Edouard Corbière les prend vivement à partie dans les colonnes de son journal, *Le Droit national,* du 17 janvier, critiquant cette « minorité, obstinément opposée à la majorité ».

connaissent son impuissance et celle du gouvernement, son incapacité aussi à renflouer comme il est nécessaire les caisses de l'État. Le seul acte positif qu'elle ait à gérer à court terme est l'organisation des élections législatives. Ils sont nombreux à déserter. Désabusé, François-Louis Soubigou cesse de participer aux sessions et rentre dans ses foyers à partir de fin avril, un mois avant la dissolution de l'Assemblée qui devient effective le 26 mai 1849. Une dissolution qu'il a combattue aux côtés d'André Découvrant, Charles Le Breton et Hippolyte Tassel [79]. C'est sans regret qu'il quitte avec eux ce que Victor Hugo appellera dans *Choses vues*, « l'immensité de la salle et la petitesse de l'Assemblée », et tous ces hommes « qui, ne sachant pas parler, ne savent pas écouter ».

La Deuxième République entre dans une phase nouvelle, avec sa constitution toute neuve, et de nouveaux élus !

De nouveaux élus, et des anciens réélus. Car si les représentants du peuple de 1848 ont copié quelques manières de leurs prédécesseurs de 1791, ils n'ont pas poussé le purisme, cette fois-ci, jusqu'à s'interdire, comme l'avait alors impulsé Robespierre, d'être élus à l'Assemblée Législative qui doit prendre le relais. Le jeu est donc ouvert entre personnalités ayant déjà goûté aux joies de la représentation nationale, pour une chambre aux effectifs plus raisonnables, où le Finistère se voit attribuer treize postes.

Des comités électoraux se mettent en place, cherchant à mobiliser les esprits et à rassembler les hommes de bonne volonté. Ils ont à faire, car en un an l'enthousiasme des électeurs a chuté.

Yves Prigent fait partie, avec les maires des communes voisines de Taulé, Plouédern, Plougar, Landivisiau, et de plusieurs conseillers généraux, du Comité des Populations Rurales des Arrondissements de Brest et de Morlaix, qui siège à Landivisiau. Se présentant comme cultivateurs, ils apposent leurs signatures sur un manifeste en six points :

- respect de la constitution ;
- indépendance de l'Église et liberté des cultes ;
- décentralisation et simplification administrative ;
- organisation ministérielle pour détruire les abus et favoriser les initiatives ;
- protection de l'industrie ;
- développement de l'agriculture.

Étant très proche de son gendre, comment ne pas penser que celui-ci lui a rendu compte de tout ce qu'il a pu observer lors des sessions de l'Assemblée Constituante qui se finit ! La fragilité de la représentation populaire lors des émeutes parisiennes, le faible pouvoir des commissions parlementaires, l'inefficacité de beaucoup de décisions, l'emprise croissante des thuriféraires du Prince Président. L'une des phrases du document en dit long sur leur jugement [80] : « La République ne doit plus être l'œuvre d'un parti exclusif mais une œuvre de progrès et de nécessité. Aujourd'hui, sa première raison d'être est l'impossibilité avérée de toutes autres formes de gouvernement. » Avec en exergue trois mots clés : « Ordre », « Paix », « Conciliation. »

---

79. Ce vote leur a valu un commentaire acerbe, sous la signature de J.-J. Gizorme, dans *Le Droit national, journal de Brest et du Finistère*, du 17 janvier.
80. BnF : 4-LE70-447. Yves Prigent recueillera 2 voix dans le canton de Landivisiau. CHAN : C/1500.

La nouvelle Assemblée

Vient le jour des élections. C'est Bertrand Lacrosse, auréolé de son œuvre de Ministre qui arrive en tête avec 78 370 voix. *L'Océan* du 2 mai l'a présenté comme soutenu par le Comité de la Liberté civile et religieuse de Quimper. *L'Armoricain* du 5 mai l'a indiqué être inscrit sur la liste des comités constitutionnels du canton de Châteaulin. Un capitaine du troisième régiment de chasseurs d'Afrique à Constantine, affirme dans une lettre du 6 mai adressée au préfet, que ce nom fait partie de ceux « qui nous avaient été envoyés par le Comité de la rue de Poitiers », et pour lesquels les 36 Finistériens de la garnison ont tous voté avec discipline. Comment ne pas être réélu dans ces conditions. Trois autres sortants obtiennent le nombre de voix nécessaire : le général Le Flô, James Mège, Gabriel de Keranflec'h. Les neuf autres sont des candidatures nouvelles.

C'est toute la liste de ce Comité de la Liberté civile et religieuse de Quimper, telle que publiée le 2 mai par *L'Armoricain,* qui passe ainsi. Pourtant le 7, le même journal l'avait publiée avec plusieurs modifications, en regrettant qu'elle « n'ait pu être maintenue dans son intégrité. [Car] les dissentiments entre hommes qui tendent au même but nous paraissent toujours fâcheux ». Les autres anciens, Balthazar de Fournas, Charles Le Breton, André Découvrant, Victor Rossel, sont largement éliminés, comme le sont Cavaignac ou Ledru-Rollin, comme le sont tous les candidats qui se sont présentés comme étant à gauche, soutenus ou non par le Comité centralisateur des démocrates socialistes [81].

François-Louis Soubigou qui n'a pas fait campagne et qu'aucun appareil n'a proposé, recueille quelques voix, moins de 300. Son audience en dehors du Léon apparaît quasiment nulle en dehors de quelques rares votes en sa faveur dans des cantons comme Châteaulin où il glane 19 voix ou encore de petits bureaux militaires éloignés du terrain électoral et sans doute mal informés, tel Besançon où il arrive deuxième derrière Bertrand Lacrosse [82]. En sa propre commune de Plounéventer, qui accorde à ce dernier 571 voix, il en récolte en tout et pour tout 3 [83]. Sa caution ne vaut, politiquement, plus rien. Lorsqu'au mois d'octobre suivant, Hugues Querret repartira à l'assaut pour obtenir cette Légion d'honneur tant espérée et toujours refusée, c'est parmi les seuls nouveaux députés qu'il ira chercher un appui devant le ministre de l'Agriculture et du Commerce, oubliant tous les anciens élus. Ceci étant, il le fera sans plus de succès qu'auparavant [84].

La grande délégation finistérienne des 23 et 24 avril 1848 est définitivement dissoute. Elle a travaillé, voté, participé activement à différents comités et à l'élaboration de la Constitution. Elle a fini sa mission. Une lettre de Gabriel de Keranflec'h résume son comportement d'ensemble :

---

81. Un autre Finistérien est lui aussi élu, mais sur les listes parisiennes : Paul de Flotte, lieutenant de vaisseau, républicain issu d'une famille landernéenne légitimiste. Il s'est fait remarquer et expulser lors de l'insurrection de juin 1848. Il tombera à Solano (Italie), en 1860, dans les rangs de l'armée de Garibaldi. Parmi les éliminés : Joseph de Gasté et Gustave Swiney qui seront élus députés en février et décembre 1873, Hyacinthe-Martin Bizet, maire de Brest, et toujours Émile Souvestre.
82. Les militaires ont voté dans leurs quartiers, dans les jours précédant le 15 mai.
83. CHAN : C 1500.
84. Hugues Querret devra se satisfaire définitivement, comme seule reconnaissance de la Nation, de la troisième Médaille d'or accordée par le jury central de l'Exposition quinquennale pour l'industrie et l'agriculture à Paris, en cette année 1849, malgré une ultime requête en avril 1850.

« Au reste, c'est une justice à rendre à presque toute notre députation. On la regarde ici, et avec raison, je crois, comme une des plus honnêtes et des plus modérées. Pas la plus légère tâche de communisme ; tendance à tenir un juste équilibre entre l'ordre et la liberté, et à accorder au pouvoir l'autorité nécessaire dans les circonstances exceptionnelles où nous nous trouvons ; rien de plus, rien de moins [85]. »

François-Louis Soubigou peut désormais se consacrer à la vie locale et, surtout, à sa vie professionnelle. Et ce n'est pas le coup d'état du 2 décembre 1851 qui va, lui le royaliste, le légitimiste, le légaliste, le ramener vers la politique, bien au contraire en voyant son ancien collègue et voisin d'hôtel, Gabriel de Keranflec'h, arrêté, et en se souvenant d'une déclaration, faite le 20 décembre 1848 par celui qui prend le pouvoir ce jour-là : « Je verrai des ennemis de la patrie dans tous ceux qui tenteraient de changer, par des voies illégales, ce que la France entière a établi [86]. » Son père ne cherchera pas à l'influencer, lui qui le 25 janvier 1852, lorsque le Conseil municipal de Plounéventer rédigera un message de félicitations à Louis Napoléon pour sa prise de pouvoir, refusera d'y porter sa signature d'adjoint au maire, et ne signera pas plus l'adresse envoyée, le 17 octobre suivant, exprimant le souhait que le destinataire soit nommé empereur [87].

N'éprouvant aucune attirance pour l'Empire, il ne reviendra s'installer à Paris qu'en 1876. Il lui sera alors impossible de retrouver l'émotion du jeune breton découvrant la capitale et la démocratie, presque trente ans plus tôt. Ses repères parisiens auront disparu. Au lendemain du coup d'état du 2 décembre, image trop visible et trop forte de la république, la Salle de Carton aura été démolie par un nouvel empereur en recherche de nouveaux symboles. Et pendant la Commune, comme beaucoup d'autres maisons de la rue de Lille, comme la caserne d'Orsay, comme les immeubles de la rue du Bac, l'ancien logement du représentant du peuple du Finistère aura été carbonisé et réduit à l'état de terrain à vendre par un incendiaire en mal d'amour. Une destruction dont, peu de temps après son élection, le nouveau sénateur aura, sans doute, l'opportunité de lire les circonstances détaillées dans l'ouvrage très descriptif de Maxime du Camp ou dans celui plus lyrique de Zola [88]. Modernisation, destruction, urbanisation aidant, le fastueux et compassé Faubourg Saint-Germain aura perdu un peu de son charme et beaucoup de sa splendeur.

Auparavant, le Julod de Plounéventer aura, lors des élections cantonales de 1871, pris une place discrète au conseil général du Finistère où il apportera sa compétence et son expérience professionnelle à la Commission des Travaux Publics. Surtout, d'ici là, l'homme « coiffé d'un chapeau à incommensurables rebords » aura mené d'autres aventures, professionnelles cette fois-ci, utilisant l'acquis capitalisé pendant ces quelques mois : expérience des réalités fragiles d'une démocratie oublieuse de ses promesses fondatrices ; prise de conscience de l'importance des relations hors de sa caste d'origine ; complexité des enjeux préalables à un développement agricole durable ; nécessité pour la Bretagne, et

85. Lettre, au destinataire non identifié, citée par Hippolyte Violeau.
86. AAN : impressions 737, 20 décembre 1848.
87. AD du Finistère : 2 O Plounéventer.
88. Maxime du Camp, *Les Convulsions de Paris, épisodes de la Commune* (1881). Émile Zola, « *La Débâcle* » (1892).

pour l'ensemble du pays, de développer des voies de communication efficaces et économiques ; opportunité d'être parmi les premiers à oser, à prendre des risques, à gagner.

Chapitre VIII

Brest à seize heures de Paris

Trois jours de fêtes consécutives annoncées par voie d'affiches ! Des fleurs en quantité, des drapeaux partout, les rues illuminées *a giorno*. Un grand banquet. Une immense retraite aux flambeaux. Des réjouissances et des bals populaires. Des distributions de secours aux indigents par la municipalité et par la Compagnie des chemins de fer de l'Ouest. Le lancement d'une frégate cuirassée, *La Gauloise*. Un ministre venu de Paris avec trois cents invités, portant son plus beau costume et donnant l'accolade aux ingénieurs qu'il décore [1]. Des représentants officiels étrangers, États-Unis, Autriche, Suisse, Prusse, duché de Bade, association des villes hanséatiques, etc. Trois hauts fonctionnaires, le directeur général des Ponts et Chaussées, celui des Chemins de fer, celui des Postes. Le préfet maritime, l'amiral Gueydon, un grand uniforme. Les préfets des Côtes-du-Nord, du Morbihan, de l'Ille-et-Vilaine, entourant celui du Finistère accompagné de tous ses sous-préfets. Un archiprêtre, entouré des ecclésiastiques de la ville et des aumôniers militaires, pour bénir la voie. Des locomotives pavoisées et couvertes de feuillages, « amenées presque jusqu'au pied de l'autel » que surmonte une couronne impériale d'où « tombe une large draperie de velours grenat doublé d'hermine et de crépines d'or ». Des élus en nombre, députés, sénateurs, conseillers généraux, conseillers d'arrondissement, représentants municipaux. Un *Te Deum*. La musique de la Flotte. Des fanfares. Des tambours. Des clairons. Une double haie de troupes de toutes les armes. Une foule immense, enfin, autour de la gare, au pied des remparts qui entourent cette vieille ville, sur ce glacis qui domine la rade où les navires de haut bord, pavoisés sous le soleil, tirent des salves d'honneur [2].

En ce jour du 25 avril 1865, avec l'arrivée du premier train venu de Rennes et Paris tracté par une locomotive nommée « Finistère », la ville de Brest et le

1. Louis Béhic, ministre de l'Agriculture, du Commerce et des Travaux publics.
2. *L'Armoricain, Journal de Brest et du Finistère* des 27 et 28 avril 1865. Et affiche de la municipalité. AM de Brest : 6 Fi 750. L'arrivée du train à Rennes, ayant été inaugurée, en son temps, par trois jours de fêtes, la Compagnie de L'Ouest et les autorités civiles, militaires et religieuses, se devait d'accorder à Brest le même niveau de festivités.

département inaugurent la toute nouvelle voie ferrée, voie unique pour l'instant, dont la construction a été commencée quatre ans plus tôt [3].

Brest est modernisée, désenclavée, « associée étroitement à l'ère de progrès qui rayonne sur la France impériale ». Pour 69,80 F en première classe, le trajet vers la capitale se compte désormais en heures, entre 16 et 17 heures suivant le moment du départ, et non plus en jours. Le temps est effacé des transbordements entre malle-poste et train en gare de Rennes, et plus encore de l'époque héroïque où partant de Brest à 7 heures du matin, le pauvre voyageur ne voyait la fin de son calvaire que le quatrième jour dans l'après-midi [4]. Les lignes de la Compagnie de l'Ouest ont atteint leur point ultime vers l'Occident au même titre que celles de sa rivale, la Compagnie du Paris-Orléans, le P.-O., l'ont fait en rejoignant Quimper un peu moins de deux ans plus tôt, le 7 septembre 1863, ou Châteaulin l'année précédente. Ainsi que le proclame le ministre dans son discours : « La Bretagne, plus complètement rattachée au système général des chemins de fer de l'Empire, sort de son isolement [5]. » Alors c'est la fête !

Dans la foule, mêlés aux personnalités et aux invités, François-Louis Soubigou, ses frères, ses cousins. Tous groupés au sein d'une même entreprise de travaux publics, ils ont contribué à l'aventure bretonne de cette nouvelle technologie qui fait rêver les investisseurs, se battre les édiles, saliver les banquiers, ricaner les caricaturistes, à un point tel que la Presse fait un suivi hebdomadaire du chiffre d'affaire réalisé par les différentes compagnies [6]. Qu'ils s'appellent Soubigou, Prigent, Quéinnec, ils ont construit une partie significative de cette voie nouvelle. Ils respirent enfin. Leur pari entrepreneurial est gagné, et bien gagné [7].

Une nouvelle technologie bien longue à prendre sa place en France et à atteindre la Bretagne profonde !

Pendant longtemps, les hommes de Plounéventer ont suivi son développement à travers les débats publics entre responsables, nationaux ou locaux. Très récemment seulement, ils se sont lancés dans ce défi, à la fois technique et financier, consistant à se positionner parmi les quelques entreprises spécialisées

3. En 1893, François-Louis Soubigou apposera sa signature, avec dix-sept autres sénateurs bretons, sur une lettre réclamant le passage à deux voies. L'approbation ministérielle ne viendra que le 3 juillet 1897. AM de Brest : 2 O 5. Pour une analyse très détaillée du développement des chemins de fer en France pendant le XIXe siècle, voir Alfred Picard, *Les Chemins de fer français, étude historique en trois volumes* (1884). BnF : Gallica. Ingénieur en chef des Ponts et Chaussées, l'auteur fut directeur des chemins de fer au ministère des Travaux publics et conseiller d'État. Par ailleurs, sauf stipulation contraire, les informations qui suivent, concernant les chantiers, sont issues des AD du Finistère : 5 S 37 et 5 S 38, 5 S 45, et, des AD des Côtes-d'Armor : 33 S 4-19. Celles touchant la création et l'évolution générale de l'entreprise proviennent des cotes 78 J 31 et 78 J 32 des AD du Finistère, Fonds Maître Perret.

4. Le voyageur de 1re classe quitte Brest à 7 h du matin pour être à Paris-Montparnasse à 23 h 40. En 3e classe, il part à midi et arrive à Paris le lendemain à 4 h 45 du matin. *L'Armoricain, Journal de Brest et du Finistère* du 27-04-1865.

5. Citation mise en exergue d'un document, de juin 1866, sur la ligne stratégique de Cherbourg à Brest. AD d'Ille-et-Vilaine : 5 S 140.

6. Côté investisseurs, tous les rêves et toutes les surenchères sont permis. Le maire de Brest, Hyacinthe-Martin Bizet, préside, lui-même, le comité de patronage de la Société commerciale des ports de Brest qui se charge de mettre en valeur et exploiter les 400 000 à 500 000 m² de terrain, pris entre la voie nouvelle et l'embarcadère maritime, dont il est dit que « la plus value n'attendra pas ». *L'Illustration* du 7 novembre 1863. Une opération qui finira mal.

7. Aucun document d'archive n'atteste leur présence, mais, étant donné leur rôle de premier rang dans cette opération, il est impossible qu'ils aient tous été oubliés parmi les mille billets spéciaux distribués, et encore plus invraisemblable qu'ils aient snobé cette manifestation.

dans la construction des plates-formes et ouvrages d'art indispensables aux voies ferrées. Entre 1859 et 1862, ils ont réalisé un premier chantier à Questembert, sur la ligne de Nantes à Châteaulin appartenant au P.-O. Une section de 17 km parmi les plus faciles de l'ensemble, avec peu d'ouvrages, et pour un budget de 834 000 F [8].

Aujourd'hui, ils vivent avec cette inauguration un instant magique, une étape professionnelle majeure, aboutissement heureux d'une décision concertée et réfléchie du développement de leur entreprise.

L'utilisation combinée du rail métallique et de la traction à vapeur n'est pourtant pas récente. Comme elle le fera, plus tard, pour d'autres inventions conçues ailleurs, la France l'a négligée un temps et ne l'a vraiment développée que lorsque des industriels et des financiers venus de Grande-Bretagne sont venus donner les impulsions nécessaires. Jusqu'à leur arrivée, les progrès ont été très lents.

Le lent démarrage des chemins de fer français

Il est d'usage de dire que tout commence avec l'ouverture à la circulation, en octobre 1828, de 23 km de voies dédiées au transport de marchandises entre Saint-Étienne et Andrézieux. Début modeste et symbolique puisque les wagons sont tirés par des attelages de chevaux et qu'ils conservent ce mode de traction jusqu'en 1832 où la traction à vapeur les remplace enfin pour des transports réguliers jusqu'à Lyon.

Les développements nationaux ne suivent pas. Les initiatives privées sont limitées. Le gouvernement reste timoré, avec une modeste somme de 500 000 F inscrite au budget de 1833 pour lancer les premières études d'un réseau national. Passant plus de temps à débattre des responsabilités et des implications financières ou organisationnelles du privé face au public qu'à s'investir dans des réalisations concrètes, la France développe peu de projets. Les dizaines et dizaines de millions confiés aux Ponts et Chaussées vont ailleurs, consacrés à rattraper le retard des routes et des chemins ou investis dans les canaux [9].

Les Britanniques qui maîtrisent depuis longtemps les rails en acier et la traction par locomotives réalisent, pendant ce temps, leurs premières liaisons régulières de transport de voyageurs [10].

Résultat, fin 1841 : de l'autre côté du Channel, un tiers des 3 800 km inscrits au plan sont en exploitation ; dans l'Hexagone, géographiquement deux fois plus étendu, moins de 600 sont en service et à peine autant sont prévus. Encore, ces modestes kilomètres français sont-ils constitués de tronçons sans cohérences commerciales d'ensemble, dispersés sur une vingtaine de compagnies n'offrant pour la plupart que peu de garanties de rentabilité, ni donc de pérennité. Face à une

8. ENPC : 4.10283/C542. Cette ligne part de Savenay, sur la ligne de Nantes à Saint-Nazaire, et sera prolongée jusqu'à sa connexion à la ligne Paris-Brest en 1867.
9. De 1831 à 1841 incluse, les crédits dépensés pour les routes et ponts dépassent 137 MF, ceux des canaux approchent 147 MF, le tout hors entretien et grosses réparations.
10. Première machine à vapeur sur rails : Richard Trevithick, 1804. Rails en acier : John Birkinshaw, 1821. Premier service régulier de voyageurs et marchandises : George Stephenson, 1825.

demande qui pourtant existe ! Malgré ce manque de cohérence des voies ferrées françaises, six millions de voyageurs les ont empruntées, en un an [11].

C'est seulement avec la loi du 11 juin 1842, que naît un véritable schéma directeur global et cohérent ayant pour but « d'étendre sur la surface du royaume un réseau général de chemin de fer, et, de créer pour notre pays un nouveau système de communication destiné à unir par des voies rapides le Nord avec le Midi, l'Est avec l'Ouest, l'Océan avec la Méditerranée [12] ». Sur la base d'un travail préalable d'Alexis Legrand, polytechnicien du corps des Ponts et Chaussées et sous-secrétaire d'État aux Travaux publics, une commission parlementaire travaille sur un projet privilégiant une topologie en étoile à partir de Paris vers les principales frontières, terrestres et maritimes, complétée par deux transversales de la Méditerranée au Rhin et à l'Atlantique [13]. Un projet qui structure définitivement la topologie du réseau ferré français, et dont les conséquences sur l'aménagement du territoire perdurent encore, mais qui, concernant la Bretagne, ne règle rien.

Ce schéma, à visées officiellement économiques et commerciales mais avec de sérieuses arrière-pensées militaires, fait l'objet de vifs débats qui rendent passionnelles les séances des deux Chambres, jusqu'à son approbation définitive.

Au résultat, il est décidé que l'État acquerra lui-même les terrains avec une contribution financière des deux tiers de la part des collectivités locales, et assurera à ses frais les terrassements ainsi que les constructions d'ouvrages d'art et de stations, les concessionnaires gardant à leur charge les superstructures, comme la pose des traverses et des rails, l'achat des matériels fixes et roulants, et assumant tous les frais d'exploitation et d'entretien. Enfin, et ce n'est pas la moindre des décisions, une somme pluriannuelle de 126 MF est prévue, dont 13 pour la première année et plus du double pour l'année suivante.

Malgré cette base solide, les moyens privés et publics investis donnent des résultats souvent décevants. Le financement par les communes et les départements ne fonctionne pas et demande à être abrogé. Des spéculateurs utilisent les failles du système pour en tirer profit sans que la communauté nationale n'en reçoive aucun avantage. Il faut corriger.

La question évolue dans la péninsule armoricaine à l'avenant de ce qui se passe dans toutes les régions de France. Donc fort peu. D'autant que si rejoindre Nantes relève de la loi de juin 1842, la liaison avec Rennes n'en fait pas partie. Pour celle-ci, c'est seulement une loi du 26 juillet 1844 qui préconise un trajet partant de Paris via Chartres et Laval, en opposition à un autre projet soutenu par les représentants des grandes villes du Calvados et de l'Orne qui soutiennent un tracé via Alençon et qui, le 13 décembre, sollicitent la solidarité de leurs confrères de Bretagne pour ce tracé ainsi que pour celui de Paris à Cherbourg, en échange d'un soutien sur l'urgence d'une liaison de Rennes à Brest [14].

---

11. BHL : Ms 2509.
12. *Bulletin des lois* du 11 juin 1842.
13. Baptiste Alexis Victor Legrand, X-1809 et ENPC, député de la Manche, est sous-secrétaire d'État depuis 1839, après avoir occupé plusieurs responsabilités majeures dans le domaine des Ponts et Chaussées. Il le restera jusqu'en 1847.
14. Lettre circulaire imprimée, adressée aux maires de Bretagne. CCI de Morlaix.

Nantes ! Rennes ! Et au-delà ? Le débat est en effet ouvert. Les spécificités propres à une géographie particulière de découpes et de reliefs nombreux, l'absence de très grandes villes en contrepartie d'une densité forte de petites cités, l'inexistence de grands centres industriels fédérateurs, ne facilitent pas les décisions sur le choix du tracé au-delà de l'une ou l'autre ville, ou des deux.

Conséquence ! La Bretagne, pays de contrastes, voit se développer quelques actions, et surtout, une floraison de projets et de suggestions publiques ou privées, parfois solides et parfois plus fragiles mais toujours contradictoires, et dont plusieurs continueront bien au-delà des mises en service des réseaux officiels. Tout le monde s'en mêle.

En juillet 1845, l'adjudication pour Tours-Nantes est autorisée. Elle est accordée, le 25 novembre, à un groupe piloté par William Mackensie qui a construit avec un de ses compatriotes, Thomas Brassey, la ligne de Paris à Rouen. C'est du sérieux, car le but final est, depuis le plan d'ensemble d'Alexis Legrand, de relier Nantes avec Strasbourg pour des raisons militaires évidentes.

En octobre 1845, un autre anglais, Charles Gurney[15], « rapporteur pour les journaux et traducteur de langues étrangères », affirmant s'exprimer au nom de « gentilshommes, administrateurs de nos chemins de fer », propose aux maires de Rennes et de Brest de les décharger de tout souci pour la construction d'une liaison entre leurs deux villes avec embranchements vers « L'Orient et Saint-Malo ».

Cette même année 1845 encore, Louis Le Hir, « docteur en droit, avocat à la Cour royale de Paris et rédacteur en chef des *Annales de la science et du droit commercial et maritime* », oubliant ses racines saint-politaines, recommande de passer par la Bretagne centrale pour arriver à un quai construit près de Port-Launay, sur l'embouchure de l'Aulne et à l'extrémité du canal de Nantes à Brest qui se construit, et d'où partirait une ligne régulière de vapeurs mettant le cap sur Brest à travers sa rade[16].

Et il y en a d'autres, beaucoup d'autres !

Pourquoi ne pas quitter directement Rennes en visant Saint-Brieuc ? Ne vaut-il pas mieux suivre le littoral sud à partir de Nantes ? Et telle variante ou telle autre qui emprunte à l'un et l'autre projet ! Rien de sérieux n'avance.

L'habitat dispersé accentue le dilemme qui, comme partout, est une source de conflits : comment implanter les stations en conciliant intérêts locaux et rentabilité d'ensemble. Tout notable, tout industriel, tout citoyen ayant un peu d'entregent se mobilise pour solliciter une ligne passant quasiment devant sa porte, celle de son entreprise, ou le péristyle de son hôtel de ville[17].

---

15. AM de Brest : 2 O 5.
16. BnF : VP – 9667, et CCI de Morlaix.
17. Le maire de Morlaix, Benjamin Frébourg, se battra jusqu'à la fin pour avoir sa gare, non pas à son emplacement actuel sur les hauteurs dominant la ville, mais au fond de la vallée, place du Marallac'h, sans souci de défigurer une partie du centre historique, et en ignorant délibérément la quasi-impossibilité de ressortir d'un tel cul-de-sac, profond de 50 mètres. Lors de la commission d'enquête publique en mars 1860, il fera venir spécialement de Brest un ingénieur civil pour examiner les projets. Il sera, heureusement, contré par le sous-préfet qui suggérera aux services de la préfecture que « cet ingénieur ne puisse pas contester les affirmations des ingénieurs de l'État ». AD du Finistère : 5 S 37.

Dans cet embrouillamini armoricain, un seul point reste constant : la ville cible ultime, le terminus prioritaire que personne ne met en cause, est Brest. La Commission parlementaire qui a suivi le projet de loi de 1844 l'a exprimé. L'intérêt stratégique d'accéder facilement et rapidement au plus grand port militaire de la côte Ouest est vu comme une évidence à une époque où le danger d'invasion paraît devoir venir tout autant de mer que de terre. Une notice, datée du 16 avril 1846, rédigée par un inspecteur divisionnaire adjoint des Ponts et Chaussées et patronnée, dit la page de titre, par « plusieurs Pairs de France, Députés, Délégués des villes, Propriétaires et Industriels des départements de la Bretagne, de la Normandie et de l'Ile de France », est illustrative de cet état d'esprit. Elle traite des tracés à travers la Normandie et le Perche, pour atteindre Rennes, Caen, Alençon, et explique que « Brest, en cas de guerre maritime, serait toujours abordable pour nos vaisseaux de toutes espèces, tandis que l'arrivée dans les ports de la Manche devient alors très difficile et très dangereuse ». Il est vrai que le rédacteur, Guillaume Robinot, espère peut-être que la prolongation au-delà de Rennes, dont il ne dit rien, se fasse plus tard via son département natal des Côtes-du-Nord [18].

Dans ses vœux pour l'année 1848 [19], le conseil général du Finistère insiste pour la continuation « jusque sous les murs de Brest » d'un tracé « partant de Rennes et Nantes, pour se réunir auprès de Josselin ».

Survient la chute de Louis-Philippe. Le bilan du règne qui s'éteint est médiocre : moins de 2 000 km sont en service dont, conformément à la loi de 1842, l'essentiel est implanté autour de la capitale d'où il est désormais possible de rejoindre Tours et Châteauroux au sud, Rouen et Le Havre vers l'ouest, ou Amiens, Neuchâtel, Lille, Valenciennes vers le nord ; et bien sûr Le Pecq, face à la colline de Saint-Germain-en-Laye, première ligne inaugurée en région parisienne en août 1837. Les progrès sont minces depuis cette fameuse voie de 1828 ! Et la Bretagne reste bien loin !

Pourtant, il faut encore attendre. Les événements de février sont suivis d'une année de désorganisation interne et commerciale des compagnies existantes. Quelques actes de vandalisme ont lieu en périphérie parisienne, comme à Nanterre, Chatou, Rueil, Saint-Germain-en-Laye, etc., mais vite réprimés ils ne sont pas le principal souci du gouvernement provisoire face à la crise économique qui rend prudents les détenteurs de capitaux. Cette révolution qu'ils ne comprennent pas ou dont ils se méfient les effraye. Plus encore, une équipe où se côtoient Lamartine, Ledru-Rollin, Garnier-Pagès, Marie, Arago, considère que les compagnies de chemin de fer, trop imprégnées de l'esprit aristocratique, ne doivent pas survivre à la monarchie. Ils lancent, dès le 17 mai, soit treize jours seulement après la séance d'ouverture de l'Assemblée, un projet de loi de rachat par l'État. Une telle initiative n'est pas faite pour rassurer les investisseurs, comme les frères Pereire, Charles Laffitte, James de Rothschild, et tous les autres. Des

18. AM de Landerneau : II O 3. Les soutiens de Guillaume Robinot, se font effectivement connaître, le 20 avril, dans une adresse au maire de Landerneau.
19. *Annuaire de Brest et du Finistère pour 1848.*

affrontements ont lieu au Comité des finances que préside Alexandre Gouin [20]. Certains craignent qu'une telle décision ne revienne à expulser les capitaux étrangers et faire émigrer les capitaux français. Le 13 juin, sont auditionnés les administrateurs des compagnies venus défendre leurs intérêts en direct. Malgré l'impossibilité évidente de réunir les 624 MF nécessaires à la nationalisation, malgré l'enterrement du projet par le général Cavaignac après les événements de juin, la confiance ne revient pas et l'année 1848 reste dans l'Histoire comme une année d'inefficacité pour le développement des voies ferrées en France avec 392 km livrés au service et 11 concédés.

Le représentant du peuple, François-Louis Soubigou, vit ces épisodes en direct à l'Assemblée. Il est présent lors des discours de Lamartine ou d'Arago. Le 10 juin, il vote l'allocation d'un crédit supplémentaire de 2 millions pour Tours-Nantes. Il constate la mise sous séquestre des compagnies les plus fragiles. Il voit les tentatives illusoires pour transformer les chômeurs parisiens en terrassiers sur les grands chantiers à l'abandon qui entourent la capitale, comme la tranchée de Clamart ou le chemin de fer de Sceaux à Orsay [21]. Il en constate l'échec. Manier pelles et pioches n'est pas chose aisée pour ces hommes qui étaient précédemment horlogers, menuisiers, tapissiers, ou autres métiers en atelier [22].

Il sait que les conditions climatiques seront souvent rudes sur ces chantiers loin de tout confort. Il n'ignore pas que dans beaucoup de régions de France, la pierre sera bien plus dure à percer et à transporter que le calcaire tendre des collines qui dominent les boucles de la Seine. Il comprend qu'à chacun son métier et qu'il faudra d'autres hommes que ceux-là pour construire les voies nouvelles. En même temps, percevant à quel point le développement de tout ce qui touche à cette industrie est une réponse à la question sociale que pose ce surcroît de main-d'œuvre disponible que l'agriculture ne peut absorber, il comprend les opportunités qui se dessinent pour ceux qui sauront employer utilement ces inactifs.

L'Assemblée Constituante disparue, la seconde période de la Deuxième République, celle de l'Assemblée Législative, ne comble malheureusement pas plus le retard que la première malgré le vote d'un budget de presque 70 MF et la bonne décision d'en focaliser l'attribution aux lignes prioritaires du plan Legrand, en particuliers celles reliant Paris aux frontières, belge et allemande [23].

Avec ce financement limité et des chantiers qui durent au mieux trois ans et souvent plus, difficile de combler les erreurs du passé surtout sur les axes pénalisés par les arbitrages comme Angers à Nantes ou Chartres à Rennes [24]. L'année 1849

20. CHAN: C/927. Alexandre Gouin, ingénieur de formation, X-1834, a aussi une réelle expérience financière, ayant travaillé dans la banque familiale.
21. Arrêté du gouvernement provisoire du 28 février 1848.
22. En mai 1841, sur Paris – Rouen, les industriels anglais titulaires de la concession ont choisi de faire venir, en sus des hommes recrutés localement, 2000 ouvriers étrangers ayant une expérience concrète, acquise sur de précédents chantiers.
23. De cette somme, 14 MF vont au trajet vers Strasbourg, 2,5 à celui de Tours à Nantes mais pour la partie Tours à Angers trop avancée pour être arrêtée, et 1 seul au Chartres à Rennes, ne permettant même pas de réaliser le tronçon jusqu'à La Loupe. Rapport Stourm du 19 février 1849. AAN: Impressions 892.
24. Sans compter que sur un axe comme celui d'Angers à Nantes, les découvertes archéologiques nombreuses, urnes, amphores, poteries, ont déjà ralenti la progression des travaux. *L'Écho de Morlaix* du 24 février 1849.

se termine avec un mieux de 367 km, mais un décalage croissant par rapport aux autres pays et aux besoins nationaux.

Puis vient l'année 1851. Une année presque faste pour la Bretagne.

Le 30 juin, concession est faite de la ligne « de Versailles à Rennes avec gares à Paris et Vaugirard » à des investisseurs britanniques. Emmené par un négociant londonien, Charles Samuel Stokes, le groupe est constitué de plusieurs autres négociants, d'un ingénieur, et d'un banquier de Birmingham, Charles Geach. Deux d'entre eux sont de plus membres de la Chambre des Communes. Le 8 novembre, ils font un premier versement de 5 MF de caution sur 12 prévus, et prennent possession de leurs premiers actifs. La Compagnie de l'Ouest, première version, est née, naissance officialisée bientôt par décret [25].

Le 17 août, les travaux au-delà de Tours s'étant heureusement poursuivis malgré la confusion de la période écoulée, Nantes inaugure sa gare et devient la première ville bretonne à accéder au chemin de fer.

Heureusement, le changement de régime du 2 décembre suivant inaugure une période de réelle extension fondée sur la constitution de grands réseaux. Le nouveau pouvoir, peu porté à tenir compte de l'avis des Chambres, change de méthode en privilégiant les prises de décision par décrets plutôt que par voie législative. Le centre de discussion et de décision devient le Conseil d'État. Surtout, le gouvernement impérial ayant pris conscience que les trop nombreuses compagnies créées de-ci, de-là n'atteignent pas toutes la taille critique leur permettant d'investir rentablement et de mener un développement cohérent, prend des dispositions pour que des fusions se fassent au profit de structures opérant sur des bases géographiques plus larges. La diminution de leur nombre est drastique. Sur cinquante-neuf compagnies créées entre 1823 et 1855, vingt-quatre, dont seulement six pour les lignes d'intérêt générales, subsistent en juin 1855 [26].

Ajouté à l'extension à 99 ans de la durée des concessions, le résultat en est un renforcement de leurs capacités financières, techniques, commerciales, et l'amélioration du service sur grande distance pour les voyageurs comme pour les marchandises.

Zizanies bretonnes

En Bretagne, les discussions et les débats continuent. Les enjeux sont clairs ! D'un côté, une nouvelle Compagnie du Paris-Orléans qui a absorbé la Compagnie de Tours à Nantes. De l'autre, la Compagnie de l'Ouest qui travaille activement sur ses chantiers vers Nogent le Rotrou, vers Le Mans, vers Laval, et progresse vers Rennes [27]. Ces concessions, faites à deux compagnies strictement concurrentes, maintiennent ouvertes deux portes d'entrée possibles pour les pénétrantes vers l'Ouest, attisant les haines et les envies suivant que l'intervenant est situé sur le littoral nord ou sur celui du sud et privilégie le départ de l'une ou l'autre ville.

---

25. *Bulletin des lois, supplément numéro 229*. Décret signé le 27 janvier 1852.
26. Adolphe Joanne, *Atlas historique et statistique des chemins de fer français* (1859). D'après Alfred Picard, il n'y en eut jamais plus que 25 actives simultanément. Les six grandes restantes sont : Nord, Est, PLM, Ouest, P.-O., Midi.
27. La liaison avec Rennes sera ouverte à la circulation le 15 avril 1857.

Alors que n'est pas démontrée la rentabilité financière du prolongement quel qu'il soit, la recette brute étant espérée à 15 400 F par kilomètre contre 20 000 F en Normandie, chiffre déjà considéré comme à peine acceptable. Mais, vu des Tuileries, ceci permet de contrer les volontés expansionnistes du P.-O. dont les dirigeants sont des opposants orléanistes notoires.

Au mois de novembre 1852, le maire de Morlaix, Benjamin Frébourg, sollicite l'aide de son collègue brestois, Hyacinthe-Martin Bizet, pour bloquer un projet de tracé Rennes-Brest qui se dessine via la Bretagne centrale, et, rédiger un mémoire commun défendant les intérêts d'une voie longeant les côtes nord[28].

L'année suivante, un maire concurrent, celui de Vannes, François Marie Jollivet-Castelot, soumet à « Son Excellence, Monsieur le Ministre des Travaux Publics » un autre dossier pour défendre un trajet partant de Redon pour suivre le littoral sud afin d'éviter le tracé central où « de Rennes à Napoléonville, on n'aperçoit que des landes sans fin », avec, perdue dans cet espace, « Loudéac, une ville de chaume[29] ».

Courant 1853, l'ingénieur en chef du Finistère, analyse les options et semble pousser une solution nord et une solution sud, tout en restant prudent face à son Ministre car « l'idée qui se présente naturellement est de diriger une ligne centrale vers Napoléonville dont le nom seul indique l'importance et les droits de desservir ainsi le centre de la province à égale distance à peu près de la Manche et de l'Océan qui offrent au littoral des voies de communication d'un autre genre[30] ».

En septembre 1854, le baron et ingénieur de la marine, Antoine Menu de Ménil, membre du conseil municipal de Brest, publie sa propre brochure défendant un trajet central à deux voies de Rennes à Brest, passant par Gaël, Napoléonville, Carhaix, Landivisiau, Landerneau. S'y ajouteraient des embranchements à voie unique vers Morlaix via Le Huelgoat, Saint-Brieuc suivant un tracé à définir, Lorient via Languidic et Hennebont, Redon via Ploërmel. Ses arguments : « Dans un pays comme la Bretagne où tant de richesses sont encore inexploitées, un chemin de fer doit créer de nouvelles sources de prospérité, ouvrir de nouveaux débouchés aux localités qui en sont dépourvues[31]. »

Enfin, le 20 novembre 1854, l'ingénieur en chef des Ponts et Chaussées faisant récapitulation des toutes les variantes possibles préconise un tracé de Rennes à Brest via Saint-Brieuc et Morlaix, un autre de Rennes à Lorient via Redon avec raccordement entre cette ville et Nantes, un embranchement de Rennes à Saint-Malo, et une transversale reliant les lignes nord et sud entre elles en passant par Napoléonville qu'aucun projet désireux d'être approuvé ne peut délaisser dans le contexte politique du Second Empire.

---

28. « Par décret de Napoléon le Grand, empereur et père chéri des Français, roi d'Italie, toujours vainqueur de l'Europe coalisée, fut fondée cette ville que les cœurs reconnaissans [*sic*] des citoyens ont nommée Napoléonville... ». Affiche citée par *Le Monde* du 29 octobre 2004. La ville a repris son nom de Pontivy en 1870.
29. BnF : VP 27727. Le maire de Vannes s'appuie lui aussi sur sa position de conseiller général et de député du Morbihan.
30. ENPC : Ms 2833.
31. BnF : VP 27727.

Des conventions sont préparées et soumises au Corps législatif. La commission parlementaire ad hoc ajoute quelques amendements. La loi est votée sans discussion, et devient effective le 2 mai 1855. La Compagnie de l'Ouest obtient Paris-Brest[32]. Le P.-O. se voit mandaté pour un Nantes-Châteaulin, prolongé par une liaison maritime, à défaut d'aller jusqu'à Brest.

Tous ces travaux peuvent commencer.

Enfin, la Bretagne

Côté nord, deux sections de voie sont approuvées entre Rennes et Moncontour, fin 1856. L'année suivante, les travaux sont activés sur les 45 premiers kilomètres, le temps pour le conseil des Ponts et Chaussées d'arbitrer sur le tronçon suivant pour un tracé plus proche des côtes de la Manche, longeant la route impériale 12, délaissant Moncontour pour traverser Lamballe, et remontant de Quintin et Bourbriac sur Saint-Brieuc et Guingamp en acceptant quelques ouvrages d'art supplémentaires. Le chemin de fer se rapproche de Brest et de la zone d'intervention des entrepreneurs de Plounéventer. La prochaine tranche de chantiers sera bientôt à leur portée. Sur la côte atlantique, la ligne nouvelle se sépare à Savenay, au-delà de Nantes, du prolongement vers Saint-Nazaire en cours de construction et pénètre en Morbihan après Redon. Questembert, où ils interviennent est à une trentaine de kilomètres plus à l'ouest.

Malheureusement, fin 1857, une crise financière met en danger la solidité de l'ensemble des entreprises concessionnaires.

Pour sortir de la situation et pressé par leurs dirigeants, le gouvernement imagine et met en place, par une loi du 11 juin 1859, un système de soutien différentiel entre les réseaux existants déjà prospères et les nouveaux réseaux nécessitant plus de garanties de l'État et de soutien de la part des compagnies elles-mêmes. Ceux qui sont classés « anciens réseaux » doivent rémunérer leurs porteurs d'actions et d'obligations sur des bases préétablies, et, contribuer de 1 % au taux de garantie offert par le gouvernement sur les intérêts et les amortissements des emprunts contractés pour les « nouveaux réseaux ». En retour, à partir de 1872, l'État devra bénéficier d'un partage des bénéfices de ces sociétés devenues rentables, ou espérées l'être[33].

Sur cette base, des conventions sont signées avec les grandes compagnies et les activités reprennent, dont celles de la Compagnie de l'Ouest. Ses chantiers sur Rennes-Brest, appartenant au nouveau réseau, bénéficient des financements afférents. Acquisitions des derniers terrains, appels d'offres aux entrepreneurs,

---

32. Quelques semaines plus tôt, le 10 avril, un décret impérial a approuvé la fusion des compagnies disposant de concessions sur le quadrilatère Dieppe-Paris-Rennes-Brest, et la constitution d'une nouvelle société, la Compagnie des chemins de fer de l'Ouest, dont les statuts seront approuvés le 16 juin. Cette fusion se fait sans douleur entre réseaux assurant déjà entre eux une coopération technique étroite. Par contre, avec les voies à construire sur la Normandie, la dépense totale prévue est de 161 MF pour une société déjà endettée à hauteur de 203 MF. C'est beaucoup. AD du Calvados : S 13191.

33. Grâce à cette décision, les voies d'intérêt général passeront, fin 1863, le cap des 10 000 km en exploitation sur un peu plus de 20 000 inscrits au plan. En regard État et Compagnies auront dépensé six milliards de francs.

améliorations des études de détail, tout peut aller de l'avant[34]. De même pour son concurrent, le P.-O.

Les ingénieurs des Ponts et Chaussées en deviennent euphoriques. Le 23 juillet 1860, celui des Côtes-du-Nord, Jules Fessard, confirmant aux hommes de Plounéventer leur succès sur le lot numéro 7 de la partie de la voie traversant son département, leur écrit en des termes qui feraient rêver n'importe quel soumissionnaire aujourd'hui encore: « J'ai eu l'honneur de vous faire savoir verbalement que des crédits en quelque sorte illimités sont affectés à notre section[35]. »

Ce lot, 14357 mètres sur les communes de Saint-Agathon et de Ploumagoar, depuis la rivière du Leff près de Châtelaudren jusqu'à celle du Trieux avant Guingamp, n'est pas le seul succès des Juloded sur la ligne. Dans le Finistère ce sont trois « ateliers » qu'ils décrochent: le 7 septembre, celui de Pleyber-Christ, et le 23 novembre, ceux de Plouégat-Moysan et de Landerneau, échouant d'un point à La Roche-Maurice.

Cinquante pour cent de réussite, puisqu'en fait ils ont soumissionné sur huit chantiers au total, qui montrent une réelle ambition de conquêtes et une capacité financière évidente[36].

Connaissant leurs limites, ils n'ont pas soumissionné pour le monumental viaduc de Morlaix, le chef-d'œuvre de l'ingénieur Victor Fénoux, plus de deux cents mètres de maçonnerie à 54 mètres au-dessus de la ria et de la ville[37]. Trop nouveau, trop technique, trop risqué. Leur prudence est très partagée, puisque le seul homme qui dépose officiellement une soumission, Étienne Perrichon, l'assortit de beaucoup de précautions en demandant et obtenant 14 % au-dessus du prix de référence, soit 2,491 MF[38].

Le principe des adjudications est très simple. L'Administration fixe un prix de référence global, calculé avec la connaissance qu'elle s'est donnée des caractéristiques et des difficultés du lot à travers des études exploratoires, complétées si nécessaire par des sondages. Un second montant, dit « à-valoir », est simultanément budgété pour couvrir les aléas d'une opération qui va s'étendre sur deux ou trois ans et peut réserver des surprises. Date de dépôt des offres et prix du devis sont publiés par voie d'affiches. Les soumissionnaires se positionnent en proposant un rabais, voire une majoration, applicable sur le prix principal et l'à-valoir. Dans tous les cas, le moins disant l'emporte[39].

---

34. Les terrains sont acquis pour deux voies, mais une seule est posée au départ, sauf entre Saint-Brieuc et Guingamp où une décision ministérielle du 25 février 1864 impose, très vite, une seconde voie. La déclaration d'utilité publique pour deux voies de bout en bout entre Rennes et Brest viendra en juin 1897. AD des Côtes-d'Armor: 33 S 4.

35. AD des Côtes-d'Armor: 33 S 4-19. Jules Fessard travaille sous l'autorité distante d'Eugène Caillaux, futur ministre des Travaux publics. CHAN: F/14/2184.

36. Les chantiers non obtenus sont ceux du Jaudy dans les Côtes-du-Nord, ceux de Plouigneau, La Roche-Maurice, Landivisiau, dans le Finistère.

37. Alexandre Victor Joseph Marie Fénoux, né à Boulogne le 5 février 1831, X 1851, P & C 1853. Plus tard, il construira les phares en mer des Pierres Noires, du Four, et commencera la construction de celui d'Armen, avant de devenir ingénieur en chef et responsable des Ponts et Chaussées du Finistère.

38. Devant cette seule soumission, l'administration ne peut statuer. Elle déclare l'appel d'offres non concluant, et refait sa consultation au prix exact demandé par Étienne Perrichon. Celui-ci maintient son offre à l'identique. Trois hommes venus de Tours, proposent + 1 %. Il y a concurrence et les apparences sont sauves. Le ministre peut signer pour le moins disant.

39. La majoration gagnante du viaduc de Morlaix est exceptionnelle.

Sur le chantier numéro 7, les associés proposent un rabais de 5 % sur l'estimation initiale fixée à un peu plus de 1,7 MF. C'est très faible. Les concurrents sont à - 1 % pour le plus timoré, et - 4 % pour les deux autres, sur un projet qui paraît techniquement assez simple : une grande ligne droite, des ouvrages d'art en nombre limité dont les plus complexes sont des viaducs ne dépassant pas 16 mètres d'ouverture et pour la plupart à tablier métallique, seul le cubage de déblai/remblai est important, dépassant très légèrement les 390 000 mètres cubes.

Tant de prudence sur les prix laisse entendre qu'il y a, chez tous les soumissionnaires, quelques suspicions sur la qualité des données fournies par l'ingénieur des Ponts et Chaussées. L'autre possibilité est une entente entre eux. Ne dit-on pas qu'ils se mettent d'accord au préalable pour laisser passer en tête celui qui est le mieux placé, à charge pour lui de répartir les sous-traitances entre ses confrères[40] ! La prudence est l'hypothèse la plus vraisemblable compte tenu des difficultés qui apparaîtront. Mais elle n'exclut pas un accord occulte aux fins de minimiser la remise et donc le risque.

Les affaires finistériennes sont plus dures à obtenir. La concurrence est plus ouverte. En janvier 1860, sur le lot de Landivisiau, ils sont trop prudents avec une offre à - 9 %, quatre autres les précèdent en ayant tiré à - 10 %. Pour être adjudicataires de Pleyber-Christ il faut lâcher 14 %, à Landerneau quatre points de plus, quant au troisième, Plouégat-Moysan, c'est le pire avec 19 %. A contrario, la proximité géographique et la connaissance des lieux minimisent les aléas, et peut-être certaines dépenses annexes.

Avec un total de 42,8 km, ce sont ainsi 17,2 % de la longueur de la ligne de Rennes à Brest qui sont confiés aux Prigent, Quéinnec, Soubigou !

Auxquels il faut ajouter, en quelque sorte dans la continuité, l'adjudication que Jean Prigent obtient en octobre 1863, du grand tunnel que la Marine fait passer sous le château de Brest pour prolonger, jusqu'à ses quais de la Penfeld, le raccordement qui se construit du port de commerce à la ligne Paris-Brest. Une interconnexion essentielle pour faciliter l'approvisionnement en charbon de la flotte de l'Atlantique stationnée dans le port militaire. Un chantier techniquement simple, mais où peinent les ouvriers mineurs qui avancent péniblement de 10 centimètres par jour. Emporté à - 7 % contre deux concurrents à + 11 % et + 23 %, il rapportera, en trois ans, 722 000 F de chiffre d'affaires[41].

Alors question !

---

40. Dans le Fonds Ancien de l'ENPC, un manuscrit non signé, Ms 2008, vraisemblablement écrit au tout début du XIXe siècle avant les premiers chantiers de voies ferrées, décrit les usages. Il explique, exemple de l'Aveyron à l'appui, que : « lorsqu'une adjudication doit avoir lieu, les entrepreneurs arrivent tous, qu'ils se réunissent ordinairement à table, et que là, ils détruisent complètement le système d'adjudication au rabais. En effet, il est à peu près toujours convenu après le festin que tel ou tel fera adjudication et qu'on ne le gênera pas ; et pour cela, il paye au moins les frais de voyage de ses complices. »

41. L'adjudication porte, au départ, sur deux tunnels, l'un de 113 m, le second de 31,41 m reliés entre eux par une profonde tranchée de 178 m. Le cahier des charges chiffre à 119 000 m^3 le volume estimé des déblais, dont plus du tiers à faire en levage vertical à plus de 13 mètres de hauteur. En cours des travaux, la décision d'élargir le quai en arasant une masse rocheuse, supprimera le petit tunnel et augmentera le volume de déblais de 20 000 m^3 et le prix de 50 000 F. ADM : DD^2 939. À noter que ce sont eux aussi qui construisent les 1,18 km permettant l'accès routier du port de Morlaix à la gare, petit projet adjugé à 32 300 F.

Comment des hommes issus d'un village quasi inconnu de la Bretagne bretonnante profonde, en sont-ils venus à participer à ces chantiers ? Sur quelle crédibilité technique et financière se sont-ils appuyés pour convaincre les ingénieurs de l'Etat de les laisser soumissionner sur des opérations mobilisant des milliers d'hommes dans des conditions de délais tendues ? Comment ont-ils pu passer devant leurs concurrents, que ceux-ci aient été complices ou non, alors que ceux-ci ont, parfois, été directement sollicités par l'Administration [42] ? Qui sont-ils vraiment ?

Oser, créer, entreprendre

Pour comprendre le succès commercial puis technique de l'entreprise de Plounéventer, il faut tenir compte de ce que, parmi ceux qui sont présents en gare de Brest ce 25 avril 1865, un homme manque à l'appel. Ce n'est pas le moindre. Il s'agit d'Yves Prigent, le père de la première épouse de François-Louis Soubigou, le Julod de la seconde coupe.

Gravement malade depuis début 1861, il est décédé le mardi 3 mars 1863, deux ans trop tôt pour voir l'aboutissement de l'entreprise dont il a été le fondateur. Les premières opérations qui ont construit la réputation de l'entreprise commune et ont permis de se doter du savoir-faire et des qualités indispensables pour décrocher ces différents contrats, n'auraient jamais existé sans lui.

Tout a démarré pour lui, et donc pour eux tous, le 21 mai 1836. Ce jour-là, le gouvernement prend des mesures pour débloquer la situation défavorable des voies de communication en France, et plus spécialement de la voirie communale. Parmi ces mesures, il y a la mise en place d'agents voyers pour diriger la création et le fonctionnement de véritables services vicinaux départementaux. Cette décision est rapidement appliquée en Finistère, et le conseiller général Jean-Marie Soubigou en fait évidemment part à son maire à son retour de Quimper. Celui-ci rapprochant cette création de poste et l'état des voies et des chemins qu'il connaît d'expérience, va comprendre qu'une opportunité est à saisir, et que la récurrence des contrats de travaux publics est garantie pour plusieurs années. Et dès 1837, à trente-cinq ans, il se lance dans le métier d'entrepreneur de travaux publics. L'acte est courageux, précurseur, fait à bon escient. Il relève, qui plus est, d'une logique partagée avec d'autres hommes de sa caste comme Jean-Louis Soubigou, le fils aîné de Jean-Marie qui estime qu'un agriculteur, même propriétaire, ne peut vivre correctement qu'en adjoignant une industrie à son activité de base [43].

Pour agir, il lui faut des hommes vigoureux et durs au travail, capables de manier pelles et pioches par tous les temps, de pousser de lourdes brouettes chargées de terre ou de moellons sur tous les terrains. Des hommes qui sont en nombre dans les campagnes alentour, habitués à se casser le dos aux travaux de la terre, et qui ne demandent pas mieux que de s'employer pour faire vivre leurs familles. En leur affectant quelques puissants chevaux et de solides tombereaux,

42. En décembre 1859, au moment de l'appel d'offres pour Landivisiau, l'ingénieur en chef diffuse deux cents affiches, et donne au préfet les adresses de quatorze entrepreneurs, extérieurs au département, « qu'il me parait utile de prévenir ».

43. *Bulletin de la Société d'agriculture de Morlaix* (1865).

l'équipe est vite prête. Pour l'entrepreneur lui-même, les besoins en trésorerie sont, pour l'instant, limités en durée et en montant.

Il commence modestement et prudemment. Un contrat de 2 500 F pour empierrer un chemin ordinaire dans une commune proche de Plounéventer. L'année suivante, il réitère avec une opération de même grandeur, 3 000 F, sur un chemin vicinal, toujours dans le voisinage immédiat.

Après cette courte période quasi expérimentale, le nouvel entrepreneur vise certainement plus haut puisqu'il estime nécessaire, malgré ce résultat limité, de prendre un, puis deux associés.

Il ne choisit pas n'importe qui. Les nouveaux venus sont de sa caste, et n'arrivent pas les mains vides. Âgé de 56 ans, Yves Quéinnec est un homme mûr, fils de Jacques Quéinnec, ancien conventionnel et député aux Cinq-Cents. Expert au cadastre, il apporte une connaissance des usages administratifs. Avec l'arrivée de son frère François qui les rejoint un an plus tard, en 1839, ces cultivateurs aisés deviennent aptes à encadrer sur le terrain, avec l'aide de leurs fils, une troupe nombreuse d'ouvriers agricoles devenus tâcherons. Ils peuvent maintenant s'écarter de plusieurs lieues du bourg d'origine. Dès 1840, ils emportent un beau chantier de 150 000 F pour la rectification de la route royale 12 entre Landivisiau et Landerneau. Ils retravaillent sur cette route, près de Saint-Thégonnec entre 1844 et 1847, et descendent dans le sud du département, à Saint-Goazec, à Plouhinec, près d'Audierne. C'est dans cette période que François-Louis Soubigou rejoint, lui aussi, l'équipe.

Le décès d'Yves Quéinnec en 1845 et son remplacement par Jacques, son fils aîné, ne modifient pas la volonté de ceux qui restent de développer une organisation qu'ils jugent satisfaisante. Les années suivantes, 1846 et 1847, ils interviennent pour le compte de la Société Linière de Landerneau qui vient de se créer. Un beau contrat de 250 000 F, perturbé par quelques retards dans l'exécution. Puis c'est encore la royale 12, cette fois-ci dans les Côtes-du-Nord autour de Belle-Isle-en-Terre, où son trajet est particulièrement difficultueux. Ils continuent avec deux chantiers dans la partie morbihannaise de la royale 169, devenue entre temps nationale 169. Contrat après contrat, le chiffre d'affaires cumulé dépasse le million de francs, fin 1850. En excluant les années de lancement, ceci donne une moyenne annuelle de cent à cent cinquante mille francs qui signifie que l'entreprise existe, qu'elle a son marché, mais ni plus ni moins qu'une autre. Pour continuer à croître, il lui faut changer de dimension [44].

Et comme il faut pouvoir mobiliser des hommes fiables, Gabriel, fils de François Quéinnec, et Jean-Pierre Soubigou, le benjamin de la famille, viennent compléter le groupe déjà constitué. Ils ne sont pas trop nombreux puisque entre 1837 et 1859, ce sont 4 000 km de routes et chemins qu'ils réalisent ici et là en Bretagne.

Avec ce type d'opérations, l'entreprise se développe, mais reste cantonnée sur son savoir-faire d'origine. Il s'agit toujours de réparer, rectifier, élargir, améliorer, transformer des chaussées où la part de travail de terrassement est prépondé-

44. Audierne leur rapporte 160 000 F, Belle-Isle en terre 170 000 F, le Morbihan 180 000 F. La R 169 a été depuis déclassée en route départementale D 169. Celle où ils sont intervenus près d'Audierne est devenue D 165.

rante, et que toute entreprise sachant employer et diriger des tâcherons peut revendiquer. Pour croître encore et dégager de bonnes marges, il faut aller sur de nouveaux segments de marché tout en préservant les acquis, rechercher des chantiers à bonne valeur ajoutée où la concurrence sera plus restreinte, démarcher de nouveaux clients. Mais lesquels sont possibles, lesquels sont intéressants ?

Bien sûr, localement, il y a les travaux portuaires. Affaires un peu plus risquées, elles peuvent, quand tout se passe à peu près bien, être financièrement profitables. Peu de confrères s'y lancent ou ont le savoir-faire technique nécessaire. Mais ces bonnes affaires sont rares. Malgré les demandes répétitives des communes et du conseil général, la maturation des décisions dans les instances parisiennes est lente et les budgets attribués très serrés. Ils s'y essayent néanmoins comme, en avril 1859 au port de Daoulas, pour un tronçon de 60 mètres de quai et une cale d'embarquement. Mais même avec trois concurrents seulement, l'affaire leur échappe. À - 6 % sur un budget de 8 500 F, Yves Prigent est trop prudent face à un adversaire à - 12 %[45].

Pour conserver de la croissance, il faut aller là où le marché se développe le plus, sur des secteurs où les investisseurs mettent de l'argent, dans des spécialités où tous les concurrents ne peuvent aller par manque de moyens financiers ou techniques. Et là, avoir pris comme associé son beau-fils se révèle un excellent choix de la part d'Yves Prigent. En l'appelant auprès de lui, c'est de toute la catégorie la plus aisée de la caste dont il peut avec certitude disposer durablement. Des moyens financiers importants sont maintenant mobilisables pour des projets ambitieux.

Encore faut-il choisir lesquels ?

Si François-Louis Soubigou va, au moins à cette période-là, sur le terrain comme les autres, son apport réel est d'un autre ordre. Tous se rappellent les longs mois qui furent nécessaires en 1846 pour que les importations de céréales traversent le pays et atteignent tous les villages. Tous se souviennent ce que signifie exporter des produits vers des pays lointains comme leurs aïeux l'ont fait pour leurs toiles de lin via le port de Morlaix. Mais lui seul a vécu cette expérience inattendue de représentant du peuple, sur la place de Paris. Lui seul a été à même, dans les débats de l'Assemblée, dans les groupes de travail, à travers les rumeurs de couloir sur les sujets d'actualité, pendant les discussions avec ses collègues bretons ou autres, de se forger une vision marketing du monde à venir des communications terrestres et de leurs défis. Il a pu mesurer l'enjeu économique et humain que représente le désenclavement de la Bretagne, se souvenant de ses pénibles chevauchées d'adolescent vers le collège par des chemins impraticables. Il a lu Hugues Querret, a dialogué avec lui et compris la nécessité de pouvoir importer semences nouvelles, engrais, machines modernes, qui manquent tant pour passer à une agriculture bretonne productive et exportatrice. Il a appris que pour réussir ce défi il faut pouvoir transporter sur longues distances, à bas prix, avec exactitude, et que seul le train peut le permettre en ce milieu du XIXe siècle.

45. CHAN : F/14/7230.

S'il n'a pas participé aux commissions des travaux publics ou du budget de l'Assemblée, il a pu s'instruire en détail sur l'organisation générale existant dans le monde des entreprises ferroviaires pour lequel la capitale est le point de rencontre obligé. Il est revenu avec un carnet d'adresses professionnellement utile. Enfin, il en a, certainement, conclu que les bonnes affaires vont toujours aux titulaires des contrats de premier rang et non pas aux petits sous-traitants anonymes pressurés par l'empilement des remises consenties par une pyramide de donneurs d'ordre.

Cette dernière idée de jouer dans la cour des grands sur un marché en extension ne peut déplaire à Yves Prigent et aux autres Juloded. Être parmi les premiers sur les chantiers comme ils le sont au pays de Léon les séduit. Alors quand les appels d'offres sont publiés pour la construction de la voie ferrée en Bretagne nord, ils sont tous d'accord pour concourir. Pas une signature ne manque sur les papiers, pas un d'entre eux ne se défausse de sa participation. Et leur entreprise franchit un cap.

Elle grandit, bien sûr, du fait d'avoir gagné un ensemble de quatre projets, dont trois sur les dix de leur département. La remarque pourrait être de dire qu'ils ne font que marquer leur territoire. Mais c'est plus que cela. Avec ces chantiers d'un nouveau type, ils changent de segment de marché et entrent dans le club plus fermé des entrepreneurs de travaux publics aptes à mener simultanément plusieurs projets de voies ferrées, pesant autour de 1 MF chacun. Et plus encore, avec n'importe lequel de chacun des contrats ils réalisent le chiffre d'affaire cumulé des dix premières années d'existence de leur entreprise.

Tous les entrepreneurs, amis et concurrents, ne sautent pas le pas pour monter en puissance sur ces nouvelles affaires qui nécessitent plus de soins et font prendre plus de risques. Sur les appels d'offres des chantiers routiers, traditionnels dans la profession, c'est usuellement la foire d'empoigne. En mars 1860, la construction de la rue d'accès de la gare de Morlaix vers le centre ville, devenue depuis la rue Gambetta, attise la convoitise de vingt-deux entrepreneurs, parmi lesquels avec 20 % de rabais Gabriel Quéinnec se classe seulement neuvième derrière le gagnant qui tire à - 23 %. Sur les marchés de chemin de fer les postulants sont trois fois moins nombreux.

Et ceci s'explique. Pour les voies ferrées, le respect des pentes ou du rayon des courbes, la volumétrie imposante des terres à creuser et déplacer, la nécessité de traverser de part en part des zones de rocher que la route préfère contourner, sont des opérations plus difficiles que l'aménagement des routes impériales, l'élargissement des chemins vicinaux, ou la voirie urbaine comme ci-dessus à Morlaix. Il faut adapter ses méthodes et ses moyens. Tous ne peuvent ou ne savent le faire. Il faut apprendre et il faut oser.

Et les Juloded apprennent et osent. Faisant le point en cette fin d'année 1860, ils peuvent constater qu'ils ont engrangé pour 4,6 MF de commandes fermes de plates-formes de chemin de fer. De plus gros contrats, plus de valeur ajoutée, moins de concurrence, un chiffre d'affaire en nette croissance, ils ont bien donné un positionnement nouveau et volontariste à leur entreprise dans un secteur qui laisse espérer un meilleur profit.

Savoir miser

En contrepartie les risques encourus pour l'entreprise et ses dirigeants sont lourds, vu les flux financiers mis en jeu ! Des flux qui commencent, dès l'attribution des lots, par une sortie importante de fonds puisque l'Administration, qui prend ses précautions sur la solvabilité des intervenants, exige le versement immédiat d'une caution.

Pour celle-ci et entre toutes les adjudications réussies pour la Compagnie de l'Ouest, c'est 156 000 F qu'ils ont sortis. Une très belle somme ! Un argent provenant de quelques liquidités disponibles, mais pas en totalité. Une lettre d'Yves Prigent et François-Louis Soubigou au préfet du Finistère, datée du 7 décembre 1860, authentifie que les 70 000 F de caution de Landerneau ont fait l'objet d'un emprunt et qu'ils payent « par jour, des intérêts assez considérables ». La facture est d'autant plus lourde qu'eux-mêmes n'ont pas demandé de cautions à leurs sous-traitants, partant du principe que, partageant avec eux le même banquier, doté d'un surprenant sens de la discrétion, ils sont informés en permanence de la solidité financière de ces partenaires [46].

Il faut donc libérer ces fonds immobilisés sans utilité opérationnelle le plus vite possible. Dès janvier 1861, ils les remplacent « par un cautionnement en immeubles », c'est-à-dire qu'ils hypothèquent. Yves Prigent en tête, qui engage sur le lot numéro 7 une métairie de 25 hectares. Gabriel Quéinnec apporte une ferme estimée à 40 000 F. François-Louis Soubigou contribue, pour sa part, avec une petite exploitation qui vaut 6 000 F. Pour Plouégat-Moysan, Yves met en balance son propre domicile du bourg de Plounéventer et les 30 hectares qui l'entourent. À Pleyber-Christ, c'est Jacques Quéinnec qui assume la caution avec l'apport de son exploitation personnelle, soit 25 hectares. À l'atelier de Landerneau, enfin, ce sont les 45 hectares de la propriété familiale, Kergréguen, que les frères Soubigou, Joseph et Jean-Pierre solidaires, mettent dans la balance. Au total, six exploitations avec environ 160 hectares pour compenser le cautionnement initial et récupérer la disponibilité des fonds correspondants !

Supérieure à la somme libérée, la valeur déclarée des biens approche les 200 000 F. La cause en est la règle de l'administration qui impose la séparation contractuelle des ateliers. Conséquence, chaque propriété ne sert qu'une fois même si sa valeur pourrait couvrir plus que cette mise. Les intervenants peuvent avoir quelques frissons. S'il y avait saisie, ce serait la vente forcée de leur logement, la disparition d'une source de revenus, une perte nette, voire la ruine [47].

Ensuite, une fois la question de la caution réglée, il faut s'équiper en matériel, en outils, acquérir des wagons adaptés au chargement et déchargement des déblais avec les chevaux nécessaires pour les tracter et les rails pour les faire rouler, des baraquements pour loger les hommes, des cantines avec remises et celliers pour les nourrir, etc. Or ainsi que l'écrit l'ingénieur en chef le

46. Information fournie, tout à fait officiellement, par Jean-Pierre Soubigou dans le rapport d'expertise qu'il fera en 1875. AD du Finistère : 5 S 45. Ils n'ont certainement pas plus pratiqué le crédit commercial, c'est-à-dire celui fait sur les fournisseurs, méthode alors peu courante et qui aurait entaché leur image et affaibli leur crédibilité dans un milieu professionnel où tous se connaissaient et se surveillaient.

47. En sachant que d'autres chantiers sont par ailleurs activés, qui nécessitent d'autres apports de fonds.

15 septembre 1861, « le remboursement du matériel de wagonnage pour les terrassements n'a lieu qu'à mesure de l'avancement des travaux et n'est complet qu'après leur achèvement[48] ».

Enfin, une fois démarrés, les chantiers vivent, avec des sorties et des entrées de fonds qui, si tout se passe comme prévu, doivent s'équilibrer favorablement.

Les entrées sont déclenchées par payements d'acomptes mensuels, généralement préprogrammés, par l'Administration. Sur un état daté du 16 juillet 1861, celle-ci identifie leur avoir ainsi réglé 397 648 F depuis le début des chantiers dans le Finistère, dix-huit mois plus tôt. À ceci s'ajoute, épisodiquement, une facture additionnelle liée à des travaux complémentaires traités de gré à gré par les ingénieurs de l'État, grâce à l'enveloppe des à-valoir. Tout ceci est bien rodé, hormis que le client travaillant par budgets votés annuellement ne suit pas nécessairement si l'entrepreneur prend de l'avance, et que c'est donc à ses frais et au prix du marché de l'argent que celui-ci doit gérer son découvert de trésorerie en attendant ces mensualités planifiées.

Les dépenses de fonctionnement sont celles de tout chantier, avec en plus la contingence nécessaire de l'éloignement des lieux d'habitation et de commerce. Éloignement nécessaire, mais aussi voulu pour éviter autant que faire se peut les tensions avec les populations locales qui acceptent mal les prérogatives des hommes des chemins de fer[49]. Les fournitures sont diverses, explosifs, fourrages pour les chevaux, viande et pommes de terre ou choux pour les hommes, et l'incontournable « gwin ru », ce rude vin rouge trop populaire. Mais l'essentiel de la dépense, c'est la paye, directement proportionnelle au nombre d'ouvriers et de spécialistes employés. Et ils sont nombreux.

L'ingénieur des Ponts et Chaussées en dénombre plus de 6 000 sur les 82 km qui séparent l'entrée dans le Finistère de la gare de Brest. En faisant abstraction des 900 hommes mobilisés pour le seul viaduc de Morlaix, et, si une règle de trois est juste, les Juloded ont entre 2 400 et 2 600 ouvriers sous leurs ordres entre les quatre ateliers où leurs fils et cousins font office de chefs de chantiers. Le décaissement dépasse les 5 000 à 6 000 F par jour décompté.

Travailler, toujours travailler

Quand ils le peuvent, ils se réservent d'employer directement les spécialistes que sont les tailleurs de pierres, les menuisiers, les charrons, les charretiers, les mineurs, tous ceux dont la performance individuelle est sur le chemin critique du projet, d'autant que, comparativement moins nombreux, leur répartition entre les chantiers doit être optimisée[50].

48. Rapport tendant à obtenir la réduction des retenues pour garantie sur les dépenses des entreprises. AD des Côtes-d'Armor : 33 S 4.

49. À Montbéton dans le Tarn et Garonne, quand, en 1856, le garde champêtre veut arrêter deux voleurs de raisin, le chef d'équipe lui répond que « les travaux des chemins de fer doivent passer avant la loi ». AD du Tarn et Garonne : 261 S 1.

50. Par exemple, dans les Côtes-du-Nord, entre le 7 janvier et la fin mai, ils passent de 16 mineurs à une centaine, sur injonction de l'ingénieur des Ponts et Chaussées. Amélioration essentielle quand on sait que pour extraire 1 mètre cube de déblais d'une galerie qui fait 9 mètres à la clef, il faut 37 mineurs pendant 3 jours. J. Chaix, *Cours de construction* (1890).

C'est le petit nombre. Pour le reste, pour ces terrassiers qui constituent l'essentiel des effectifs, une part du risque est transférée sur les sous-traitants, ces entreprises de tâcherons qui sont le dernier maillon de la chaîne, écrasés par cet accordéon terrible que constituent les rabais en cascade. Main-d'œuvre taillable et corvéable à merci, cette multitude s'échine six jours par semaine dans des horaires invraisemblables, quand ce n'est pas sept jours sur sept parce qu'il faut combler un retard ou éviter un report de budget. Le dos cassé par l'effort, les hommes sont sur le chantier de cinq heures du matin à sept heures du soir en été, et du point du jour à la nuit de début octobre à fin avril. Seuls les rapides casse-croûte du petit matin et de l'après-midi, et l'heure ou l'heure et demie accordée pour le repas, rompent un peu ce rythme impossible[51]. Les délais, les nécessités budgétaires, les contraintes techniques d'assainissement des tranchées ou de consolidation des maçonneries, mettent tout le monde sous pression. Alors les préfets dérogent aux circulaires des 20 mars 1849 et 10 novembre 1851 qui interdisent le travail du dimanche et jours fériés sur les chantiers dépendant du ministère des Travaux publics. Ceci est fait dans les Côtes-du-Nord, est fait dans le Finistère, est fait partout[52]. L'Église restant la seule organisation farouchement opposée à ces dérogations répétitives, le recteur de Plounéventer doit bien être le seul à sermonner ses ouailles sur le sujet. Encore le fait-il certainement dans la discrétion face à ceux-là même qui participent si étroitement aux Conseils de Fabrique.

Pour tous ces travaux, il y a peu d'engins sophistiqués[53]. La terre se creuse à la pioche ou à la pelle. Le rocher est attaqué à la pince ou, pour les plus durs, au burin aciéré avant de passer à la poudre. Le tout est transporté et redéposé plus ou moins loin pour bâtir des remblais qu'il faut ensuite étayer, damer, parer, engazonner. Tout doit être optimisé : pour trois hommes qui piochent, deux hommes qui chargent, de telle sorte que les rouleurs trouvent une brouette chargée au moment où ils reviennent avec celle, vide, qu'ils viennent de pousser à plusieurs dizaines de mètres de là. Les distances de transport, les temps d'exécution sont codifiés dans les cahiers des charges. Jusqu'à 70 ou 80 mètres de distance, c'est la brouette qui est imposée avec des relais tous les 20 ou 30 mètres suivant la déclivité, au-delà on utilise le tombereau, puis passé 440 ou 450 mètres c'est le wagon qui apparaît[54]. Une brouette se charge en 72 secondes. Un rouleur qui a poussé ou tiré sa brouette, pleine ou vide, sur son cheminement de planches, parcourt 30 km en une journée de travail. La même distance que celle que parcourent les chevaux attelés aux tombereaux. Quel que soit le moyen de transport, les bras

51. Feuille d'attachement sur un chantier de Rennes en 1875. AM de Rennes : 1 O 80.
52. Dans les Côtes-du-Nord, des arrêtés sont pris en novembre 1860 et avril 1861, en fonction uniquement de contraintes techniques. Dans le Finistère, un arrêté préfectoral, daté du 23 mai 1862, « autorise les entrepreneurs de tous les ateliers du chemin de fer à travailler sur leurs chantiers les dimanches et jours fériés » entre Brest et Loc-Éguiner, cette fois-ci pour de simples raisons de délais et de disponibilités budgétaires. AD du Finistère : 5 S 37, AD des Côtes-d'Armor : 33 S 4.
53. Quand en 1873, il faudra une pompe puissante pour préparer les fondations du môle du port du Conquet, l'ingénieur des Ponts et Chaussées du Finistère la fera venir de son ancienne école à Paris. AD du Finistère : 4 S Supplément 1373.
54. Chiffres extraits des données du chantier de Saint-Agathon, confirmés par Jean-Pierre Soubigou dans son expertise de 1875. Ils varient très légèrement d'un chantier à l'autre ou suivant les époques. Les goujats, ou mousses, c'est-à-dire les apprentis maçons, se contentent de 1,25 F à 1,50 F.

sont bien lourds en fin de journée, quand on a gagné 2 F ou 2,50 F pour toutes ces heures de peine. Mais personne n'hésite car sur les chantiers classiques il fallait se contenter de 1,10 F à 1,20 F, et dans le monde agricole de moins encore[55].

Et les dangers sont grands. Les échafaudages faits de longs et minces fûts de pin assemblés de cordes étroitement serrées manquent d'assises. Les passerelles de transfert ignorent facilement les garde-fous. Le déplacement des wagons de charge se fait par gravité sur les voies de travail en espérant que le serre-frein restera vigilant, debout sur son levier d'arrêt d'urgence. Qui donnerait des instructions pour faire autrement? L'étude des dispositifs de sécurité ne fait pas de longs paragraphes dans les manuels de formation des ingénieurs! Considérés comme trop onéreux et ralentissant le travail, tout le monde préfère les ignorer et voir l'accident comme une fatalité quand il n'est pas qualifié d'erreur de la seule victime[56].

Et il y a les explosifs. La dynamite n'existe pas encore. Il faudra attendre 1867 pour voir Alfred Nobel déposer son brevet. Ils sont peu stables. Maniés par des artificiers de fortune, ils explosent avec retard ou prématurément. Les fourneaux difficilement creusés avec des barres à mine maniées à plusieurs, mal orientés, trop faiblement parés, projettent facilement au loin leurs projectiles meurtriers[57]. Le manque d'expérience ne pardonne pas. Et il y en a des tirs! Un des procès-verbaux d'expertise faits pour la seule tranchée de Saint-Agathon atteste la consommations de 20 tonnes de poudre, 60 km de mèche, 18 000 cartouches. Les morts sont nombreux. Ils s'appellent Hervé Guillou, Yves Plusquellec, Louis Abgrall, Pierre Gauthier, bien d'autres encore. Des noms qui attestent d'un recrutement local, entre Côtes-du-Nord et Finistère, malgré les injonctions du gouvernement qui cherche à faire employer les prisonniers de guerre autrichiens capturés en juin 1859 pendant la campagne du Piémont, en particulier lors de la sanglante bataille de Solférino[58].

Bien sûr, une cotisation de 2 % est imposée par l'État aux employeurs pour couvrir les suites de ces accidents, dont la cause est bien souvent attribuée à l'intéressé lui-même. Mais cette indemnité n'est déclenchée que pour les soutiens de famille, excluant les adolescents et les enfants qui travaillent pourtant durement malgré leur âge, comme le trop jeune et donc célibataire Jean-Marie Le Poullen, charpentier natif de Lanvollon, qui ne touche aucune indemnité pour son bras cassé. Et de toute façon, quel drame quand le père ou le fils disparaît ainsi bru-

55. Informations légèrement variables suivant les cahiers des charges, ou issues de *La Construction lyonnaise* de juin 1879 et janvier 1880.
56. Dans le cours de Charles Bricka en 1894 à l'ENPC, la sécurité ne représente que quelques lignes de-ci, de-là. L'auteur est pourtant ingénieur en chef des Ponts et Chaussées et ingénieur en chef de la voie et des bâtiments aux chemins de fer de l'État. Bnf: Gallica.
57. Il faut une journée à deux hommes pour creuser un trou de 2 m de profondeur et de 25 mm de diamètre dans le granit.
58. AD des Côtes-d'Armor: 33 S 4 (19). Hervé Guillou est tué à 150 m du tir de mine. Yves Plusquellec à 80 m. Louis Abgrall est tué en tombant d'un wagon, comme Pierre Gauthier monté au vol pour aller plus vite. Les archives ont gardé trace de 10 tués sur ce chantier, mais sans garantie d'exhaustivité.

talement, ou revient au logis le corps définitivement brisé, devenant une lourde charge pour tous les autres[59].

Le docteur Bérenguier, qui, au même moment, suit ce qui se passe près de Saint-Géry sur la ligne que construit le P.-O. de Toulouse à Lexos, est explicite sur le coût humain de ces chantiers où, d'après les statistiques officielles, 55 % des ouvriers doivent être traités pour maladie et 30 % d'entre eux pour des interventions chirurgicales parfois pratiquées dans des conditions d'asepsie douteuses. N'ayant décompté qu'une proportion de malades de 21 %, et « un chiffre minime de 6 % » pour le reste, il s'estime très satisfait d'avoir eu affaire à un excellent entrepreneur[60].

Une des leçons tirées de ces accidents par l'équipe de Plounéventer sera, semble-t-il, d'embaucher sur les chantiers d'Auvergne d'anciens militaires, de préférence du génie, mieux formés et plus entraînés à manipuler les explosifs, et à superviser leur utilisation.

Alors après ces efforts, ces souffrances, ces peines, quelle est, en ce radieux mardi 25 avril 1865, la situation ?

Au résultat

Techniquement, le résultat est là. La ligne est construite, les rails sont posés, les trains commencent à circuler, les journalistes sont aux anges. De leur côté, les Juloded sont soulagés, pensant peut-être déjà aux nouveaux marchés à conquérir et rêvant à de plus ambitieux chantiers que l'expérience ici acquise leur permet d'espérer.

Il leur reste cependant une tâche délicate à entreprendre : solder les travaux, après inventaire des événements non prévus aux devis de 1860. Comme sur tout chantier de longue durée, des aléas ont eu lieu. Il faut les quantifier, les documenter, les chiffrer, soumettre des estimations, en se souvenant que le rabais offert à l'origine s'applique à toute facture additionnelle quelle qu'elle soit.

L'atelier de Landerneau est le plus simple. Les seuls impondérables qui se sont présentés sont apparus lors du creusement d'une tranchée, celle du Kermeur, où seul le burin aciéré a permis de percer les trous de mine nécessaires dans une énorme masse de grès mélangé de quartz, et, où la volumétrie des déblais classiques a été en excès de 7 534 mètres cubes et celle des déblais classés exceptionnels de 10 % supérieure aux prévisions. Le tout ayant été constaté de gré à gré entre les parties, le 27 mars 1865, le Ministère a donné rapidement son accord sur les nouveaux chiffrages sous réserve du désistement de l'entreprise de toute réclamation ultérieure sur le sujet. Au 24 octobre suivant tout est réglé pour un total global de 1,28 MF ainsi que l'atteste une lettre du directeur général des Ponts et Chaussées.

---

59. La garantie obligatoire est souvent largement consommée. Elle deviendra plus tard 1 %, l'État remboursant à l'entrepreneur les dépassements éventuels. Indispensable, son principe n'est cependant pas incitatif à augmenter le budget des équipements et aménagements de sécurité sur les chantiers.

60. Docteur Bérenguier, *Compte-rendu du service médico-chirurgical de la construction du lot de Saint-Géry (Tarn)*, 1864. Les hommes de Plounéventer interviendront plus tard au même endroit pour une ligne transversale à celle-ci.

Celui de Plouégat-Moysan, est de la même eau. Une « vérification scrupuleuse des classifications des déblais » est effectuée et acceptée, et une erreur de calcul issue d'une confusion entre transport en tombereaux et transports en wagons est corrigée. Après chipotage d'Yves Prigent et François-Louis Soubigou, le chiffrage final est entériné, le 13 avril 1867, pour 1,15 MF.

Pleyber-Christ, où leur a été confiée en sus la construction de la gare, traîne davantage en longueur. Ils réclament une rallonge de 217 000 F, fondée sur vingt chefs de réclamation. L'administration ne suit pas, et l'affaire se boucle, fin 1867, pour un total de 1,24 MF.

Pour le lot 7, il en va bien autrement.

Pour des travaux théoriquement finis le 10 décembre 1863, l'administration attend le 19 juillet 1865 pour prendre la décision de les chiffrer à 2,30 MF. En apparence, tout est quand même bien. Le montant est très supérieur à celui de la soumission, et devrait satisfaire les entrepreneurs. Ceci étant, cette majoration n'est pas un pur cadeau.

Dès le démarrage des travaux, les associés ont demandé l'autorisation de réaliser, eux-mêmes, un remblai de 1 670 mètres, initialement prévu sur le lot 8 voisin, afin de pouvoir y utiliser les déblais issus de leurs propres travaux. Permission leur a été accordée, par soumission particulière du 1er octobre 1860. En même temps que ceci, leur ont été confiés les terrassements des gares de Châtelaudren et de Guingamp[61]. Plus de 100 000 F chacune.

Et puis, il y a eu les mauvaises surprises de Saint-Agathon !

Suivant l'usage, des opérations de sondage, exécutées par les Ponts et Chaussées, ont précédé les adjudications. Comment ont-elles été faites ? Avec quels soins ? Jusqu'à quelle cote ? Toujours est-il que, lorsque les terrassiers ont attaqué le creusement de la tranchée, ils sont tombés sur du solide, du rocher « composé de quelques filons dioritiques et de certaines masses compactes de granit disséminés dans les parties inférieures de la tranchée[62] ».

C'est de cette complexité inattendue du terrain et d'une appréciation critique sur la manière dont les entrepreneurs l'ont traitée que démarre tout un débat entre les parties, autour du montant définitif de la facture.

Ils réagissent dès la notification de l'Administration et déposent soixante-quatre chefs de réserves qui remettent quasiment tout en cause : le classement des roches en termes de dureté, leur cubage et la manière de le mesurer, la répartition entre les différents modes de transport des déblais, les temps de gardiennage, le nombre de puits intermédiaires qu'ils ont dû creuser, etc. Surtout, ils réclament une plus value colossale : 768 000 F, presque cinquante pour cent du montant initial.

C'est trop ! Conséquence, il y a conflit et chacun se prépare à l'affrontement et organise sa défense.

L'expert de l'Administration s'appelle Victor Barillé. Installé à Brest, dans la Tour Tanguy au-dessus de la Penfeld et de l'arsenal, il se présente comme ingénieur et architecte civil. Il est connu dans la région par ses activités profession-

61. BnF : 4-FM-6637.

62. Suivant rapport des experts eux-mêmes.

nelles, et, son implication dans la création de la Société académique de Brest en 1858[63]. C'est un notable local, apte à séduire les hommes qui, à la préfecture de Saint-Brieuc, vont devoir statuer en première instance. Lui est associé un avocat finistérien, formé à Paris, mais inscrit au barreau de Brest.

Les associés choisissent de leur côté une pointure nationale. Un homme que Victor Fénoux qualifiera, après conclusion de l'affaire, comme « l'un des hommes d'affaires de Paris, les plus habiles et les plus adroits, en ces sortes de procès », ajoutant perfidement, « dont il s'est fait une très lucrative spécialité[64] ». Installé à Paris dans le quartier huppé de la place Beauvau, il est avocat et a la responsabilité du contentieux de la Compagnie du Midi. Il s'appelle Ernest Lireux[65].

L'accouchement des expertises est lent. Le grand homme parisien rechigne visiblement à quitter ses bureaux confortables du Faubourg Saint-Honoré pour venir salir ses guêtres dans les fondrières d'un chantier breton installé à l'écart de tout. Il préfère travailler sur des dossiers dont il n'est pas évident qu'il les lise de très près au vu des questions qu'il soulève. À moins que cette tâche rébarbative ne soit dévolue à un stagiaire, tradition présente encore aujourd'hui, qui n'extrait du dossier que ce qu'il comprend, c'est-à-dire peu sur un sujet dont la technique est nouvelle et encore mal connue.

D'incompréhension en incompréhension, de critiques acerbes par Victor Barillé en protestations de François-Louis Soubigou et Gabriel Quéinnec, l'affaire finit son cours devant le conseil de préfecture des Côtes-du-Nord, le 5 mars 1870 avec 90 000 F accordés par l'administration, sur lesquels le grand homme parisien prélève des honoraires et frais de déplacement certainement coquets. Ils sont loin des 768 000 F demandés. Une adjudication de juin 1860, une fin de travaux de décembre 1863, une proposition de prix de juillet 1865, une décision de mars 1870, c'est long, et inefficace. Une dure leçon pour les entrepreneurs ! Qui, hélas, ne suffira pas.

Les Ponts et Chaussées sont gagnants, avec un expert connu localement et techniquement compétent, et sur une plaidoirie confiée à un avocat qui leur coûte 3 000 F, pas un centime de plus. Un avocat, local lui aussi, et qui, aux dires de Victor Fénoux, « a fait preuve dans ses plaidoiries et ses répliques, d'une connaissance parfaite de ces affaires difficiles, et d'un talent réel à les exposer ». C'est une autre leçon pour les perdants. Il s'appelle Edouard Le Guen. Désormais, il défendra les intérêts professionnels et personnels de François-Louis Soubigou, ses frères et ses cousins. Il l'accompagnera de plus au Sénat, et des liens d'amitié durables les uniront.

63. En 1881, à une époque où maires et adjoints seront nommés par décret présidentiel, il deviendra adjoint spécial pour Recouvrance.

64. Rapport de Victor Fénoux, daté du 29 juin 1870 qui commente l'arbitrage définitif du conflit fait, le 5 mars précédent, par le Conseil de préfecture des Côtes-du-Nord. Les commentaires de Victor Fénoux ne sont pas très tendres pour les entrepreneurs eux-mêmes qu'il accuse d'altérer la vérité, d'argumenter par sophisme, et de bien d'autres défauts encore. BnF : 4-FM-6637 et 6638.

65. Ernest Lireux est aussi un républicain fort respectable. Le répertoire des clubs et des clubistes de 1851, le donne comme l'un des secrétaires du club républicain du 2e arrondissement que préside le très modéré Michel Goudchaux, que François-Louis Soubigou a vu à l'œuvre en tant que ministre en 1848, et, comme opposant au rachat des chemins de fer par l'état. BnF : Gallica.

Alors quel bilan global pour ces quatre chantiers de Bretagne ? Les associés ont-ils fait une belle opération ? Ont-ils eu raison de se lancer sur un nouveau segment de marché ?

Financièrement, c'est positif. Avec cette dernière somme attribuée tardivement, le chiffre d'affaire cumulé se monte à 6,33 MF, soit 42 % de mieux que prévu à l'origine, hors à-valoir. Les trois chantiers finistériens ont été soldés rapidement avec des réclamations bien acceptées. Les aléas du numéro 7 n'ont pas été reconnus mais le rabais initial était faible et la marge reste certainement bonne. La rentabilité est au rendez-vous.

La terre, seulement la terre

Que font-ils des sommes ainsi gagnées ? Ils les placent bien évidemment. Mais là où des professionnels de la finance ou des hommes d'affaire chevronnés choisiraient des investissements potentiellement productifs pour l'entreprise, ils procèdent tout autrement. En octobre 1865, François-Louis Soubigou achète aux Barbier de Lescoët, le marquis Joseph et le comte Jonathas son fils, deux fermes à Ploudaniel et une autre au Tréhou, soit un total de 67 hectares pour un montant déclaré de 60 000 F [66]. En août 1867, un ancien officier de marine, Eugène Gérodias, et son épouse, mettent en adjudication des propriétés à Ploudaniel. François en acquiert trois, son frère Nicolas deux autres, pour environ 38 hectares chacun [67]. Pour eux tous, la terre reste la seule richesse de référence acceptable, familialement, socialement, culturellement, et même moralement [68].

Et puis il y a le reste ! Toute cette expérience technique durement acquise. En particulier que la construction d'une voie de chemin de fer n'est pas celle d'une route :

> « Pour la voie, il fut nécessaire de renoncer au système traditionnel d'après lequel la route épousait les contours du terrain : on apprit à triompher des inégalités de niveau en comblant les creux par des remblais, en franchissant sur des viaducs les vallées trop larges, en coupant les collines par des tranchées profondes, en éventrant les montagnes par des percées souterraines [69]. »

Pour une route, la colline de Saint-Agathon eut été contournée. Pas question pour la voie ferrée. Il a fallu creuser. Et on s'est trompé. L'attaque de l'obstacle a été mal choisie. Le rapport de leur confrère Laurent Raffray, qui intervient comme tiers expert est déposé le 18 juin 1869. Il est explicite sur les erreurs techniques commises : « Comment comprendre que l'entreprise, contrairement aux plus simples notions du métier, ait procédé à son déblai des cuvettes par

66. Les Lescoët vendent certainement ces terres pour financer la construction de la ferme modèle dont Jonathas termine l'installation sur les terres entourant leur château de Lesquiffiou, en Pleyber-Christ.

67. AD de Mayenne : 3 E 8/439, Fonds Henri Auguste Dubois. Petite anecdote, l'acte de vente Gérodias a été signé à Brest par devant maître Bellamy.

68. Plus tard, dans les années 1875 à 1878, ils acquerront, via leur associé basé à Paris, des terrains avoisinant la gare Saint-Lazare. Des opérations, semble-t-il, parfois spéculatives puisque, par exemple, le 13, rue de Naples acheté le 31 mars 1875 sera revendu le 24 juillet, ou le 57, rue de Rome acheté le 3 juin 1878 le sera le dès le 19. Quoique dans ce dernier cas, la situation des affaires d'Auvergne puisse laisser penser à un retournement de situation intempestif.

69. Collège de France : leçon d'ouverture du professeur Georges Renard, spécialiste de l'histoire du travail (1927). BHL : Ms 2509.

puits et excavations, créant ainsi des épuisements coûteux, alors qu'il était si facile de les éviter [...] Cela ne nous paraît pas vraisemblable». Le chantier a montré les limites des capacités de l'équipe, face à un Victor Fénoux, sorti 7e sur 88 de Polytechnique et 4e sur 10 des Ponts et Chaussées.

Dans le manuscrit déjà cité datant du début du XIXe siècle, l'auteur anonyme a écrit: «Il paraît que pour les qualités des entrepreneurs on distingue les travaux des routes de ceux que l'on appelle ouvrages d'art. Pour les premiers, il n'est pas nécessaire dit-on que les entrepreneurs soient instruits, pour les seconds, on exige qu'ils le soient [70].» Une tranchée nécessite le respect de certaines règles, mais elle n'est pas un ouvrage d'art, et cependant ils y ont souffert et y ont fait des erreurs techniques manifestes. Alors comment feront-ils quand il s'agira de construire un projet véritablement complexe?

Les membres de la famille qui sont allés piloter les équipes sur le terrain n'ont pas la formation technique théorique requise. Il faut donc l'acquérir ou se l'associer. Pour des tâches ponctuelles, elle peut s'acheter. C'est ce qu'ils feront pour les études géologiques du projet d'Auvergne, tirant les leçons des difficultés de Saint-Agathon [71]. Pour être globalement efficaces, il faut trouver un bon associé.

Savoir s'associer

De qui vient l'initiative? À lire ses courriers ultérieurs, il est autorisé de penser que l'acteur de cette décision, qui va à la fois renforcer le savoir-faire global et étendre les compétences techniques, est François-Louis Soubigou, plus qu'un autre. Ceci se passe comme suit.

Pendant les trois années que durent les travaux, il parcourt la voie entre Lamballe et Brest, participe à des réunions de chantier sous l'autorité des ingénieurs de l'État, fait connaissance de ses collègues et jauge leurs capacités humaines ou techniques.

Il y a par exemple, Hervé Lann. Ils se connaissent bien. Basé à Plouédern, à deux pas de Plounéventer, il saurait cohabiter harmonieusement avec ses voisins. Il a construit les lots 9 et 10 dans les Côtes-du-Nord. Lui aussi est confronté à la fermeté des mêmes hommes de l'Administration qui traînent à accepter ses réclamations pour ses travaux de Plouaret. Seulement apporte-t-il un savoir-faire que les autres léonards n'ont pas? Bien évidemment non!

Il y a les frères Hunebelle. François-Louis les a vu intervenir pour le ballastage. Il leur a vendu des déblais provenant de ses propres ateliers pour compléter le sable qu'ils extrayaient des grèves de Guipavas. Nés à Aire-sur-la-Lys, d'origine très modeste avec un père corroyeur, ils ont acquis une position sociale de premier plan. Jules, l'aîné, est maire de Clamart. Son cadet, Adolphe Edouard, qui lui est associé vient d'entrer au conseil municipal de Versailles. Ingénieur des Arts et Métiers grâce à une bourse, l'aîné est considéré comme étant devenu dès 1855, année de ses 37 ans, l'un «de nos principaux entrepreneurs de travaux publics». Il a acheté en 1861 à Ernest Panckoucke, le fondateur du journal *Le Moniteur,* une

70. ENPC: Ms 2008.
71. Information fournie par Monsieur Pierre Soubigou, lui-même ingénieur géologue ayant exercé en Auvergne.

superbe propriété à la limite de Clamart et de Meudon. À cette date de 1865, il se prépare à éventrer le faubourg Saint-Germain pour ouvrir ce nouveau boulevard qui va faire disparaître tant d'hôtels, en s'y réservant 880 mètres carrés sur le quai d'Orsay. Il est très lié à ces personnages ambigus que sont le baron Haussmann et Adolphe Thiers. Il a côtoyé, lorsqu'il vivait, le duc de Morny, frère utérin de Napoléon III, l'un des témoins lors de son mariage en décembre 1859. Malgré l'intérêt professionnel de traiter avec cet important personnage, impossible pour les Juloded de Plounéventer d'intéresser quelqu'un de si proche des sphères du pouvoir, ni d'associer leur image à celui qui peut leur apparaître comme trop parvenu, trop intrigant, trop étranger à leur monde [72].

La recherche du partenaire serait sans espoir s'il n'y avait un autre entrepreneur dans le voisinage, présentant un profil culturel et professionnel plus proche de celui qu'ils sont capables d'apprécier. Titulaire du lot numéro 5, il a construit le viaduc qui franchit la vallée du Gouédic au cœur de Saint-Brieuc [73]. Il a auparavant réalisé le tronçon qui raccorde Mayenne à la ligne Paris-Rennes, un peu avant Laval [74]. Il s'appelle Victor Radenac.

Né à Plœuc le 25 juillet 1819, il est, lui aussi, issu d'une famille aisée aux profondes racines locales, dans un pays où au XVIIe et XVIIIe siècles existaient de nombreux tissages de toiles destinées au commerce avec l'Espagne et le Portugal. Une activité comparable à celle des Juloded, et qui recoupait certainement celle-ci sur certains lieux de vente. Son père, Louis Mathurin, s'est d'ailleurs déclaré « marchand », à la naissance de son fils, avant de continuer sa vie professionnelle en devenant greffier en remplacement de son propre père Julien Radenac, puis juge de paix du canton, abandonnant alors le secrétariat de la mairie. Il a aussi siégé au Conseil municipal et assuré la présidence de la Fabrique paroissiale, gage de son attachement à sa foi catholique. Enfin, si Victor Radenac est un inconditionnel de la République, ses opinions politiques sont modérées et ne peuvent être un obstacle à une bonne collaboration [75].

Cette situation familiale favorable a permis au jeune Victor d'aller faire de bonnes études aux Arts et Métiers d'Angers, passant, en décembre 1840, l'examen de piqueur aux Ponts et Chaussées. Nommé dans les services des Côtes-du-Nord, le jeune homme a assuré la surveillance de travaux routiers dans le département, ceux du bassin à flots du port du Légué ou du fanal de la pointe de l'Aigle. Après avoir rapidement gravi les différents grades de conducteur, il s'est fait mettre en disponibilité en août 1856 pour rejoindre une compagnie de chemin de fer, récemment fondée. Durant ces années, il a acquis une bonne expérience de conduite de chantiers de travaux publics et il s'y sent à l'aise. Ses supérieurs le décrivent comme doté d'une « aptitude spéciale à la surveillance de toute espèce d'ouvrages d'art, et ayant une grande habitude des opérations

72. AM de Clamart. APP : BA 1122. AC de Versailles : D3 2089. BnF : 8-LN27-33058. Jules est né le 2 novembre 1818, et Adolphe Edouard le 17 octobre 1825.
73. AD des Côtes-d'Armor : 33 S 4/4-17.
74. Adjudication du 5 novembre 1861 pour 1,75 MF, sans remise et sans concurrence. *Le Constructeur universel* du 14 novembre 1861.
75. Extrait des registres de l'état-civil de Plœuc annexé au dossier de Légion d'honneur de Victor Radenac. CHAN : L 2256044. En 1795, six chouans furent fusillés dans la commune, au mois d'août, et, sans doute en représailles, le maire fut assassiné au mois de novembre.

sur le terrain». En tant qu'ancien piqueur, c'est-à-dire celui qui pose les jalons pour tracer à travers champs le cheminement et les cotes de hauteur de la voie à construire, il sait l'importance des études complémentaires qu'un entrepreneur doit faire avant d'initialiser son chantier. Il a déjà construit des voies ferrées. D'un caractère ferme mais conciliant et réfléchi, il a appris, au long de son cursus, l'importance qu'il y a à établir des relations de confiance avec ses supérieurs ou les responsables administratifs, parfois eux-mêmes difficiles à gérer[76].

C'est le profil idéal qui manque aux entrepreneurs de Plounéventer pour sécuriser les options techniques, et discuter sur pièces avec les ingénieurs du client lorsque nécessaire. L'alchimie fonctionne entre eux. Il est adoubé dès la fin de ses propres chantiers en 1864. L'équipe est maintenant plus forte.

Il a, qui plus est, un trait de caractère qui a déjà été noté par ses anciens patrons, et, que François-Louis ne peut pas ne pas avoir remarqué avec satisfaction: il est «plus apte au service actif qu'au travail de bureau». Or les hommes des Ponts et Chaussées savent être d'une extrême minutie, notant dans leurs petits carnets les moindres détails. Ils ont, pendant le conflit sur les travaux de Saint-Agathon, posé quantité de questions pour lesquelles il a été nécessaire de collecter des données. Et puis un contentieux demande une forme d'esprit et un savoir-faire qui manque à l'entreprise. Il manque une compétence plus administrative.

Il n'est pas encore d'usage de remplir les colonnes des publications spécialisées d'offres d'emploi aux descriptions alléchantes. Et ce serait contraire au souci de discrétion et de retenue qui prévaut chez les Juloded que d'étaler ses affaires sur la place publique. Le démarchage ne peut être que direct. Et qui plus est, il est simple.

Les frères Hunebelle sont fort peu présents par eux-mêmes sur de tels chantiers, moins gratifiants que ceux des bords de Seine. Ils délèguent. Leur homme en Bretagne s'appelle Louis Colbert. Ancien des Chemins de fer de l'Est à Lunéville, il a le vécu interne d'une compagnie, à l'instar de Victor Radenac. Fils d'un vigneron-propriétaire à Azelot en Lorraine, ses origines terriennes lui permettent de se comprendre avec François-Louis Soubigou. Tout semble donc favorable pour un accord.

Il commence cependant par refuser. «Je refusai disant qu'ils étaient déjà toute une famille s'arrangeant bien; que s'il survenait des discussions dans l'avenir on m'en attribuerait la cause», écrira-t-il vingt ans plus tard dans un mémoire très détaillé destiné effectivement à étayer une divergence de vue sérieuse avec François-Louis Soubigou sur des affaires de négoce lancées pendant la guerre franco-prussienne, document dont les commentaires seront bien évidemment orientés[77]. Plus vraisemblablement, les perspectives de gain que lui garantissent ses patrons du moment restent plus séduisantes que celles offertes par ces braves gens, emmenés par cet ancien député si étrangement vêtu, et, venus d'un obscur village de Basse-Bretagne.

---

76. Dossier de Victor Radenac au Service des Ponts et Chaussées. CHAN: F14/2653.
77. *Notes sur l'affaire Soubigou dite de Guingamp*, document non daté, postérieur à avril 1888. AD du Finistère: 78 J 31 et 32, Fonds Maître Perret.

Il finit cependant par dire oui fin 1868, lors d'une rencontre à Napoléon-Vendée, tout en posant comme condition « de n'avoir pas à fournir des fonds, disant [qu'il n'a] que quelques milliers de francs d'économies difficiles à réunir, les ayant prêtés à Pierre, Paul et Jacques sans fixer de date de remboursement [78] ». L'homme se montre « finassier », comme le dira un jour le sénateur [79]. Il est vrai qu'il n'est pas aussi fortuné que ses nouveaux associés, et qu'il doit se montrer prudent.

Pourquoi dit-il oui à ce moment-là ?

Peu de mystère. Quelques mois plus tôt, le 19 juin, un décret impérial a déclaré d'utilité publique un important réseau de 225 km. En débat depuis des années, tout est en place pour qu'enfin il se concrétise. Et ce que présente son interlocuteur à Louis Colbert, dépasse enfin ce que le maire de Clamart peut lui assurer : une participation de premier rang à la construction d'un nouveau réseau dans sa totalité. Un réseau que les usagers attendent impatiemment depuis des années, et sur lequel l'entreprise de Plounéventer, qui depuis un moment déjà apparaît sous le nom de Radenac et Cie, se prépare à soumissionner.

Une soumission qui va la faire changer une nouvelle fois de dimension. Mais une soumission qui va aussi faire entrer les Juloded dans une partie de l'histoire des chemins de fer en France dont ils ne soupçonnent pas à quel point elle est issue d'un processus de gestation tortueux, et d'où ils ne sortiront vainqueurs qu'après des affrontements coûteux avec des personnages bien autrement retors que les honnêtes et enthousiastes ingénieurs de la Compagnie de l'Ouest [80].

---

78. Un autre document manuscrit, rédigé le 19 décembre 1887, donne la date de 1866, ce qui ne change rien au processus d'intégration et aux raisons d'acceptation de Louis Colbert, le décret impérial du 19 juin 1868 n'ayant pas été conçu dans le secret.
79. C'est dans une lettre du 6 décembre 1886 à son frère Jean-Pierre que François-Louis Soubigou utilisera ce qualificatif.
80. Suivant des calculs faits en 1872 par Jules Dufresne, inspecteur des Ponts et Chaussées, la Compagnie de l'Ouest ne perdra pas d'argent sur sa liaison Rennes-Brest avec une rentabilité de 1,22 %. AD du Finistère : 100 J 1092. Mais ne drainant pas de véritable trafic industriel, seul capable de lui apporter les profits nécessaires, elle restera fragile, et sera la première à être reprise par les pouvoirs publics en devenant Ouest-État le 1er janvier 1908. Mais ce sera dans un autre siècle et pour une toute autre histoire.

1. – Le représentant du peuple François-Louis Soubigou, 29 ans, élu du Finistère, coiffé de son « chapeau à incommensurables rebords », suivant l'expression utilisée par l'envoyé spécial d'un journal de province rendant compte de l'ouverture de la nouvelle Assemblée, élue, pour la première fois, au suffrage universel. Lithographie de 1848. (BnF LE65-11).

2. – Le sénateur François-Louis Soubigou en 1883. Terre cuite par Alfred Caravanniez. (Photographie de l'auteur).

3. – Ultime portrait de François-Louis Soubigou dans son costume du Léon, en 1902. Haut-relief par Yann Larhantec'h sur la tombe du sénateur dans le cimetière de sa paroisse de Plounéventer. (Photographie H. Le Boulc'h).

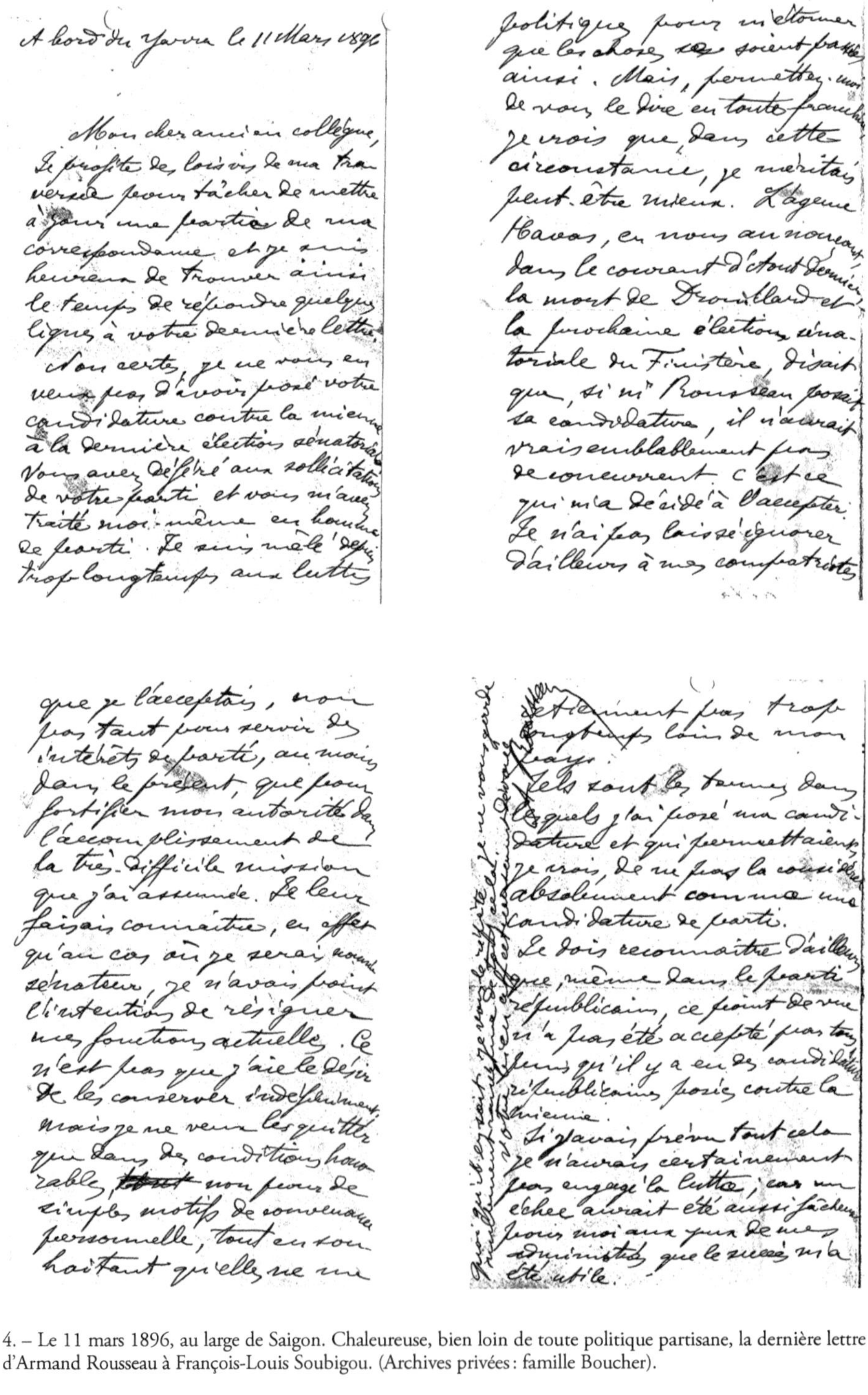

A bord du Yarra le 11 Mars 1896

Mon cher ancien collègue,

Je profite des loisirs de ma traversée pour tâcher de mettre à jour une partie de ma correspondance et je suis heureux de trouver ainsi le temps de répondre quelques lignes à votre dernière lettre.

Non certes, je ne vous en veux pas d'avoir posé votre candidature contre la mienne à la dernière élection sénatoriale. Vous avez déféré aux sollicitations de votre parti et vous m'avez traité moi-même en homme de parti. Je suis mêlé depuis trop longtemps aux luttes politiques pour m'étonner que les choses se soient passées ainsi. Mais, permettez-moi de vous le dire en toute franchise, je crois que, dans cette circonstance, je méritais peut-être mieux. L'agence Havas, en nous annonçant dans le courant d'août dernier la mort de Drouillard et la prochaine élection sénatoriale du Finistère, disait que, si Mr Rousseau posait sa candidature, il n'aurait vraisemblablement pas de concurrent. C'est ce qui m'a décidé à l'accepter. Je n'ai pas laissé ignorer d'ailleurs à mes compatriotes que je l'acceptais, non pas tant pour servir des intérêts de parti, au moins dans le présent, que pour fortifier mon autorité dans l'accomplissement de la très difficile mission que j'ai assumée. Je leur faisais connaître, en effet, qu'au cas où je serais nommé sénateur, je n'avais point l'intention de résigner mes fonctions actuelles. Ce n'est pas que j'aie le désir de les conserver indéfiniment, mais je ne veux les quitter que dans des conditions honorables, ~~et~~ non pour de simples motifs de convenance personnelle, tout en souhaitant qu'elles ne me retiennent pas trop longtemps loin de mon pays.

Tels sont les termes dans lesquels j'ai posé ma candidature et qui permettaient, je crois, de ne pas la considérer absolument comme une candidature de parti.

Je dois reconnaître d'ailleurs que, même dans le parti républicain, ce point de vue n'a pas été accepté par tous puisqu'il y a eu des candidatures républicaines posées contre la mienne.

Si j'avais prévu tout cela je n'aurais certainement pas engagé la lutte, car un échec aurait été aussi fâcheux pour moi aux yeux de mes administrés que le succès m'a été utile.

[illegible]

4. – Le 11 mars 1896, au large de Saigon. Chaleureuse, bien loin de toute politique partisane, la dernière lettre d'Armand Rousseau à François-Louis Soubigou. (Archives privées : famille Boucher).

5. – La partie basse du grand vitrail du Folgoët représentant les personnalités, ecclésiastiques et laïques, auxquelles l'évêque de Quimper et de Léon, Monseigneur Lamarche, tint à rendre hommage après la cérémonie du couronnement du 8 septembre 1888. L'ensemble est surmonté d'une très belle rosace, non visible ici. (Photographie de l'auteur).

6. – À la gauche du visiteur, tête nue, en costume du Léon, le sénateur François-Louis Soubigou regarde vers le ciel. L'homme à la barbe blanche, près de lui, est Émile de Kermenguy, député du Finistère. Sont aussi présents d'autres acteurs de l'invalidation de 1885 comme le chanoine Lucien Rossi, et surtout le prédicateur de cette cérémonie, le député-évêque Monseigneur Freppel, debout dans le meneau voisin derrière le cardinal Place, archevêque de Rennes, qui couronne la Vierge.

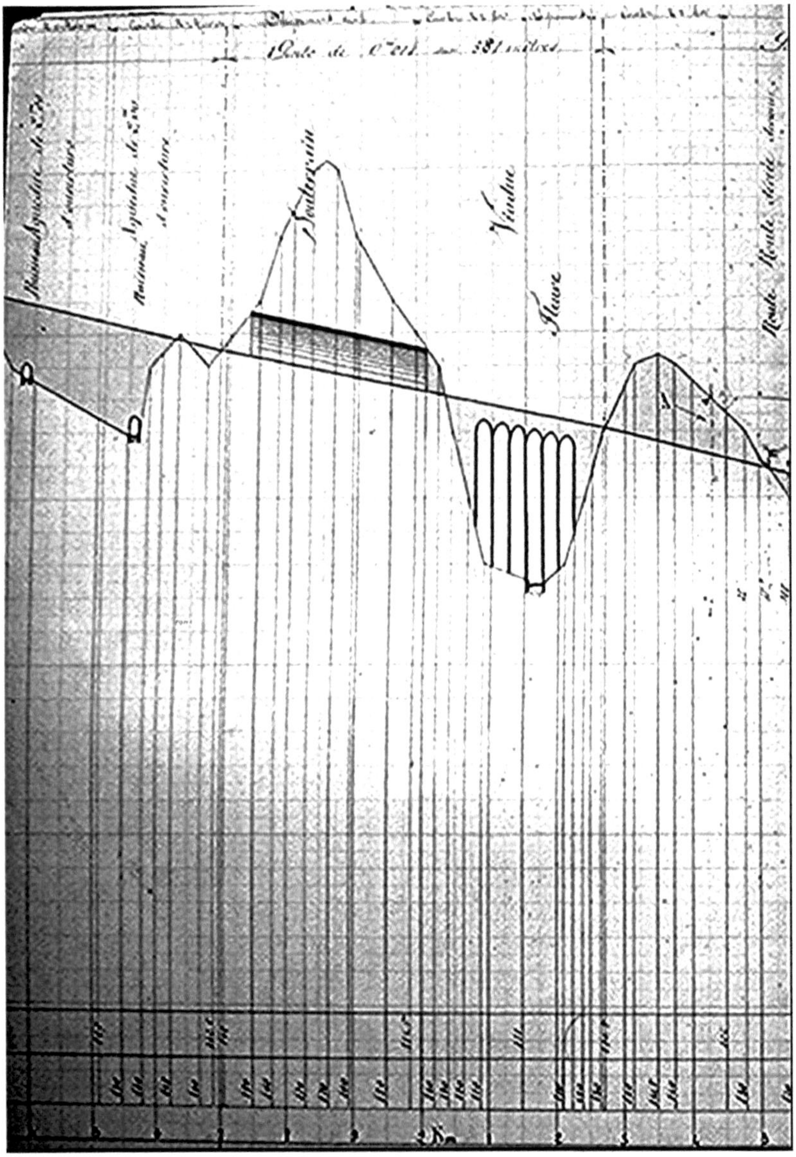

7. – Exemple des tracés sur papier millimétré que réalisaient les ingénieurs des Ponts et Chaussées concevant le trajet d'une voie ferrée à partir des données relevées sur le terrain. Y sont indiqués de gauche à droite : un vallon à remblayer au-dessus d'un fleuve, le creusement d'une tranchée, etc. En tête de page, ils indiquaient les alignements et les courbes, les paliers et les rampes, les caractéristiques des ouvrages d'art. Sur le pied de page, apparaissaient les ordonnées de la plateforme et celles du terrain naturel préexistant, ainsi que la division hectométrique du trajet. École centrale des Arts et Manufactures, travail d'élève du XIXe siècle. (Coll. privée).

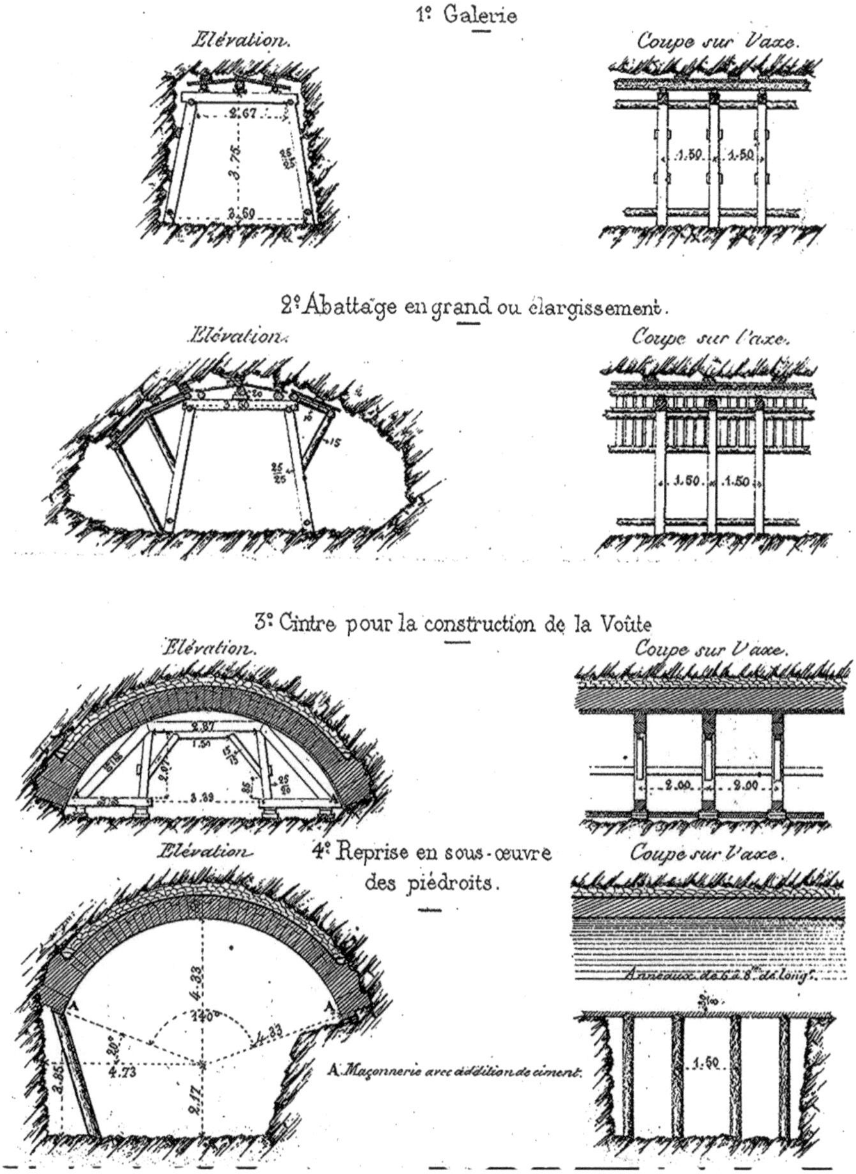

8. – Type de technique utilisée pour la construction d'un souterrain, montrant les quatre étapes, depuis l'attaque du rocher jusqu'à la pose de la maçonnerie. Cette dernière pouvait parfois être évitée face à une roche de parfaite qualité. L'opération était lancée depuis chaque extrémité, et éventuellement aussi, comme à Saint-Denis dans le Lot, à partir de puits intermédiaires forés le long du tracé prévu par les ingénieurs. Direction des travaux neufs de la Compagnie d'Orléans. (Coll. privée).

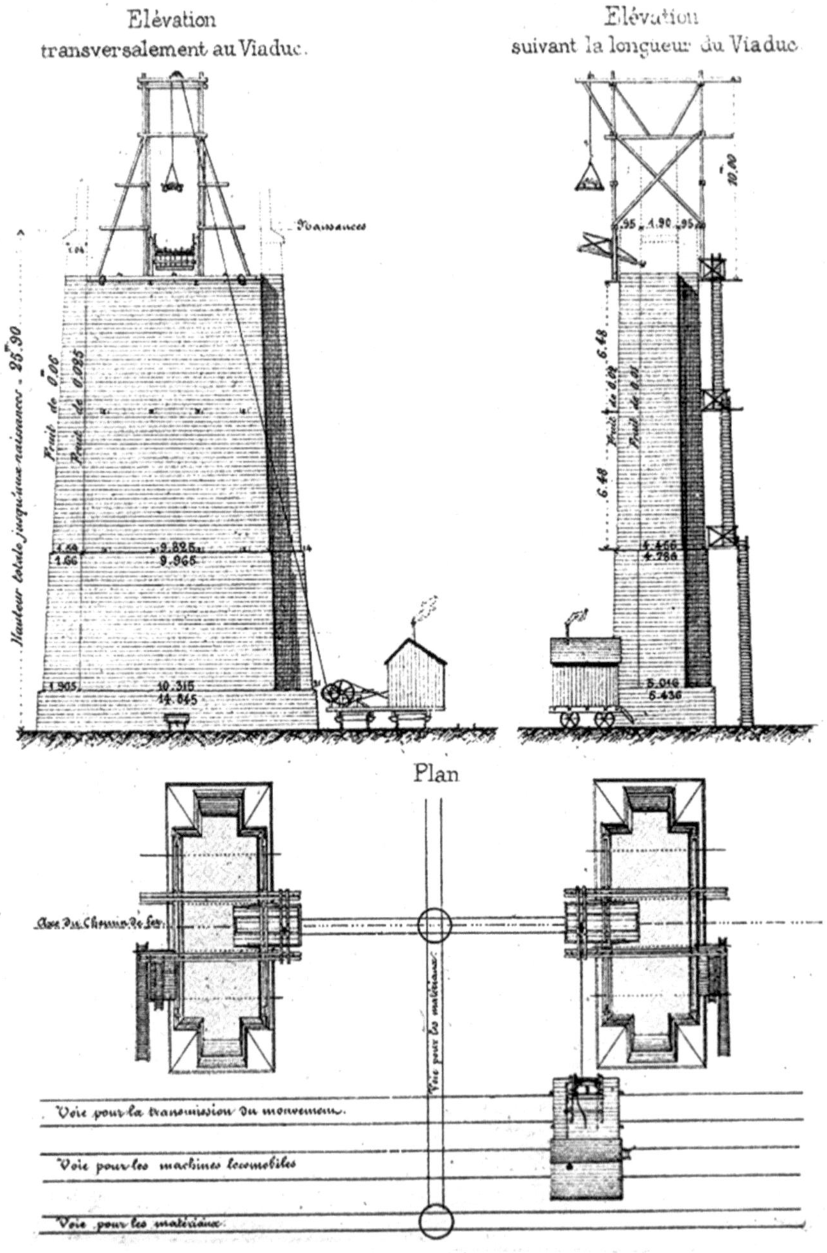

9. – Exemple d'échafaudages et d'utilisation de treuils à vapeur dans la construction de piles de grands viaducs. Direction des travaux neufs de la Compagnie d'Orléans. (Coll. privée).

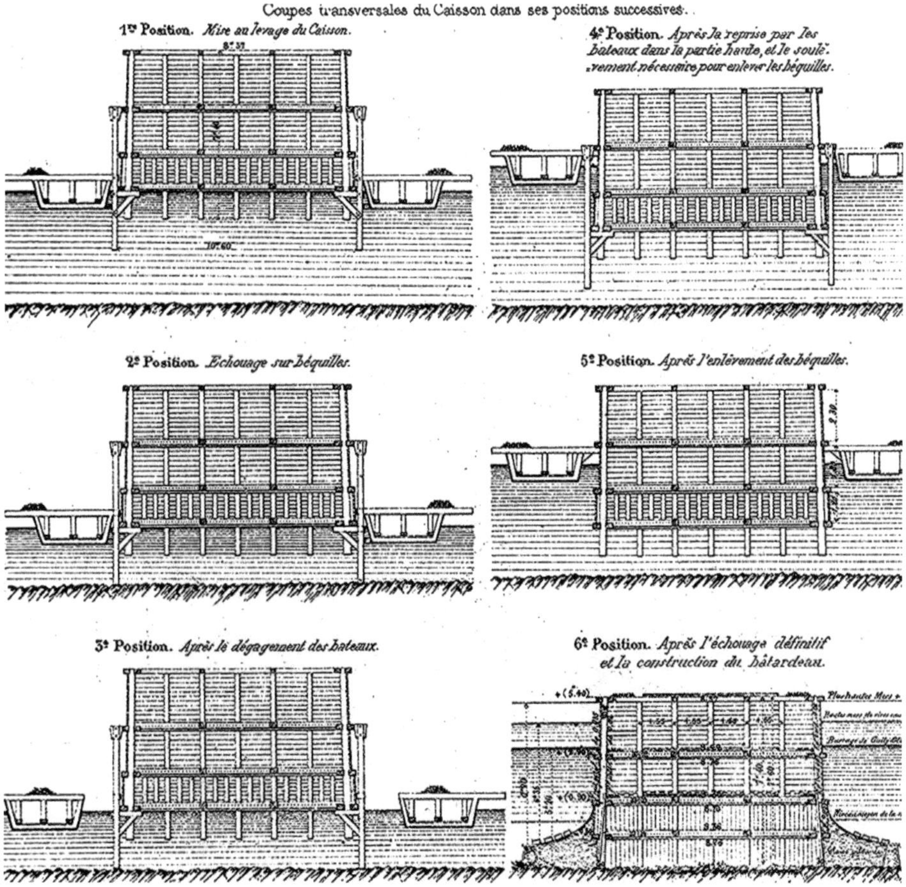

10. – Technique de pose, en six étapes, d'un caisson destiné à permettre aux ouvriers, terrassiers puis maçons, de travailler au creusement des fondations et à l'établissement des assises des piles d'un pont dans le lit d'une rivière. Direction des travaux neufs de la Compagnie d'Orléans. (Coll. privée).

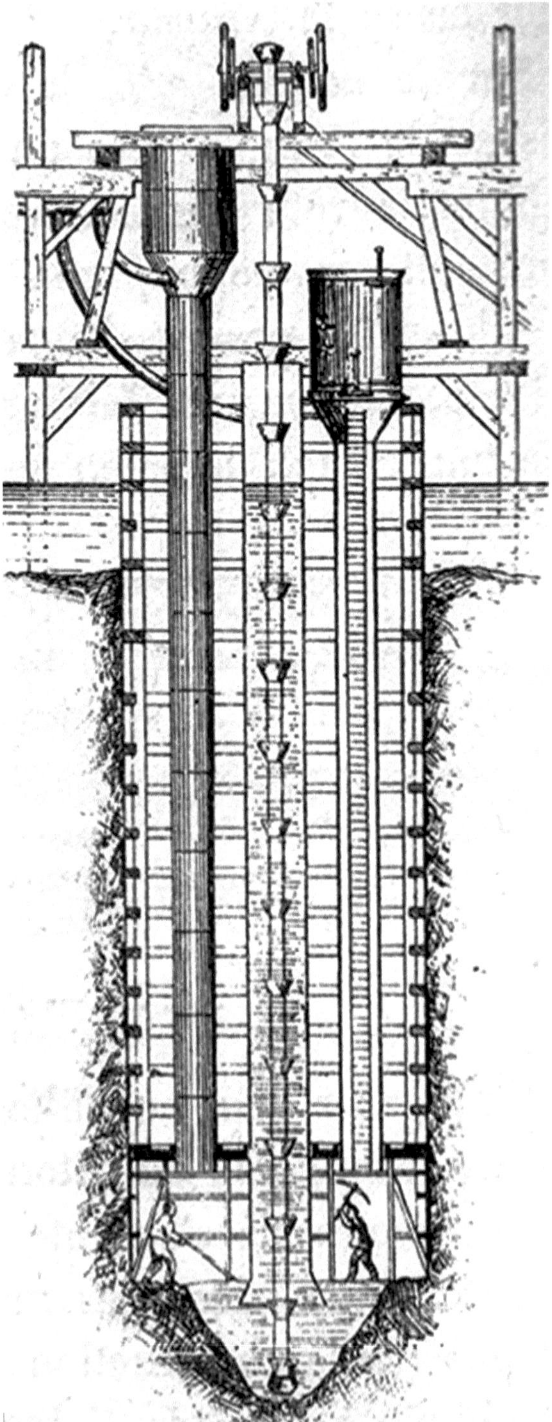

11. – Technique d'utilisation de l'air comprimé, utilisée vers 1880 pour pouvoir creuser les fondations et asseoir les piles d'un pont dans le lit d'un fleuve.

12. – Type de machine à vapeur, locomobile, utilisée à l'époque sur les chantiers de travaux publics comme source d'énergie pour les différents engins, dont particulièrement les grues. Parfois, quand la configuration des lieux s'y prêtait, il était aussi possible d'utiliser une turbine activée par une chute d'eau suffisamment puissante, comme le fit Joseph Soubigou dans le lit de la Drôme à Luc-en-Diois.

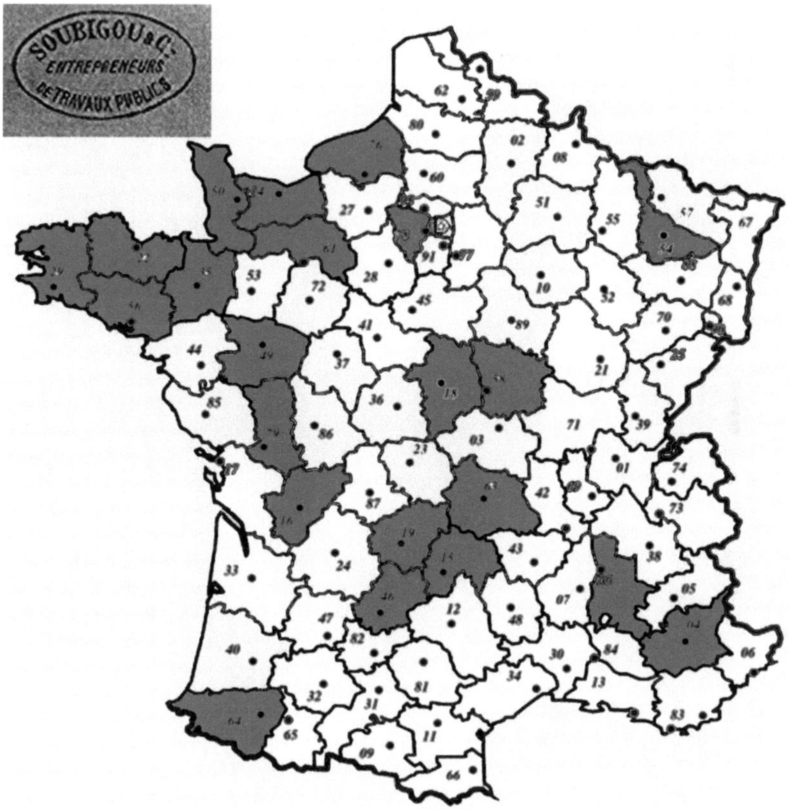

13. – Les différents départements où la société de travaux publics de Plounéventer est intervenue, entre 1859 et 1905, pour la construction de plateformes de voies ferrées, sous les appellations successives de Prigent et Cie, Radenac et Cie, Soubigou et Cie. Indépendamment du grand réseau de Clermont à Tulle et de son embranchement vers Vende, ce sont environ quarante-cinq chantiers différents qui ont ainsi été menés. L'ensemble se répartit sur vingt-trois départements, sachant que des soumissions furent aussi faites dans plusieurs autres départements comme ceux de l'Allier, de la Creuse, de l'Eure-et-Loir, du Gers, de la Loire-Atlantique, de la Seine, et sans doute d'autres encore. Les travaux routiers restèrent, eux, localisés sur les départements bretons. (En médaillon, leur tampon d'entreprise utilisé sur divers documents).

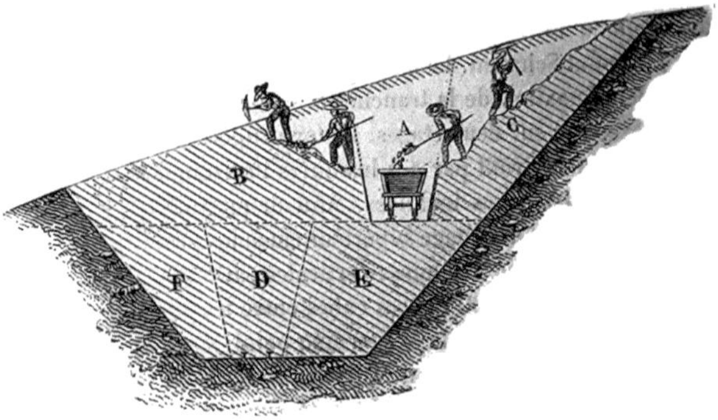

14. – Organisation du travail des terrassiers pour le creusement d'une tranchée. On identifie bien ceux qui ont la charge de creuser le sol et ceux qui ont pour mission d'emplir les chariots que d'autres encore iront déverser en un lieu précis, hors de l'ouvrage, pour constituer un remblai. Le prix du travail est différencié suivant la dureté du sol, et suivant le type de transport imposé, brouette, tombereau, chariot. (Coll. médiathèque CSI).

15. – Dans les Côtes-d'Armor aujourd'hui, sur la ligne de Rennes à Brest, une partie de la très longue tranchée de Saint-Agathon creusée par l'entreprise Prigent-Soubigou-Quéinnec. Il faut imaginer plusieurs centaines d'ouvriers, répartis sur différents niveaux, affectés, comme ci-dessus, aux diverses tâches du terrassement d'une opération portant sur 385 000 m^3 à creuser, déblayer, charger, transporter le long du chantier, et enfin déverser pour réaliser l'essentiel d'un remblai de 600 000 m^3 s'étendant jusqu'au Trieux. (Photographie de l'auteur).

16. – Bourg-Lastic. La desserte de la mine d'anthracite de Messeix dans la vallée de la Clidane, sur la section de la ligne de Clermont à Tulle construite par Jean-Louis Quéinnec entre 1875 et 1879. Le 5 juin 1881, la gare fut le point de jonction des trains d'inauguration du réseau d'Auvergne partis d'Ussel et de Clermont-Ferrand avec à leur bord les ministre de l'Industrie et de l'Intérieur, accompagnés de personnalités locales et de journalistes dont Alphonse Daudet, Émile Zola, Jules Claretie. La rencontre fut suivie d'un grand banquet regroupant plus de 320 invités.

17. – Sur l'embranchement de ce même réseau d'Auvergne, descendant d'Eygurande vers Largnac et Vende pour desservir les mines de Champagnac, à l'approche de Bort-les-Orgues, un pont en maçonnerie construit, à la même époque, par l'associé venu de Lorraine, Louis Colbert. Une section de ligne aujourd'hui disparue.

18. – Sur un chantier voisin de ceux du Clermont-Tulle, mené par un confrère à la même époque, une grue à vapeur employée à la construction de la pile d'un pont.

19. – Sur le même chantier, une passerelle d'approvisionnement en matériaux. A l'arrière, des baraquements servant probablement de cantine. Les accidents ne semblent pas avoir été fréquemment causés par la légèreté de ces échafaudages, mais bien plus souvent lors de l'usage des explosifs ou des déplacements des wagons sur les voies de service.

20. – Le Viaduc de Lessart, près de Dinan, au-dessus de la Rance, sur la ligne, dite stratégique, reliant Cherbourg à Brest, en fait plutôt simple desserte locale.

21. – Ci-contre, le même viaduc en construction avec les maçonneries réalisées sous l'autorité de Jean-Pierre Soubigou. À noter le personnage debout au pied de la première pile qui donne l'échelle de l'ouvrage. (Coll. P. Soubigou).

22. – Autre vue de Lessart. Ingénieurs et entrepreneurs, le jour de la recette de la pose du tablier métallique sur ses appuis, en 1879. (Coll. P. Soubigou).

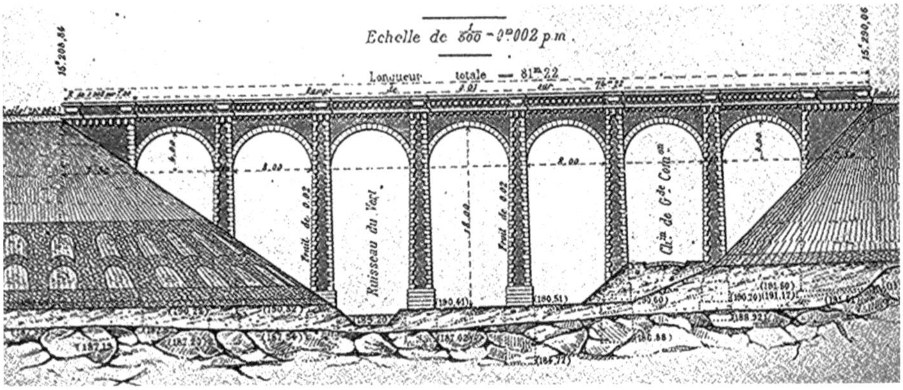

23. – Viaduc de Saint-Denis-Catus, sur la ligne de Cahors à Brive-la-Gaillarde, réalisé par l'entreprise Soubigou et Cie. Un bel ouvrage de 81,22 m de longueur, sur 7 arches de 8 m d'ouverture chacune, avec une légère rampe de 0,01. Il domine de 20 m le ruisseau du Vert, petit affluent du Lot. (École nationale des Ponts et Chaussées – photographie de l'auteur).

24. – Saint-Denis-Catus toujours. La tête du souterrain de 712 m de long, côté Brive-la-Gaillarde, avec le dessin des muraillements nécessités par une paroi fragilisée par la présence de veines marneuses se désagrégeant trop facilement à l'air libre. (École nationale des Ponts et Chaussées – photographie de l'auteur). Deux ouvrages d'un lot, numéro 7, réalisé dans des conditions techniques et climatiques difficiles, et dont les comptes ne furent soldés qu'après passage en Conseil d'État.

25. – Dans le Calvados, sur la ligne de Caen à Flers, dans le décor bucolique de la paisible rivière de l'Orne à sa traversée de la forêt de Grimbosq, un ouvrage d'art du lot de Mutrécy obtenu en 1869 par Radenac et Cie.

26. – Sur la ligne d'Argenteuil à Mantes, en région parisienne, le pont dit de fin d'Oise entre Conflans-Sainte-Honorine et Andrésy, à l'approche du confluent avec la Seine, présenté à l'Exposition Universelle de 1900. Le tablier métallique fut posé par la société Eiffel sur des maçonneries construites par l'entreprise Soubigou et Cie. 206 m de longueur au total, avec une travée centrale de 98 m. Ouvert au service en 1892, il a été détruit en 1944.

27. – Luc-en-Diois dans la Drôme. Un train venu de Crest, s'éloigne en direction d'Aspres-les-Veynes, sur le pont posé à 44 m au-dessus du Claps, chaos de rocher créé en 1442 par l'effondrement d'un pan de la montagne voisine dans le lit du fleuve, pont dont la réalisation de la maçonnerie et des fondations fut confiée à Joseph Soubigou en 1886.

28. – Réalisation peu fréquente pour Soubigou et Cie, la gare de Saint-Cloud, dite alors de Montretout. Un chantier contractualisé en 1893 pour 210 000 F. La ligne de Paris-Saint-Lazare à Versailles passe derrière ce bâtiment. Les voies visibles au premier plan, et supprimées depuis lors, desservaient une autre gare, sise à l'entrée du parc du château et détruite comme celui-ci pendant la guerre de 1870. Le bâtiment n'est plus aujourd'hui affecté à l'usage des voyageurs.

Chapitre IX

La longue et tortueuse gestation d'un réseau ferré

Au moment où, en ce mois d'avril 1865, la ville de Brest fête son premier train venu de Rennes, les choses sont loin d'être aussi simples dans une autre région française, l'Auvergne, où tant les hauteurs que les vallées, y compris la plus importante celle de la Dordogne, sont mal desservies en termes de voies de communication faciles et performantes, alors que les ressources agricoles et minières locales réclament à cor et à cris une amélioration significative de leurs moyens d'exportation hors de la région. Suivant les termes utilisés quelques années plus tard par Guillaume Rongier, maire de Mauriac : « Nous vendons tout meilleur marché, nous payons tout plus cher [1]. »

Et pourtant, au fil des années, les projets et les idées n'ont pas manqué ! Dès 1829, dans un ouvrage posthume intitulé *Essai sur le système général de navigation intérieure de la France,* Barnabé Brisson, un homme qui fait autorité dans le monde des voies de communication, attire l'attention sur le fait que seule la voie ferrée permettra de désenclaver « les provinces centrales de la France [2] ». Venant d'un inspecteur général des Ponts et Chaussées, professeur à l'École nationale des Ponts et Chaussées, et secrétaire du Conseil royal des Ponts et Chaussées, la remarque est d'importance. Sauf que le signataire n'étant plus là, cette recommandation n'est suivie d'aucun effet.

Le Grand Central

Il faut attendre vingt-quatre ans pour que la situation paraisse s'orienter favorablement et durablement quand Napoléon III accepte la suggestion du ministre des Travaux publics, Pierre Magne, qui vise à concéder un millier de kilomètres de lignes de chemin de fer pour irriguer et désenclaver la région sur la base de trois grandes connexions : Limoges avec Agen, Clermont-Ferrand avec Montauban, Lyon avec Bordeaux [3].

1. Mémoire daté de 1868. BnF : VP 9494.
2. BnF : V 9998 (BIS). Barnabé Brisson, (1777-1828), est aussi l'un de ceux qui jettent les bases du calcul économique adapté aux études prospectives de création ou d'extension d'une voie de communication.
3. Cette requête est d'autant plus écoutée que le demandeur, plusieurs fois ministre des Travaux publics ou des Finances sous l'Empire, est élu de la Dordogne.

Prudemment, au départ, seuls les plus grands axes, représentant 314 km, sont réellement concédés. L'attribution des 740 autres km, reste conditionnée à une décision à venir et à un financement à définir, c'est-à-dire au bon vouloir de l'État. Mais le principal problème n'est pas celui-là. Il est que le réseau, tel que prévu, est complètement enclavé entre ceux que les compagnies concurrentes ont déjà ouverts ou construisent : aucun accès indépendant à la capitale, aucune interconnexion autonome avec la moindre ligne étrangère, aucun lien direct vers un quelconque port maritime. Ainsi, par exemple, un axe commercial essentiel à la réussite du projet comme celui de Lyon à Bordeaux est constitué d'un premier tronçon reliant la capitale des Gaules à Saint-Germain-des-Fossés qui appartient à la Compagnie de Paris à Lyon, suivi d'un tronçon propre au concessionnaire auvergnat menant de Saint-Germain-des-Fossés jusqu'à Coutras, près de Libourne, et enfin d'un troisième trajet rejoignant Bordeaux qui est propriété de la Compagnie d'Orléans [4]. Les deux autres axes concédés ne valent guère mieux. Quant à la desserte locale, la topologie du territoire et la dimension des communes concernées ne permettent d'espérer aucun trafic significatif tant de passagers que de fret.

Malgré ces lourds handicaps fort évidents, un décret impérial du 21 avril 1853 approuve la proposition du ministre. Il est vrai que l'attribution de la concession permet de contrer les volontés expansionnistes de la Compagnie d'Orléans dont les dirigeants sont des opposants politiques convaincus et que le bénéficiaire est la Compagnie du Grand Central que crée et se propose de présider le duc de Morny.

L'intrigant personnage a acquis en 1838 la sucrerie de Bourdon, près de Clermont-Ferrand, et la possibilité d'accéder à la mer d'un côté et à une grande ville comme Lyon de l'autre côté l'intéresse à juste titre pour mieux écouler ses produits de raffinage. Comme d'autre part il met, au même moment, la main sur des sociétés minières et métallurgiques en difficulté dans le bassin d'Aubin en Aveyron, l'opération peut lui permettre de leur garantir un bon chiffre d'affaires de rails et d'éléments métalliques. Enfin, il peut espérer se positionner parmi les grands investisseurs des chemins de fer en étendant son réseau vers le sud. Ne parle-t-on pas de le prolonger vers Albi, Montauban, Toulouse, et peut-être l'Espagne [5] !

Très rapidement, les travaux s'organisent. Les entrepreneurs recrutent des milliers d'ouvriers au point que, les bras venant à manquer, le préfet du Cantal écrit aux maires de son département pour les sensibiliser au fait que les constructeurs peuvent absorber une main-d'œuvre additionnelle de dix à douze mille hommes [6].

La compagnie embauche de son côté. Il lui faut des hommes d'expérience pour guider et surveiller sur le terrain ce que font quotidiennement ses entrepreneurs. Très naturellement, faute de pouvoir débaucher chez les concurrents, la principale source du recrutement est l'administration des Ponts et Chaussées où

4. Et encore ! Ce n'est seulement après injonction ministérielle qu'est exécuté le transfert de propriété de la liaison Saint-Germain-des-Fossés à Clermont-Ferrand par la Compagnie de Paris à Lyon.
5. Rapport du docteur Edouard Raynaud au conseil municipal de Montauban, 1854. BnF : VP — 10454. La sucrerie existe toujours, sous forme de coopérative agricole.
6. Lettre du 11 octobre 1855. AD du Cantal : 5 S 3.

beaucoup de conducteurs de travaux, de « sous-ingénieurs » comme il est d'usage de les nommer, barrés dans leur évolution par les ingénieurs du corps des Ponts, cherchent à pantoufler dans le privé pour monter en grade et en responsabilité avec les avantages financiers afférents.

L'un d'entre eux s'appelle Victor Radenac. C'est celui-là même qui va apparaître sur les chantiers de la Mayenne et des Côtes-du-Nord dans les années 1860. Ses sept ans de métier dans la construction de plates-formes en milieu géographique complexe, il commence à les capitaliser dans le Puy-de-Dôme, le 1er août 1856. C'est ici qu'il se forge sa compétence dans les infrastructures de voies ferrées, cette compétence qui séduira François-Louis Soubigou. C'est en travaillant sur ce projet qu'il noue ses premiers contacts avec les frères Hunebelle qui interviennent entre Montluçon et Moulins, Périgueux et Brive, Coutras et Périgueux, et qu'il y constate leur redoutable efficacité [7].

Arrive la fin de l'année 1855. Plus de 80 MF ont été investis, et, les estimations des services de l'État sont que, si toutes les lignes sont réalisées, la continuation du projet nécessitera encore 130 MF pour terminer les seules infrastructures. Et qu'il conviendra d'ajouter plusieurs autres dizaines de millions de francs pour couvrir la totalité des dépenses nécessaires en matériel, personnel, etc., avant de pouvoir passer en exploitation.

La Compagnie vient alors se présenter devant le gouvernement pour quémander la concession définitive de la totalité des lignes prévues et surtout une contribution financière qu'elle estime indispensable pour pouvoir aller jusqu'au terme de son projet, et, justifiée puisque d'autres l'ont déjà obtenue.

C'est le baron Jacques de Jouvenel, représentant de la Corrèze et alors bien en cour, qui défend devant ses collègues du Corps législatif la solution concoctée par le ministère des Travaux publics : sous réserve de la prise en charge par la Compagnie de ses 134 MF de frais de premier établissement, une subvention de 76 MF lui est accordée. Qui plus est, un intérêt à 4 % lui est garanti pendant cinquante ans sur le capital investi en fonds propres, c'est-à-dire hors subvention [8]. Cette garantie n'est pas un mince cadeau puisqu'elle porte sur une assiette de 214 MF, total des sommes déjà engagées, et des 134 MF à venir. C'est donc d'un montant global de 290 MF de dépenses d'établissement, 214 MF pour la Compagnie et 76 MF pour l'État, dont on parle. De quoi avoir le vertige car, en regard, le rapport d'exploitation net annuel espéré plafonne à 6,70 MF. Et encore ce résultat positif n'est imaginable que si les accords d'interconnexion, prévus avec les compagnies gérant les réseaux contigus, sont strictement respectés par celles-ci, ce qui est loin d'être une habitude de leur part.

À quelques ajustements très mineurs près, c'est sur ces bases qu'une convention est conclue le 2 février 1855 [9].

7. CAMT : 60 AQ 279.
8. La subvention est importante mais n'a rien d'excessif comparée aux 230 MF versés à la Compagnie d'Orléans pour un réseau de 1 720 km, ou aux 125 MF du Lyon Méditerranée pour 324 km. Toutes lignes disposant d'un potentiel commercial nettement supérieur.
9. Pour un supplément de 2 MF, la compagnie accepte cinq embranchements ou interconnexions, permettant, en particulier d'assurer la liaison vers Rodez, Bergerac ou entre Brive et Tulle.

Une nouvelle année passe et malgré cette aide fort bien venue, la situation n'est pas meilleure à la clôture de l'exercice suivant. De rares voyageurs font l'aller-retour entre Saint-Germain-des-Fossés et Brioude, seule liaison ouverte. C'est l'unique chiffre d'affaire existant pour l'entreprise qui a encore devant elle peut-être 300 MF à débourser, tout autant impossibles à trouver dans les poches des actionnaires que dans celles d'hypothétiques investisseurs financiers vis-à-vis desquels aucun actif sérieux ne peut servir de garantie. Reste une seule issue, le rachat par un ou plusieurs des concurrents voisins.

Ceci est fait par un traité signé le 11 avril 1857. La Compagnie d'Orléans emporte le gros morceau et intègre dans son réseau la partie ouest de celui prévu par le Grand Central. Les deux autres concurrents, la Compagnie de Lyon et la Compagnie de la Méditerranée se partagent le reste. Enfin, le 19 juin suivant, les lois nécessaires pour approuver ces restructurations et la part d'intervention de l'État, sont votées par la Chambre des députés.

Ce premier chapitre des voies ferrées d'Auvergne est clos. Victor Radenac est, à partir de cette date, employé de la Compagnie d'Orléans.

Le Grand Central ainsi défunt, les travaux reprennent sérieusement sur les tronçons dévolus aux concurrents, là où les intérêts économiques commandent de densifier l'existant pour assurer de bonnes et fructueuses relations vers la capitale [10].

Pour autant pas question, mise à part la liaison Brive-Tulle, de construire à prix d'or des pénétrantes irriguant réellement la région d'Auvergne. Les optimistes, qui espéraient que la situation propre à l'Auvergne se simplifierait avec la disparition de cette compagnie locale qui dérangeait, et qui s'imaginaient voir les repreneurs nationaux entreprendre une desserte de la région, déchantent vite. Commercialement, les compagnies bénéficiaires du dépeçage peuvent parfaitement se passer de construire des liaisons dont le retour sur investissement ne fait rêver aucun de leurs actionnaires. Et comme nulle clause d'attribution de concession ne les y contraint !

En 1860, un rapport, signé Jacques Busche, inspecteur général des Ponts et Chaussées, précise clairement que « la liaison de Clermont à Tulle, nécessaire pour bien atteindre les villes et villages jusque-là délaissés, [sera] la plus difficile à réaliser [11] ». Inquiétante opinion qui vient de quelqu'un de bien informé puisque cet inspecteur général des Ponts et Chaussées, a été, quelques années plus tôt en 1853, chargé du service des études et du contrôle des travaux d'exécution du réseau central.

Un grand vide subsiste donc au milieu de la carte de France, vide qui ne peut être accepté par les habitants et leurs élus. De nouveaux intervenants se mobilisent donc très naturellement pour le combler.

Une nouvelle ère commence qui va se dérouler en trois temps rappelant malheureusement la première aventure, celle du Grand Central : Un premier acte, long et chaotique, avec la gestation conflictuelle de deux projets antagonistes. Une

10. Seront successivement ouvertes par les repreneurs les liaisons entre Limoges et Périgueux en 1861, Brive et Capdenac en 1862, Périgueux et Agen en 1863, Montluçon et Saint-Sulpice-sur-Loire en 1864, Figeac à Aurillac et Massiac à Murat en 1866, Aurillac à Murat en 1868, et pour finir Brive à Tulle au lendemain de la guerre en 1871.
11. AD du Tarn et Garonne : 261 S 1.

phase capitalistique hasardeuse avec en arrière-plan des ambitions hors de propos avec les véritables intérêts de la région et du projet qui, malheureusement pour les entrepreneurs de la plateforme, va s'inscrire dans la stricte filiation des péripéties précédentes. Et enfin, après une nouvelle prise en main gouvernementale devenue indispensable, une dernière période de clarification et de retour au concret.

Complots et manœuvres, en Auvergne

En introduction de cette nouvelle période, il est nécessaire de faire connaissance avec un intervenant qui, dans ce contexte particulièrement animé, va jouer un rôle central sur les événements à venir, et dont le chemin va croiser, bientôt, celui de l'ensemble des associés, qu'ils s'appellent François-Louis ou Jean-Pierre Soubigou, Louis Colbert, Victor Radenac, et les Quéinnec, Jean-Louis et Alain, les deux frères de Gabriel.

L'homme est conseiller général du Puy-de-Dôme. Il est né le 9 février 1818 à Clermont-Ferrand où son grand-père, venu de Bourgogne, s'est installé après avoir acheté en 1775 la charge de chef des bureaux à la direction des vingtièmes de la province d'Auvergne. C'est au 16 de la place de Jaude que se dresse l'hôtel particulier familial où il a vécu un temps près de son père, administrateur des hospices de la ville. Une place jadis empuantie par des tanneries, que des embellissements successifs ont transformée quelques années auparavant en place à la mode. Il s'est intéressé un moment au « pain de l'industrie », suivant l'expression du conseil général du Tarn et Garonne, c'est-à-dire aux mines de houilles, qui commencent à être prises au sérieux par les industriels ou les affairistes de la région et a, en décembre 1856, réclamé des concessions sur le territoire des communes de Briffons, Bourg-Lastic, Sauvagnat, Saint-Germain [12]. Il portera bientôt fièrement sa légion d'honneur que son rôle de maire de Messeix lui aura fait attribuer [13]. C'est un notable. Il s'appelle Guillaume Narjot de Toucy.

Ce personnage local cautionne une note rédigée le 20 août 1860 par Gabriel Dubreuil. Celui-ci, ingénieur et administrateur des Mines de Champagnac défend un tracé partant de Clermont-Ferrand vers Royat et Chamalières, contournant la ville de Volvic tout en gérant un accès à ses carrières d'andésite, passant un col pour descendre dans la vallée de la Sioule puis celle de la Miouse avec desserte des usines de Pontgibaud, rejoignant Bort et Saint-Projet après avoir suivi les vallées de la Clidane puis du Chavanon, et enfin côtoyant le cours de la Dordogne pour atteindre Périgueux et Bordeaux en se raccordant aux voies existantes ou en construction [14]. Au passage, les gisements d'anthracite de Messeix et de houille de Champagnac sont plus ou moins bien desservis, et une prolongation vers Tulle est évoquée. Les rampes ne dépassent pas 14 millimètres au mètre, ce qui est bien, mais les rayons des courbes descendent quatre ou cinq fois à 250 mètres, bien en

12. AD du Puy-de-Dôme : S 17. AD du Tarn et Garonne : 254 S 1. Louis Sarlin le fait, à peu près à la même époque, sur une zone entre Puy-de-Dôme, Cantal, et Corrèze. AD du Puy-de-Dôme : S 15.
13. Décernée par décret impérial du 9 juillet 1862. CHAN : Léonore-L0020054.
14. *Note sur l'étude du tracé du chemin de fer de Lyon à Bordeaux* par Gabriel Dubreuil et François Bastid. BMU de Clermont-Ferrand : A 70185 II 7. L'un des principaux actionnaires de ces mines est le comte Denys Benoist d'Azy. Il a été associé avec Nicolas Drouillard, le père d'Hippolyte Drouillard, dans la Société des Fonderies et Forges d'Alais, et, a fondé avec lui celle de Fumel.

deçà des recommandations techniques habituelles. Pour résumer, ce projet peut être appelé celui des vallées.

Il est appuyé très vite et très énergiquement par le concessionnaire des houillères de Singles dont les excavations se développent sur la rive gauche de la Dordogne en descendant vers Bort.

L'objectif de Gabriel Dubreuil est clair : construire une voie ferrée passant au plus près de ses installations industrielles, accepter des contraintes fortes dans le tracé des courbes y compris au détriment de la vitesse à laquelle le fret est peu sensible, par contre minimiser les pentes pour faciliter le passage de trains lourdement chargés, et enfin se connecter le plus directement possible avec le port de Bordeaux où arrivent, à son goût et à celui des industriels français, beaucoup trop de charbons anglais.

Appuyant ce projet par les vallées, un Comité pour le chemin de fer de Clermont-Ferrand à Bordeaux se forme à Argentat le 30 juin 1862 regroupant les principaux notables de Corrèze et du Puy-de-Dôme. Très bien !

Sauf qu'un autre tracé passant par les hauteurs, et référencé dans les textes et les débats comme étant celui des « plateaux », va faire, lui aussi, l'objet d'une active promotion [15].

En 1863, l'industriel lyonnais, et futur député puis sénateur, Louis Lucien Mangini, qui, avec son frère Félix et l'inventeur Marc Seguin, milite pour un développement raisonné des voies ferrées, se présente pour une concession de Lyon à Bordeaux permettant de régénérer le trafic entre ces deux villes en s'appuyant sur le tracé de la route impériale 89 qui « est une des plus anciennes routes faisant communiquer le centre de l'Europe avec l'Océan », car jadis « tout l'est de la France depuis Clermont, toute la Suisse, toute la Savoie, une partie même du Piémont et de l'Allemagne, recevaient par cette voie les riches produits des îles et des continents étrangers, et leur envoyaient en échange leurs produits manufacturés ». Une route historique, celle de Turgot, qui passe par les hauteurs [16].

La même année, s'appuyant sur ce texte et celui de Gabriel Dubreuil ainsi que sur une délibération du conseil municipal de Périgueux de l'année précédente, l'avocat Victor Mage publie une note défendant ce choix des plateaux, au nom de plusieurs maires dont ceux d'Eygurande, d'Ussel, de Tulle, et quelques autres. Les calculs présentés font apparaître un écart de 68 km en faveur de cette ligne avec l'avantage de ne devoir construire qu'assez peu d'ouvrages d'art monumentaux, alors que « le long de la Dordogne il n'y a guère qu'une suite de précipices ». Emporté par son plaidoyer, le rédacteur touche au lyrisme pour critiquer et mettre en garde le concurrent et les difficultés qui l'attendent dans les vallées pour rendre le terrain acceptable : « C'est à la Compagnie qu'appartiendra l'honneur de créer, avec le fer et la poudre, la mystérieuse vallée dans le roc vif. » Passant en revue les richesses minières de la région, il ne reconnaît que Champagnac

15. Dans une autre note publiée à cette même époque et signée Ivan Flachat, l'auteur, qui roule pour Gabriel Dubreuil, intègre dans son analyse les contournements possibles du Massif central, et estime qu'il y a quatre solutions qui « se disputent un trafic qui, déjà considérable aujourd'hui, est peut-être un de ceux qui, par le développement des richesses naturelles des pays traversés, ont le plus large et le plus sûr avenir » sur « la grande et importante transversale de Bordeaux à Lyon et Clermont-Ferrand ». BnF : V - 39297.

16. *Notes sur un projet de chemin de fer direct* suivant le tracé de la RI 89. BnF : Microfilm M - 19847. Marc Seguin est l'inventeur de la chaudière tubulaire.

comme site minier d'importance, et vante a contrario et généreusement chacun des villages ou petites communes agricoles sis au long de sa voie, quand, par l'autre chemin, « il n'y a plus guère que des hameaux et des cabanes de pêcheurs » au-delà de Bort et d'Argentat [17].

La guerre des tracés est ouverte. Et le combat va durer.

Victor Radenac, qui à ce moment-là mène son chantier des Côtes-du-Nord, est-il informé de tous ces projets et des combats qui les entourent ? Une réponse « oui » est certaine car les hommes qui s'affrontent le font tant publiquement que dans les coulisses, et, les relations qu'il a conservées là-bas lui relatent bien certainement une part importante des péripéties tant visibles que secrètes. Mais après tout, dans une guerre il y a un vainqueur, et, pour un entrepreneur en recherche de clients, seul le dernier combattant debout compte, car c'est celui qu'il sera intéressant d'accompagner, sans qu'il soit nécessaire d'en partager les idées géostratégiques qui, vues de Paris, de Plœuc ou de Plounéventer, laissent indifférent.

Pendant un court moment, élus et notables auvergnats patientent en fourbissant leurs armes, le Ministère ayant demandé, courant 1863, à ses propres ingénieurs de vérifier les différents projets et de donner des indications sur le choix à faire entre eux [18].

Enfin, le 31 août 1864, l'ingénieur en chef du Puy-de-Dôme, François Barreau, polytechnicien du Corps des Ponts, rédige un rapport très détaillé sur la question. Si détaillé qu'au bout de vingt-neuf pages il peut terminer par un chapitre intitulé « résumé et considérations générales » qui laisse le lecteur d'aujourd'hui tout autant perplexe pour conclure que le Ministre de l'époque ne le fut en son temps.

Voici ce qu'il déclare sans arbitrer en rien : les distances des mines de Messeix ou Singles jusqu'à Bordeaux sont meilleures de 53 et 42 km via la solution des plateaux, quand Champagnac gagne 15 km à passer par les vallées ; la construction faite à une voie, sur des terrains achetés pour une extension possible à deux voies, approche les 90 MF dans le premier cas et atteint les 100 MF en suivant la Dordogne compte tenu du nombre plus important d'ouvrages d'art [19]. Seul point où il prend parti c'est pour dire que le passage par les plateaux devra, impérativement, être assorti d'un embranchement d'Eygurande à Vendes pour desservir les mines de Champagnac. Enfin, sur une variante du chemin des vallées défendue par le maire de Messeix, la divergence technique est trop forte entre le tenant du projet et les ingénieurs de l'État pour que François Barreau puisse rester neutre : « Nous pensons qu'il y a insuffisance des évaluations des dépenses et exagération du produit du chemin. » Il est vrai que les uns prévoient des courbes au rayon étriqué de 100 mètres, quand l'autre applique le règlement ministériel qui exige de ne pas descendre en dessous des 300 mètres. En conséquence il faut relever le devis présenté par Gabriel Dubreuil et Guillaume de Toucy de 58 MF jusqu'à près de 90 MF.

---

17. BMU de Clermont-Ferrand : A 70185 III 2.
18. AD du Puy-de-Dôme : S 0491.
19. Une estimation est aussi faite dans le cas d'une acquisition limitée à une emprise d'une seule voie, mais sa prise en compte n'est pas pertinente pour la suite des événements.

En résumé, quel que soit le choix, il faut trouver des fonds approchant la centaine de millions pour réaliser cette transversale du Massif central. Et une fois la plate-forme construite, d'autres millions seront nécessaires pour l'acquisition du matériel d'exploitation et la rémunération du personnel. Certes cette dernière question relèvera de la responsabilité stricte du concessionnaire, mais impactant la profitabilité du projet, c'est la survie de celui-ci qu'elle va conditionner. Ceci devrait amener tous les candidats à la construction de la plateforme à mieux blinder leur proposition. Mais connaîtront-ils jamais ce rapport ?

Après ces études, une nouvelle impulsion est donnée par le ministre de l'Agriculture, du Commerce et des Travaux Publics, Louis Béhic, qui par une dépêche datée du 8 septembre 1864 demande la mise en place de commissions d'enquête sur les départements du Puy-de-Dôme, de Corrèze, du Cantal et du Lot. L'opération lancée le 12 septembre, a pour sujet l'utilité publique, « des avant-projets de chemin de fer allant soit de Clermont à Tulle avec embranchement d'Eygurande à Vendes, soit de Clermont à Saint-Denis, point de rencontre du chemin de fer de Périgueux à Montauban, en suivant la vallée de la Dordogne[20] ».

Les consultations sont faites rapidement puisque, dès le 17 octobre de la même année, la préfecture de Corrèze peut publier un procès-verbal des délibérations, faites le même jour à Tulle, « pour l'exécution d'un chemin de fer qui établirait une communication de Clermont à Bordeaux ». Présidée par le baron Rémi Lafond de Saint-Mür, maire de cette ville, député au Corps législatif et conseiller général, la commission départementale adopte, à l'unanimité moins trois voix, le projet par les plateaux avec embranchement d'Eygurande à Vendes, et a contrario, repousse celui par la vallée de la Dordogne malgré la lecture d'un long mémoire vantant les mérites de Guillaume de Toucy, lu par le maire d'Argentat. Le baron, fort de son expérience locale de secrétaire général de la préfecture entre 1847 et 1857, a estimé urgent que son département se prononce sans tarder et en évitant toute concertation avec les autres[21].

Le conseil général du Puy-de-Dôme, peu porté à prendre parti puisque sur son territoire jusqu'à Eygurande les adversaires sont d'accord entre eux, suit ce choix tout en se disant prêt à un ralliement au tracé adverse si celui-ci est plus rapidement décidé. Par contre les chambres de commerce de Clermont et de Thiers et le conseil municipal de Clermont votent pour les plateaux.

Cantal et Lot, à l'unanimité, soutiennent la solution contraire. Le rapport de la commission siégeant à Aurillac, présidée par le député maire et conseiller d'arrondissement Jean Esquirou de Parieu et où siège aussi Gabriel Dubreuil qui défend toujours ses Mines de Champagnac, est publié cinq jours plus tard, le 22 octobre. Il s'appuie sur une remise en cause totale des montants calculés par les ingénieurs de l'État au profit de ceux que les conseillers de Guillaume de Toucy ont avancé. Le coût des ouvrages d'art est divisé par sept, celui des terrassements par deux, les frais généraux à l'avenant. Bien évidemment, pour ce faire, le rejet des contraintes techniques réglementaires sur les rayons de courbures

20. AD du Puy-de-Dôme : S 480. Nommé ministre de l'Agriculture, du Commerce et des Travaux publics en juillet 1863, Louis Béhic le restera jusqu'en janvier 1867.
21. AD de Corrèze : 5 S 46. Rémi Lafond de Saint-Mür est député de Corrèze. Il sera sénateur de droite comme François-Louis Soubigou en 1876, et républicain en 1885.

est maintenu. De ces impasses sortent deux arguments majeurs qui sont, l'un, une économie d'investissement de 42 MF, et l'autre, l'absence de demande de subvention. Il ne s'agit bien évidemment pas d'un projet répondant aux mêmes services que l'autre, la vitesse maximale de circulation des trains se trouvant définitivement diminuée et l'attractivité commerciale pour les voyageurs ne pouvant qu'en être très affaiblie [22].

Cette fois-ci François Barreau, se sentant soutenu par sa hiérarchie et par un nombre important de responsables locaux, n'hésite plus, et, le 15 novembre, se prononce nettement dans un nouveau rapport, plus dense, contre la solution des vallées [23].

Ce nouveau rapport fait son chemin dans les bureaux de la Direction générale des Travaux Publics. La question mûrit lentement, et les choix préconisés se confirment doucement. Ceci prend des mois, jusqu'à ce que, fin 1867, l'éventualité d'une prise de décision se précise et que filtrent des informations qui laissent entendre que le trajet par les vallées va être rejeté.

Guillaume Narjot de Toucy ne se laisse pas abattre. Il veut son réseau. Et s'il faut se déjuger, pourquoi pas! Le 24 janvier 1868, il emmène les députés-maires de Clermont-Ferrand et de Tulle, Jacques Mège et Rémi de Saint-Mür, chez Jean-Louis Forcade de la Roquette, successeur de Louis Béhic au Ministère des Travaux Publics. Son objectif? Esquiver toute adjudication de quelque projet que ce soit. Et pour ce faire? D'abord montrer officiellement son ralliement à l'option qu'il sait avoir la faveur du gouvernement. En second lieu, pour tenter d'écarter appel d'offres et concurrence, tout miser sur un financement purement privé obtenu du baron Maurice de Hirsch et de Louis Bischoffsheim, banquiers bien connus sur la place de Paris [24]. Après avoir défendu cette position devant le Ministre, il réussit, le 20 février suivant, à la faire avaler au Comité Central d'Argentat, celui-là même créé en 1862 pour défendre l'autre projet.

Il est donc en bonne position lorsque, le 19 juin, parait le décret impérial qui arbitre entre tous les choix possibles et déclare d'utilité publique le chemin de fer de Clermont-Ferrand à Tulle, via Ussel et les plateaux, pour une longueur de ligne de 225 km dont 53 km pour l'embranchement vers Vendes, et un investissement estimé à 81 MF hors matériel et personnel d'exploitation. Une dépense totale qui se décompose en 56 MF pour la construction de la plate-forme et l'achat des terrains appropriés et 25 MF pour la superstructure, à peine moins que les études globales précédentes [25].

Le Sénat confirme le tout dès le 14 juillet suivant, et, la loi peut être votée et publiée quatre jours plus tard [26]. Les préfets peuvent désormais autoriser les ingénieurs des Ponts et Chaussées à pénétrer dans les propriétés pour mener les études détaillées nécessaires avant l'ouverture d'un quelconque chantier, en fixant

22. BMU de Clermont-Ferrand: A 34961.
23. Rapport du 15/11/1864. AD du Puy-de-Dôme: S 480.
24. Une partie de la fortune de Maurice de Hirsch est issue de ses investissements dans les chemins de fer ottomans.
25. Rapport au Sénat du 14 juillet 1868 par Louis Béhic, publié au *Moniteur universel* du 15 juillet 1868, et repris dans une note intitulée *Observations de la Compagnie de Chemin de Fer de Clermont-Ferrand à Tulle* du 2 avril 1875. BMU de Clermont-Ferrand: A 70185 III 5.
26. *Bulletin des lois* n° 1628, XIe série, 1er semestre 1868.

les détails du tracé, et, identifiant les caractéristiques topographiques et géologiques exactes qui conditionneront terrassements et ouvrages d'art. Sans tarder, dès le 27 août, un ingénieur en chef, Jacques Ferrand, est nommé pour faire prendre en main ces opérations [27]. Le travail est bien mené puisque, fin juin de l'année suivante, il peut annoncer qu'elles sont complètes sur 95 km [28].

Attribution d'une concession

Maintenant, à qui attribuer la concession de cette ligne et de son embranchement ? Comment choisir parmi les prétendants possibles ?

Guillaume de Toucy se prépare, bien évidemment, à être l'un d'entre eux. Sans attendre, il confie à la banque David, de Taillan, et Cie, la collecte des fonds nécessaires. Dès le 17 janvier 1870, après avoir précisé « nous ne sommes et ne voulons être pour rien dans la demande en concession, dans le service de banque, dans l'administration, et encore moins dans l'exécution et l'exploitation », celle-ci peut publier un appel à souscription et la composition d'un Comité de patronage où apparaissent les noms des maires de Clermont, Riom, Besse, Chamalières, Bord, Royat, et quantité d'autres communes des monts d'Auvergne, ainsi que ceux des frères Amavet qui contrôlent les mines de Single, ainsi que de plusieurs députés locaux dont les barons Prosper de Barante et Rémi de Saint-Mür. L'homme d'affaires clermontois apparaît ainsi comme le rassembleur, le grand et unique défenseur des intérêts locaux, celui qui mérite vraiment le nom de fondateur comme le déclare la notice. Comment imaginer que l'attribution puisse se faire à quelqu'un d'autre [29] ?

Deux décrets impériaux des 30 avril et 4 juin 1870 officialisent la mise en adjudication, avec une subvention budgétée à 42 MF par le Trésor, au lieu des 56 MF proposés initialement par les Ponts et Chaussées. Commence un nouvel acte où industriels et financiers vont tenir les premiers rôles, et se battre. Car malgré les échecs précédents et la rigueur budgétaire du Ministère des Finances l'affaire fait toujours rêver les investisseurs.

Dix compagnies ou consortiums se présentent, dont neuf, ayant respecté les formes administratives imposées, sont admis à concourir. Les hommes qui constituent ces différents groupements sont familiers des conseils d'administration. Il y a là des grands noms de la finance tels Marc Lévy-Crémieux, gros actionnaire de la Société Générale et allié occasionnel de Louis Bischoffsheim, ou Ludovic Tenré qui finira ses jours totalement ruiné. Et des hommes d'affaires comme Émile de Girardin, plus connu comme homme de presse mais dont il ne faut pas minimiser le rôle d'investisseur, ou l'industriel belge Simon Philippart, « ce Boulanger de la finance » ainsi que le qualifiera un jour Jules Claretie après qu'il se soit retrouvé en délicatesse avec la justice française [30]. Et puis étonnement ! Dans l'un des consortiums, un nom : celui de Victor Radenac, l'associé des entrepreneurs de Plounéventer. Il fait partie de l'équipe qu'emmène un financier

27. AD du Cantal : 5 S 54.
28. AD du Cantal : 5 S 53.
29. CAMT : 65 AQ E 223.
30. In *La vie à Paris* (1897).

nommé Delahante, sans doute Gustave qui a participé à plusieurs projets du duc de Morny, dont la Compagnie du Grand Central dont il fut l'un des principaux actionnaires[31]. Le fait-il à son seul titre, quitte à solliciter éventuellement l'appui de ses partenaires finistériens en cas de succès ? Peut-être. Compte tenu de ses moyens financiers personnels, il est difficile de penser qu'il y soit sans en avoir parlé avec François-Louis Soubigou. En a-t-il obtenu un appui financier occulte ? C'est tout à fait possible et assez vraisemblable.

Sept réponses seulement sont déposées, dont l'arbitrage est fait le 18 juin 1870, la règle étant de se positionner a minima par rapport à la subvention prévue et annoncée. Et qui est le moins disant ? Guillaume Jean Narjot de Toucy ! Il est à la tête du consortium qui offre le meilleur rabais avec 14 005 000 F, soit un abattement d'un bon tiers. L'ex-partisan inconditionnel du projet par les vallées emporte la soumission pour la réalisation de la solution par les plateaux. Le suivant est à un peu plus de 850 000 F d'écart, soit deux points d'écart. Les deux derniers sont loin derrière avec un faible rabais d'à peu près 4 MF. Tout est donc en place pour, enfin, commencer à concrétiser ce vieux projet de jonction ferroviaire entre Clermont-Ferrand et Tulle[32].

Tout est en place ?

Certes ! Sauf que l'année 1870 ne se termine pas pour la France comme elle a commencé. Le 13 juillet, la fameuse dépêche d'Ems trafiquée par Bismarck déclenche le conflit franco prussien, et le 19 suivant, c'est la guerre qui va mettre à terre le régime impérial, et aussi les finances publiques puisqu'une punition de cinq milliards de francs va être ponctionnée par les vainqueurs. Cette triste période ne se prête pas à réaliser de belles infrastructures ferroviaires et encore moins à en entreprendre de nouvelles quand bien même elles ont été votées et planifiées par le régime déchu[33].

Il faut attendre le 18 avril 1872 pour que, arguant de ce que l'adjudication a été faite dans les règles, Pierre Edmond Teisserenc de Bord, ingénieur des Ponts et Chaussées et ministre chargé de l'intérim des Travaux publics, adhère à l'idée d'en déclarer l'homologation. De leur côté, sentant qu'un geste de leur part serait le bienvenu les concessionnaires présumés acceptent de reporter le paiement du premier terme de la subvention au 15 janvier 1875. L'ensemble est renvoyé devant la commission d'enquête des chemins de fer où le baron Léon de Jouvenel est chargé de défendre le rapport.

Les débats ont lieu le 3 août 1872 à l'Assemblée nationale. Ils sont animés. Déjà, la veille, ceux concernant la ligne de Tours-Montluçon ont vu les députés rejeter le projet à l'instigation d'Eugène Caillaux, auquel sa compétence

31. APP : Ba 457. Gustave Delahante s'intéresse depuis longtemps aux chemins de fer, en tant qu'administrateur comme en Espagne et au Portugal, ou en tant qu'entrepreneur comme pour la construction de la voie du Bouveret à Sion sur la ligne de chemin de fer d'Italie en association avec les frères Hunebelle. Son frère, Adrien, l'un des fondateurs en 1869 de la Banque de Paris qui fusionnera bientôt avec la Banque de Crédit et de Dépôt des Pays-Bas, est vraisemblablement en appui.

32. Rapport Louis Béhic, déjà cité. Les partenaires de Guillaume de Toucy sont : le comte François Victor de Constantin, le comte Amédée de Besenval, le baron Jules Sichel de Meer-Dervoort, et l'entrepreneur de travaux publics Victor Foriel. Ce dernier est connu des Radenac et Cie. Il a travaillé sur la voie Rennes-Brest dans les Côtes-d'Armor, et a perdu contre eux l'adjudication de Pleyber-Christ.

33. Ceci n'arrête pas les travaux de la ligne de Tulle à Brive dont l'ouverture se fait le 28 août 1871. Plounéventer va payer un lourd tribut à cette courte guerre : 28 morts.

d'ingénieur des Ponts et Chaussées et son rôle de rapporteur du budget des Travaux Publics donnent un poids particulier. Ce 3 août, il est tout aussi virulent pour prôner le report de la décision concernant le Clermont-Tulle, en d'autres termes son enterrement. Mais cette fois-ci il n'obtient pas gain de cause. Le 17 août 1872, le *Journal officiel* promulgue la loi approuvant l'adjudication faite deux ans plus tôt presque jour pour jour à Guillaume de Toucy et ses amis.

Quelle persévérance ! Que d'intrigues, que d'années passées à séduire ou à impressionner les décideurs locaux, à se créer des alliés financiers réels ou potentiels, à parcourir les corridors et les bureaux ministériels, pour arriver à cette ultime contorsion de jeter aux orties tous ses propres arguments en devenant le meilleur défenseur du projet adverse ! De quelle rentabilité potentielle exceptionnelle cette affaire est-elle donc porteuse ? Quelle est donc la véritable stratégie à long terme de ces concessionnaires qui acceptent de se lancer dans l'aventure avec un handicap de deux fois 14 MF, venant une fois des restrictions imposées par le Trésor, et une seconde fois de leur propre rabais ?

Pour le comprendre, il est nécessaire de regarder plus globalement les menées de Guillaume de Toucy dans ce monde des chemins de fer.

D'abord en revenant un peu en arrière, à ce jour de janvier 1868 où il s'est présenté chez le Ministre Forcade de la Roquette. Que lui a-t-il véritablement exposé ? Non seulement qu'il pouvait monter l'opération sans subvention, mais que de plus il militait pour la « création rapide d'une voie ferrée directe de Clermont à Bordeaux et peut-être un véritable réseau transversal par fusion avec les Charentes et les Chemins du Médoc », et donc d'un septième et nouveau réseau, additionnel aux six grandes compagnies existantes[34].

Ensuite, cette opération n'ayant pas abouti, la guerre étant passée, qu'a-t-il fait dans l'attente de la décision définitive de sa concession auvergnate ? Sans attendre la relance de son dossier du Clermont-Tulle, il a lancé avec son ami le comte François Victor de Constantin, une autre opération très ambitieuse et sans aucun lien apparent avec la première. Appuyés par l'ancien directeur de la Banque de France à Angers, Anatole de Mieulle, ils ont postulé près de tous les préfets situés sur un axe partant de la capitale vers le sud, afin d'obtenir les agréments nécessaires à la construction de lignes d'intérêt local à raison d'une par département. L'ensemble, posé sur une carte, présentait un tracé parfaitement rectiligne entre Paris et Narbonne, susceptible de se prolonger aisément jusqu'à Barcelone, puis Carthagène, puis Oran via une liaison maritime, et enfin Alger[35]. Avec quel objectif cette fois-ci ? Très simple ! Toujours le même. Un septième réseau, avec cette fois-ci un nom illustratif : La Méridienne.

Les responsables locaux les ayant suivis, fin 1872, au moment de l'adjudication définitive du Clermont-Tulle, les deux compères disposent des appuis de plusieurs autorités départementales, Loiret, Cher, Allier, Creuse, Aude, etc., qui leur permettent de se préparer sérieusement à développer un tel projet. Enrichi de l'axe transversal de Clermont à Tulle, l'ensemble a pris de la consistance.

À tout le moins en apparence.

34. Note à « son excellence M. Forcade de la Roquette ». BnF : VP - 27274.
35. Carte au CAMT : 65 AQ E 107.

Sur le seul contrat du Cantal, par exemple, ils doivent immobiliser 510 000 F de caution. Multiplié par tant de départements, ce sont quelques millions de francs qu'il leur faut. Les ont-ils ? Peut-être, mais ce n'est pas certain du tout. Derrière Anatole de Mieulle, il y a bien un certain Jean Van der Zée, dirigeant d'une société familiale de négoce à Boulogne-sur-mer et à Londres, mais dont la fortune n'est pas telle qu'elle puisse lui permettre ce type d'opérations. En fait, dans un montage qui n'est pas des plus nets, ce dernier est le bras armé de la Banque des frères Dujardin, de Bruges [36]. Un appui qui permet de démarrer mais qui n'est sans doute pas suffisant pour mener le projet à son terme, avec en plus les besoins de la nouvelle concession auvergnate. Même en pariant sur un juteux détournement de trafic vis-à-vis du P. L. M. et du P.-O., le financement global reste à construire.

Quelle est donc la finalité des manœuvres de Guillaume de Toucy en ayant entrepris cette autre opération, hors de proportion par rapport à ses moyens financiers personnels ?

Il faut, là encore, revenir à cet entretien de 1868, et, comprendre ce que sont les alliés avec lesquels il s'y est présenté. Maurice de Hirsch et Louis Bischoffsheim sont, l'un et l'autre, liés au saint-simonien Paulin Talabot, un homme incontournable du monde des chemins de fer qui depuis 1862 est directeur général du P. L. M. après en avoir assuré la gestation [37]. Les liens entre ces trois hommes sont trop forts pour que les deux premiers aient agi à l'encontre des intérêts du troisième. Ceci signifie donc que le maire de Messeix a agi en homme de paille pour tenter de permettre à cette grande compagnie d'atteindre d'une manière détournée la côte atlantique qu'aucun responsable politique ne pourrait et n'oserait jamais lui accorder directement [38].

Alors ce qui est vrai pour La Méridienne ne l'est-il pas aussi pour la concession du Clermont-Tulle ? Celle-ci entre-t-elle aussi dans un jeu de poker menteur du même type que l'autre, bâti par le même Guillaume de Toucy et ses amis ? C'est effectivement ce qui va apparaître, mais lentement, mais progressivement, et bien tardivement.

En attendant, la décision gouvernementale n'est pas un blanc-seing. Elle précise que les travaux doivent commencer sous moins d'un an et être terminés huit ans au plus tard à dater de l'attribution de la concession, l'État se réservant un droit de rachat au bout de quinze ans suivant une formule préétablie [39]. Malgré ces exigences, malgré le travail préparatoire théoriquement fait par la banque David, de Taillan et Cie, la société tarde curieusement à se créer, provoquant une interpellation du ministre par les députés du Cantal au mois de décembre [40]. C'est seulement le 24 mars 1873 qu'elle dépose ses statuts, prenant le nom de

36. CAMT : 65 AQ E 107.
37. Tous les trois ont été activement impliqués dans la récente création, en 1864, de la Société Générale.
38. À ce moment, Paulin Talabot est directeur du P. L. M. depuis huit ans et va le rester jusqu'en 1882. Il est aussi très actif dans les conseils d'administration des Fonderies et Forges d'Alais, où il retrouve Nicolas Drouillard ainsi que Denys Benoist d'Azy et son fils Paul qui sont eux présents dans plusieurs autres conseils d'administration de compagnies de chemins de fer.
39. Annexe au procès-verbal de la séance du 30/07/1872 de l'Assemblée Nationale. BnF : LE 89-26 (1872, ?,1382). Au plan technique, le rayon minimum des courbes sera de 250 mètres, et l'inclinaison maximale de 25 millimètres par mètre ; deux clauses peu favorables aux grandes vitesses, mais géographie oblige.
40. *Le bâtiment, journal des travaux publics et particuliers* du 2 février 1873.

« Compagnie du chemin de fer de Clermont-Ferrand à Tulle », et installant son siège social à Paris, 6 rue Auber[41].

Le décret du 30 avril 1870, qui a officialisé la procédure d'attribution, a stipulé que la compagnie « devrait se renfermer strictement, à moins d'autorisation spéciale, dans l'objet de la présente adjudication[42]. » Les statuts n'y dérogent pas, même s'ils autorisent les administrateurs à « exécuter et exploiter toutes autres lignes de prolongement et d'embranchement qui pourraient [lui] être concédées, achetées ou reprises, tant dans les départements du Puy-de-Dôme que de la Corrèze ou des départements voisins, toutes autres entreprises de transport accessoires et toutes exploitations se rattachant à l'objet principal de la Société », formulation banale et classique destinée à éviter une révision en cas d'opportunités ultérieures de développement[43].

La composition du capital est fixée à 20 MF en 40 000 actions de 500 F dont 25 % sont appelés immédiatement en espèces. Très classiquement, les fondateurs y font apport de la concession ainsi que des études faites et des documents recueillis, un ensemble qui est effectivement un réel actif. Le tour de table, outre les amis de Guillaume Narjot de Toucy, rassemble un ensemble d'actionnaires privés parmi lesquels le riche fabriquant de matériel de chemins de fer Louis Voisine, et plusieurs banquiers qui souscrivent en leur nom propre comme Edouard Dervieu, Maximilien Kann, Edouard Vallon, Albert Rostand, les frères Maximos et Joseph Sakakini. Il y a enfin des institutions bancaires comme Max Kann et Cie, Gay Rostand et Cie, la Banque générale de change et de commission, et la Banque franco-autrichienne-hongroise qui place l'un de ses administrateurs délégués, Simon Simon, à la présidence, lors du premier conseil d'administration du 22 avril 1873. Remarque en apparence banale, si cette dernière banque fournit le président, c'est qu'elle détient le pouvoir absolu, possédant à elle seule 23 000 actions, et qu'elle veut, le temps nécessaire, s'assurer des bonnes décisions[44].

Place aux professionnels

Simon Simon démissionne bientôt, et, le 16 mars 1874, un autre administrateur est élu pour le remplacer. Il s'appelle Albert Rostand. L'homme est compétent et redoutablement efficace. Son gendre, qui l'envie et le déteste à la fois, le décrit ainsi : « À la fois libertin, prodigue pour soi-même, avare pour les autres, plein de morgue, d'exigence, de raideur, impérieux, tranchant, despote, bref un bourreau d'argent, mais qui ne desserre point les doigts autour de lui[45]. » Un homme à poigne visiblement, qui sait protéger et valoriser ses intérêts et ceux des sociétés où il intervient. Surtout, il connaît bien le monde de la finance. En 1855

41 Statuts déposés en l'étude de Maître Lavoignat, notaire à Paris, le 3 avril 1873. CAMT : 65 AQ E 223. Le siège sera bientôt transféré au 55 Chaussée-d'Antin dans un bel appartement de sept pièces loué au baron Roger Seillière. AC de la Ville de Paris : D1 P4 253.

42. BnF : LE89-26 (1872,?,1362).

43. Compagnie du chemin de fer de Clermont à Tulle, statuts, 1873. BnF : 4 V 40.

44. La présence de la plupart de ces hommes ne peut relever du hasard. Ainsi Edouard Dervieu s'est déjà impliqué avec Louis Sarlin, cité ci-après, dans les demandes de concessions minières qu'il a déposées dans plusieurs départements d'Auvergne. AD du Puy-de-Dôme : S 015.

45. *Note à consulter sur mon procès avec M Albert Rostand* par le comte Léo de Saint-Poncy, 12 janvier 1878. BnF : 4 - FN - 2564.

il a participé à la fondation de la Société Marseillaise de Crédit Industriel où il siège toujours au conseil d'administration. Il est fondé de pouvoir de la banque Gay-Rostand et Cie. Avec l'appui de la Société Générale de Crédit Industriel, il a redressé en 1859 les Docks et Entrepôts de Marseille dont il a pris la présidence en 1865, une entreprise créée à l'origine par Paulin Talabot lui-même. Comme chef d'entreprise, il a depuis plusieurs années un rôle majeur sur la place de Marseille et le Bassin méditerranéen. Ses bateaux à vapeur ont assuré un temps les liaisons vers le Levant avant que sa compagnie ne fusionne avec les Messageries Nationales pour créer, le 8 juillet 1858, les Messageries Impériales, devenues depuis la fin de la guerre les Messageries Maritimes dont l'activité s'étend non seulement autour de la Méditerranée mais aussi jusqu'aux ports d'Amérique du Sud et d'Extrême-Orient. Grâce à un décret du 11 juillet 1860, il a participé à l'aventure de la Compagnie des chemins de fer algériens jusqu'à ce que, cette entreprise étant à bout de ressources, il ne la vende à la Compagnie du P. L. M., celle-là même qui cantonne vers Lyon la ligne de Clermont à Tulle[46].

En le sollicitant, les actionnaires se dotent d'un patron opérationnel, dur en affaires, bien introduit dans le milieu bancaire, bon connaisseur du monde du transport, qui saura développer l'entreprise, et, si nécessaire, gérer des accords d'association ou d'absorption, sans états d'âme et pour le seul intérêt financier des actionnaires.

Toutes les apparences sont là pour laisser à penser que les conditions sont rassemblées pour que Guillaume de Toucy et ses amis puissent se consacrer à la construction et à l'exploitation de cette voie ferrée, essentielle pour relier le cœur de la région Auvergne au monde extérieur comme l'a prescrit Bernard Brisson quarante-trois ans plus tôt. Tous les signaux visibles sont au vert pour que réussisse cette opération.

De son côté, Victor Radenac qui n'a pu entrer par la grande porte lors de l'adjudication, se prépare, dans l'ombre et en bon commercial, à entrer par la fenêtre contractuelle qui s'ouvre pour la construction de la voie. Bâtir des plates-formes de voies ferrées est son métier. Il a des références solides localement et près de la Compagnie de l'Ouest avec laquelle les relations ont parfois été fermes mais toujours correctes. Il connaît les lieux, leur géographie, leurs contraintes géologiques et climatiques, les entreprises aptes à fournir de la main-d'œuvre. Depuis juin 1870, l'adjudication n'a pas été remise en cause malgré les événements et les bouleversements politiques. Le besoin existe et n'a cessé d'être exprimé par toutes les autorités locales. Le concessionnaire a un mandat en bonne et due forme du gouvernement de la République. Les arbitrages nécessaires ont été faits. Il y a de l'argent mobilisé et mobilisable, autour d'une société qui a réuni son premier tour de table sans grande difficulté. La présidence est assurée par un professionnel dont les attaches avec le mouvement légitimiste, à travers son père Bruno et son frère Jules qui en sont des thuriféraires déclarés, sont connues et apparaissent comme une garantie.

46. La Turquie, la Grèce, la Tunisie, l'Espagne l'ont honoré de leurs principales décorations. La France l'a fait chevalier de la légion d'honneur en 1862. AP : Famille Rostand. Parallèlement à tout ceci, il soutient, avec l'entrepreneur et ingénieur Alexandre Lavalley, qui a travaillé sur le canal de Suez, l'idée d'un métro parisien. *Projet de Chemin de Fer Métropolitain*. BnF : VP-27728. Le P. L. M. est aussi intervenu sur les Docks et Entrepôts de Marseille.

Et donc, en ce début d'avril 1874, avec ses alliés de Plounéventer et d'Azelot, il se prépare à signer sereinement pour l'un des plus importants chantiers de terrassements et ouvrages d'art français confiés à une seule entreprise de travaux publics au XIXe siècle, sur la base d'un contrat négocié sans appel d'offres. 227 km de double plateforme, plusieurs viaducs, sur la Corrèze, la Diège, le Chavanon, la Rhue, dans la ville de Royat, de multiples ponts et ponceaux, de nombreux souterrains ou petits tunnels, 216 passages à niveau, 111 maisons de garde, d'innombrables aqueducs, quantité de travaux de déviations de chemins et de routes, et pourquoi pas, plus tard, les haltes et les stations, dont une possible grande gare sur la place de Jaude à Clermont-Ferrand[47]. Par son ampleur, tant technique qu'économique, cette opération peut leur permettre de se positionner comme l'une des quelques entreprises françaises de travaux publics aptes à mener la construction de grands projets ferroviaires en milieux difficiles. Ne fréquentant pas les cercles discrets et feutrés des pouvoirs financiers parisiens, corréziens ou marseillais, ils voient devant eux un avenir souriant.

Et la décision que prend, le 20 juillet, Eugène Caillaux, tout récent Ministre des Travaux Publics et strict partisan d'une stratégie privilégiant les six grandes compagnies, de fermer définitivement la porte à La Méridienne qu'il estime dénuée de rentabilité potentielle avec un coût à la construction excessif, ne peut que les conforter dans l'importance que vont attribuer les concessionnaires du Clermont-Tulle à la réussite du seul projet concret qui leur reste[48].

L'affaire, à l'arrivée sera fort rentable, malgré les pièges et les chausse-trappes que cette longue période de gestation a fait germer et qui vont émerger au long des mois, malgré les cartes biseautées qu'ont distribuées et vont continuer à distribuer leurs interlocuteurs et clients, malgré l'énorme travail que tout ceci va représenter. Ils ne le savent pas, et heureusement, mais c'est un difficile parcours technique et juridique de quatorze années qui commence pour eux tous, et qui, vu l'importance des capitaux immobilisés, va handicaper le développement commercial ultérieur de leur entreprise.

47. Après quelques hésitations, le ministère exclura définitivement la construction de cette gare en avril 1877. BnF : 4 V 40.

48. Le développement de La Méridienne se limitera à une Compagnie du chemin de fer de Bourges à Gien et d'Argent à Beaune-la-Rolande, concédée en juin 1874. Elle réclamera sans succès un accès direct à Paris et finira par accepter, en 1879, d'être achetée par l'État sous la pression successive des ministres Albert Christophle et Charles de Freycinet. Après l'échec de tous ses projets, Anatole Honoré de Mieulle décédera « dans un état d'insolvabilité totale ». La compagnie Van der Zée et la Banque Dujardin finiront faillies. CAMT : 65 AQ E 107. Ceci étant, dans les premières années du XXe siècle, le P-O et le P. L. M. en seront encore à s'affronter pour une telle liaison vers Narbonne, via un projet au nom évocateur : le Grand Central.

Chapitre X

Les surprises auvergnates

Pour que le réseau puisse exister sur le terrain, deux tâches prioritaires sont à entreprendre par le concessionnaire : acquérir au long du tracé les emprises nécessaires, et lancer la construction de la plate-forme et des superstructures, en attendant l'installation de toute la signalisation et du matériel fixe et mobile. Pour ce faire, la Compagnie passe, en avril 1874, des traités avec trois contractants. Deux d'entre eux, Victor Maunier et Edouard Dervieu, sont vite récusés sur injonction de l'administration des Ponts et Chaussées qui considère leurs engagements « non conformes à l'esprit du cahier des charges [1] ». Le dernier contrat, un marché verbal signé en avril 1874, est maintenu. Il confie à Jean Joseph Louis Sarlin, dit « Louis Sarlin père », la construction des infrastructures, à charge pour lui en tant qu'entrepreneur général de choisir, recruter, et superviser ses propres sous-traitants. Un intervenant que le journal *Le Commerce* du 24 avril 1873 a déjà annoncé : « Nous apprenons que les travaux de construction ont été entrepris par une puissante société de travaux publics ayant son siège à Paris. »

D'où surgit ce personnage ? Qui est-il ?

Né le 26 décembre 1818 à Ansouis dans le Vaucluse, il est parti très tôt s'installer en Algérie, à la suite de son père devenu veuf et en compagnie de son frère cadet Eugène. Dans l'acte d'état-civil concernant la naissance de son fils Marius en août 1841 à Philippeville, il est donné comme menuisier. Dix ans plus tard, à 33 ans, lui a été attribuée la construction du théâtre d'Alger où il est intervenu à titre gracieux en échange de la cession d'un terrain sur lequel il a réalisé une opération immobilière fort profitable. Il a mené des travaux de génie civil, seul ou en association, comme sur les docks d'Alger ou au port d'Oran. Enfin, le 18 septembre 1860, un décret impérial a attribué la Légion d'honneur à celui qui, entre-temps, est devenu « entrepreneur et propriétaire à Alger [2] ».

Alors, pourquoi cet homme si bien introduit dans les affaires de travaux publics décide-t-il immédiatement de sous-traiter la totalité de ces chantiers d'Auvergne ? Parce que le « pied noir » qu'il est, ou presque, ne connaît pas la région ? Parce que

1. L'un est chargé de la négociation des achats de terrain, du ballastage, de la construction des gares et des stations, l'autre de l'acquisition du matériel fixe et roulant. La récusation est faite sans indemnité. CHAN : MC/ET/CIX/1238.
2. CHAN : Léonore-L2460009, et, L2460013. Mairie d'Ansouis : état-civil. La construction du théâtre a duré 41 mois, sa reconstruction après l'incendie de 1882 coûtera 1,2 million. C'est dire la valeur du terrain reçu en échange.

toutes ses ressources en hommes sont mobilisées ailleurs ? Mais alors, pourquoi les dirigeants du Clermont-Tulle lui confient-ils ce rôle si sa seule valeur ajoutée est sa signature sur un contrat dont il va déléguer toute la réalisation ? Importantes questions que personne ne semble se poser, et dont les réponses finiront pourtant par s'imposer à ses sous-traitants, plus tard et bien trop tard.

Pour l'instant, il sait, ou apprend, que dans un consortium concurrent il y a eu ce Victor Radenac dont il peut mesurer les qualités. Une formation d'ingénieur, une solide expérience acquise ici même, des références en d'autres lieux, l'habitude de coopérer avec d'autres professionnels, et en sus, l'absence de tout lien avec le milieu financier marseillais qui garantit une totale étanchéité entre lui et les actionnaires. C'est l'homme idéal ! Les deux entrepreneurs se rejoignent et contractualisent en bonne et due forme un accord signé le 9 du mois d'avril 1874 qui confie au second la responsabilité d'ensemble de la construction de la voie, c'est-à-dire la maîtrise d'œuvre réelle et totale, mais non sa construction qui fait l'objet de trois autres actes adossés au premier, toujours à la signature de Louis Sarlin. L'un avec Jean-Louis Quéinnec pour la section de Clermont-Ferrand à Eygurande, et un deuxième avec Jean-Pierre Soubigou pour la section d'Eygurande à Tulle, ce qui représente l'ensemble de la ligne principale à livrer au plus tard le 31 juillet 1879. Le troisième est contractualisé avec le dernier associé du groupe, le lorrain Louis Colbert, et porte sur l'embranchement d'Eygurande à Vendes pour une livraison moins d'un an après la ligne principale, soit le 31 mai 1880. Pour la bonne forme, ces deux dates d'ouverture prévisionnelle sont assorties d'une clause de sauvegarde qui stipule que, si les terrains nécessaires ne sont pas libres au 31 octobre 1877, l'engagement de livraison sera de 18 mois après la date de mise à disposition réellement obtenue.

Un très beau contrat

Ce montage est intelligemment construit. D'une part, il évite une cascade de sous-traitances et une accumulation de marges qui auraient voulu que Louis Sarlin traitât avec Victor Radenac et celui-ci indépendamment avec les trois autres. D'autre part, il mandate ce dernier, seul homme connu sur la place de Clermont, comme garant de la compétence et de l'honnêteté de ses trois partenaires. Simplement, le rôle réel et la valeur ajoutée d'entrepreneur général du premier n'en deviennent que plus ambigus.

Une annexe détaillée définit les quantités estimées et fixe les prix unitaires. Issue des études de Jacques Ferrand faites sur le terrain en 1869, elle est claire et indiscutable, évitant tout débat sur le chiffrage des opérations. Quelques multiplications simples donnent le montant théorique d'ensemble : il dépasse sensiblement les 19,20 MF après application d'un rabais de 25 %, destiné à rejoindre en tout ou partie les poches de l'entrepreneur général Louis Sarlin, au détriment des actionnaires. Là aussi, l'avenir dira pourquoi.

Il est, par ailleurs, prévu que l'équipe Soubigou – Quéinnec – Colbert travaille avec un rabais de 30 % sur le même montant théorique total. Si tout se passe comme prévu, les 5 points d'écart entre ces deux pourcentages iront à Victor Radenac. Si les dépenses sont minorées, sa commission augmentera d'autant. Si elles dérapent, elle sera amputée en conséquence[3]. Il est donc en quelque sorte responsable planification et qualité du chantier, ce qui est parfaitement cohérent avec sa formation d'origine et son expérience personnelle dans ces campagnes vallonnées et parsemées d'obstacles naturels qui vont imposer beaucoup de terrassements, de travaux à flancs de coteaux, de tranchées, de petits ouvrages d'art. Par cette quadruple contractualisation, Louis Sarlin se décharge de toute supervision et néanmoins se trouve protégé de tout dépassement de budget puisqu'il traite globalement au forfait, et se défausse fort proprement sur ses sous-traitants de la manière dont le chiffre d'affaire doit être réparti entre eux, qu'ils soient intervenant actifs sur le terrain ou seulement acteur commercial et meneur de jeu comme Victor Radenac.

En attendant que les comptes puissent être soldés, et ils ne pourront l'être qu'après que la recette définitive des travaux aura été déclarée avec le client final, les partenaires seront rétribués sous forme d'avances sur le règlement final, pour les uns sur la base d'attachement mensuels, pour le premier sur sa base théorique de 5 % proratée par ces mêmes attachements.

Quant au cautionnement qui va servir de garantie jusque et au-delà de la réception définitive, il est en proportions du montant de l'opération : 1,20 MF qui devront rester immobilisée un an au-delà de la recette définitive. Impossible pour Victor Radenac de disposer d'emblée d'une telle somme. Alors il fournit 500 000 F, versés comptant. Et c'est sa future et théorique prime de 5 % qui, bloquée, va progressivement se capitaliser sans intérêts à concurrence de la somme manquante. Ceci lui évite une sortie immédiate de fonds, avec l'inconvénient de retarder d'autant le moment où il pourra voir transférer sur son compte cette prime négociée.

Sort-il le cash de sa seule poche ? Peut-être ou peut-être pas. Emprunte-t-il ? Difficile de le savoir. François-Louis Soubigou et ses parents l'aident-ils ? Peut-être ou peut-être pas, là aussi. Car eux-mêmes ont leurs propres dépenses en préparation de ces multiples chantiers qu'il leur va falloir ouvrir au long des kilomètres. Et peu importe.

Premiers travaux

Sur le terrain, les opérations démarrent mais en progressant plus lentement qu'annoncé. Les acquisitions d'emprises, qui devraient être menées rondement pour tenir le plan de marche prévu, traînent en longueur pendant toute l'année 1874. Peu de situations se soldent à l'amiable. Les habitants de Pontgibaud récusent les tracés prévus. L'Administration exige une révision de celui prévu entre Clermont-Ferrand et Royat, toujours conditionné par l'existence ou non de cette hypothétique gare de la place de Jaude. Surtout la Compagnie elle-même n'est pas aussi prête à avancer qu'elle ne l'affiche tant près de l'Etat que

3. Les valeurs exactes se montent pour les trois sous-traitants de deuxième rang à 19 237 442,25 F, et pour Victor Radenac à 1 282 496,15 F. AC de Paris : D1 U⁹ 340. La valeur d'un tel contrat est difficile à transposer en monnaie actuelle compte tenu des nombreux bouleversements vécus depuis cette date à travers inflations excessives, krachs boursiers ou périodes de guerres, mais elle représenterait vraisemblablement plusieurs dizaines, voire près d'une centaine de millions d'euros.

face aux entrepreneurs. Seuls des travaux limités commencent symboliquement le 22 mai près de Tulle, et quelques autres en septembre à la gare d'Eygurande, avec priorité pour les ouvrages d'art afin de pouvoir continuer un peu d'activité pendant l'hiver où les terrassements risquent de devenir quasi impossibles. Au 31 décembre, la direction affiche un volume travaillé de 147 400 mètres cubes, soit environ 10 000 journées de terrassiers. C'est très peu [4].

C'est trop peu, car près de 3,20 MF ont déjà été décaissés, et ne restent disponibles qu'un peu plus de 1,80 MF. Dès le mois de juin, inquiet, l'ingénieur en chef a rappelé aux entrepreneurs qu'ils ne devaient strictement agir, et donc dépenser, que sur prescription écrite de sa part. Pour des responsables qui avaient planifié embauches et achats d'équipement par rapport à un plan de marche plus optimiste, c'est une gêne non négligeable.

Du coup, les Juloded se trouvent contraints d'inventorier les économies possibles sur leurs autres chantiers en cours. Et c'est peu. Comme souvent dans une entreprise qui a vécu longtemps sans trop compter, cela passe mal près de certains, comme avec le neveu Jean-Louis, dit « Jean-Louis bian », qui, dans une lettre du 25 septembre 1874, propose insolemment à son oncle Jean-Pierre « de vendre la moitié des chevaux et de congédier la moitié du personnel ». Ajoutant : « Je vous prie donc de me donner des instructions logiques c'est-à-dire dont vous accepterez les conséquences [5]. » C'est le même homme qui, dans une autre lettre écrite quelques mois plus tôt, avait avancé l'hypothèse de « s'adresser soit à un notaire, soit à des particuliers pour un emprunt » qu'il chiffrait alors à une trentaine de mille francs pris à 5 %, plutôt que de payer des intérêts à 6 % sur les découverts près de leur banque le Comptoir du Finistère. Proposition fort raisonnable mais qui, en cette fin du XIXe siècle et dans un milieu si hiérarchisé, outrepassait les prérogatives qui étaient les siennes vis-à-vis des anciens, alors que ceux-ci ne lui avaient rien demandé.

Sa suggestion est, cette fois-ci, prise en compte, aggravant l'amertume de ses aînés qui doivent avoir le sentiment de capituler. Le 10 mai 1875, un tel emprunt est signé à Laval pour un montant total de 260 000 F [6]. L'opération n'est pas mince. C'est tout le clan Soubigou qui s'associe pour la réussir, car, vu la somme en jeu, il faut offrir des contreparties sérieuses, et les seules possibles sont des garanties hypothécaires sur les biens possédés. Le futur sénateur met en jeu sept fermes pour plus de 100 hectares. Nicolas et Allain s'impliquent pour près de 120 hectares à eux deux. Enfin le frère aîné Jean-Louis, conjointement avec son fils Jean-Louis qui a milité pour l'emprunt et sa fille Jeanne-Louise, dame Abgrall, est tout aussi volontaire avec cinq fermes et 138 hectares. Au total, dix-sept exploitations sur près de 370 hectares, sont ainsi mises dans la balance. Précision qui ne peut être un détail, aucun de ces biens n'est sur le territoire

4. Rapport du directeur des travaux, approuvé par Albert Rostand le 16 octobre 1874. AD du Cantal : 5 S 53. Et, Compte-rendu de l'année 1874 à l'assemblée générale ordinaire du 30 novembre 1875. BnF : 4V40. L'accord de concession prévoit que les terrains soient acquis pour deux voies et les ouvrages réalisés de même, terrassements et pose des rails pouvant être limités à une seule voie hormis les gares d'évitement.
5. AD du Finistère : 78 J 31 et 32, Fonds Maître Perret. « Jean-Louis bian », ou « Jean-Louis le petit », « Jean-Louis le jeune », pour le distinguer de son père « Jean-Louis coz », « Jean-Louis l'ancien ».
6. AD de Mayenne : 3 E 439, Fonds Henri Auguste Dubois.

de Plounéventer[7]. Il faut préserver les terres de la base historique, et espérer que l'opération restera discrète, car emprunter une telle somme pourrait être vu comme un aveu de faiblesse financière, et donc de régression sociale.

En face, huit rentiers de la Mayenne rassemblent 190 000 F, le complément étant fourni par deux Finistériens que François-Louis Soubigou connaît bien. L'un est avocat à Morlaix, et, ils se fréquentent depuis quatre ans au conseil général du Finistère. Il s'appelle Étienne Barazer de Lannurien[8]. C'est d'ailleurs lui, selon toute vraisemblance, qui, à travers les relations qui sont les siennes avec le banquier lavallois, Henri Nouvel de la Flèche, identifie les candidats prêteurs[9]. L'autre, Julien Labbé du Bourquet est le gendre d'Hugues Querret, le partenaire médiatique de 1848[10]. Le premier met 50 000 F sur la table, le second 20 000 F.

Opération lourde ! Avec un taux d'intérêt à 5 %, c'est la totalité des loyers qui va financer les annuités à venir pendant la durée du prêt, durée prévue pour partie trois ans, partie cinq ans. Mais l'emprunt étant au nom des seuls Soubigou et non pas Radenac et Cie, permet de maintenir purement verbal l'accord d'entreprise, sans partage plus accentué du pouvoir.

L'année 1875 se déroule plus favorablement, tout au moins en apparence. Les jurys d'expropriation, chargés de régler les litiges avec les propriétaires qui rechignent à céder leurs terrains au prix offerts, se réunissent le premier mars et statuent complètement sur les dossiers de Corrèze et du Cantal, ce dernier concernant l'embranchement vers Vendes ; par contre dans le Puy-de-Dôme, département clef, tout n'est pas définitivement réglé. Malgré ce handicap, 130 km d'emprises sont acquis sur les 221 prévus.

Désormais, il devient imaginable de travailler plus professionnellement et de rattraper partiellement les retards, au moins sur neuf des dix sections de la ligne principale où s'activent les Radenac, Soubigou et Quéinnec. Ils poussent activement les opérations. Une fois arbres et taillis abattus ou rasés, une foule de terrassiers coltine les tonnes de terres et de rochers qui jalonnent le tracé. Avec la pioche et la pelle, ils creusent les collines, générant des déblais qui vont compenser quelques centaines de mètres plus loin les nombreuses dénivellations à combler. À une altitude qui sur la majorité du parcours oscille entre 600 et 800 mètres, les étés sont lourds et les hivers bien enneigés[11]. La tâche est rude pour ces hommes dont l'essentiel du travail se passe à l'écart des agglomérations. Combien sont-ils ? Aucun fichier de personnel ne semble avoir traversé les années. Les rapports des ingénieurs des Ponts et Chaussées chiffrent, suivant les années, entre 1 500 et 1 800, le nombre d'ouvriers œuvrant sur les trois départements. C'est une moyenne, car aux beaux jours, ils sont très nettement plus nombreux.

---

7. Les biens sont répartis sur Ploudaniel (154 ha), Guiclan (81 ha), Le Tréhou (62 ha), Saint-Thégonnec (57 ha), Ploudiry (14 ha).
8. Lors des élections sénatoriales de 1885, il sera accusé d'avoir manipulé le vote de deux délégués en faveur de François-Louis Soubigou, et devra témoigner devant la Commission d'enquête.
9. Étienne Barazer de Lannurien s'est entremis en 1860 pour gérer les relations de la famille Nouvel de la Flèche avec la Compagnie de l'Ouest dans le cadre de l'achat des terrains nécessaires pour le passage de la voie ferrée près de Morlaix. AD du Finistère : 5 S 29.
10. La Société d'Agriculture de Morlaix est un autre cénacle de convergence. CCI de Morlaix.
11. Point culminant de la voie : 925 mètres à Laqueuille dans le Puy-de-Dôme.

Néanmoins, ceci signifie que les techniques et les machines de service ont bien évolué depuis l'époque où les industriels anglais déployaient 8 000 hommes pour construire les 146 km de la ligne de Paris à Rouen [12].

Près des terrassiers et mineurs, payés 2,50 à 3 F par jour et qui constituent le gros des effectifs, existent différentes cellules de spécialistes aux rémunérations plus attractives. Parmi ceux-ci les maçons et tailleurs de pierre, essentiels pour les finitions et les parements des multiples ouvrages d'art, les forgerons pour les outils et diverses pièces métalliques utilisées qu'il faut réparer sans cesse ou le ferrage des nombreux chevaux, sans compter les charpentiers, les plâtriers, les serruriers, etc. Au-dessus du lot, parfois mieux payés que leur chef de chantier, trônent les mécaniciens, garants de l'entretien et du bon fonctionnement des différents appareils à vapeur maltraités par l'usure et les intempéries [13]. Sans oublier les charretiers, dont le savoir-faire pour mener et soigner 100 à 150 chevaux de trait autour de trois, quatre ou cinq cents wagons, est si précieux que chez Radenac et Cie les responsables préfèrent qu'ils viennent de Bretagne où il est plus aisé de valider avec certitude leurs compétences. Avec l'inconvénient éventuel et parfois dramatique de passages d'ordres délicats entre personnes ne parlant pas toujours la même langue, comme l'accident qui coûte la vie au chef de chantier François Tourmel le 24 avril 1876 lors de la mise à feu de fourneaux de mine par un homme ne parlant que le breton [14].

L'encadrement est, quasi uniquement, assuré par les enfants et neveux des patrons. C'est ainsi qu'interviennent : les deux Auguste Soubigou, l'un fils de François-Louis et l'autre de son frère Nicolas, Jean-Louis Soubigou, le neveu avec lequel les relations sont tendues en permanence, sans oublier les frères Quéinnec, Jean-Louis et Alain. Amédée Radenac, l'un des fils de Victor, fait ici ses premières armes dès sa sortie de l'École Centrale des Arts et Manufactures en 1876 [15]. Louis Colbert, célibataire endurci, recrute l'un de ses neveux, Louis Eubriet, qui ne semble pas avoir joué un grand rôle, se retirant assez vite sur ses terres de Flavigny, en Lorraine. Cette organisation, qui garantit la transparence de ce qui se passe sur le terrain pour les anciens qui restent facilement à distance, fonctionne, ces hommes ayant la capacité de diriger une troupe nombreuse par l'exemple, le zèle, et l'activité, ainsi que l'attestent les notations militaires de ceux d'entre eux qui ont choisi de faire, en parallèle, une carrière dans la réserve comme le fils du sénateur et son cousin Auguste qui restent officiers dans l'infanterie coloniale [16].

Ce personnel familial est logé sur place dans un train spécial où il trouve les facilités nécessaires à son hébergement et à celui de sa famille, et aussi, car le

12. Chiffre tiré du *Cultivateur, journal des progrès agricoles*, novembre 1842. D'autres auteurs parlent de 15 000 hommes.
13. Les salaires des spécialistes s'étagent entre 4 F pour les charretiers et 5,50 F pour les tailleurs de pierres. Quelques rares métiers aux très faibles effectifs dépassent ces montants. AD du Lot : 69 S 3.
14. Des accidents il y en a, hélas, bien d'autres, souvent graves comme aux Cascades près de Gimel où un éboulement cause la mort de quatre hommes et en blesse grièvement trois autres, plus deux disparus. *Le Corrézien* du 26 août 1880.
15. Il y trouvera en 1882 une épouse, Marie-Gabrielle, la fille de Léon Theyssier, ancien maire de Bort, démissionnaire après la loi de 1879 retirant aux religieux la direction de l'école communale. AM de Bort, et BnF : LN27-33744.
16. Les deux Auguste Soubigou sont capitaines. ADT : 5Ye 60893, et, 5Ye 51540.

chantier s'éloigne très vite de la grande ville, les services de soins et de formation pour les jeunes enfants [17]. Estimant ces conditions très généreuses, François-Louis Soubigou n'hésite pas à déclarer qu'aucune autre rémunération, aucun salaire, ne doit être versé à son fils, tout en défendant une rémunération correcte pour les cousins [18]. Les ouvriers, pour la plupart des tâcherons fournis par des sous-traitants locaux, se logent comme ils peuvent dans des conditions de confort et d'hygiène très médiocres. La maladie frappe, facilement et largement, rendant parfois aléatoire la continuation des travaux.

Sur l'embranchement vers Vendes, Louis Colbert, qui en a la charge et dispose d'un délai plus long, attend pour démarrer. Peut-être de plus se méfie-t-il. Subodorant les difficultés qui vont se faire jour bientôt, il retarde investissements et dépenses de personnel tant que se faire se peut. Sans doute son côté madré de vigneron lorrain, « un peu finassier » comme le dira plus tard François-Louis Soubigou, le fait-il ruser avec des objectifs qui lui paraissent incertains. Il supervise cependant l'installation d'une base de neuf hectares près de la gare d'Ussel.

Pour autant, la Compagnie n'est pas à l'abri des manœuvres de ses adversaires qui n'ont pas renoncé. Les tentatives pour développer un tracé concurrent par les vallées continuent à se développer, mettant en péril le potentiel de rentabilité de la ligne. Le risque tourne autour de l'embranchement vers Vendes qui a été conçu pour offrir aux bassins houillers locaux cet accès à Bordeaux qu'ils continuent à réclamer pour y concurrencer la houille anglaise à bas prix qui, dit-on, sert de lest aux bateaux venant charger du vin et des denrées [19]. Or cet embranchement ne satisfait pas les Mines de Champagnac qui, en accointance avec le P.-O., poussent un projet, officiellement spécialisé pour le transport de minerai, qui descendrait vers Mauriac puis Aurillac, c'est-à-dire dans une direction complètement opposée à l'axe Clermont-Tulle. Elle affirme qu'il n'y aura pas détournement de trafic car sa production va tellement se développer qu'elle continuera malgré cela à faire transiter les quantités initialement promises via Vendes et Eygurande. Ce chemin nouveau, assez peu coûteux à construire car à voie unique et étroite, bénéficie d'une approbation du conseil général des Ponts et Chaussées datée du 1er décembre 1874, qui débouche sur un projet de loi déposé, le 15 février, suivant par le ministre des Travaux Publics, Eugène Caillaux, qui privilégie les grandes compagnies, donc ici le P.-O. Le danger est réel. Les dirigeants du Clermont-Tulle en sont conscients. Cette nouvelle liaison sera non rentable avec le seul transport des productions minières, et son redimensionnement deviendra vite naturel aux fins de capter du trafic de voyageurs pour atteindre l'équilibre financier et ceci se fera à leur détriment. Ils protestent énergiquement, cherchant à démontrer que le ministre est mal informé et qu'il doit revenir sur sa décision [20]. Malgré cela, ce projet continue et continuera à mener sa vie propre jusqu'au bout.

17. Attestations des descendants actuels.
18. À noter que le père et le fils se vouvoient, se donnant du « Mon cher fils » et « Mon cher père » dans leurs lettres.
19. *Note sur le chemin de fer de Champagnac à Saint-Denis-lès-Martel*, Jean Jacques Durieu, député du Cantal. 1875. BnF : VP 26565.
20. BMU de Clermont-Ferrand : A 70185 III 5.

Arrive le 31 décembre de cette année 1875. La Compagnie est propriétaire de près de 365 hectares dont un tiers a pu être négocié à l'amiable, sur lesquels les terrassiers ont, en un an, creusé ou remblayé près d'un million de mètres cubes pour construire la plateforme destinée à recevoir ballasts et voies. C'est un volume sept fois supérieur à celui de l'année précédente. Le grand pont de 24 mètres d'ouverture sur la Corrèze est quasiment fini, et plusieurs souterrains d'une bonne longueur ont été commencés. En particulier, les études de ceux de la Tête noire ou de Varon, longs de 200 et 349 mètres, sont approuvées par le Ministère. Ceci étant, à environ 4 hectares à exproprier par kilomètre linéaire de voie, il reste encore beaucoup à faire pour tenir les dates d'ouverture que continue à annoncer la Compagnie de Clermont-Tulle pour 1879.

Or la situation financière est délicate. Toutes dépenses confondues, ce sont plus de 9 MF qui ont été décaissés depuis le lancement des opérations. Un tiers pour couvrir les frais de fonctionnement, et 6,40 MF au profit des entrepreneurs, ou plus exactement de Louis Sarlin qui, par le jeu de la sous-traitance, en a reversé la partie prévue par contrat aux différents associés. Pour l'instant, ceux-ci n'ont donc pas matière à s'inquiéter, d'autant que sur le papier, des ressources potentielles importantes existent chez le client final. Il reste à appeler la moitié du capital et la totalité de la subvention de l'état, les vingt-huit millions ou presque qui sont toujours disponibles et intacts puisque rien n'a été mandaté.

Seulement, la trésorerie est très faible. Hormis les cautionnements déposées par les entrepreneurs qui doivent rester bloqués, il n'y a quasiment plus rien en caisse quand il est acquis que le volume des terrassements à effectuer et l'importance des ouvrages d'art à bâtir pendant l'année à venir sont du même ordre que tout ce qui a déjà été fait en deux ans. Il faut des fonds, et c'est crucial. L'État promet de débloquer 5,25 MF dans le courant de l'année à venir, et autorise l'émission de 40 000 obligations de 500 F, portant intérêt annuel de 15 F et remboursables en 99 ans par tirages annuels à partir de 1879, sur les 60 000 demandées par le conseil d'administration. Une émission que la direction préfère ajourner malgré tout au profit d'un emprunt de 5 MF [21].

Le client s'organise

Dans ce contexte difficile, le premier août 1876, arrive chez le client un nouvel ingénieur en chef. Il s'appelle Alexandre Siben. C'est un lorrain comme Louis Colbert. Ils ont même cohabité au sein des Chemins de Fer de l'Est, sans nécessairement que leurs chemins se soient étroitement croisés, l'un étant à Provins et l'autre à Lunéville.

L'homme dispose d'une solide formation acquise à Polytechnique et à l'École nationale des Ponts et Chaussées, et surtout, il arrive d'Italie où, basé depuis 1857 dans la vieille et industrieuse ville de Pistoia, il a piloté la difficile construction des voies ferrées entre Bologne et Florence pour le compte de la Société des Chemins de Fer de Toscane Centrale, avant de partir à Gênes, en 1866, diriger celle de la ligne de Vintimille à La Spezia pour le compte de la Compagnie des Chemins de

21. BnF : 4 V 40. Le prix d'émission est fixé à 275 F.

Fer de Ligurie, que contrôlent les Chemins de Fer Romains [22]. En Italie centrale, il a su résoudre les difficultés techniques de la traversée des Apennins. En Ligurie, il a redressé une situation où les travaux précédemment exécutés laissaient à désirer, et assuré la responsabilité des nouvelles réalisations pour un budget total supérieur à 80 MF. La satisfaction de ses employeurs successifs s'est traduite par le double titre de commandeur dans l'ordre de la Couronne d'Italie en 1873 et dans celui de Saint Maurice et Lazare en cette année 1875 [23]. Seule sa nationalité française, à laquelle il est attaché pour l'avoir choisie contre l'option allemande de l'après-guerre, lui a interdit d'assurer les plus hautes fonctions au sein d'une compagnie qui est passée en décembre 1866 sous le contrôle du tout jeune gouvernement italien. C'est le directeur technique et le patron opérationnel qu'il faut au Clermont-Tulle pour stimuler les actions en cours, mettre au clair toutes les études et les plans qui sont encore incomplets, et, faire accepter l'ensemble par les services des Ponts et Chaussées qui ont la responsabilité de la validation.

Comment chez Radenac et Cie voit-on l'arrivée de cet interlocuteur nouveau ? Sans doute plutôt bien, tout en sachant qu'il faudra compter avec lui. Leur position de sous-traitants n'est tenable que s'ils ont en face d'eux un client capable d'exprimer clairement ses besoins, de suivre la planification prévue, de gérer correctement la relation avec le superviseur qu'est l'ingénieur des Ponts et Chaussées désigné par l'État pour garantir le respect des orientations générales de la concession, pour enfin signer les recettes permettant d'être payés. Le mode de commandement et de communication de son prédécesseur s'est traduit par d'assez nombreuses imperfections dont ils ne peuvent être seuls responsables, et dont ils aimeraient éviter la répétition.

Ils cherchent certainement à se renseigner sur la réputation de celui qui va tenir en main leur destin d'entrepreneurs. Et où le faire sinon chez Eugène Caillaux, où François-Louis Soubigou peut se faire dire comment Paulin Talabot a personnellement recommandé cet ingénieur qu'il avait repéré quand lui-même s'occupait de la Société des Chemins de Fer du Sud de l'Autriche et de Lombardie [24]. Le sénateur ne peut qu'en être rassuré, et, faire part de cette bonne nouvelle à ses parents et associés.

L'année 1876 se termine avec un bilan technique en progrès : les entrepreneurs ont pu mobiliser une moyenne de 2 600 ouvriers qui ont creusé et remblayé 2,571 millions de mètres cubes ; la longueur totale de souterrains creusée dépasse les 800 mètres linéaires ; plusieurs dizaines de milliers de mètres cubes de maçonnerie ont été posés. Le cas du viaduc de Royat a été tranché le 7 août. Le conseil général voulait un pont métallique, il aura un bel ouvrage de pierres du pays aux lourdes assises. Porté à chaque extrémité par une arche de 20 mètres d'ouverture et au milieu par neuf autres de 10 mètres chacune, avec des piliers

22. CHAN : F/14/232/1. Au conseil d'administration siège le vicomte Paul Benoist d'Azy, fils de Denys, actionnaire, maintenant décédé, des mines de Champagnac.
23. CHAN : Léonore-L2513018.
24. CHAN : F/14/2323/1.

intermédiaires de 1,8 mètre d'épaisseur, il fera 173,8 mètres de long et montera à 20,90 mètres de haut[25].

Financièrement, la situation est toute autre. Il reste en caisse 1,113 MF, alors que 5 MF ont été empruntés et que la dépense cumulée se monte à 20,60 MF.

La déclaration des dirigeants, faite en Assemblée Générale le 15 novembre 1876, où ils sont censés présenter leur vision de l'année à venir, est terriblement inquiétante :

> « Il nous semble inutile de vous soumettre un projet de budget, alors que les circonstances dans lesquelles nous nous trouvons présentent un caractère anormal, que nos prévisions sont dominées par des faits indépendants de notre volonté et que notre désir comme notre intérêt nous conseillent de hâter autant que nous le pourrons l'achèvement de notre œuvre, en y consacrant toutes les ressources qui peuvent nous échoir[26]. »

Tout ceci fait que des mesures drastiques sont à prendre dès le début 1877.

Faire une augmentation de capital ? Aucun actionnaire, qu'il soit majoritaire ou minoritaire, ne semble visiblement y songer. Activer le lancement des obligations ? Suivant l'expression de Maître Couteau, docteur en droit, concluant à la même époque sur une autre affaire : « La législation existante n'offre trop souvent aux obligataires qu'une protestation insuffisante pour la défense de leurs intérêts[27]. » Les volontaires risquent donc de ne pas se précipiter. De toute manière, l'une et l'autre option paraissent hors de propos alors que la totalité du capital n'a pas été appelée, et que, depuis plusieurs mois des pourparlers sont en cours avec l'État pour qu'il rachète le réseau[28].

Réviser les conditions techniques de réalisation de la voie ? Ceci a déjà été fait. Courbes et pentes sont plus accentuées qu'il ne faudrait pour de bonnes performances de vitesse et de traction, et l'Administration refuse de redimensionner la plateforme et ses ouvrages d'art pour une seule voie, ce qui serait la seule économie sensée.

Reste à peser sur les frais de structure et pour ce faire une seule solution : réorganiser la sous-traitance. Depuis le début des opérations, l'entreprise de Louis Sarlin est en coupure entre le véritable donneur d'ordres qu'est la Compagnie concessionnaire, et l'entreprise Radenac et Cie qui fait les chantiers. L'évidence milite pour qu'une décision soit prise en faveur d'un mode d'organisation plus simple.

Changement de contrat

Côté services de l'État, vient d'arriver un nouvel ingénieur chargé de superviser la construction de la ligne. Edouard Bricheteau-Morandière sort d'avoir redressé, en moins d'un an, une situation technique et juridique difficile en Roumanie. Il connaît Victor Radenac. Il l'a vu à l'œuvre pendant la guerre de

25. Sa construction sera délicate, nécessitant de pousser les fondations à une profondeur exceptionnelle dans un sol envahi par les eaux et un air vicié par le gaz carbonique. AD du Puy-de-Dôme : S 481.
26. BnF : 4 V 40.
27. APP : Ba 446.
28. AD de Corrèze : 5 S 46.

1870, où il a supervisé la réalisation d'ouvrages défensifs à Gennevilliers, Villejuif, Saint-Denis, tandis que l'autre construisait ceux de Rueil et de Bois-Colombes. Plus encore, il a, entre 1865 et 1870, dirigé pour le compte du P.-O. les études, les travaux, et les adjudications, du tronçon de Bressuire à Niort sur lequel les associés travaillaient. Il ne peut que peser sur la mise en place d'une base contractuelle plus saine et plus claire avec des entrepreneurs qu'il connaît bien [29].

La tâche est d'autant plus aisée que, le 16 avril de cette année 1877, une convention d'achat est signée entre l'État et les actionnaires de la Compagnie du Clermont-Tulle, prévoyant une évaluation de la valeur de la ligne sur la base d'un décompte arrêté au 30 juin. Le président Albert Rostand peut donc en toute sérénité casser son contrat avec Louis Sarlin par le biais d'un compromis et traiter directement avec Radenac et Cie. Personne de son Conseil d'administration ne va protester. C'est ce qu'il fait le 9 juillet, en y adjoignant une mission d'arbitrage de six mois pour faire l'estimation de la valeur des travaux déjà réalisés, de manière à pouvoir solder le passé et préparer les bases d'évaluation de l'infrastructure restant à faire, qui seront directement mandatées par la Compagnie de Clermont-Tulle à Radenac et Cie. À chacun de ces deux actes, le compromis de rupture de Louis Sarlin avec la Compagnie et le nouveau contrat de sous-traitance de celle-ci avec les associés, est jointe une annexe technico-économique détaillée supposée commune. Tout ceci se passe fort gentiment. L'arbitrage est confié à Alexandre Siben avec une date butoir au 9 janvier 1878, un choix qui montre que la confiance entre les parties est totale et que le nouveau patron technique du client s'est fait reconnaître par ses compétences et son objectivité. Malgré tout, dans une situation contractuelle et financière aux enjeux si importants de part et d'autre, demander à un responsable, partie prenante au dossier, de lire entre les lignes représente une certaine naïveté et même une réelle imprudence de la part des dirigeants de Radenac et Cie. Aussi objectif et honnête soit-il, l'homme ne peut avoir les mains totalement libres dans son expertise.

Fin de parcours... ou presque

Parallèlement et indépendamment de cette mise en place de nouvelles relations de client à sous-traitant, les négociations entre la Compagnie de Clermont-Tulle et l'État continuent à évoluer. Une sentence arbitrale, chiffrant le prix du rachat est rendue le 18 février 1878. Il reste à légiférer pour transformer la convention de rachat, qui n'est pour l'instant qu'un accord de principe, en espèces palpables pour les actionnaires. La question, et celle touchant quelques autres compagnies, est bientôt débattue par la Chambre des députés, puis ce barrage franchi, vient à l'ordre du jour du Sénat les 8, 9 et 10 mai.

François-Louis Soubigou est à son fauteuil dans l'hémicycle. Il assiste aux débats houleux où Eugène Caillaux s'exprime énergiquement, chiffres en main, pour commenter et contrer les décisions en suspens, accusant le gouvernement de sacrifier inutilement un milliard de francs, soit le double de ce qu'a prévu le ministre qui s'en est tenu à cinq cents millions. Ce qu'il entend doit le faire

29. CHAN: Léonore-L0363057.

frémir, car le cas de la Compagnie de Clermont à Tulle est explicitement critiqué par l'orateur : « Comment ! Voilà une compagnie qui a pris des engagements, qui ne les a pas tenus, qui a commencé la construction et n'a pu l'achever, qui se déclare impuissante à la faire, vous la rachetez précisément parce qu'elle a déclaré son impuissance, parce qu'elle n'a pas tenu ses engagements ! » Et qui plus est cet orateur, à la compétence technique inattaquable, insiste :

> « Ainsi, pour la Compagnie de Clermont à Tulle, qui a 23 millions de dépenses restant à faire à forfait, vous lui verserez cette somme au fur et à mesure de l'exécution. Mais si elle dépense 30 millions au lieu de 23 millions, elle viendra vous dire, en vertu du principe que vous avez posé : Ce n'est pas 23 millions, c'est 30 millions que vous me donnerez, il me faut 7 millions de plus. »

C'est la rentabilité et la survie de l'entreprise Radenac et Cie, de sa propre entreprise, la sauvegarde de ses tous biens, que le sénateur du Finistère voit se jouer sous ses yeux.

Heureusement pour les associés, sentant qu'il n'obtiendra pas gain de cause, le contradicteur se replie sur une série d'amendements destinés à minimiser la dépense globale. Et le 18 mai, la décision est approuvée du rachat par l'État de la ligne de Clermont à Tulle avec embranchement sur Vendes. Mais François-Louis Soubigou, qui a, par discipline de parti ou fidélité amicale, soutenu l'ancien ministre et ingénieur de la Compagnie de l'Ouest, est confirmé dans ses doutes qui vont bientôt l'amener à se retirer de l'activité de travaux publics.

En attendant, localement, les dépenses faites et à faire ayant été estimées à 55,66 MF, dont une partie couverte par les premiers versements de la subvention d'État, celui-ci devient propriétaire de l'ensemble de la ligne et de son embranchement pour 31,50 MF, un tiers rémunérant les infrastructures déjà construites, deux tiers étant destinés à financer la fin des travaux qui restent sous la responsabilité de la Compagnie, avec comme date butoir le 18 mai 1880 pour la ligne principale et le 18 mai 1881 pour l'embranchement[30]. La continuité du projet se trouve assurée, et le P.-O. se voit cantonné vers l'est, semble-t-il définitivement. Au passage le placement d'obligations, toujours en suspens, a été stoppé par le ministre et l'hypothèse d'une seconde gare à Clermont-Ferrand, celle de la Place de Jaude, a été balayée.

Pendant ces opérations diplomatico – financières, les chantiers ont été réactivés. Un pont de 24 mètres d'ouverture sur la Sarsonne, près d'Ussel, est ouvert et 428 mètres de nouveaux souterrains ont été percés. Après avoir ramené leurs effectifs à 1 800 ouvriers pendant les six premiers mois de 1877, ils en viennent maintenant à manquer de main-d'œuvre. Ils sont partout au long de la ligne, sur tous les tronçons, à travers toutes les collines, par-dessus tous les ruisseaux, dans toutes les haltes, dans toutes les stations. Avec les retards accumulés sur les acquisitions de terrains, le temps est en effet compté[31].

Au mois d'août 1878, après avoir été confirmés pour terminer les infrastructures, ils cherchent à recruter 500 ouvriers, essentiellement pour les 60 km entre Pontgibaud et Eygurande. Ils demandent des piocheurs, des chargeurs,

30. CAMT : 65 AQ E 223.
31. La moyenne des retards sera chiffrée à 28 mois lors du procès.

des mineurs, ce qui veut bien dire qu'ils sont loin d'avoir terminé tranchées et remblais, et sont loin d'en être à étendre le ballast ou à parer de terre végétale les talus. Le salaire proposé, de 0,32 à 0,37 F de l'heure pour 12 heures par jour, est correct comparé aux usages [32].

Malheureusement, les relations avec la Compagnie se tendent. Une lettre adressée par Victor Radenac à François-Louis Soubigou, datée du 15 septembre 1879, fait état de difficultés dans la vallée de la Clidane, une voie dont la nécessité est grande pour le tout nouveau puits de mine de Sainte-Suzanne à Messeix. Deux nouveaux ponts en biais sur la rivière ont été décidés, l'un en maçonnerie et l'autre métallique. Et en face, les représentants de la Compagnie semblent enclins à considérer que s'il y a divergence de vue sur les travaux à faire, ce point devra se traiter devant un tribunal. Plus grave, Jean-Louis Quéinnec, le principal pivot des opérations avec Jean-Pierre Soubigou, est tombé gravement malade en milieu d'année et ne peut plus assurer la supervision. Et quand il décède le 25 novembre suivant, un mois avant ses quarante et un ans, c'est une très lourde perte pour tout l'encadrement sur le terrain, qui se traduit par de profonds flottements dans la productivité des équipes et des sous-traitants [33]. C'est un chantier sur lequel les associés accuseront, d'après les calculs faits chez Victor Radenac, une marge négative de plus de 50 000 F [34].

Sur l'embranchement, les travaux qui tardaient sont enfin lancés sur la presque totalité du parcours. Presque seulement, car la voie s'arrête à Largnac, altitude 411 mètres, à 5 km du terminus initialement prévu à Vendes. C'est sur ce tronçon qu'une découverte archéologique les attend. À Saignes, une station intermédiaire dans la vallée de la Sumène, ils ont la surprise de dégager à peu de distance de la surface du sol, des vestiges de l'occupation romaine, fûts de colonnes, poteries, objets divers, dont une statuette équestre qui, témoignage d'amitié ou calcul, finira sur le bureau d'Eugène Caillaux.

Fait majeur, cette année 1879 est aussi celle où Albert Rostand quitte son poste de président pour passer la main à Louis Sarlin fils, qui est vite remplacé par l'avocat et député républicain Léon Renault.

Puis, quelques mois plus tard, commencent le ballastage et la pose des rails, des opérations assurées par de nouveaux entrepreneurs dans des conditions particulièrement draconiennes, puisque l'ingénieur de l'État, Edouard Bricheteau-Morandière, leur accorde un court délai de 18 mois. De même que pour les stations, où il leur donne 4 mois.

Bon gré mal gré, tout finit par se réaliser, et le 21 septembre 1880, une recette provisoire est signée entre la Compagnie et les associés. Le dimanche 26 suivant, la ville d'Ussel est réveillée à 6 heures du matin par des salves d'artillerie. C'est l'inauguration du tronçon qui rejoint Tulle. Le menu du déjeuner est absolument pantagruélique, avec un clin d'œil aux entrepreneurs puisque parmi les

32. AD du Puy-de-Dôme : S 481.
33. Décédé à Clermont-Ferrand, son corps est rapatrié à Saint-Thégonnec où il repose toujours dans l'une des dernières tombes conservées en contrebas de l'église. Il laisse quatre jeunes enfants, sur neuf naissances. Son dernier né est décédé cette même année, à Chamalières, à l'âge de 3 mois.
34. Décision ministérielle du 23 octobre 1878, acceptant aussi 30 nouveaux aqueducs. AD du Puy-de-Dôme : S 480.

entremets il y a un « gâteau breton ». La fête dure jusqu'au soir où un train spécial, « comprenant des voitures de toutes classes » quitte la gare pour rejoindre son terminus à 1 heure moins 10 du matin après avoir fait halte dans toutes les stations intermédiaires [35].

Enfin le 5 juin 1881, c'est l'ensemble de la ligne de Clermont à Tulle qui peut être inauguré de bout en bout. Un train spécial part de Clermont-Ferrand pour Tulle, avec deux heures d'arrêt à Bourg-Lastic pour le déjeuner qui regroupe près de 400 personnes. Y prennent place à côté des ministres des Travaux publics, de l'Intérieur et des Cultes, et du garde des Sceaux, plusieurs personnalités. Parmi celles-ci, Alphonse Daudet et Jules Claretie accompagnés de leurs épouses, ainsi qu'Émile Zola. Il semble que, si les ingénieurs de la Compagnie et de l'État y sont conviés, il n'en est pas de même des dirigeants de Radenac et Cie. Sans doute doivent-ils se contenter de l'autre train qui, parti très tôt de Clermont-Ferrand arrive à Tulle en milieu de matinée après avoir salué toutes les gares intermédiaires, ou de celui du retour qui retrouve le Puy-de-Dôme en fin d'après-midi [36].

L'embranchement d'Eygurande à Largnac suit. Il est ouvert à la circulation le 5 novembre 1882 jusqu'à Largnac comme prévu. Il est maintenant évident qu'il sera difficile de faire construire le tronçon terminal jusqu'à Vendes par la Compagnie d'origine [37].

Globalement, les hommes de Radenac et Cie peuvent s'estimer techniquement fiers de leur réalisation. Plusieurs souterrains ou tunnels ont été forés, trois kilomètres au total, malgré les fréquentes infiltrations d'eau. Des kilomètres de tranchées ont été creusés tant dans des terrains propices aux éboulements que dans le roc. De multiples travaux de maçonnerie, nombreux petits aqueducs, longs murs de soutènement, grands viaducs comme celui du Chavanon ou de Royat, ont été construits. Ce ne sont pas des ouvrages d'art spectaculaires, mais leur érection en pleine campagne, souvent à flanc de coteaux, dans des conditions d'approche difficiles, a demandé beaucoup de savoir-faire et de maîtrise. Le volume total des terrassements a atteint 4,5 millions de mètres cubes sur la ligne principale, et 1,1 million sur l'embranchement. A 1,5 tonnes le mètre cube en moyenne pour la terre légère et 2,5 pour le rocher, ce sont 11 ou 12 millions de tonnes de toutes natures qui ont été creusées, transportées, réinstallées [38]. Près de 3,3 millions de mètres carrés d'engazonnement ont été posés. Des centaines d'années/hommes de travail. De la belle ouvrage [39] !

Dernier round

Reste la question financière. Qu'ont donné les 20 millions prévus dans le contrat avec Louis Sarlin ? Des règlements réguliers ont été faits suivant les principes d'appels de fonds prévus aux contrats. Le débat n'est pas là. La difficulté vient du changement de donneur d'ordres, fait en 1877, et de la difficulté à faire

---

35. *Le Corrézien* du samedi 28 septembre 1880.
36. AD du Puy-de-Dôme : S 0491.
37. L'État signera en 1883 une convention avec le P.-O., lui cédant le réseau.
38. Chiffres de référence : Wilhem Nordling, vice-président des ingénieurs civils de France, *Étude sur la jurisprudence en matière de marchés de terrassements* (1869). ENPC : 8.7518.
39. Le viaduc sur le Chavanon repose sur 5 arches de 18 mètres de long, pour 124 mètres de longueur.

cet arrêté des comptes intermédiaire. Or l'arbitrage d'Alexandre Siben, coincé entre Louis Sarlin entrepreneur et Louis Sarlin actionnaire, a montré ses limites, avec ses conclusions reportées de six mois en six mois. Vu les enjeux et la complexité des situations, ces difficultés se révèlent impossibles à résoudre à l'amiable. Seuls les tribunaux peuvent trancher[40].

Ils ont à trancher sur la première période où les Soubigou, Quéinnec, Colbert étaient sous-traitants de Louis Sarlin, et où Victor Radenac était commissionné pour sa supervision. Ils ont à trancher sur la seconde période où c'est la société Radenac et Cie, dans son ensemble, qui était sous-traitante directe de la Compagnie. Ils ont à trancher sur l'articulation entre les deux périodes. Ce n'est pas simple. De nombreux exploits d'huissiers émis de part et d'autre émaillent les préalables à tous les jugements.

Sur la première période prise isolément, l'enjeu pour Victor Radenac est son cautionnement, c'est-à-dire les 500 000 F qu'il a initialement versés auxquels se sont additionnées les retenues effectuées, comme prévu, sur sa commission. C'est un total de 562 875 F sur lequel Louis Sarlin obtient une saisie-arrêt, le 19 septembre 1882. De son côté Louis Colbert se désiste puisque, grâce à sa prudence de renard, les seuls travaux sur l'embranchement dont il était responsable n'ont eu lieu que pendant la seconde période. Restent donc Jean-Pierre Soubigou, représentant les intérêts de sa famille, et, Alain Quéinnec associé à la veuve de son frère Jean-Louis.

Ensuite il y a le solde des travaux de la seconde période, faits en direct avec la Compagnie de Clermont – Tulle, où tous sont, cette fois-ci, concernés. Ce n'est pas simple. La réclamation de Radenac et Cie porte sur 55 chefs ! Les déblais et les remblais, les fouilles des ouvrages, les déviations de chemins, les bordures de trottoir, les pieux et les charpentes en chêne ou en sapin, les maçonneries diverses, les ouvrages hors normes, etc. Tout y est. Il est vrai que les quantités sont telles qu'aucun détail ne peut être négligé. Ainsi quand le désaccord sur le volume des terrassements porte sur un différentiel de 0,6 %, ceci joue, avec près de 5 millions de mètres cubes à 2,60 F le mètre, sur plus de 70 000 F. Les enjeux des procès sont donc importants pour la rentabilité générale des opérations sur lesquelles les plaignants demandent un solde de 2,80 MF, plus les intérêts[41].

Toute une série de jugements commence. Le 19 janvier 1885, le Tribunal de Commerce de la Seine déclare valables les procédures opposant Louis Sarlin à Radenac et Cie, et, à la Compagnie de Clermont à Tulle elle-même. Le 24 décembre de cette même année, le Tribunal Civil de la Seine lève la saisie-arrêt de Louis Sarlin, toujours lui, et le condamne aux dépens. Puis, le 20 janvier 1886, le Tribunal de Commerce tranche sur les 55 griefs déposés par Radenac et Cie contre la Compagnie. Tout le monde fait appel, et l'ensemble vient devant la quatrième chambre de la Cour d'Appel de Paris.

---

40. Informations sur les jugements : BnF : 4-FN-3080, 4-FN-4640, 4-FN-3041, 4-V-490, 4-FN-426, 4-FN-2424, 4-FN-427, 4-FN-4550, 4-FN-2936, 4-FN-4566. Et AC de Paris : DU5 632, D2 U3 2916, D1 U9 340. Et CAMT : 65 AQ E 223.
41. Montant défini dans une lettre entre les frères Soubigou. Sans date précisée, elle ne peut être datée que de 1885.

Après avoir, le 18 janvier 1888, reconnu la validité des procédures, validité mise en cause par Louis Sarlin, et avoir jugé fondée la réclamation de Victor Radenac contre la saisie arrêt, la Cour tranche le 28 janvier sur la situation de la première période, et, le 24 mars sur la seconde période. Pour la première période, les héritiers Quéinnec ont à payer 43 000 F à Louis Sarlin, et celui-ci doit à Jean-Pierre Soubigou 333 500 F. Le dernier jugement clôt l'ensemble. La Compagnie de Clermont-Tulle est condamnée à verser un solde de travaux estimé à 2,21 MF à Radenac et Cie, ainsi qu'une indemnité de 775 000 F. Le tout est réduit d'une centaine de milliers de francs que les associés sont condamnés à payer de leur côté [42].

Au total, entre commission, solde des travaux, indemnités, toutes majorées d'intérêts à 6 % à partir du 20 juillet 1885, ce sont environ 4,70 MF que les associés récupèrent. Même en y imputant les 400 000 F dépensés en avocats, avoués, huissiers, et frais de procédure divers, ainsi que les intérêts des emprunts, le résultat est significativement positif. Néanmoins, pour des opérations recettées le 21 septembre 1881, sept ans ont été nécessaires pour récupérer les derniers 22 % du chiffre d'affaire total, soit certainement plus que la rentabilité nette. Sans le prononcé de ce jugement, c'eût été une opération gravement déficitaire.

Les dessous d'une affaire

Ce procès, avec les conclusions des avocats et des avoués, les débats, les attendus, les sentences, est l'occasion pour François-Louis Soubigou et les autres de découvrir avec quels hommes ils ont réellement traité et l'ampleur du piège qui a failli se refermer définitivement sur eux. Très vite, ont en effet émergé en pleine lumière des faits qu'ils n'avaient pas un instant soupçonnés. Qu'ils avaient d'autant moins soupçonnés qu'ils relevaient de l'illégalité la plus totale.

Ils ont ainsi appris que dès le 17 décembre 1872, soit trois mois jour pour jour après la publication au *Journal officiel* de la décision le confirmant dans ses droits, le consortium entourant Guillaume de Toucy l'avait mandaté avec trois autres associés pour trouver un tiers à qui faire apport de la concession à eux confiée, moyennant finances bien évidemment. Après avoir approché la Banque Fould et Heine qui n'avait pas suivi, ils avaient traité avec la Banque Franco-Autrichienne-Hongroise [43]. Et si, lors du dépôt des statuts, fait le 24 mars 1873, cette dernière avait pu affirmer détenir 24 000 actions c'est uniquement parce que les compères Guillaume de Toucy et François Victor de Constantin lui en avaient cédé 16 000 par un acte séparé, signé le même jour en échange d'une commission de 6 MF payable sur quatre ans en trois versements. En d'autres termes, ces chevaliers d'industrie s'étaient longuement agités pour obtenir la concession sans intention aucune d'en assumer la charge, et avaient trouvé la banque capable de surenchérir sans trop y regarder pour contrôler le réseau auvergnat tant convoité. Une transaction à rapprocher de l'annonce, au mois de décembre suivant de la

42. La mainlevée des hypothèques liées à l'emprunt de Laval a été faite en novembre 1887. L'emprunt initial, prévu pour cinq ans, en aura duré treize.
43. CAMT : 115 AQ 38.

présence de Simon Philippart au comité consultatif de la même banque. Éliminé lors de l'adjudication, le financier belge était revenu par la bande. Une opération totalement interdite aux termes de la loi du 15 juillet 1845, confirmée par toute une jurisprudence [44].

Ensuite, en 1874, cette même banque qui entre-temps avait racheté d'autres titres, avait cédé 20 000 actions aux Sarlin père et fils, moitié l'un, moitié l'autre. C'est-à-dire que, le jour où le père avait traité avec Radenac et Cie, il était, en fait, propriétaire ou quasi, de l'ensemble de la Compagnie. Et quant au fait qu'il ait accepté aussi facilement de passer la main sans compensation en tant qu'entrepreneur général, c'est que, après le rachat par l'État, il avait tout intérêt à sortir complètement du jeu pour sécuriser un gain global prospectif, à partager entre son fils et lui, chiffré, pendant le procès en appel par les avocats de Radenac et Cie, à 12 MF [45]. Une somme qu'une autre décision de justice écornera à peine quelque temps plus tard, décision qui sera prise suite à une plainte d'un groupe d'actionnaires regroupés autour de quelques-uns des premiers souscripteurs s'estimant grugés dans l'affaire, dont les comtes de Constantin et de Besenval [46].

La Compagnie du Chemin de Fer de Clermont à Tulle fera, une dernière fois, parler d'elle. Décidés à faire jouer tous les arguments possibles, ainsi que l'avait prévu Eugène Caillaux, ses liquidateurs demanderont une rallonge de 7 à 11 MF sur l'indemnité de rachat par l'État de 1878, une prétention que le Conseil d'État rejettera définitivement en mars 1896. Ce jour là, tous ceux encore présents et ayant mené les travaux de ce grand chantier ressentiront certainement une profonde satisfaction de voir enfin définitivement close la longue et tortueuse gestation de ces voies ferrées d'Auvergne, dont la première analyse avait été faite en 1829 par Barnabé Brisson.

Quel bilan tirer pour Radenac et Cie de cette longue et difficile affaire ?

Il est facile de juger négativement les risques qui furent pris lors des signatures, initiale ou intermédiaire. La gestation des chemins de fer auvergnats depuis les entreprises du duc de Morny jusqu'à la Compagnie de Clermont à Tulle, la mise en place de cette compagnie elle-même, les prises de position des hommes impliqués, étaient emplies de zones d'ombre. Et toutes ne pouvaient être ignorées de Victor Radenac. Sa connaissance du Grand Central où il avait travaillé, son vécu local, ses relations avec certains des acteurs ou observateurs en place, auraient dû le rendre méfiant. Mais l'environnement politique et commercial était complexe à décoder, et les intéressés ne connurent souvent que partiellement, parfois tardivement, voire pas du tout pour certains parmi les plus importants, les documents devenus publics aujourd'hui. Néanmoins, il était connu que le budget minimum nécessaire à la construction des voies, calculé lors des études détaillées faites sur le terrain, était de 81 MF. Il était identifiable que, face à cette somme, la compagnie ne disposait que de deux

44. Les trois autres mandataires sont : Victor Foriel, et les deux banquiers Maximos Sakakini et Maximilien Kann. Le 18 juin 1879, le Tribunal Civil de la Seine annulera purement et simplement la transaction, et astreindra les spéculateurs à rembourser les sommes perçues, grevées d'intérêts. BnF : 4-FN-126. AC de Paris : DU[5] 472. CAMT : 115 AQ 38.

45. *Conclusions pour Messieurs Radenac et Consorts* près du tribunal civil de la Seine en 1880. BnF : 4-FN-2424.

46. AVP : DU[5] 472, et, BnF : 4-FN-805.

sources de financement, son capital prévu à hauteur de 40 MF, et, la subvention de l'État de 24 MF après ce colossal abattement de trente-quatre pour cents qui avait été nécessaire pour arracher l'adjudication. Même avec un capital intégralement versé et en excluant tout dépassement de devis sur les infrastructures, il y avait un trou de 17 MF, impossible à combler par de quelconques recettes qui ne pouvaient advenir qu'après ouverture totale du service, donc de « la » ligne ! Et ceci n'incluait pas les dépenses de superstructure, de matériel, et le fonds de roulement nécessaire pour démarrer.

Dans les articles du contrat de 1877 et dans son annexe, des possibilités d'interprétations divergentes existaient. Faut-il en tenir rigueur ? Non ! Dans ce type de contrats de service, rédigés et signés pour des contextes techniquement complexes et évolutifs, ceci était, et reste toujours, très difficile à éviter. S'il est possible de décrire tous les éléments connus lors de la signature, qu'ils soient présents ou à venir, il est bien plus difficile de traiter, à l'avance et d'une manière lisible, des cas plus ou moins improbables dont certains relèvent de l'inattendu. Pour autant, ce nouveau contrat reposant sur une expérience déjà acquise en ces mêmes lieux et avec ces mêmes partenaires ou presque, il eût été utile de consulter un juriste, et de ne pas faire seulement confiance au savoir-faire administratif de Louis Colbert. Pourquoi ne pas avoir fait appel aux connaissances professionnelles de l'ami Edouard Le Guen ? Ou celui-ci a-t-il sous-estimé le côté retors du client ? Questions sans réponse. Il est vrai que le poids des actionnaires Sarlin, père et fils, derrière Albert Rostand, fut longtemps invisible, et que les associés ne le découvrirent que progressivement.

En fait et surtout, l'entreprise Radenac et Cie n'était pas suffisamment organisée pour un tel projet. Qualifiée pendant les procès « d'entreprise de fait », elle n'avait pas la structure juridique, financière, actionnariale, adaptée à un tel projet. Elle avait grâce aux Radenac, père et fils, aux différents Quéinnec, à Jean-Louis et les deux Auguste Soubigou, les hommes, les encadrants, les ouvriers spécialisés, et les méthodes, pour opérer sur le terrain. Là n'était pas sa faiblesse. Elle, avait l'appui en trésorerie de sa banque, le Comptoir du Finistère, mais à quel prix ! Elle n'avait pas l'appui d'investisseurs privés ou institutionnels qui auraient permis de partager les risques, et trop de liquidités étaient immobilisées en fermes et en terres ou prairies dont, par surcroît, les hypothèques des emprunts grillaient la rentabilité. Elle en souffrit pendant toute la durée des procédures judiciaires. Via le sénateur François-Louis Soubigou, elle disposait d'appuis politiques, et même certainement de quelques informations de première main. Lui manquait le relationnel professionnel étendu qui eût pu lui permettre une meilleure pondération des risques et un partage des charges. Les banquiers actionnaires du Clermont-Tulle, étaient tous au cœur de Paris, rue Laffitte, rue Saint-Honoré, à la Chaussée d'Antin. Les Louis Sarlin, père et fils, étaient rue de Courcelles. Tous se rencontraient et se croisaient dans les salons parisiens, et peut-être même au Cercle des Chemins de Fer, où ils pouvaient communiquer entre eux par dit et non-dit, ou simplement glaner des informations. Il eût été nécessaire de choisir une structure de société anonyme permettant l'ouverture du capital et l'appel à de multiples investisseurs, de se doter d'un véritable siège parisien plus visible que les bureaux personnels de Victor Radenac, rue Denfert-Rochereau, et d'y transférer le pouvoir. Seulement, la culture familiale l'eût-elle permis ? La réponse est sans doute non. Ce qui était possible à Paris, Alger ou Marseille, ne l'était pas à Plounéventer.

Ceci aurait-il suffi à contrebattre la rouerie et les manipulations illégales de leur client. Peu probable. Simplement, la vie de l'entreprise, ultérieure à cette affaire, n'en aurait pas été aussi lourdement et durablement pénalisée comme elle le fut.

Chapitre XI

Autres chantiers, autres affaires, autres enjeux

Lignes vers Brest et Réseau Clermont-Tulle. L'activité entrepreneuriale, en cette seconde moitié du siècle, de Prigent et Cie ou Radenac et Cie, ne peut être réduite à ces deux seules opérations déjà décrites, aussi importantes et aussi prenantes soient-elles. Bien d'autres chantiers, portant le nom de l'un ou de l'autre associé suivant les lieux ou suivant les contrats, et qui ne sont pas tous de voies ferrées, sont menés concurremment à ces deux opérations majeures.

Il y a les travaux routiers. Ils sont très nombreux, tout à fait classiques. Leur faible complexité ne justifie pas une étude détaillée. Ils s'appellent: Paimpol, Le Faou, Pont-Scorff, Pont-Croix, Commana, Loudéac, Lannion, Guingamp, Saint-Malo, Saint-Méloir-des-Ondes, Plouézec, Yffiniac, La Gacilly, Trévérec, Pontrieux, Lanvollon, etc. Une activité intense, relativement regroupée, avec la contrainte évidente qu'elle génère des chiffres d'affaires unitaires modestes et se négocie dans un contexte concurrentiel intense. Malgré tout, il est difficile de comprendre son manque de rentabilité après 1873, où elle passe sous le contrôle unique et ombrageux du neveu Jean-Louis, qui se traduit, à l'arrivée au 31 décembre 1902, par une perte de 315 000 F.

Ils réalisent aussi quelques chantiers plus techniques. En novembre 1862, ils obtiennent la construction du premier môle du Rosmeur devant le port de Douarnenez, réclamée, quatre ans plus tôt, par une pétition énergique des pêcheurs qui arment les cinq cents chaloupes du port. Un ouvrage de 160 m de longueur sur 4 m de largeur, à 2,40 m au-dessus des hautes mers calmes d'équinoxe. Adjugée en novembre 1862 avec un rabais de 13 %, c'est une affaire qui rapporte 240 000 F, plus une rallonge de 25 000 F accordée pour 65 m de quais complémentaires. La faible concurrence, ils sont quatre au total, montre que sur ce type de chantier où il faut particulièrement bien soigner sa prestation, tout le monde ne vient pas se risquer [1].

Mais, pour l'essentiel, le véritable cœur de métier de l'entreprise et les adjudications qu'elle vise sont bien clairement les infrastructures de voies ferrées, avec leurs terrassements, leurs ouvrages d'art, et rien d'autre. Une activité découpée en

1. CHAN: F/14/7230, BAVP: 19185, et, ADM: DD^2 941. Ils échoueront, par contre, sur l'adjudication du creusement du bassin de Penhoët à Saint-Nazaire en août 1869, trop prudents à - 9 % contre un confrère à - 22 %.

deux périodes très distinctes. L'une, celle du Second Empire finissant et de l'avant Clermont-Tulle, et l'autre, celle de l'après guerre, celle des relations avec Louis Sarlin et consorts, que viendra compliquer un épisode inattendu, imprudent, inutile, coûteux pour tous, et humiliant pour son promoteur, François-Louis Soubigou.

Pendant la première période, et sans surprise, ils cultivent en priorité leurs bonnes relations avec les deux grands donneurs d'ordre déjà pratiqués, le Paris-Orléans et la Compagnie de l'Ouest.

Retour au P.-O.

Avec le P.-O., ils retrouvent face à eux, en Anjou, les ingénieurs qui ont supervisé les travaux de Bretagne Sud à l'époque du lot de Questembert, en particulier Louis Sévène, qui était alors chargé de l'arrondissement voisin du leur et qui, promu depuis directeur des travaux neufs, devient ici leur interlocuteur principal [2].

La compagnie qui a obtenu, en juin 1861, confirmation d'une concession provisoire accordée quatre ans plus tôt pour assurer une liaison depuis sa station de La Possonière sur la ligne Angers-Nantes, jusqu'aux villes de Cholet et Niort, a mis un peu de temps à lancer ses adjudications, et commence à le faire partiellement en 1863 [3]. Les associés arrachent trois lots. D'abord celui de Trémentines, un peu avant Cholet, au mois de juillet. Puis, en janvier 1866, sont lancées les adjudications de la section qui précède l'arrivée sur Niort, où ils emportent les lots 12 et 13 avec - 22 %. Au total, un tiers de ce trajet de 165,7 km leur est confié [4]. Une affaire de près de 3,50 MF pour coltiner une masse de déblais de l'ordre de 1,2 million de mètres cubes, et bâtir les ouvrages d'art nécessaires dont les ponts de Faymoreau sur la Vendée, de Saint-Pompain sur l'Autize, et, de la Tiffaudière sur la Sèvre Niortaise [5]. La mise en service a lieu le 27 septembre 1866 pour Angers à Cholet, délai record, mais seulement le 28 décembre 1868, pour le reste de la ligne, à cause des retards pris par le client sur la fixation du tracé [6].

Dans son cours, professé à l'École nationale des Ponts et Chaussées quelques années plus tard, Louis Sévène classera la construction de cette ligne comme ayant été de « difficulté ordinaire », ce qui dans sa terminologie à trois niveaux voudra dire moyenne [7]. Sauf que lors de l'arrêté des comptes de mai 1869, les hommes de Plounéventer estiment que les surprises rencontrées sur la seconde section ne sont pas, elles, ordinaires. Malgré une proposition du client qui leur propose

2. En 1861, Louis Charles Sévène, X 1840, ENPC 1842, est directeur des travaux neufs du P.-O. depuis un an. Il deviendra directeur général, en février 1880.
3. AD du Maine et Loire : 86 S 1. La première section est à deux voies, la seconde à une seule, sauf 4,7 km entre Puy-de-Serre et Saint-Laurs pour la desserte des mines de charbon.
4. Double voie de La Possonière à Cholet. Simple voie sur terrains acquis pour deux voies entre Cholet et Niort, hormis la desserte du bassin houiller entre Puy-de-Serre et Saint-Laurs. *Rapports sur la construction,* 1872. ENPC : 4.10283/C542.
5. Le plus imposant, celui sur l'Autize, a une longueur de 85 m. et élève ses rails à 26,6 m. au-dessus de l'étiage.
6. AD du Maine et Loire : 86 S 3.
7. *Notes prises au cours de chemin de fer,* 1876-1877, Monsieur Sévène, professeur. BnF : FOL – V 167 (1).

2 MF pour une adjudication initiale de 1,89 MF, hors à-valoir, ils refusent. Ils réclament une majoration de 663 000 F, et mettent en cause la classification et la volumétrie des déblais, en arguant de la présence inattendue de rochers d'une dureté exceptionnelle, près de Saint-Laurs. Au total, ils développent quatorze chefs de contestation [8].

Ils ne sont pas seuls à réclamer. Leurs confrères des lots 10 et 11 font de même. Mais ceux-ci, par frustration de n'avoir pas rencontré les difficultés annoncées et d'avoir généré, sans contrepartie, 621 000 F d'économies pour le client. Chacun sa complainte !

Le P.-O. se défend sous l'autorité directe d'Émile Solacroup, son directeur général. Les contre arguments utilisés sont multiples. Souvent concrets : la dureté de la roche n'est pas contractuellement un grief puisque l'article 43 du cahier des charges stipule que « l'entrepreneur ne peut réclamer que contre les erreurs de métrés, de dimension d'ouvrages, d'application des prix ». Éventuellement abusifs : nous ne sondons jamais jusqu'au fond des tranchées, et « vous étiez parfaitement au courant de cette manière de faire puisque vous avez déjà exécuté pour la Compagnie des travaux considérables ». Parfois ad hominem : si les classifications des déblais n'ont pu avoir lieu c'est que « les entrepreneurs ne venaient, eux-mêmes, sur les chantiers qu'à de très longs intervalles [9] ». Ou carrément spécieux : « Un marché d'entreprise est une spéculation commerciale qui, à ce titre, est sujette à un certain aléa de perte ou de bénéfice [10]. »

Au résultat, ils obtiendront une faible compensation.

Les Charentes

Non loin de là, il y a une autre compagnie, de taille modeste, qui construit ses propres liaisons réparties sur quelques départements. Son existence résulte de l'impossibilité pour le gouvernement d'avoir pu trouver avec le P.-O. un accord pour la prise en charge de ces lignes, pourtant d'utilité publique, qui doivent desservir la région située entre la ligne de Paris à Bordeaux et la côte atlantique [11]. Elle s'appelle la Compagnie des Charentes. Créée, le 5 août 1862, par des bourgeois parisiens rassemblés autour du banquier Numa Guilhou, elle dispose d'un capital de 25 MF pour prendre en charge la construction d'un réseau de 289 km interconnectant La Rochelle et Napoléon-Vendée, c'est-à-dire La Roche sur Yon, puis Saintes avec Rochefort, Coutras, et enfin Angoulême avec au-delà, peut-être un jour, Limoges. Ceci s'inscrit, très officiellement, dans la logique d'une « ligne continue qui, suivant à peu de distance le littoral depuis Brest jusqu'à Bayonne, reliera tous les ports de la côte et permettra, en cas de guerre maritime, de porter

8. *Conclusions pour la Compagnie d'Orléans*. BnF : 4 FM 23493.
9. Dans une lettre datée du 13 octobre 1878 à son frère Jean-Pierre, François-Louis Soubigou se gaussera du défunt Yves Prigent qui estimait qu'une visite de quinzaine sur ses chantiers était suffisante. Mais lui-même ne précisera pas quelle fréquence il a lui-même pratiquée, ni celle qu'il recommande.
10. BnF : 4FM 23493 et 4FM 23494.
11. Histoire détaillée de la Compagnie des Charentes dans Dominique Audet-Perrier, *Revue d'histoire des chemins de fer* n° 14 (printemps 1996). Dossiers d'archives dans : CHAN : F14 9202, F14 9203, F14920. APP : Ba 447, Ba 450. BnF : VP 23424. Il faut aussi se souvenir de ce que les décisions gouvernementales sont celles de Napoléon III et que l'état-major du P.-O. est très orléaniste.

de puissants moyens de défense sur les points menacés[12] ». Plus prosaïques, les fondateurs veulent simplement faire des affaires. Et, sans surprise, quelques investisseurs sont à l'affût autour d'eux, toujours dans cet espoir qu'ils ont tous de contourner le monopole des grandes compagnies en aboutant de nombreux petits réseaux jointifs.

La société Prigent, Radenac et Cie obtient le lot 4 entre la rivière de Né et Angoulême sur la ligne qui, venue de Rochefort et Saintes, va desservir Cognac, Jarnac, et Châteauneuf-sur-Charente, avant de rejoindre son terminus. Ils signent pour du terrassement et des ouvrages d'art, ainsi que pour des maisons de garde et des stations. Les travaux se passent bien et l'inauguration a lieu le 15 octobre 1867 sous la présidence du ministre des Travaux publics, Jean-Louis Forcade de la Roquette, celui que Guillaume Narjot de Toucy essayera, l'année suivante, de mettre dans sa poche pour le Clermont-Tulle. La mise en exploitation est faite six jours plus tard.

Les comptes ne sont, pour autant, pas soldés. Désespérant d'un règlement à l'amiable avec une compagnie fragile dont le plus gros actionnaire, la banque Guilhou et fils, a été déclaré en faillite en novembre 1868, les associés l'assignent en justice le 6 avril 1870. Ils ne sont pas les seuls, deux autres entrepreneurs ont déjà fait de même huit mois plus tôt. Mais si ces derniers arrivent à conclusion assez rapidement, eux voient leur proposition de transaction rejetée en juin 1872.

La situation est délicate. Le développement commercial du client est asphyxié par l'inclusion de son réseau dans celui du P.-O., qui lui bloque un hypothétique débouché sur Bordeaux et rend les communications avec Paris problématiques. Se plaignant de subir un « étouffement », George Love, directeur de la Compagnie, écrit le 7 août 1873, au ministre des Travaux publics pour le supplier de lui donner « deux issues hors la Compagnie d'Orléans ». Une démarche vaine et sans réponse. Bientôt les dirigeants des Charentes n'ont pas d'autre choix que d'approcher leur concurrent dans les pires conditions de négociation, c'est-à-dire, sans aucune solution alternative crédible, démunis de ressources financières solides, privés d'appuis politiques sérieux. Cette décision pousse George Love à la démission, en avril 1874, ce qui n'arrange rien pour Radenac et Cie qui voit s'éloigner les résultats de la procédure d'arbitrage qui a été lancée entre-temps.

Accroissant la difficulté, les actionnaires s'affrontent entre eux autour de l'avenir de la compagnie dans un conflit qui culmine lors de l'Assemblée Générale d'avril 1876. Tension inutile. Bon gré malgré, les discussions avancent avec le grand voisin, et, le 24 juillet, un accord d'absorption du réseau est signé avec le comte Denys Benoist d'Azy qui est alors vice-président du P.-O., accord que cautionne Eugène Caillaux. L'affaire semble enfin close, économiquement et politiquement.

Sauf que cette signature, soulève un tollé de protestations à la Chambre des députés et au Sénat. Certains y voient l'occasion de déclencher, enfin, une décision pour un septième réseau regroupant ce réseau des Charentes avec celui de

12. Motifs du décret du 5 juin 1861, rappelés en Assemblée Générale du 28 mai 1877. C'est une des multiples variantes du projet du Grand Transversal de l'Ouest qui, porté dans les années 1855 par des capitalistes français et britanniques, prévoyait de relier Saint-Lô à Périgueux.

Vendée, et agrégeant le tout avec d'autres lignes en attente d'approbation. Une résurrection, ou à peu près, du projet initial du maire de Messeix autour du Clermont-Tulle, et que suit Simon Philippart qui, contrôlant déjà 4000 km de voies ferrées, s'active pour capter un réseau qui compléterait bien le sien [13]. Pour d'autres, la fusion doit au contraire se faire au profit d'une compagnie nationalisée. C'est cette option qui triomphe et un réseau d'État voit le jour le 12 janvier 1878 qui intègre ce réseau des Charentes avec quelques autres, tels Orléans à Rouen, Chemins de Fer Nantais, etc., pour un total de 2600 km. La compagnie des Charentes, cette compagnie dont le *Moniteur des travaux publics* du 16 septembre 1865 vantait le « chiffre énorme » sur lequel reposait sa garantie, est mise en faillite le 11 avril 1881. Il y a à ce moment là, un peu plus d'un an que Simon Philippart a subi la même sanction à Bruxelles avec confiscation de ses biens personnels [14].

Dans cette confusion, les associés de Radenac et Cie réussissent, semble-t-il, à sauver les meubles puisqu'un document du 7 juin 1876 fait état d'un solde positif de 166500 F, somme qu'ils font verser au Comptoir du Finistère pour contribuer au financement des travaux en cours en Auvergne.

Un client fidèle : l'Ouest

Avec l'autre grand client, la Compagnie de l'Ouest, des affaires se signent dès 1864, pour deux lots entre Flers et Vire, sur la ligne de Paris à Granville. Du terrassement, des ouvrages d'art, et, ce qui est moins fréquent pour eux, du ballastage. L'inauguration a lieu en septembre 1867. Une belle affaire de 4,75 MF, soldée sans conflit aucun [15].

Quelque temps plus tard, en 1868, les habitants des communes centrales de Bretagne voient aboutir une partie des revendications incessantes qui sont les leurs depuis l'abandon de la grande liaison médiane, initialement prévue, au profit des deux lignes côtières vers Brest et Châteaulin, qui les laissent à l'écart [16].

Tout a redémarré en juin 1859, quand l'ingénieur de l'État, Jules Fessard, a, sur demande d'Eugène Poriquet, préfet du Morbihan, repris l'ancienne étude faite en novembre 1854 d'une liaison de Saint-Brieuc à Napoléonville. Voyant cela, en 1861, plusieurs cantons du centre, Moncontour, Loudéac, etc., ont plaidé pour une interconnexion nord-sud leur assurant l'accès aux grands réseaux. Ils ont écrit au Ministre : « Enfin les chemins de fer arrivent en Bretagne... Après les deux grandes lignes de ceinture... voici venir les lignes secondaires, et notamment la plus importante, celle qui doit réunir la Manche et l'Océan. » Et, en cette époque où l'emphase est de bon ton quand on est solliciteur, ils ont conclu par une grande envolée : « Les Bretons armoricains viendront dans l'avenir visiter cette voie ; ce sera pour eux comme un lieu consacré, car la reconnaissance éter-

13. Ceci étant sur ses 4021 km concédés, il n'en a encore construit que 26 %.
14. *Dictionnaire des faillites*. CCI de Paris. La mise en faillite personnelle de Simon Philippart date du 13 janvier 1877.
15. L'ouverture jusqu'à Granville ne sera faite qu'en juillet 1870.
16. Sauf indication contraire, les informations qui suivent sont issues des AD du Morbihan : S 306, et, des AD des Côtes-d'Armor : 34 S 3.

nise le souvenir, et le souvenir devient alors un culte[17]. » Bien sûr, l'ouverture, en 1862, de la desserte Redon – Rennes a permis une véritable interconnexion. Mais elle est restée quasiment réservée aux habitants de la partie est de la péninsule. Il a fallu attendre 1863 pour que la Compagnie de l'Ouest signe une convention avec l'État, lui concédant cette ligne de Saint-Brieuc à Napoléonville, avec l'appui d'une aide financière indispensable de 10,75 MF, et obligation d'ouvrir au trafic sous huit ans[18]. Malgré cette obligation contractuelle, malgré la qualité de l'étude faite en à peine un an par Eugène Caillaux, la Compagnie de l'Ouest a rechigné à construire cette liaison à faible desserte, tout en refusant de s'en dessaisir[19]. En est résulté une certaine tension entre les autorités locales et le directeur de l'Ouest, Adolphe Jullien, qui n'a pas hésité, en mars 1866, à rabrouer le préfet Poriquet, rétorquant vertement à ses sollicitations que, son budget étant arrêté par le Ministre, seul décisionnaire des priorités, il ne pouvait même pas fixer « l'époque du commencement des travaux, et bien moins encore l'époque, même approximative, de l'ouverture de la ligne[20] ».

C'est ainsi que c'est seulement en cette année 1868 que les adjudications sont lancées et que la société Radenac et Cie obtient trois des quatre lots qui constituent l'ensemble de la ligne. Un travail assez simple pour les 560 ouvriers qui se déploient sur les communes de Ploufragan, Saint-Julien, Quintin, Uzel, Loudéac, Saint-Géran qui jalonnent les 72,7 km du trajet.

Quelques mois plus tard, en 1869, et toujours pour la Compagnie de l'Ouest, ils partent pour le Calvados, pour la ligne joignant Flers à Caen. Une vieille histoire que cette liaison ! Certains, tel Georges Roulleaux-Dugage, rapporteur du projet pour la Commission du corps législatif et membre du conseil général de l'Orne, l'ont rêvée comme l'embryon d'une mythique voie nord-sud descendant jusqu'à Bordeaux pour esquiver le passage par Paris[21]. La ville d'Alençon, qui s'estime « déshéritée depuis 1846 » par la ligne de Paris à Rennes via Le Mans qu'elle a toujours considérée comme concurrençant indûment son commerce avec Caen et la capitale, la soutient depuis toujours. Un décret impérial de juin 1863 l'a concédée à la Compagnie de l'Ouest avec l'objectif d'une ouverture en juin 1871. Seulement celle-ci, manquant de moyens et peinant à terminer sa liaison de Paris à Granville, l'a « sciemment ajournée », suivant les propres termes du rapporteur. Pour l'instant, seul l'humble tronçon de 16 km entre Flers et Berjou-Pont-d'Ouilly a été réalisé et mis en service en novembre 1868, la percée du tunnel des Gouttes nécessaire pour continuer vers Caen, apparaissant comme trop coûteuse. Du coup, Alexandre Foucher de Careil, conseiller général du Calvados, s'est plaint près du directeur de la Compagnie des Chemins de Fer de l'Ouest, de ce que Granville, avec son bassin à flot, développait une

17. *Adresse à son excellence le Ministre de l'Agriculture, du Commerce et des Travaux publics.* BnF : VP – 24266.
18. À l'extrême ouest, le bouclage de Quimper à Brest, qui s'arrête encore à Châteaulin où il faut prendre le bateau ou une malle-poste, sera réalisé en 1867.
19. CHAN : F/14/2184/2. Il n'entre en politique que le 8 février 1871, en tant que représentant de la Sarthe.
20. Vindicatif, Eugène Poriquet, devenu sénateur, réclamera, le 28 janvier 1879, la publication au *Journal officiel* de la répartition des crédits votés pour les chemins de fer.
21. BnF : VP – 12982 et VP 16402.

concurrence inacceptable [22]. En cette année où le projet redémarre, Radenac et Cie signe le lot dit de Mutrécy, à la sortie de Caen. Une affaire où ils travaillent encore sous l'autorité opérationnelle d'Eugène Caillaux, et une affaire sans histoire puisque dès le relevé des comptes de 1875, leur banquier Henri Lemonnier, qui vient deux ans plus tôt de succéder à son frère Alexandre comme directeur du Comptoir du Finistère, peut dire que tout est soldé.

Pendant ce temps, les travaux entre Saint-Brieuc et Napoléonville se terminent proprement. Les associés peuvent être satisfaits. Ils peuvent d'autant plus l'être que n'ayant pas en charge la pose de la voie et le ballastage confiés à une autre société, ils ne subissent pas les contrecoups des hostilités qui commencent et qui amènent la Compagnie de l'Ouest à cesser ses paiements, et, le Ministère de la Guerre à réquisitionner rails et équipements pour les transférer à Versailles et les mettre à disposition des militaires ou de leurs sous-traitants, obligeant les voyageurs à attendre le mois de décembre 1872 pour pouvoir emprunter de bout en bout cette nouvelle liaison.

Car le 19 juillet 1870, le monde des affaires s'arrête brutalement. À la suite de la trop fameuse dépêche d'Ems, et dans une inconscience totale, la France déclare la guerre à la Prusse qui a coalisé autour d'elle les autres états allemands.

Dure période

La guerre qui éclate, clôt une période de dix ans pendant laquelle toutes les compagnies de chemin de fer se sont bien développées. Au début de l'année 1860, la France avait 9 000 km en service. À l'ouverture du conflit ce chiffre est de 17 500 [23]. L'étoile de Legrand est bien développée, même si, de l'avis de tous, il faut encore plus que doubler ce parc pour desservir les petites villes qui se plaignent sans cesse, via leurs représentants politiques, de perdre de la compétitivité en restant trop isolées. Seulement pour l'instant, cet objectif d'extension qui était jusque-là prioritaire ne l'est plus. Les chantiers de voies ferrées nécessitent de l'argent qui se fait rare. Ils emploient beaucoup d'hommes que l'armée mobilise. Les prévisions de signature que les associés ont en cours, celle d'Auvergne comme toutes les autres, s'évaporent sans qu'il soit possible de dire quand et comment les projets referont surface. Seules quelques projets, inhabituels et de faible intérêt, apparaissent, essentiellement limités à tenter de pallier les lourdes défaillances de la défense rapprochée de Paris, et encore.

Avec Victor Radenac et Louis Colbert bloqués, l'un dans Paris et l'autre à Nancy, François-Louis Soubigou se retrouve seul, en quelque sorte, à être éloigné de la zone des combats et à pouvoir garder une réelle liberté d'action. Seulement, il est privé de contrats, impuissant à participer aux chantiers rémunérateurs de Paris assiégé, quand avec ses frères il dispose d'argent frais venu du règlement des dernières factures émises juste avant l'ouverture des hostilités. Pour maintenir une quelconque activité, il leur faut chercher de nouveaux marchés, évoluer, se diversifier, dans un contexte incertain, face à une situation d'ensemble aux

22. Lettres du 10 mai et du 10 août 1868, BnF : VP – 23436.
23. Au 31 décembre, il y en aura 17 924. Alfred Picard, *Les Chemins de fer français.*

opportunités limitées, et pour une durée que personne ne peut mesurer. Des arbitrages sont à faire, des adaptations, des remises en cause, ce qui, aujourd'hui, serait appelé une diversification [24].

La situation du marché des affaires ? Tout tourne uniquement autour de ce conflit franco-prussien et des besoins spécifiques qu'il génère, besoins immenses. L'effervescence croit avec la pression militaire ennemie, et face à l'impréparation qui règne dans une armée plus habituée à des opérations coloniales courtes, lancées à partir de bases citadines et protégées, qu'à des affrontements continus face à un adversaire bien entraîné, doté d'une logistique efficace, capable de développements stratégiques. La guerre ayant été déclarée brutalement, il n'est plus temps pour le gouvernement de négocier âprement des marchés devenus vitaux. Il faut parer au plus pressé. Les services d'intendance se retrouvent à tout traiter dans des conditions d'urgence préjudiciables à de bonnes négociations. Conséquence logique, les prix se mettent à flamber.

Certains intermédiaires en profitent et se positionnent sur les besoins en armement, première préoccupation du gouvernement. Les arsenaux français ne suffisant pas, il est fait appel à des sources d'approvisionnement étrangères. Ainsi Victor Place, le consul français installé à New York, se retrouve chargé d'acquérir des fusils Remington. Ainsi Léon Gambetta donne son aval à l'acquisition de canons issus des surplus américains de la guerre de sécession [25]. Seulement ces prestations sont bien loin des capacités et des pratiques commerciales de François-Louis Soubigou et de ses frères, neveux et cousins. Nul d'entre eux n'a l'âme ou la mentalité d'un courtier en matériel militaire. Ils laissent ceci à d'autres, comme Charles Chevillotte qui part en acquérir directement en Grande-Bretagne [26].

L'autre préoccupation gouvernementale concerne la troupe elle-même, qu'il faut réapprovisionner en viande, car celle-ci ne se conserve bien que sur pied et ne peut se stocker longtemps une fois fait l'abattage. À ceci s'ajoute l'approvisionnement de l'agglomération parisienne, fortement consommatrice aussi longtemps que son encerclement militaire ne sera pas total [27]. Ces marchés sont vite pris en main par des personnages bien placés, ayant les introductions nécessaires, et appliquant les vieilles méthodes dont les travers et les risques sont connus qui ont assuré la fortune de quelques intermédiaires véreux pendant les guerres napoléoniennes. Dans le Finistère, et les Côtes-du-Nord, ils sont pris en main par un nommé Pierre Barthélemy, un homme venu de Paris, et qui, entouré d'un groupe de bouchers et muni d'un ordre de mission officiel qu'il ne montre pas, contrôle tout à partir d'une base qu'il installe plus ou moins sans autorisation à Landerneau. La mortalité des animaux, maltraités, à peine nourris car le foin

24. Sauf stipulation contraire, les informations qui suivent sur les affaires de Guingamp sont issues soit des AD du Finistère : 78 J 31 et 78 J 32, Fonds Maître Perret, dont le mémoire de Louis Colbert, soit de la correspondance ultérieure à 1880 entre François-Louis Soubigou et son gendre Laurent Boucher. AP : Famille Boucher.

25. Avec les risques inhérents à toute opération mal préparée. Victor Place se retrouvera mis en cause après la guerre, injustement accusé d'avoir tiré profit de ces opérations dont les conditions lui avaient été imposées d'en haut. Il sera acquitté le 19 octobre 1871. Léon Gambetta sera violemment attaqué, à la Chambre, pour le prix d'achat excessif de ces armements d'occasion.

26. *Le Finistère* du 3 octobre 1885.

27. Du 15 août au 19 septembre 1870, date de cessation d'activité de ses lignes, la Compagnie de l'Ouest transporte plus de 72 000 tonnes de farine et près de 68 000 têtes de bétail, vers la capitale.

est cher, parqués dans des conditions d'hygiène et de salubrité invraisemblables, est excessive, et l'intéressé n'hésite pas à faire le forcing pour que les livraisons à l'armée soient faites avant que les bêtes ne s'effondrent, et à utiliser les ressources des militaires, sans doute aux frais de l'État, pour l'ensevelissement de celles qui succombent. Il fait localement, très vite, le vide autour de lui, mais malgré les rappels à l'ordre venus du Ministère, garde jusqu'au bout la mainmise totale sur cette activité. Cette autre diversification n'est donc pas non plus pour eux [28].

Alors, que faire ? Vers quel type de prestations évoluer où puissent se mélanger opportunités financières et contribution positive à l'acte de défense ? Et avec quel partenaire ?

Erreur, échec, humiliation

Il est difficile d'identifier qui, le premier, fait la proposition. Ce ne peut être Jean-Pierre ou un autre Soubigou. Aucun d'entre eux n'a l'ascendant moral et intellectuel nécessaire pour influencer leur frère, ou oncle. Ce n'est pas Louis Colbert. Le fait est incontestable, sinon, il aurait rédigé différemment son mémoire de 1888, où il accusera nommément « Soubigou » d'avoir « lancé L. Radenac dans des spéculations ruineuses », L. Radenac, c'est-à-dire Louis Félix Victor Radenac, un des neveux de Victor. Alors, est-ce donc ce dernier l'initiateur de ces opérations de négoce, dans l'esprit d'aider son jeune parent resté au pays ? Peut-être bien. Mais il est là-bas, au loin dans Paris assiégée, avec toutes les difficultés pratiques en communication et organisation que ceci signifie. Le futur sénateur ne peut donc pas être totalement dédouané de cette initiative dont il faut parler maintenant, d'autant que c'est bien lui et lui seul qui, la guerre finie, la fait déraper financièrement.

Et puis, peu importe de savoir qui a eu l'idée, le premier. Ce qui est certain est que, dans les derniers mois de la triste année 1871, François-Louis Soubigou engage des ressources, personnelles et communautaires, pour épauler ce jeune Louis Radenac dans l'entreprise de subsistances qu'il monte, entreprise destinée à collecter, « à manutentionner et à distribuer les fourrages secs et verts aux troupes de toutes armes… stationnées, campées, baraquées, bivouaquées ou logées chez l'habitant dans toute l'étendue de l'arrondissement de fourniture ». C'est-à-dire à rechercher et livrer paille, foin, avoine, luzerne, etc., tous produits nécessaires aux régiments disposant de chevaux dans les secteurs accessibles à partir de Guingamp.

Et en cette fin du XIXᵉ siècle, les chevaux utilisés par l'armée sont nombreux. Chevaux de selle pour les différents corps de cavalerie. Chevaux de trait dans les régiments d'artillerie où ils sont la seule force apte, et pour longtemps encore, à déplacer canons et caissons sur de longues distances [29]. S'y ajoutent les montures des officiers d'infanterie, plus utiles pour les parades du temps de paix, celles des

28. CHAN : F/11 1739 et F/11 1740, Mission Barthélemy. Lors de sa mise en cause ultérieure, l'intéressé sera, semble-t-il, blanchi, ayant fait promesse d'utiliser l'argent ainsi gagné pour la construction d'une hypothétique école.

29. Ce n'est qu'en 1876, que *L'Illustration* saluera les premiers essais d'utilisation de locomotives routières pour tracter les pièces d'artillerie.

gendarmes, etc. La Bretagne est moyennement fournie avec un total de 2 200 animaux, hors les places de Rennes et Nantes, mais peu de temps avant l'ouverture des hostilités, on décomptait 200 garnisons de cavalerie sur l'ensemble de la France [30]. Et, après Sedan, Reichshoffen, et Metz, ce sont 40 000 montures que les services de remonte ont eu à acheter et qu'il faut nourrir et soigner [31].

C'est donc sur ce segment de marché qui est de réelle nécessité pour l'armée et qu'il sait pouvoir traiter que François-Louis Soubigou décide de se positionner.

Il ne semble pas que le chiffre d'affaires réalisé entre le début d'activité et le 29 janvier suivant, jour de la capitulation de Paris et de l'armistice de Versailles, soit significatif. La guerre, commencée à la période des moissons, est tellement courte ! Le bilan de Louis Radenac ne dépasse pas quelques centaines de quintaux pour l'avoine et quelques milliers pour la paille, vendus pour la plupart en Ille-et-Vilaine [32]. Certaines livraisons faites après la fin des opérations, sont, selon toute vraisemblance, payées moins cher. Victor Radenac qui, au même moment à Paris, construit les redoutes avancées de Rueil ou de Bois Colombes, et intervient comme sous-traitant des frères Hunebelle qui bâtissent, en urgence et à grands frais, différents ouvrages militaires dans le sud et l'est de Paris, fait certainement de bien meilleurs profits [33].

La paix signée, la demande se maintient et se diversifie. Celle des régions ravagées par les combats est forte et urgente. Les associés peuvent espérer que la rentabilité de ce commerce restera intéressante sur les années à venir. Louis Radenac devient, de facto, porteur de leurs intérêts sur l'ensemble de la Bretagne pour les approvisionnements en fourrages de l'armée française, et, subsidiairement des haras dont les besoins sont du même ordre.

Au printemps 1871, Louis Colbert vient faire une visite dans les magasins de stockage de Guingamp. Il dira plus tard, dans son mémoire, qu'il n'a pas compris que cette nouvelle activité le concernait au même titre que les autres et qu'il aurait à en partager, le moment venu, les pertes comme les bénéfices. En écrivant cela, il sera d'une mauvaise foi évidente car, compte tenu de sa personnalité, il ne peut être venu sur place sans avoir repris contact avec d'anciennes relations professionnelles ou amicales nouées du temps où il supervisait le ballastage de la ligne Rennes-Brest, et les avoir fait parler. Et le courrier, daté du 2 octobre, qu'il reçoit de François-Louis Soubigou lui disant que celui-ci a peu apprécié ses commentaires lors de cette visite confirme s'il en était besoin qu'ils se sont sérieusement expliqués [34]. Bien plutôt, son côté madré le porte à faire profil bas, à attendre l'affichage des résultats, pour choisir de se manifester ou comme partenaire ou en simple spectateur. Il est vrai qu'il lui serait difficile de contre-

---

30. ADT : XT 7. AD d'Ille-et-Vilaine : 2 R 72.
31. Suivant Charles de Fonrobert, directeur des haras de Lamballe. BnF : 8-LF264-25.
32. CHAN : C 3031. De très grands vides existent dans les archives de l'intendance militaire. Mais le décompte réel des produits livrés par Louis Radenac ne peut avoir été très supérieur aux quantités dont les documents font état aujourd'hui, c'est-à-dire moins de mille quintaux d'avoine payés 10 à 15 F l'un, et quelques milliers pour la paille payés 7 à 10 F.
33. CHAN : Léonore-L2256044. AC de Paris : VONC 103.
34. Cette mauvaise foi semble confirmée en lisant un autre courrier que Laurent Boucher lui adresse le 30 mai 1884, dans lequel il est écrit : « … les bases d'une transaction ont été arrêtées, sauf votre approbation comme représentant les commanditaires de L. Radenac. » AP : Famille Boucher.

dire simultanément l'ensemble de ses associés qui se trouvent, directement ou indirectement, impliqués dans cette opération.

À sa décharge, il est acquis, ainsi que l'atteste un échange entre François-Louis Soubigou et Victor Radenac, qu'il n'aime pas ces activités pour lesquelles il utilise le mot fort péjoratif d'« accapareurs ». Ses origines lorraines le sensibilisent, certainement plus que les autres, à ce qu'il peut y avoir parfois d'excessif dans ces marchés faits avec une armée en guerre signant sous la pression des événements [35].

En soi, cette diversification de l'activité des associés ne porte pourtant pas lieu à critique. Pour une entreprise, s'ouvrir à de nouveaux marchés est une démarche commerciale a priori légitime. Dans le cas présent, il y a, en face, une demande honorable et durable de la part de clients potentiels. Ceux-ci sont solvables, des capitaux sont disponibles vu la mise en sommeil des chantiers de voies ferrées. Pourquoi pas !

Malheureusement, une dramatique erreur de jugement de François-Louis Soubigou met, très vite, en danger la profitabilité de ces opérations.

Il sait que, dans ce métier, la valeur ajoutée de l'intermédiaire est faible et les marges peu extensibles. Pour gagner plus, il faut vendre plus, soit en élargissant sa zone de marché, soit en offrant localement une plus grande variété de produits. Peu tenté par l'aventure d'aller s'affronter aux gens bien en place dans les autres régions de France, il choisit la seconde option. Il décide d'élargir l'offre de l'alimentation des animaux à celle de la troupe elle-même. À la vente de fourrage, il ajoute celle de la viande salée.

Hélas, cette opération dérape très vite. Contrairement à ce qu'il a fait ailleurs, il néglige de s'entourer des compétences techniques indispensables dans un domaine nouveau qui n'est connu ni de lui ni d'aucun de ses partenaires. Ainsi que l'écrira plus tard Louis Colbert, « Soubigou a été imprudent de se jeter... dans un commerce qu'il ne connaissait pas et n'avait jamais fait ». Le conditionnement et la conservation de produits périssables destinés à l'alimentation humaine sur une longue durée procèdent d'un savoir-faire qui n'a rien de commun avec le stockage de balles de foin ou de sacs de grain, ni même à la gestion alimentaire au jour le jour de quelques milliers d'ouvriers regroupés sur un chantier de voie ferrée en rase campagne. Quant à Louis Radenac, sa carrière de contrôleur des Contributions directes ne l'a préparé, ni techniquement ni commercialement, à diriger une telle entreprise. Se priver de la technicité appropriée, c'est sous-estimer les processus de contrôle-qualité indispensables et se mettre à la merci de ses propres fournisseurs.

D'autant que ceux-ci sont loin ! La viande salée qu'il fait acquérir, à la fin de cette année 1871, espérant pouvoir la redistribuer en moins de trois mois, provient d'un navire venu des États-Unis ! Par quel circuit se trouve-t-il en contact avec le vendeur ? L'histoire ne le dit pas, mais il est loisible de supposer que son ami Charles Chevillotte a pu servir d'intermédiaire via son activité d'import-export, ce qui expliquerait la confiance excessive mise dans cette affaire. Ou peut-être s'agit-il de ces 30 000 quintaux de bœuf salé que Paris a ordonné à Victor

35. Lettre datée du 16 octobre 1871, citée par Louis Colbert dans son mémoire.

Place d'acquérir et d'acheminer sur Brest entre février et avril, cargaison devenue inutile pour les besoins d'une armée démobilisée, et que les services d'intendance ne peuvent que brader ? C'est aussi possible, le prix remisé d'un produit en surplus militaire étant, par voie de conséquence, très attractif[36].

L'origine nord-américaine de ce chargement ne surprend pas. À l'exposition de Paris de 1867, ont été remarqués, « parmi les matières alimentaires envoyées par les États-Unis d'Amérique… de magnifiques quartiers de bœuf conservés dans de la saumure[37] ». Le commentateur qui en vantait les mérites avait en outre précisé que « rarement nous avons assisté à l'exhibition d'une aussi belle viande », expliquant que la couleur et le goût en étaient exceptionnels. Le « corned-beef » avait, ce jour-là, fait une entrée remarquée sur le marché français et détrôné ces mauvaises salaisons mal conservées qui avaient, si longtemps, pourri les dents de tous les marins du monde.

En 1871, quatre ans plus tard, les techniques de conservation des aliments sont toujours un thème d'actualité car, mises à part les pommes de terre considérées comme étant de bonne conservation, pour tout le reste le stockage repose sur des procédés fragiles. Or les récents événements militaires ont exacerbé l'intérêt d'utiliser de nouveaux procédés plus fiables en durée et en qualité[38]. Qui plus est, la consommation de viande salée explose chez les ménages modestes pour lesquels la viande fraîche est devenue inaccessible, vu son prix[39].

L'enthousiasme de François-Louis Soubigou ne se retient plus. Le succès et le développement commercial lui semblent à portée de la main. Le 9 octobre 1871, dans un post-scriptum d'une lettre à son frère Jean-Pierre, il se laisse aller à la confidence, sur un ton inhabituel : « Nous nous lançons en grand dans les affaires, pourvu que nous ne fassions pas la culbute. » Et, dans une lettre à Victor Radenac, datée du 20 novembre, il annonce l'achat d'un autre lot, tout en précisant : « Je vous vois, déjà, faire la grimace, attendu que vous supposiez que nous en avions déjà trop. »

Seulement, la marchandise transférée dans les magasins de Guingamp n'est pas, c'est le cas de le dire, du même tonneau que celle exhibée quatre ans plus tôt dans les stands de l'Expo parisienne. Elle est loin de présenter le même état de conservation, et ses qualités gustatives sont inexistantes. Elle est immangeable. Et non seulement immangeable, mais totalement inappropriée à quelque usage que ce soit. Personne n'en veut ! Elle finit bradée de-ci, de-là, à Besançon, en Belgique, etc., pour un usage non alimentaire. C'est une perte sèche de 270 000 F, source d'un conflit d'intérêt majeur entre les associés qui ne se soldera que bien des années plus tard. Qui plus est, cette perte ainsi générée, aggrave le découvert bancaire qui va peser, lourdement et pour longtemps, sur le compte ouvert au Comptoir du Finistère.

36. BnF : 4 FM 26108.
37. *Annales du Conservatoire impérial des Arts et Métiers* (1866-1867).
38. Le bureau des subsistances militaires de la 5e direction du ministère de la Guerre cherche depuis un moment à diversifier les approvisionnements. En 1860, il a commandé 100 000 rations de viande en conserve pour remplacer le lard salé existant, mais l'opération est restée sans suite. ADT : XT 7.
39. À Rennes, entre 1870 et 1873, la part viande salée passe de 14 % à 61 % d'une consommation totale multipliée par 3,2. Marie-Hélène Le Coustumer, *La vie municipale à Rennes de 1870 à 1874,* mémoire principal du DES d'Histoire, 1967. AM de Rennes : R2-102.

De cette affaire des viandes salées, restera durablement un souvenir amer pour le sénateur. Il y laisse de l'argent, beaucoup d'argent, de sa poche et de celles de ses parents et associés. Mais, pour lui tant imprégné de foi catholique, la perte d'argent n'est pas mortelle. Par contre, et plus grave, il a amoindri son image personnelle auprès de ses proches, de ses amis, de ses associés dont ce Louis Colbert qu'il méprise sans doute un peu, de ses banquiers Alexandre et Henri Lemonnier dont la famille est apparentée aux Kerjégu, et donc auprès de toutes ses relations professionnelles et politiques[40]. Mais la véritable blessure, la plus douloureuse, est ailleurs. Au bout du compte, c'est face à soi-même qu'il se sent le plus mal.

Quand, quelques années plus tard la question des viandes salées étrangères, du porc cette fois-là, surgira dans les débats parlementaires avec le problème de la trichinose infestant les animaux en provenance des États-Unis, François-Louis Soubigou restera un simple et tranquille spectateur pendant les débats autour du décret du 18 février 1881 interdisant l'importation de boîtes de « singe ». Un décret qui provoquera, en représailles, le dépôt d'un projet de loi au Congrès des USA visant à prohiber l'entrée des vins et eaux-de-vie français sur le territoire américain.

Retour aux affaires

Heureusement, avec la paix revenue, l'activité de travaux publics reprend mais partiellement seulement. Peu gourmands en capitaux, bien décentralisés, les chantiers de chemins vicinaux reprennent vite. Par contre, les appels d'offres lancés par les sociétés de chemins de fer restent rares. La rentabilité des lignes en exploitation est faible et ne dégage pas les ressources nécessaires pour de nouveaux investissements. Selon une étude d'un inspecteur des Ponts et Chaussées, Jules Dufresne, publiée en 1872, celles de Nantes-Landerneau et Angers-Niort dégagent, respectivement, des ratios nets de 0,49 %, et de 0,27 %, quand Rennes-Brest atteint 1,22 %. Quant à Auray-Pontivy, elle perd annuellement 4 872 F du kilomètre[41]. Alors, seuls quelques anciens contrats de construction de voies, signés peu avant le déclenchement des hostilités, sont réactivés dès que les circonstances le permettent[42].

Dans ces conditions, les responsables de Radenac et Cie n'analysent pas toujours de très près les caractéristiques de leurs prospects. En février 1873, ils décrochent la construction des 25 km d'une petite ligne à voie unique à cheval sur les deux départements de l'Orne et de la Manche. Il s'agit d'un tracé qui date de 1869 quand Jules Gévelot, député de l'Orne avait milité pour faciliter l'accès des habitants et des entreprises locales à la ligne de Paris à Granville. L'idée vient d'être reprise par un ingénieur civil du nom de René Lion qui a créé une société dont le but unique est l'exécution et l'exploitation de cette liaison, et qui met en place un directeur, Henri Stanislas Rubé, ingénieur des Arts et Métiers,

40. François Monjaret de Kerjégu, le conseiller général et député, qui décède en 1880 et que remplace Monseigneur Freppel, a épousé en 1839, Juliette Lemonnier, une cousine des frères Alexandre et Henri Lemonnier.
41. AD du Finistère : 100 J 1092.
42. Avec un homme en moins dans l'équipe, Gabriel Quéinnec, décédé en 1871.

une formation qui inspire sans doute confiance à Victor Radenac, et qui explique, peut-être même, le contact. Celui-ci et ses associés s'engagent, au forfait et « à leurs risques et périls, moyennant la somme totale de 2 millions 800 mille francs ». Ce sera le chantier de Tinchebray.

Le bouclage contractuel met du temps à se faire, l'Administration, méfiante, pesant de tout son poids pour faire reformuler le contrat en mode « série », c'est-à-dire avec une liste de prix détaillant les prestations attendues. Une forme de contractualisation plus proche des règles des marchés publics auxquelles, pourtant, les chemins de fer d'intérêt local ne seront assujettis qu'en juin 1880. Les capitaux investis par les fondateurs, 1,30 MF, sont insuffisants et aucun appui financier extérieur significatif ne vient soutenir leur projet. Malgré tout, les travaux commencent en octobre 1879, et permettent une inauguration du tronçon joignant Montsecret à la gare des Maures sur la ligne de Mortain à Vire le 18 février 1883. La continuation, prévue jusqu'à Chérencé-le-Roussel et destinée aux papeteries de la vallée de la Sée, ne sera jamais construite. La société Radenac, Soubigou et Cie, devra se défendre devant le Tribunal Civil de Mortain contre le fisc qui, cyniquement, réclamera ses droits sur le montant du forfait global. Et en avril 1889, François-Louis Soubigou en sera encore à solliciter l'aide de son collègue sénateur, Armand de Mackau, pour essayer de dénouer une affaire qui, aux dires d'une lettre faite à son fils le 17 avril 1894, leur aura « englouti » 1,10 MF, alors que quelques années plus tôt les notes rédigées par les uns ou par les autres parlaient de bénéfices [43].

L'activité redémarre vraiment en 1875, et elle le fait très vivement. Lorsqu'à Rennes, au mois de septembre, il entreprend la construction d'un pont sur l'Ille entre la route de Redon et le faubourg de Brest, Jean-Louis Soubigou se heurte à des difficultés inextricables pour embaucher le nombre d'ouvriers nécessaires, dans un contexte économique redevenu favorable où l'abondance de chantiers raréfie les disponibilités. D'autant que pour un budget prévisionnel de 34 000 F après rabais de 15 % et à-valoir compris, il ne peut mobiliser les bons encadrants, partis en Auvergne [44].

Reprise d'activité et pénurie d'ouvriers viennent en grande partie des conventions que l'État vient de signer avec les grandes compagnies, sous l'autorité ministérielle d'Eugène Caillaux, et dans une logique industrielle qu'il privilégie vis-à-vis des grandes structures, plus aptes à gérer leur modernisation future et à tirer les prix que les petites organisations locales à la merci d'actionnaires trop fragiles ou industriellement peu fiables.

La même année est aussi celle de la disparition de l'un des associés, Jean Prigent le fils d'Yves, le fondateur, qui décède le 10 juin. Il laisse en suspens une petite affaire de 100 000 F avant remise de 13 % pour la construction d'un môle à la pointe de Saint Christophe, destiné à protéger les bateaux de pêche du port

43. *Projet d'un chemin de fer de Montsecret à Chérencé le Roussel*, Jules Gévelot, (1869). BnF : VP-23267. *Statuts* de la Compagnie du Chemin de Fer de Montsecret à Chérencé le Roussel, (1873). BnF : 4° V 40. *Mémoire supplémentaire* de Victor Radenac, (1882). BnF : 4 FN 2425. Lettre de François Soubigou à Armand de Mackau du 16 avril 1889. CHAN : AP/156 (I) 281.

44. Compliquée par des inondations, cette affaire, en apparence simple, lui posera plus de difficultés que prévu. Le Conseil municipal rennais s'en saisira, en juillet 1876, pour regretter un manque de suivi. La recette des travaux aura lieu en février 1878, pour 46 000 F. AM de Rennes : 1 D 53 et 1 O 80.

du Conquet. C'est Bertrand Stourm, entrepreneur à Saint-Brieuc, et non pas Jean-Louis Soubigou, qui termine les travaux à la demande de la famille Prigent et avec l'accord de l'administration, bénéficiant d'une légère rallonge de chiffre d'affaire pour réparer les dégâts du fort coup de tabac du 24 janvier. Restent aussi en compte les règlements résiduels des chantiers déjà clos de Flers, Niort, Saint-Brieuc, Mutrécy, La Roche sur Yon, Cognac, et enfin tout ce qui est Clermont-Tulle évidemment pour lesquels est fait un arrêté des comptes au 31 décembre suivant afin de pouvoir solder la succession.

Enfin c'est aussi cette année-là que Jean-Pierre Soubigou est sollicité comme tiers-expert dans le conflit qui oppose l'État à l'un des frères Escarraguel, célèbres entrepreneurs bordelais, dont le solde du chantier obtenu en novembre 1860 au Relecq-Kerhuon sur la voie de Rennes à Brest, n'est toujours pas prononcé. Il fait un rapport fort apprécié par l'ingénieur en chef des Ponts et Chaussées du Finistère, Victor Fénoux[45].

Puis, date importante, le 7 juin 1876, un accord entre Victor Radenac, Louis Radenac, Louis Colbert, les Soubigou, les Quéinnec, solde, « tant pour le temps passé que celui à venir », les opérations de Guingamp en y enregistrant une perte de 256 000 F. Tous le signent sans réserves. Y compris Louis Colbert[46] !

Toujours l'Ouest

La Compagnie de l'Ouest reste le partenaire préféré des associés. L'un des beaux chantiers qu'ils obtiennent est situé sur une ligne dont l'idée initiale est fort ancienne puisqu'un article d'août 1866 du journal malouin *Le Commerce breton* fait remonter sa conception à 1842, avec l'étude d'un trajet de Paris à Vire, desservant à partir de là Cherbourg via Saint-Lô, et Brest via Saint-Malo et

45. Le décompte a été présenté aux entrepreneurs, Escarraguel, Maublanc, Le Souple, à hauteur de 1,974 MF pour 4,4 km de voie avec comme principal ouvrage d'art un beau viaduc de 200,6 m de longueur porté par 11 arches à 39 m de hauteur. Ils se sont immédiatement pourvus au Conseil de Préfecture. Des experts ont été nommés, dont l'expert habituel de l'Administration Victor Barillé, celui du lot 7 des Côtes-du-Nord. Un premier tiers-expert a arbitré sur l'augmentation des prix entre la signature du marché et le 25 janvier 1862, date à laquelle, compte tenu d'une augmentation des prix de main-d'œuvre de 12 %, les entrepreneurs auraient pu s'arrêter comme la loi le leur permettait, mais où, ayant essuyé un refus de l'administration de leur accorder une indemnité, ils avaient décidé de continuer. L'affaire revient du Conseil d'État, quand Jean-Pierre Soubigou prend ce dossier en main, très sérieusement. Il s'étonne d'abord de ce que les plaignants ne puissent fournir aucun document authentique, les livres de compte ayant paraît-il brûlé lors d'un incendie sans qu'ils puissent présenter copie détaillée de leur déclaration de sinistre, et les quelques documents existants présentent des traces de modifications suspectes. Il va alors consulter les Archives Départementales à Quimper pour étudier les prix pratiqués pour d'autres travaux faits dans la région à la même période tant pour la Compagnie de l'Ouest que pour le P.-O.. Il fouille aussi dans celles de la Marine et celles du Génie à Brest. Il analyse ses propres dossiers. Il va sur le terrain rencontrer des fournisseurs comme à Roscoff où les gabariers lui attestent n'avoir jamais facturé plus de 4 F le m^3 de sable quand Escarraguel et consorts l'ont enregistré à 5,40 F. Même chose avec les chaufourniers. Il compare les prix de ce viaduc et de celui du Goüet dans les Côtes-du-Nord qu'il a vu construire de près, aux dimensions semblables. Bref, il fait un excellent travail que Victor Fénoux déclare être « d'un poids tout particulier, non seulement à raison de son caractère, mais parce qu'il a… exécuté… pour 6 MF de travaux » sur la même ligne et qu'il sait ce dont il parle. En conclusion, les plaignants n'obtiendront pas les 400 000 F demandés, mais conserveront par-devers eux le trop perçu estimé à 275 000 F. AD du Finistère : 5 S 45.

46. Signé le même jour, un accord bipartite règle les conséquences induites entre les frères Soubigou par cet accord général, pour un résultat net de 382 750 F.

Saint-Brieuc, que la Révolution de 1848 a stoppée[47]. Ce projet, théoriquement décidé en juillet 1868, a resurgi après la défaite contre la Prusse, sous l'appellation pompeuse de « Chemin de Fer stratégique de Cherbourg à Brest ». Le grand mot de « stratégique », censé réconforter les cœurs après une guerre désastreuse, masque un besoin plus modeste qui est celui de villes que les trajets inspirés du schéma Legrand ont, pour l'instant, laissées à l'écart. Pour la Haute Bretagne, il y a Dinan, Dinard, Plancoët. En Basse-Normandie, ce sont Avranches et Coutances. Toutes sont frustrées de voir Dol, Saint-Malo, Granville, Saint-Lô, Carentan, déjà raccordées au réseau général via Rennes, Flers ou Lison[48]. À défaut de pouvoir justifier d'un trafic commercialement suffisant, ne sachant quantifier un tourisme prometteur mais encore balbutiant, elles poussent en avant des arguments appuyés sur le risque d'une invasion intempestive par voie maritime, invasion anglaise bien entendu. Seulement derrière ces mots magiques et rassembleurs, « Cherbourg » et « Brest », les communes se déchirent. Comme sur le simple tracé entre Dol et Lamballe, où les élus de Dinan, défenseurs d'un tracé direct, s'affrontent avec un « Comité du littoral » créé sous l'égide de l'ancien maire de Saint-Malo, Charles Rouxin, qui privilégie un passage par Plancoët, à 10 km de là[49]. Des enjeux bien dérisoires aujourd'hui !

C'est sur ce tronçon que, après l'arbitrage gouvernemental de juin 1876, Radenac et Cie obtient deux lots, soit 27 km, pour le terrassement, les ouvrages d'art, et, les bâtiments, avec, un peu plus loin, quelques kilomètres de ballastage. Un ensemble d'affaires de 2,154 MF à l'arrivée. S'y ajoute le grand viaduc des Eaux minérales sur la Rance, à l'ouest de Dinan, dont ils construisent les deux grandes piles en maçonnerie de 27 et 30 mètres de haut qui supportent les longues travées métalliques, et, qui leur rapporte, à lui seul, 799 000 F. La ligne est inaugurée le 29 décembre 1879 avec une allocution prononcée par Monseigneur David, évêque de Saint-Brieuc et de Tréguier, qui après un hommage appuyé à la Compagnie de l'Ouest, conclut avec enthousiasme : « Et maintenant, appelons la protection du Ciel sur ces vastes travaux, qui honorent le génie de l'homme, et sur les constructeurs de cette ligne, qui compte des œuvres d'art désormais célèbres. » Les croyants que sont les hommes de Plounéventer sont certainement émus d'un tel hommage[50].

Puis viennent les années 1878 et 1879. C'est le rachat du Clermont-Tulle, et surtout la mise en place par le ministre Charles de Freycinet de son plan à dix ans. Avec ce plan, l'activité est progressivement stimulée. Très vite, le 14 février 1880,

47. Article signé Alexandre Chèvremont intitulé : *Note sommaire sur le projet du Chemin de Fer de Cherbourg à Brest à la date du 27 août 1866.* AD d'Ille-et-Vilaine : 5 S 140. L'auteur sera maire de Saint-Malo en 1875.

48. Dol et Saint-Malo connectées le 27 juin 1864. Granville le 3 juillet 1870. Lison le 1er mai 1860. Carentan dont le Conseil municipal n'hésite pas à écrire, en 1867, que son port est « la clef d'une grande voie maritime qui doit s'ouvrir au commerce international que la Bretagne attend ». AM de Châteaubriant : 2 O 7.

49. Dans ce comité intervient aussi Guillaume Mathurin Robinot, polytechnicien, fils du Guillaume Robinot défenseur en 1846 du rôle de Brest comme place forte maritime raccordée à un chemin passant par Rennes. AD d'Ille-et-Vilaine : 5 S 140.

50. L'ouvrage fait au total 164 m de longueur. Eléments financiers *in* AD du Cantal : 5 S 53. Eléments techniques *in* AD des Côtes-d'Armor : 35 S 3.3. ENPC : 4.22836/C1216. Un autre décompte, du 31 juillet 1882, donne une marge d'un peu plus de 13,7 %, mais sur un total légèrement différent. AD du Finistère : 78 J 31 et 32, Fonds Maître Perret. Allocution prononcée à Dinan. BnF : 8-LK7-21613.

François-Louis Soubigou peut écrire à son frère Jean-Pierre : « M. Fournié m'a dit aujourd'hui qu'il y a des fonds à volonté, car la caisse est ouverte à tous les travaux faits le plus activement possible », une information de première main puisqu'elle vient du directeur de la construction des chemins de fer, que tous connaissent bien pour l'avoir eu en face d'eux lors de la construction de la ligne de Saint-Brieuc à Pontivy [51].

En attendant, la Compagnie de l'Ouest est autorisée à entreprendre la construction d'une voie joignant Plouaret à Lannion dans les Côtes-du-Nord. Une petite ligne de 16 km que certains élus locaux espèrent prolonger un jour jusqu'au port de Perros pour faire croître son trafic maritime en y amenant les échanges venus du Centre Bretagne [52]. Radenac et Cie obtient le premier lot, une petite affaire de 450 000 F sans grand ouvrage d'art. Là encore, ils ont droit à une envolée lyrique de Monseigneur David, lors de l'inauguration du 13 novembre 1881 : « Faut-il se plaindre ou d'alarmer de ces inventions inconnues au passé ? À Dieu ne plaise ! Pour moi, je loue, j'admire, je bénis tout ce qui est amélioration et réel progrès, tout ce qui adoucit la condition de l'homme [53]. »

Toujours dans le cadre du plan Freycinet, deux courtes liaisons finistériennes sont décidées, l'une de Concarneau à Rosporden, l'autre entre Quimper et Douarnenez sur laquelle ils obtiennent le lot 2 en 1880. Un chantier là aussi sans histoire qui se clôt par un règlement amiable d'environ 600 000 F, qui pose un problème comptable accessoire car François-Louis Soubigou n'entend pas en bénéficier [54].

Le grand changement

En effet, au moment de la signature de ce contrat, la coopération de fait qui lie les différents associés est en cours d'arrêt. Louis Colbert a 56 ans, François-Louis Soubigou et Victor Radenac 61. L'âge est là. Suivant l'expression amère d'Albert de Mun quand il franchira lui-même cette étape, quelques années plus tard : « 62 ans ! Cela seul suffit comme sujet de méditation [55]. » Les centres d'intérêt qui les avaient rapprochés divergent maintenant. La structure informelle commune qui les avait réunis n'est plus opportune. Ils l'arrêtent, ou plus exactement, ils la mettent en sommeil en attendant l'issue encore pendante des procès d'Auvergne, et, la possibilité de solder définitivement les comptes que continue à suivre Louis Colbert. Désormais, tous ne parlent plus de leur organisation commune que comme de « l'ancienne maison », et chacun, parmi les « anciens » comme parmi les « jeunes », prend son indépendance.

Ce sont des histoires différentes autour des personnalités les plus marquantes, qui constituent la suite de l'histoire. Histoires autonomes ou presque, car

---

51. Victor Fournié a lui-même participé à la défense de Paris et connaît donc aussi Victor Radenac. ENPC : *Annales des P & C* (1901-1902).
52. Les élus obtiendront cette prolongation qui sera inaugurée en août 1906, mise à voie normale en 1924, pour être fermée en octobre 1948.
53. BnF : 8-LK7-22536.
54. Ouverte au service en avril 1884, la ligne sera fermée en mars 1972.
55. CHAN : 378 AP, Fonds Albert de Mun.

l'absence d'accord écrit de la période Radenac et Cie, qui se termine ainsi, va peser lourdement sur les relations entre les uns et les autres.

Alors que deviennent-ils ?

Victor Radenac reste actif, mais différemment. Il s'investit dans le Syndicat professionnel des entreprises de travaux publics qui est en train de se créer et dont il va prendre, pour un temps, la vice-présidence aux côtés de son ami et collègue Amédée Guillotin, qui par ailleurs préside le Tribunal de Commerce de la Seine [56]. À côté de ces activités professionnelles, il se fera élire comme maire de sa commune natale en juin 1890 en remplacement de son frère Amédée, resté notaire au pays, décédé après avoir assuré la fonction pendant vingt-cinq ans. Une succession qui satisfera grandement les républicains locaux, rassurés de voir le chef-lieu de canton rester de leur bord au sein d'une région fortement marquée de cléricalisme [57]. Son fils, Amédée, fier de sa formation d'origine, riche de son expérience du Clermont-Tulle, se met à son propre compte. Ils collaboreront ensemble sur des opérations de constructions de voies ferrées où Alain Quéinnec viendra leur apporter temporairement son appui et son savoir-faire, et plus tard dans la construction des gazomètres de la Plaine Saint-Denis en région parisienne.

Louis Colbert se retire sur Nancy, et ne semble pas avoir relancé une quelconque activité professionnelle. Il montera au créneau début 1888 pour faire sortir du décompte définitif la fameuse affaire de bœuf salé, et mettre en cause l'accord du 7 juin 1876 qui a entériné toutes les opérations antérieures. C'est alors qu'il rédigera son mémoire critique sur les pratiques trop personnelles du sénateur Soubigou. Le compromis ne sera apparemment pas trop difficile à élaborer puisque, quelques mois plus tard, le 24 septembre, un règlement général mettra fin au débat et que, le 10 novembre, faisant lui-même le nettoyage des dossiers, entreposés pour son propre compte au fil du temps dans les bureaux de Victor Radenac, il enverra au pilon les liasses de comptabilité de Guingamp parmi une masse de registres et de paperasses qu'il considérera inutiles à conserver. Il faudra, cependant attendre le 26 janvier 1895, vraisemblablement à cause de l'affaire de Tinchebray, pour que tout soit soldé entre eux [58].

Et François-Louis Soubigou, son fils, ses frères, ses neveux ?

---

56. Le syndicat est créé le 17 janvier 1882. CCIP : 203110. C'est Amédée Guillotin qui, en février 1890, remettra à Victor Radenac le ruban rouge de la Légion d'honneur pour avoir construit 465 km de voies ferrées, 26 gazomètres, et des ouvrages de défense pendant le siège de Paris par les Prussiens. CHAN : L2256044.
57. AD des Côtes-d'Armor : 3 M 427.
58. Lettre du comptable Couloigner, datée du 17 avril 1895, adressée à Auguste Soubigou, fils de François-Louis.

Chapitre XII

Un retraité fort actif

François-Louis Soubigou se retire donc en cette fin 1880 des affaires de travaux publics ainsi qu'il l'a annoncé, le 10 février précédent, verbalement à Victor Radenac, et par lettre écrite depuis Paris à son frère Jean-Pierre. À Plounéventer, il pourrait ne s'occuper que de ses terres, des labours et des ensemencements à faire, des engrais à répartir, ou de ses prairies, de leur irrigation, des animaux à soigner et à engraisser. À l'extérieur, il pourrait se contenter de ses fonctions électives, son fauteuil sénatorial et son siège au conseil général. Mais comme s'il ne savait pas rester coupé de la vie active, industrielle, commerciale, comme s'il avait une revanche à prendre sur le succès en affaires, il s'organise pour suivre et appuyer l'un de ses gendres, Laurent Boucher, qui prend la suite des opérations d'approvisionnement des haras et de l'armée à partir de la base de Guingamp.

Autre métier, autres risques

D'après Louis Colbert cette idée de « continuation du commerce de Guingamp par les gendres de Soubigou avec L. Radenac », date du mois de mai de l'année 1881. C'est possible. En fait ce n'est que le 1er janvier suivant que Laurent Boucher et le neveu Radenac, le partenaire de la piteuse opération du bœuf salé, lancent leur société en nom collectif, une SNC, dont l'objet social est défini comme étant « les fournitures de subsistances militaires et toutes autres opérations s'y rattachant ». Constituée à parts égales entre les deux associés, la société prend le nom de Louis Radenac et Cie, et s'installe à Guingamp. Elle est créée pour une durée de cinq ans, hormis qu'à l'expiration de ce délai les opérations restant en cours devront être proprement menées jusqu'à leur terme ; précaution de bon sens, nécessaire techniquement, et destinée à rassurer les clients potentiels. Un seul et unique article structure les relations entre les parties, qui précise que « chaque opération terminée sera liquidée entre les associés qui se partageront les bénéfices ou supporteront les pertes [1] ».

Le montage de ce nouveau partenariat ne laisse pas de surprendre en regard d'une lettre du 18 février 1880, signée de François-Louis Soubigou lui-même, déclarant à son confident de frère à propos du même Louis Radenac : « À mon

1. Contrat signé le 30 novembre 1881. AP : Famille Boucher. Les informations sur Guingamp qui suivent, sont issues, sauf indication contraire, des mêmes archives, retrouvées dans un vieux secrétaire.

avis, il faudrait cesser complètement avec lui à la fin de l'année. » Malgré tout, l'activité démarre sans difficultés. Les relations entre le gendre et le beau-père sont de toute confiance et de pleine affection. Elles le resteront au fil des années. Le gendre gère l'affaire et rend scrupuleusement compte des particularités majeures des opérations sur le terrain à son ancien qu'il appelle sans affectation dans toutes ses lettres « Mon cher père », et pour lequel il signe « votre dévoué fils ». Dans un courrier de mars 1882, il l'informe de ce qu'ils viennent d'acheter 1 200 tonnes d'avoine à un pris compétitif, et qu'ils obtiennent du foin à des conditions intéressantes à Muzillac, puis à Dinan, et plus encore à Guingamp. Il fait aussi référence à une fourniture de viandes « qui nous laisse, si du moins tout est exact, un bénéfice net de 12 000 francs ». Ajoutant « il faut avouer que c'est un beau bénéfice en 4 mois dans un pareil service ». Il ne précise pas de quel type de viandes il s'agit, salées ou fraîches, bœuf ou porc, mais il est clair que des progrès ont été faits dans la gestion de ces fournitures par l'équipe de Guingamp. De son côté, le sénateur appuie son gendre de ses conseils et utilise ses relations avec le directeur des Haras de Lamballe, Charles Donnet de Fonrobert, ou dans les antichambres parisiennes, pour lui fournir des introductions [2].

Le contexte devient malheureusement bien vite difficile. Il y a les pertes en bourse de Louis Radenac sur la place de Paris et peut-être celle de Londres, 500 000 F, que, heureusement, son beau-frère accepte de couvrir [3]. Plus grave, le contexte commercial global se dégrade. La société n'est pas seule en place. Il n'y a pas que Laurent Boucher et son partenaire à avoir eu l'appétit aiguisé par ce marché en expansion.

Le 1er juin 1881, ont été déposés chez un notaire parisien, Maître Renard, les statuts d'une entreprise qui vise ce même secteur des approvisionnements. Son nom : La Graineterie Française [4]. Son siège : 13 rue Lafayette. Son principal actionnaire : Louis Michel, un puissant commerçant en grains, farines, et fourrages, qui fédère autour de lui plusieurs autres négociants expérimentés de Paris et de Province. Avec dix millions de capital, dont la totalité a été souscrite, c'est une puissance qui entend se démultiplier très rapidement sur tout le territoire, et qui va y réussir. Les associés de Guingamp se trouvent, immédiatement, confrontés à ce concurrent dont Laurent Boucher se méfie visiblement très tôt. En mars 1882, soit donc quelques semaines après le démarrage de son activité, il exprime son regret à son beau-père de lui avoir demandé d'établir un contact avec cette société pour régler une question de cautionnement, alors qu'entre temps ceci a pu être résolu par une opération en numéraire [5]. Comme il fait référence à la nécessité d'agir en parallèle au ministère pour le même sujet, rien n'interdit de penser qu'il ne craigne que les relations de La Graineterie avec les personnes de l'Administration ne soient plus étroites et plus fréquentes que les

2. Le sénateur Paul de Forsanz, membre du Conseil Supérieur des Haras, ne sera pas longtemps là pour les aider. Il décédera en août 1882.
3. Lettre de Laurent Boucher à son frère, datée du 22 mai 1883.
4. AC de Paris : D 32 U3 61, et, CHAN : MC/ET/V/1370. À noter que dans ses statuts d'origine, la société inscrit que 5 % des bénéfices seront répartis entre les personnels. L'automatisme de cette clause sera supprimé plus tard.
5. Une belle affaire de 116 000 F, que le cautionnement en immeubles, semble-t-il initialement prévu, aurait retardée.

siennes, d'autant que Louis Radenac, bien placé pour connaître et exploiter les introductions du sénateur en sus de celles de ses nouveaux amis, est désormais basé à Paris, rue de Miromesnil, et qu'il devient, bientôt, très cachottier sur les affaires qu'il traite lui-même.

Or une SNC, où les deux partenaires sont solidairement responsables tout en gardant chacun leur propre statut de commerçant, ne peut fonctionner que si le jeu est parfaitement franc et loyal de part et d'autre. La société n'a pas cinq mois que c'est, non pas en direct mais à l'occasion d'une visite d'appui de François-Louis Soubigou au ministère, que Laurent Boucher apprend que son associé fait des affaires à Nantes et non pas seulement à Vannes, ainsi qu'il l'a annoncé. Alors qu'une explication ferme et immédiate serait nécessaire avec le cachottier, il écrit à son beau-père, dans une lettre datée du 13 mai, que « dans la crainte de le froisser, j'ai jugé qu'il était prudent de ne pas lui dire... ». Certes, il ajoute « ... je compte revenir sur cette affaire aussitôt que je trouverai le moment propice ». C'est oublier ou ignorer que, dans les situations entrepreneuriales délicates, les opportunités d'action efficace ne se présentent jamais deux fois. C'est aussi négliger de voir qu'un des associés fondateurs de La Graineterie, Paul Grandjouan, est basé à Nantes.

En fait, l'associé est déjà passé au parti de l'adversaire qui l'accueille comme administrateur, puis lui confie très vite le poste de directeur[6]. Tirant les conséquences de cette désagréable situation, Laurent Boucher revoit ses plans et informe son beau-père, le 1er avril 1884, de ce qu'il a dû proposer à un nommé Bourdet « de continuer avec nous les fournitures militaires ». Le 24 mai suivant, le neveu de Victor Radenac devient « mon ex-associé », et pour cause, il vient d'être réélu au Conseil d'administration du concurrent. Vingt-sept mois à peine se sont écoulés depuis la signature de l'acte de société prévu pour cinq ans[7].

Ce même courrier du mois de mai fait, de plus, apparaître que les manœuvres de Louis Radenac sont devenues franchement indélicates. Par exemple, lorsqu'il grève d'office « les services en participation d'une somme de 8 000 à 9 000 francs pour frais de bureaux à Paris », c'est-à-dire qu'il impute, indûment, les charges comptables de siège qu'il doit à sa nouvelle maison mère sur les opérations de la société commune avec son ex-associé. Or, seule sa part d'activité personnelle est filiale de La Graineterie Française, et cette contribution ne concerne que lui. Laurent Boucher réagit, le soupçonnant d'avoir eu de plus l'intention de faire « supporter au service de pain de troupe, une somme relativement aussi forte ».

Enfin, alors que, contrairement à Louis Radenac, Laurent Boucher n'a pas été acteur pour le compte de l'ancienne maison, c'est lui qui se démène localement pour solder les reliquats anciens qui, comme après toute cessation d'activité, sont à purger. Le fait que, assez curieusement, sa propre structure soit créditrice sur la précédente ne lui laisse d'ailleurs guère le choix. Et il en découvre parfois de belles, quand, interrogeant une dame Auffray à propos d'une « surcharge faite de la main de M. Radenac, au brouillard » pour une somme de 5 000 F, l'intéressée

6. CHAN : MC/ET/V/1370.

7. Ce n'est qu'à partir de 1885 que les lettres, conservées jusqu'à aujourd'hui, font apparaître la raison sociale « L. RADENAC & Cie » surchargée d'un tampon « LAURENT BOUCHER, successeur ». AP : Famille Boucher.

lui démontre n'avoir jamais reçu cet argent. Après une autre visite, en mai 1884, à une dame Morel, faussement censée s'être engagée à éponger les dettes de son gendre, il se fend d'un courrier à Louis Colbert : « M. Radenac a voulu ainsi dorer la pilule pour gagner du temps et essayer de rendre à vos yeux la perte moins forte. » Un courrier qui, accessoirement, atteste de l'implication du destinataire dans les affaires de Guingamp, quoi qu'il en dira plus tard.

Tout aussi édifiante est la question des magasins de l'ancienne maison dont celle-ci est toujours propriétaire et qui lui sont devenus inutiles. Laurent Boucher propose de les faire acquérir pour 30 000 F par Louis Radenac et Cie où ils pourraient servir pour les affaires à venir, tout en injectant un peu d'argent dans les comptes de la société venderesse. S'agissant d'un investissement, il doit obtenir l'agrément de son partenaire. Il n'aura jamais de réponse et comprendra, après une courte période d'optimisme, que l'autre cherche à « retarder la vente des magasins autant qu'il le pourra » afin de le priver, lui, d'un avantage concurrentiel face à La Graineterie [8]. Situation lassante où il trouve ingrate l'attitude de Victor Radenac et Louis Colbert qui mégotent, au nom de l'ancienne maison, sur le prix de cession pour lequel ils réclament un plus de 5 000 F qu'il ne peut et ne veut payer. Il peut d'autant moins les suivre que, depuis octobre 1883, Henri Lemonnier et son Comptoir du Finistère ne sont plus là pour les facilités de trésorerie, et que mi-1884 Louis Abgrall, son principal partenaire dans le Finistère, est obligé de cesser son activité car « il a besoin de ses fonds pour payer à ses frères la somme qu'il leur doit », obligation liée à la succession de ses parents décédés successivement en 1876 et 1878. L'affaire se résout d'autant moins que c'est un autre Radenac, Ernest, le frère de Louis, installé à Belle-Isle-en-Terre, qui vend à La Graineterie en juillet 1886 les terrains et les bâtiments qui lui sont nécessaires pour se développer, à proximité immédiate de la gare [9].

Il prépare aussi une transaction avec Jules Ménard, autre négociant des Côtes-du-Nord, lui aussi pris à la gorge par le même concurrent, et avec lequel ont jadis été traitées quelques opérations. Sur cette question délicate, c'est encore Louis Colbert qui, en juin 1884, assumera la décision au nom de tous les anciens. Cette signature leur évitera à tous d'être nommément et violemment pris à partie par leur ex-confrère qui, dans une excitation qui tournera à la folie, attaquera la personne de Louis Radenac et les origines raciales et confessionnelles supposées des actionnaires de La Graineterie dans un ouvrage aux termes d'une violence extrême [10]. Il solde enfin d'autres petits litiges pendants où apparaissent des noms comme Meslé, Levrel, Lajat, etc., qui ne justifient aucun commentaire particulier.

Hélas pour ses propres activités, les conditions réglementaires de contractualisation de l'armée changent bientôt totalement en matière de subsistances.

À cette date, tout se traite encore suivant une méthode dite de la gestion directe, c'est-à-dire que chaque intendant militaire pourvoie lui-même aux achats

---

8. Lettre de Laurent Boucher à François-Louis Soubigou du 12 août 1884.
9. AD des Côtes-d'Armor : 3 E 55/61.
10. Jules MÉNARD, *Traîtres et pillards (1887)*. Mettant peu en cause les Juloded, simplement identifiés comme « un syndicat de financiers bretons », l'auteur date, pour sa part et d'une manière erronée, la création de La Graineterie Française de 1871 qui est plutôt l'année de début de l'activité personnelle de Louis Michel. Le pamphlétaire antisémite Edouard Drumont s'emparera aussi du sujet.

nécessaires à son unité, par petites quantités généralement mensuelles. Ceci donne localement une grande flexibilité dans la planification des commandes et le choix des fournisseurs qui peuvent être des négociants ou les cultivateurs eux-mêmes, mais génère des disparités de prix d'une garnison à l'autre. Sans compter que le copinage ou autre formule plus élaborée, en est difficilement contrôlable. La hiérarchie se sent mise à l'écart, et cette délégation de pouvoir n'arrange pas les affaires des très grands mandataires, confrontés à une multitude de petits et moyens concurrents impossibles à contrer un par un.

Or, avec le développement des moyens de communication modernes, routes, voies ferrées, les transferts de marchandises d'un département à l'autre, d'une région à l'autre sont devenus plus aisés et d'un coût commercialement acceptable. Les limites de collecte ne sont plus celles du canton ou même de quelques départements. Elles sont devenues nationales, voire internationales, ou pourraient le devenir sous réserve que l'organisation du système d'appel d'offres de l'armée soit modifiée. C'est ce à quoi s'emploient certaines grandes organisations comme La Graineterie.

Cela tombe d'autant mieux que, sous l'impulsion des commissions du budget qui veulent des économies en argent et en personnel administratif, s'opère la généralisation progressive d'un mode d'achats négociés globalement et pour une longue période. Les règles du jeu en sont bouleversées. Ce mode, dit à la ration ou à l'entreprise, met en jeu des quantités nettement plus grandes et plus diversifiées. Il exclut la vente directe par les cultivateurs et affaiblit les intermédiaires ne disposant pas d'une surface commerciale et financière suffisante, comme Laurent Boucher, même si ceux-ci savent souvent s'associer plutôt que de se concurrencer frontalement[11]. Conséquence le paysage concurrentiel n'est plus aussi simple à gérer. François-Louis Soubigou et son gendre s'aperçoivent rapidement qu'on ne combat pas une centrale d'achats nationale, disposant qui plus est des ramifications internationales, comme on traite avec un confrère un peu gênant de Dinan ou de Pontivy. Et les choses vont très vite.

En juin 1884, c'est l'Ille-et-Vilaine qui passe à ce mode de contractualisation. Dès le 7, Laurent Boucher fait part de son inquiétude à François-Louis Soubigou : « Les affaires deviendront très difficiles pour nous sur cette place. » Le sénateur réagit par retour, en suggérant de laisser à Louis Radenac ce département qu'il a déjà de facto acquis sous sa nouvelle casquette, ainsi que le Morbihan, sauf Pontivy gardé à demi, et la moitié des Côtes-du-Nord. Le reste plus le Finistère serait conservé en y prélevant une part de 20 % pour l'ex-associé, sans doute intuitu personae. Laurent Boucher est optimiste sur cette « combinaison » qu'il voudrait pouvoir aller défendre au 13 rue Lafayette à Paris avec l'appui de Louis Colbert. Le seul point qui l'inquiète un peu est le rôle que pourrait vouloir jouer dans tout ceci Ernest Radenac. Hélas, c'est déjà trop tard. Le 20 juillet 1884, il reçoit la notification comme quoi le Conseil d'administration de La Graineterie, où siège Louis Radenac, a jugé qu'« il n'y avait pas lieu pour la société de prendre aucun engagement en participation ». C'est sans appel.

---

11. « Les denrées dont se compose la ration ordinaire de fourrages sont : le foin, la paille de froment, l'avoine à l'intérieur, l'orge en Algérie », ministère de la Guerre, cahier des charges pour la fourniture des fourrages à la ration (1877). AD d'Ille-et-Vilaine : 2 R 74.

Quelques semaines s'écoulent. L'adversaire accentue la pression en faisant chuter les prix. Le 10 septembre, dans les Côtes-du-Nord, il vend son avoine à l'armée à 17,50 F le quintal, et quelques jours plus tard aux haras à 18,50 F, devant Laurent Boucher qui a soumissionné à 19,70 F. Lui qui se félicitait au mois de mai 1882 de s'être fourni à 16,75 F ! Les marges de négociation deviennent minces. D'autant plus minces que La Graineterie dispose d'appuis internationaux lui permettant de se faire livrer depuis l'étranger à des prix extrêmement concurrentiels, comme elle le fait avec son établissement de « Libau, en Russie [12] ». C'est, d'ailleurs, le déchargement à Nantes, le 5 février 1885, d'un navire sous pavillon allemand provenant de ce port qui provoque une interpellation du Ministre de la Guerre, accusé par certains députés, en particulier le Rennais René Brice, de ne pas soutenir les « avoines indigènes » face aux « avoines exotiques [13] ». L'opération est cependant tout à fait licite, puisque couverte par le Traité de Commerce et de Navigation qui lie la France et la Russie, depuis sa signature le 1er juin 1874, entre le tsar Alexandre II et le général Le Flô, ministre plénipotentiaire.

Peut-être sur les conseils de son beau-père échaudé par son expérience du bœuf salé, peut-être parce qu'il ne traite pas les volumes nécessaires, Laurent Boucher ne semble pas, pour sa part, avoir fait le choix de ce type d'approvisionnements lointains. Le journal Le Finistère qui, dans son numéro du 3 octobre 1885, critique vivement le rôle d'importateur de blés étrangers de Charles Chevillotte dans son activité de transitaire, n'aurait pu résister au plaisir de mettre directement en cause son ami le sénateur de Plounéventer si celui-ci avait participé en grand à de telles importations. Alors, Laurent Boucher continue coûte que coûte, jusqu'en février 1886, où il annonce à son beau-père que ce sera, sans doute, la dernière année : « Je n'ai formé aucun projet pour l'année prochaine. Je crois qu'il m'est impossible de continuer les fournitures dans les conditions actuelles. » Enfin, au mois de mars de cette année 1886, le comptable l'informe que les comptes concernant l'ancienne maison sont terminés et qu'il les transmet à Louis Colbert, lequel, toujours prudent, s'en saisit avec des pincettes comme s'il n'était pas en charge de leur validation Encore ne connaît-il pas le commentaire du gendre à son beau-père : « Je comprends que vos associés aient le désir de faire rentrer cette somme à la caisse commune, mais ils n'y arriveront pas. Je pense que nous avons déjà fait assez de sacrifices pour l'ancienne maison [14]. »

Après avoir jeté l'éponge, Laurent Boucher revient s'installer à Lampaul-Guimiliau en Finistère, où, dans la tradition paternelle, il prend la direction d'une tannerie, et aussi bientôt la charge de maire qu'il assumera jusqu'à sa mort en 1931. Avec son départ de Guingamp, se termine définitivement la période professionnelle de son beau-père qui laisse le champ libre à La Graineterie Française.

---

12. Libau, aujourd'hui Liepaja en Lettonie, port hanséatique libre de glaces, contrôlé pendant longtemps par la Russie.
13. *JO* du 20 février 1885.
14. Lettre de Laurent Boucher à François-Louis Soubigou du 30 mars 1886. AP : Famille Boucher. Comme vu supra, Louis Colbert mettra deux ans avant de réagir.

Celle-ci éjectera Louis Radenac de son poste de directeur en avril 1892, et continuera à se développer jusqu'à sa dissolution amiable le 1er mai 1895 [15]. Par conviction éthique ou par jalousie professionnelle de certains, les débats à la Chambre et au Sénat la mettront parfois nommément et lourdement en cause. Puis, le développement des coopératives agricoles impulsera une adaptation des règles de marché qui permettra aux producteurs de passer quasi directement des marchés globaux avec l'État. Pour sa part, Jules Ménard, trop amer de n'avoir pu vaincre l'ennemi à lui tout seul, continuera à diffuser et rediffuser son brûlot antisémite mettant en cause l'indépendance des dirigeants de La Graineterie, même après la disparition de la société ennemie [16].

Le bilan de ces opérations du sénateur et de son gendre sur le marché des subsistances ? Fort probablement positif. La première période, dans un contexte de prix de vente élevés et de récoltes favorables, fut très fructueuse. Lorsqu'il en fit l'évaluation, Laurent Boucher estima les bénéfices cumulés sur les trois premières années à 470 000 F, dont la moitié à partager entre lui et son beau-père. À partir de 1884, les marges furent évidemment écrasées. Ceci étant, ce type de négoce ne leur nécessita pas beaucoup d'actifs, ne mobilisa pas un grand nombre d'employés. Seule la trésorerie put parfois être délicate à gérer lors des grands contrats nécessitant des emprunts ou des découverts, des contrats qui furent vite hors de portée avec l'arrivée de La Graineterie sur le marché breton. Les résultats pendant la seconde phase furent inévitablement amoindris, mais restèrent aussi positifs, l'activité ayant été arrêtée à temps. On peut donc déduire que l'ensemble de cette activité créée en 1882, ou plutôt alors ressourcée, fut profitable. Et de cela on peut aussi conclure que, quelque part, le vieux Julod, prit là, par personne interposée, sa revanche de ses erreurs passées lors des précédentes opérations de Guingamp, de cette auto-humiliation alors subie qui lui avait fait écrire alors qu'il piaffait d'impatience devant ce qu'il voyait comme des erreurs de ses neveux : « Je suis obligé de me taire devant la fameuse affaire salaisons, par lesquelles je comptais terminer heureusement ma carrière industrielle. » Il pouvait maintenant tourner définitivement la page, face à lui-même.

Le conseil général du Finistère

S'il consacra beaucoup de temps à ces opérations, ce ne fut pas son seul centre d'intérêt commercial après l'arrêt de Radenac et Cie puisque, dans ses fonctions de conseiller général, il resta en contact direct avec le monde des entrepreneurs et celui des voies ferrées.

Immédiatement, dès sa première élection en 1871, il est chargé des dossiers de travaux publics, une tâche qu'il va conserver pendant toute la période où ses amis politiques vont conserver la majorité. Ces dossiers portent sur toute l'organisa-

15. CHAN : MC/ET/V/1370. Louis Radenac continuera son activité à Guingamp, semble-t-il fructueuse puisque, après la loi de juillet 1904 imposant la cessation d'activité aux congrégations enseignantes, il trouvera les fonds nécessaires pour acheter à Trégastel l'imposant immeuble des Dames des Sacrés Cœurs de Jésus et de Marie, à la fois couvent et hôtel de 200 places. De La Graineterie Française subsistera l'établissement de Nossi Bé à Madagascar.

16. Son épouse, sans doute lassée de cette obsession, de cette folie de la persécution, le quittera, accompagnée de leur fille. Un procès s'en suivra entre eux.

tion vicinale, mais il s'implique aussi dans des dossiers plus complexes qui visent à densifier les voies ferrées à l'intérieur du département, en vue de désenclaver les localités éloignées du littoral et de leur faciliter l'accès aux différents ports et aux voies ferrées nationales.

Autour de ces projets, des idées originales circulent, des solutions créatives sont étudiées. C'est un ensemble de projets qui donnent un salmigondis d'arguments, techniques, financiers, commerciaux, souvent politiques, ouvrant la porte à toutes les opportunités, à tous les choix possibles, à tous les affrontements, et parmi lesquels il faut trier.

Un inventeur, Jean Larmanjat, présente son monorail, un système reposant sur deux roues centrales et dont l'équilibre d'ensemble est assuré par des roues latérales munies de bandages en caoutchouc prenant directement appui sur le sol. Le conseil général mandate un ingénieur pour aller étudier au Portugal une réalisation de ce type. Le délégué n'en revient pas particulièrement séduit [17].

Plus tard, c'est une offre de « tramways de granit à vapeur » qui est présentée par Léon Le Cordier, l'associé du grand inventeur et grand pionnier sarthois de l'automobile, Amédée Bollée. Cet autre système est fondé sur l'utilisation de voitures de voyageurs disposant de leur propre système de propulsion, et prévues pour circuler sur une infrastructure de rails en granit de 25 centimètres d'épaisseur. Une solution qui n'est pas sans avantages. Parmi ceux-ci, le plus inattendu, et non le moindre, est l'autonomie des véhicules qui leur permet de s'écarter de la voie en cas de nécessité. Ce projet est, comme les autres, refusé par le conseil général [18].

En juillet 1871, est déposée une demande en concession pour un chemin d'intérêt général à voie étroite de 1,15 m de Roscoff jusqu'à la gare de Morlaix appartenant à la Compagnie de l'Ouest, avec possibilité de prolongation vers Carhaix, puis Pontivy. Armand Considère, l'ingénieur en chef des Ponts et Chaussées, appuie cette idée, faisant valoir l'importance pour la zone légumière côtière de pouvoir mieux diffuser ses productions. Le conseil se laisse séduire et vote une subvention de 220 000 F sur l'avis d'une commission de sept membres où le conseiller général de Plounéventer a été élu avec 31 voix sur 37 votants.

Le plus souvent le conseil résiste, d'autant que, comme dans toutes les situations de ce type, quelques personnages plus ou moins douteux apparaissent parfois, offrant des services sans équivalents, proposant la vente de précédentes et excellentes études dont ils ont, disent-ils, acquis les droits.

Il faut attendre les lois Freycinet, celles-là mêmes qui mobilisent des fonds considérables en faveur des chemins de fer, pour que, début 1879, la situation se débloque partiellement au profit des ports les plus importants du Finistère dans leur accès vers les deux voies ferrées nationales ouvertes quelque vingt-cinq ans plus tôt. Quand le projet de loi passe de la Chambre des députés au Sénat, celui-ci mandate une commission pour examiner l'opportunité des trois liaisons, Concarneau à Rosporden, Morlaix à Roscoff, Quimper à Douarnenez. Un rapporteur s'impose : François-Louis Soubigou. Dès le 13 juin, il rencontre le

17. BnF : VP-24270
18. BnF : 8-V PIECE 738. Le tramway actuel de Nancy, qui peut circuler et sur rails et sur routes, est un lointain descendant de ce concept.

ministre[19]. En juillet, il défend fort correctement devant ses collègues sénateurs, un projet qui va donner lieu à de nombreuses variantes. Enfin, le 26 août 1882, le conseil général précise son choix, satisfaisant les villes directement concernées. Seule différence par rapport aux débats précédents : le rapport est présenté par le républicain Armand Rousseau, changement de majorité oblige. Pour autant, avec un polytechnicien du corps des Ponts et Chaussées succédant à un entrepreneur de travaux publics, l'institution reste armée pour gérer tous ces dossiers, d'autant que les deux hommes s'entendent fort bien.

Seulement, construire la ligne de Morlaix à Roscoff, c'est préjuger de son prolongement naturel vers le centre du département et faire du complexe portuaire géré par la chambre de commerce de Morlaix le débouché naturel de cette Bretagne centrale oubliée. Et derrière cette question se pose celle d'un réseau particulier dont la création est en débat depuis que l'idée en a été lancée lors d'une réunion du Comité central réuni à Carhaix sous la présidence du préfet du Finistère. Ce Comité, destiné à sauvegarder les intérêts des « pays » morcelés par la création des départements en mars 1790, a, le 17 mai 1869, préconisé ce qu'il a appelé un « réseau bas-breton », capable de collecter des voyageurs, et surtout des marchandises destinées à l'export comme à l'import de la Bretagne centrale.

La difficulté est que, depuis des années, se livre une bataille acharnée entre les deux chambres de commerce ennemies de Brest et de Morlaix qui s'accusent mutuellement de détournement d'activité, ce qui est véritablement loin d'être faux. La Chambre de Morlaix qui a eu, pendant dix-huit ans, le monopole sur l'ensemble du département, accepte mal la montée en puissance de celle qu'elle considère comme une injuste rivale, née d'une scission obtenue par un décret de mars 1851 et qui revendique en sus les trois cantons de la presqu'île de Crozon, qu'elle obtiendra, d'ailleurs, bientôt. Celle de Brest veut capter le maximum de trafic maritime, tant fret que voyageurs, dans la perspective d'être la tête de pont française des liaisons transatlantiques, et se bat pour que les nouvelles voies ferrées pointent le plus directement possible vers ses abords plutôt que vers ceux de sa concurrente, cherchant même à se rallier la Marine qui par la voix de l'amiral Jauréguiberry lui répond que celle-ci ne se sent nullement concernée[20]. Les amitiés politiques jouent aussi à plein quand, par exemple, Jean-Baptiste Bellamy se fait appuyer par le maire de Saint-Pol-de-Léon et son conseil municipal, contre leurs voisins morlaisiens[21]. Cette bataille purement finistérienne autour du trafic du Centre Bretagne, entre un Carhaix à Roscoff via Morlaix, un Carhaix à Brest via Landerneau ou via Guimiliau, oublie soigneusement que son raccordement direct avec Guingamp raccourcira significativement l'accès de la capitale du Poher vers le réseau national de la Compagnie de l'Ouest et donc vers Paris, et que le véritable enjeu est là.

19. Lettre du 9 juin 1879 à Albert Andrieux, maire de Morlaix et président de la Chambre de Commerce, sollicitant d'être accompagné d'un membre de la Chambre lors de cette entrevue ou de pouvoir disposer de données chiffrées. CCI de Morlaix.

20. Délibération du Conseil des Travaux de la Marine du 3 septembre 1878. ADM : DD^{2}939.

21. Lettre du 2 mars 1882, d'Hippolyte Drouillard à Jean-Baptiste Bellamy. AM de Brest : 2 O 6. Le maire de Saint-Pol-de-Léon partage les opinions radicales de celui de Brest, fort éloignées de celle du catholique modéré Edmond Puyo qui vient de remplacer son beau-frère Edouard Corbière à la présidence de la chambre de commerce de Morlaix.

Les échanges d'aménités entre les adversaires sont intenses. Chacun explique sa supériorité incontestable sur l'autre par des statistiques, des études chiffrées de trafics et de distances, des présentations prospectives à la véracité marketing bien évidemment indubitable. L'affrontement va crescendo. Les commentaires deviennent plus incisifs. Morlaix d'assez mauvaise foi, affirme qu'elle est « l'entrepôt de toute la contrée et le centre industriel le plus actif du département », et que chez elle tout va bien quand « à Brest tout est à créer ». Brest explique que « la décadence de Morlaix est certaine dans l'avenir », s'appuyant fort justement sur la montée en capacité des navires avec la généralisation de la vapeur qui interdira la remontée trop sinueuse de la rivière d'accès, et relance l'ancienne idée d'une grande voie ferrée traversant d'est en ouest toute la Bretagne centrale dont les communes ne peuvent se sentir concernées par un accès à Roscoff[22]. Le combat est dur et n'épargne personne, et surtout pas les élus locaux amenés à prendre parti, parfois contre leur gré.

Ayant soutenu le Morlaix-Roscoff, François-Louis Soubigou ne doit pas être très à l'aise lors de ses tête-à-tête avec ses amis de la chambre de commerce de Brest, Henri Lemonnier qui est son banquier, et Charles Chevillotte, le président dont il soutient les ambitions politiques. Leurs conversations sont certainement très animées pendant cette période, à moins que, prudemment, ils n'esquivent entre eux ce sujet trop explosif. Malgré tout, le sénateur se retrouve bien vite et publiquement dans l'œil du cyclone. Le 6 septembre 1882, *Le Petit Brestois* publie un article énergique dans lequel il met en cause Armand Rousseau dans ses fonctions de conseiller du 2° canton de Brest. Mais comme l'élu est l'un des hommes dont il fait usuellement la promotion, le journal ne peut aller trop loin dans ses critiques. C'est donc sur « le naïf porte-parole » François-Louis Soubigou que se focalise l'attaque, le maudissant d'avoir rallié l'ensemble des conseillers généraux autour de lui pour faire voter à Victor Fénoux, « les plus vifs remerciements du Conseil avec prière au préfet de faire valoir ses services près de l'administration supérieure ». Puis oubliant les très grands services rendus au département et à la ville de Brest elle-même, dont cet ingénieur défend depuis toujours les intérêts maritimes, l'auteur de l'article le met au pilori pour avoir été « l'inspirateur du chemin Carhaix-Morlaix, du chemin Morlaix-Roscoff, deux lignes qui constituent un gaspillage honteux des deniers publics[23] ».

Pendant toutes ces interventions, ces péripéties, ces invectives, et aussi grâce à elles, les projets avancent malgré tout, élément par élément. L'utilité publique du Morlaix-Roscoff est déclarée en juillet 1879 pour une voie à écartement normal, et les appels d'offres sont bien vite lancés[24]. La ligne est ouverte par la Compagnie de l'Ouest le 10 juin 1883.

Appliquant le principe énoncé par Armand Considère suivant lequel la voie ferrée est parfaitement adaptée au transport des produits de la mer, Louis Sarlin, fils, investira quelques années plus tard dans les Viviers de Roscoff[25]. Seul Hippolyte Drouillard, précurseur visionnaire, se sentira un peu frustré de n'avoir

22. BnF : 4-V pièces 1113, 1705, 1897, (respectivement années 1879, 1881, 1882). ADM : DD^2 939.
23. Victor Fénoux est ingénieur en chef depuis juin 1976.
24. *JO* du 4 août 1879.
25. Il le fera en 1898. AD du Finistère : 64 U 13/5.

pas obtenu le prolongement de la voie jusque sur les quais dans l'espérance de voir s'établir une liaison par ferry avec la Grande-Bretagne, qui ne naîtra que près d'un siècle plus tard et sous une autre forme avec le port en eau profonde du Bloscon, et qui sera effectivement une réussite commerciale [26].

Côté Bretagne intérieure, est choisie une voie métrique, qui va imposer des années durant le transbordement du fret et des passagers aux gares de jonction avec le réseau général. Ceci relève de choix économiques que de nombreux auteurs défendent, à travers toute une littérature plus ou moins orientée, contre ceux qui, comme le sénateur Jean-Baptiste Krantz, défendent la continuité entre les réseaux. Mais après tout, à cette époque, où la vitesse de circulation des convois reste modeste, la clientèle accepte assez facilement les correspondances et leurs temps de transit. Alors pourquoi les concessionnaires et les financiers se priveraient-ils de serrer les cordons de la bourse, dans un contexte de retour sur investissement difficile [27].

Les deux lignes principales, Carhaix à Morlaix et Carhaix à Guingamp sont ouvertes en 1895, premiers éléments d'un réseau de plus de 400 km qui, jusqu'en 1967, va irriguer et désenclaver toute la partie centrale de la péninsule armoricaine, et faire bientôt naître à Carhaix une population d'employés et d'ouvriers d'environ 400 personnes [28].

François-Louis Soubigou n'est évidemment pas entrepreneur sur ces chantiers, puisqu'il a quitté ce milieu professionnel pour son négoce de Guingamp. Pourtant le nom Soubigou y apparaît. Et pour cause, d'autres de ses parents, et des plus proches, ont décidé de continuer sur ses traces. Rassemblés autour de son frère Jean-Pierre, ils ont décidé de mener une nouvelle aventure entrepreneuriale, indépendamment mais avec le savoir-faire et dans la continuité de Radenac et Cie. Cette autre société qui va durer un peu plus d'une vingtaine d'années, sera la dernière opération que suivra, en arrière plan, le vieux Julod.

26. Quand, le 2 janvier 1973, le ferry « Le Kérisnel » assurera la première liaison régulière établie avec Portsmouth, il n'emportera pas dans ses cales des wagons de chemin de fer mais des camions et des automobiles.
27. Jean-Baptiste Krantz le fait d'une voix autorisée puisque, X-1836 et ENPC, il a un vécu d'ingénieur de terrain au Grand Central et au P.-O., et a publié en 1875 un ouvrage étudiant et comparant les mérites respectifs des deux solutions.
28. Le réseau sera totalement achevé en 1925. Aujourd'hui, seules subsistent les lignes de Guingamp à Carhaix et Guingamp à Paimpol, mises à voie normale.

Chapitre XIII

Place aux jeunes... ou presque

Fin 1881, quand Radenac et Cie arrête définitivement toute nouvelle activité, Jean-Pierre Soubigou n'a que cinquante-quatre ans, et dispose de toutes les capacités personnelles nécessaires pour continuer dans le métier. Ayant été présent sur le terrain plus qu'aucun des autres anciens, il s'est construit une bonne réputation près de ses donneurs d'ordres. Ses références de conduite de chantiers sont reconnues ainsi que l'attestent des pièces officielles, tel le certificat délivré le 29 juin 1881 par Albin Moïse, ingénieur en chef de la Compagnie de l'Ouest. Ce document, que tout soumissionnaire doit présenter pour voir ses propositions étudiées, précise que: « M. Soubigou Jean-Pierre est incontestablement en l'état de bien diriger de grandes entreprises de travaux publics [1]. »

Continuant sur la lancée des responsabilités qu'il a déjà assumées au sein de l'organisation antérieure, il créée une nouvelle structure. Décidée le 20 avril 1882, celle-ci est dûment enregistrée à Landivisiau, le 3 mai suivant [2]. Il s'agit d'une « société en nom collectif pour entreprises de travaux publics », portant comme raison sociale Jean-Pierre Soubigou et Cie, et dont le siège est à Plounéventer, au manoir familial de Kergréguen où le nouveau directeur a pris la succession paternelle. Cet acte en bonne et due forme réunit sept Soubigou, et uniquement des Soubigou: Jean-Pierre, évidemment, qui assure la transition avec le passé, son fils Pierre qui se présente solidairement avec lui, puis cinq neveux, Jean-Louis « bian » fils de Jean-Louis « coz » et son frère Joseph, Yves fils d'Alain Marie, et les deux Auguste, dont l'un est fils de François-Louis et l'autre de Nicolas Marie [3]. Ce sont tous des hommes aptes à encadrer efficacement des équipes importantes. Ils l'ont déjà prouvé, quoiqu'en dise parfois le sénateur, sur les chantiers de l'entreprise ou lors de leurs périodes militaires d'officiers de réserve pour certains d'entre eux. Les principes de répartition des bénéfices ou des pertes entre les participants ne sont pas mieux définis que dans la structure précédente, le statut de SNC distribuant largement les responsabilités puisque chacun détient la signature dans une forme

---

1. Document oublié par son propriétaire sur le bureau de l'ingénieur des Ponts et Chaussées du Cantal. AD du Cantal: 5 S 57.
2. Indépendamment des sources indiquées, beaucoup d'informations qui suivent sont issue de: BnF: JOA-614. BnF: JOA-842. AD du Finistère: 78 J 31 et 32, Fonds Maître Perret. (où une note du 31 décembre 1902 définit la rentabilité de chacune des affaires, avant imputation des frais généraux).
3. Jean-Louis Soubigou est aussi le gendre de Gabriel Quéinnec, dont il a épousé la fille Françoise en 1872.

juridique plus destinée à mettre en commun des moyens et une image de marque qu'à se doter d'une organisation très structurée.

Ce contrat d'entreprise est renouvelé sans clause nouvelle particulière en avril 1887, pour cinq années supplémentaires. À l'échéance de novembre 1892, Jean-Pierre Soubigou, qui a atteint ses 67 ans, se retire et la société devient simplement Soubigou et Cie. Le renouvellement se fait encore en décembre 1896, et en janvier 1903, cette fois-ci, avec la seule présence des quatre cousins, Yves, Joseph, et les deux Auguste[4].

À la création, en 1882, de cette nouvelle maison, les opérations à 20 MF sont du domaine du passé, mais il y a des projets intéressants à réaliser un peu partout en France pour construire les liaisons intermédiaires nécessaires entre les grands axes nationaux. Et la lecture des soumissions que Jean-Pierre Soubigou et Cie dépose, faites d'échecs et d'adjudications décrochées, est une sorte de tour de France des liaisons ferrées annexes qui progressivement complètent la desserte des villes moyennes jusque-là souvent délaissées pour beaucoup d'entre elles[5].

En fait, le premier réel chantier date de juillet 1880, où Jean-Pierre Soubigou et ses associés obtiennent, avec une remise de 18 %, le lot à l'approche du terminus, de cette ligne à voie unique Morlaix-Roscoff à la création de laquelle François-Louis Soubigou a apporté tout son poids de conseiller général et de sénateur, le rattachement à la nouvelle maison étant dicté par le fait que l'essentiel du chiffre d'affaire et surtout la clôture des comptes sont planifiés au-delà de la fin de Radenac et Cie. Ce sont 9,35 km de plateforme avec peu de terrassements et sans grands ouvrages d'art, sur lesquels les travaux sont menés sans difficultés aucunes, et qui leur rapporte 631 000 F[6].

En mai 1881, ils échouent sur le lot 2 de la ligne de Dives à Deauville dans le Calvados dans des conditions de concurrence impitoyable, celle-ci tirant à - 17 %, quand eux-mêmes restent prudemment à - 1 %, sur une affaire ayant un prix d'appel de 2,11 MF pour près de 18 km.

Encore l'Auvergne et ses abords

Mais leur principale zone de prospection et de réalisation reste, bien évidemment, l'Auvergne et ses régions limitrophes. Ils y ont leurs repères parmi les sous-traitants et les artisans locaux, connaissent la valeur de leurs propres références auprès des ingénieurs de l'État, ont la pratique des usages locaux, n'ignorent rien des conditions climatiques qui les y attendent ni des surprises à redouter dans des terrains qu'ils ont déjà travaillés. Tous points permettant de serrer au plus près les risques lors des soumissions.

Ils s'intéressent à la ligne à voie unique de Cahors à Capdenac, dessinée dans la continuation de celle de Cahors à Libos qui, depuis 1869, joint la préfecture du Lot à la voie descendant de Paris jusqu'à Agen via Orléans, Limoges et Périgueux. Ils n'obtiennent pas toutes les soumissions qu'ils déposent, mais décrochent un beau marché en décembre 1881 d'un montant prévisionnel de 1,50 MF après

4. AD du Finistère : 64 U 13.
5. Le relevé des soumissions qui suit, comme le certificat signé Albin Moïse, est issu des AD du Cantal : 5 S 57.
6. Lot 3, un marché de 540 000 F plus à-valoir. AD du Finistère : 5 S 66.

remise de 16 %, et qui rapportera en fait 1,65 MF à l'arrivée avec une marge positive de 226 500 F. C'est le chantier dit de Saint-Géry. Six kilomètres dans la sinueuse vallée du Lot, avec quelques beaux ouvrages d'art, dont des souterrains à Bouziès et Coudoulous, et les maçonneries supportant les tabliers de deux ponts métalliques, l'un sur le Lot et l'autre sur son affluent le Célé[7].

En mars 1882, ils essayent cependant d'activer quelques projets dans l'Ouest, et soumissionnent sur deux lots de la transversale joignant Fougères et Vire, et le mois suivant sur la ligne de Saint-Georges Motel à Evreux. Malheureusement ces trois tentatives sont des échecs[8].

Revenus en Auvergne, ils échouent encore en juin 1882, sur la liaison décidée entre Aurillac et Saint-Denis-lès-Martel[9]. Puis, viennent des soumissions sur la ligne joignant la gare de Montauban appartenant au P.-O. à celle de Brive contrôlée par le Midi, pour laquelle ils n'hésitent pas à répondre à huit appels d'offre entre le 2 juin et le 4 décembre. Ils en obtiennent deux, les lots 4 et 7 dans le Lot. Ce sont les chantiers de Lamothe-Fénelon et de Catus, pour une plateforme apte à supporter deux voies[10]. Deux beaux chantiers avec de belles tranchées, quelques ouvrages d'art, dont à Saint-Denis un souterrain de 712 mètres et un viaduc de 81 mètres de long. Une perspective de chiffre d'affaire globale de l'ordre de 5 MF qui est la bien venue car la dernière soumission de l'année, au mois de septembre pour la ligne de Condom à Riscle, est encore un échec[11].

Ces opérations nécessitent le renforcement de l'équipe d'encadrants qui voit arriver de jeunes ingénieurs étrangers à la caste, comme Henri Lahaussois, frais émoulu de l'École des Arts et Métiers d'Angers[12]. Ceci est d'autant plus nécessaire que, dès le début de l'année 1883, la France est entrée dans une période économiquement difficile et que la menace de ralentissement des travaux est génératrice de mouvements incontrôlés de surexcitation sur tous les chantiers. Pour ne pas l'avoir fait, à Saint-Christophe sur la ligne d'Eygurande à Mauriac, certains entrepreneurs voient, au mois de mars, leurs ouvriers français s'ameuter en criant : « Allons chasser les ouvriers italiens, nous ne voulons plus qu'ils travaillent, ils nous enlèvent notre pain. » Des menaces de mort sont proférées, et la porte de la poudrière, que les responsables ont vidée par précaution, est forcée. Fort heureusement, deux gendarmes suffisent pour calmer les esprits, échauffés, dit leur rapport, par les libations de la veille, jour de paye. Le drame est évité de peu[13].

7. Il s'agit du lot 4 avec 255 000 m^3 de terrassements. Le premier pont, à Bouziès, fait 154 mètres de long en trois travées dont une centrale de 60 mètres. L'autre est d'une seule travée de 50 mètres. CHAN : F/14/13766, ENPC : 4.17690. Cette ligne sera ouverte à la circulation le 14 juillet 1886.
8. AD de l'Eure : 49 S 5, dossier 2, et *Le Bâtiment* du 19 février et du 23 avril 1882.
9. Alain Quéinnec emporte pour son compte le lot 1 près de Lamativie, sur la base de 2,55 MF moins 16 %, pour 4,3 km de voie avec de nombreux souterrains. *Le Bâtiment* du 14 janvier 1882.
10. Prévue pour être garnie d'une seule voie, une décision ministérielle du 5 février 1889 la fera équiper directement de ses deux voies pour des motifs dits stratégiques. AD du Lot : 74 S 4.
11. C'est un lot de 5,8 km, qui représente 596 000 m^3 de terrassements. Le viaduc de Saint-Denis comporte 7 arches de 8 mètres d'ouverture chacune, la plus haute faisant 18 mètres à la clef au-dessus du ruisseau du Vert. La ligne sera concédée au P.-O. le 20 novembre 1883. ENPC : 4.20237.
12. Henri Lahaussois, promotion Arts et Métiers 1867, se base à Catus. *Annales des Arts et Métiers.*
13. Rapport de gendarmerie du 31 mars 1883. AD du Cantal : 5 S 54. L'identité de ces entrepreneurs n'a pas été retenue. Sur la ligne de Montauban à Brive, il n'y a, en janvier 1886, que 70 étrangers sur un total de 2 157 ouvriers, soit 3 %. Suivant le relevé de la gendarmerie, « les entrepreneurs ne s'occupent pas de la nationalité des ouvriers qui se présentent. Ils les embauchent selon les besoins des travaux et les payent d'après leur mérite ». AD du Lot : 69 S 3.

Cette année-là toujours, ils se portent soumissionnaires sur la liaison partant de Mauriac pour rejoindre la ligne d'Aurillac à Saint-Denis-lès-Martel. Les trois lots visés leur échappent. Deux directement. Pour l'autre, le lot 5, ceci se passe d'une curieuse manière qui montre que la concurrence est plus intense qu'aux belles années des premiers chantiers de Bretagne, qu'elle ne lâche pas facilement prise, et surtout que pour l'Administration tous les coups sont permis pour faire baisser les prix. Ils commencent par obtenir l'affaire, avec un faible rabais de 6 %, sur une base initiale de 3,30 MF. Belle perspective ! Seulement l'article 16 du récent décret ministériel du 18 novembre 1882, prévoit que si une offre concurrente, faite dans un délai de vingt jours, atteint ou dépasse un rabais de 10 %, elle doit être considérée comme valide. C'est ce qui se passe, et Jean-Pierre Soubigou se voit contraint de se retirer devant un adversaire de la vingt-cinquième heure, qui tire à - 16 % [14].

Toujours en 1883, au mois de mai, ils échouent sur un petit lot entre Saint-Sébastien et Guéret, une ligne à voie unique de 45 km, destinée à assurer une jonction courte entre la préfecture de la Creuse et la ligne de Limoges à Paris [15]. Par contre, le 28 juillet, ils font affaire pour un lot de 7,2 km sur la ligne de Digne à Castellane, une liaison réclamée depuis plus de vingt ans et qui a fait l'objet, l'année précédente, d'une présentation au Sénat. C'est le chantier de Mézel. Cette affaire, arrachée à 1,41 MF après rabais de 24 %, est bien prise en mains par Joseph Soubigou et dégagera une très belle marge de 612 000 F [16].

Coup de tonnerre

Mais l'événement le plus important de cette année 1883 est, pour eux, d'une tout autre nature. Le 20 octobre, éclate un énorme coup de tonnerre, qui, en un instant, secoue tout le monde finistérien des affaires. Vient, en effet, d'être prononcée la faillite de la banque brestoise, Le Comptoir du Finistère. Les archives subsistant aujourd'hui, après les destructions du siège de Brest en 1944, ne semblent pas avoir conservé les conditions précises et détaillées de ce dramatique événement qui ruine le directeur Henri Lemonnier, secoue le milieu commercial et industriel du département, fait trembler sur ses bases toute la caste des Juloded et déstabilise par ricochet leurs associés proches et lointains. Le contexte dans lequel tout ceci éclate est par contre très clair.

L'année précédente a vu, le 30 janvier, la chute d'une banque nationale, l'Union Générale, dont la création avait été inspirée par certains milieux conservateurs catholiques [17]. En quelques jours son cours en bourse s'est effondré, et

14. *Le Bâtiment* du 28 mai 1882, et AD du Cantal : 5 S 57. Alain Quéinnec, perdant dès le premier tour avec - 3 %, évite cette péripétie. Amédée Radenac échoue lui aussi sur ce même lot ainsi que sur deux autres.
15. Prix d'appel 510 000 F. *Le Bâtiment* du 20 mai 1883.
16. Mise en service en deux temps en 1891 et 1892, très contrôlée par les militaires qui y voient le moyen de contrebalancer l'importance stratégique de celles construites par l'Italie de l'autre côté des Alpes, cette ligne sera prolongée jusqu'à Nice en août 1911, devenant ce qu'il est d'usage d'appeler aujourd'hui « le train des pignes ». BnF : 8-LK1-261, et *Le Bâtiment* du 1er juillet 1883.
17. Le journal *Le Bâtiment* du 5 février résume l'affaire d'une seule phrase assassine : « Il a fallu qu'une poignée de flibustiers, pas plus qu'il n'en faudrait pour remplir une voiture cellulaire, fit des siennes, pour qu'aussitôt l'affolement devint général. » Suivant *L'Avenir de Morlaix*, le président et son directeur seront condamnés à 5 ans de prison et 3 000 F d'amendes.

s'en est suivi un krach financier national de grande ampleur. Or, malgré les mois qui s'écoulent, l'année 1883 n'apporte aucune amélioration, troublée qu'elle est par la mort de Léon Gambetta, par des événements difficiles dans les expéditions coloniales du Tonkin que soutient la Chine, et d'autres guère meilleurs à Madagascar, par de sérieuses contrariétés dans les relations avec l'Espagne ou l'Allemagne, et évidemment par une grande difficulté de la Bourse à se redresser durablement [18].

Il est loisible de supposer que la dévaluation de 1 MF du portefeuille de titres, qui apparaît dans le bilan de la banque brestoise au moment de sa faillite, est une conséquence directe, au moins partielle, de cette longue période de trouble et d'inquiétude. Sur un montant théorique de 2,29 MF, la perte est très lourde. S'y ajoute le fait que, depuis le début de l'année, plusieurs maisons de commerce ont été mises en faillite sur la place de Brest, et que les autres villes du département n'ont pas été épargnées. *Le Petit Brestois* du 19 octobre 1883, estime le passif cumulé de tout ceci à plusieurs millions de francs. Le chiffre est plausible car, outre de petites structures, sont tombées des entreprises et des commerces alors importants comme les marchands de vin Gustave Delagarde et Alexandre Bertrand ou le chocolatier Jérôme Dubreuil, ancien président de la chambre de commerce. Le Comptoir du Finistère n'est sans doute pas la seule banque à voir tant de ses créances réduites à zéro. Mais plus localisé, plus petit que ses grands confrères nationaux ou régionaux, il est plus touché que les autres. Le journal *L'Océan* du 9 novembre, se faisant « un devoir de mettre sous les yeux du public le bilan », chiffre de son côté les pertes sur les comptes courants à 5,42 MF, sur un total dans les livres de 16,32 MF. C'est énorme. Là aussi la note est salée.

Pourtant, malgré le fait que les deux pertes se cumulent au bilan, celui-ci reste encore positif. Alors pourquoi cette faillite [19] ? La règle est que « tout commerçant qui cesse ses paiements est en état de faillite ». Ceci signifie qu'un créancier intransigeant a asséché une trésorerie fragile et mis la banque dos au mur. Alors ! Règlement de compte vis-à-vis d'un dirigeant aux opinions trop conservatrices ? Peut-être ! Peut-être seulement, car les appartenances politiques des grands actionnaires de la banque sont partagées puisque Charles Chevillotte est légitimiste, mais qu'il est loin d'en être de même pour Hippolyte Levasseur, maire du Conquet et républicain déclaré.

Reste une autre explication. Au mois de septembre, ayant analysé la fragilité de sa situation suite aux défaillances décrites ci-dessus de ses clients brestois, Henri Lemonnier a lancé un appel de fonds à ses actionnaires. L'un d'entre eux, est la veuve de l'amiral Mallet qui a mis en cause Jean-Baptiste Bellamy dans cette affaire de fraude que nous avons vue se télescoper avec les invalidations sénatoriales de janvier 1885. La faillite est-elle alors destinée à masquer les turpitudes du notaire républicain ? Ou est-ce elle, au contraire, qui les met en lumière ? Tout

18. Le commandant Rivière est tué à Son Tay, le 19 mai, et la ville n'est enlevée que sept mois plus tard. En mai et juin des affrontements ont lieu à Madagascar, en particulier autour de Tamatave.
19. Le journal *L'Union Républicaine* du 10 novembre 1883 donne un bilan présentant un excédent d'actifs de 196 533 F, et chiffre la fortune personnelle d'Henri Lemonnier, appelée en garantie, à 900 000 F. Cette situation est telle que les créanciers peuvent être invités dès le 12 décembre à venir retirer 10 % de la valeur de leurs effets.

ceci est-il une vengeance programmée suite à l'élimination de la mairie de Brest, en novembre 1871, de l'ancien directeur du Comptoir, Alexandre Lemonnier, par le trop fameux notaire républicain radical, et aux démêlés de sa banque avec la mairie ? Toutes les hypothèses sont possibles. Seul fait certain, quel que soit l'arroseur, il est lui-même arrosé.

Cette déconfiture bancaire secoue violemment les hommes de Plounéventer. Clients professionnels de la banque, ils en sont, fort naturellement, débiteurs. Travaillant uniquement par découvert, ils se retrouvent à la suite de cet événement face à des liquidateurs disposant de créances, immédiatement exigibles en apparence. Il y a de quoi trembler, et plus encore vu les montants en jeu qui dépassent de très loin la totalité des capacités financières de l'ensemble de la caste.

L'ancienne maison est impliquée à hauteur de 1,094 MF pour ses opérations de chemin de fer, en fait Clermont-Tulle et Tinchebray, auxquels il faut ajouter 0,156 MF pour les tristes opérations de bœuf salé. Et ce n'est pas tout ! À ce découvert il faut ajouter, respectivement, 800 000 F et 400 000 F, qui sont dus à la Banque de France, à laquelle le Comptoir, en recherche d'argent frais avant sa faillite, s'est adressé pour financer ces énormes montants[20].

Et pour faire bonne mesure, à ces chiffres qui donnent le vertige, il faut ajouter d'autres dettes. Car depuis sa création, la société de Jean-Pierre Soubigou et ses neveux a eu ses propres besoins de liquidités, tant pour assumer ses cautions que pour initialiser ses travaux. Comme en plus, ses propres clients ont tardé à régler ce qu'ils devaient, vu les restrictions budgétaires qui leur sont imposées en cette année 1883, la nouvelle maison s'est naturellement tournée vers son banquier pour obtenir les fonds nécessaires, un banquier qui s'est montré particulièrement libéral à son égard. En avril 1882, Henri Lemonnier n'a pas craint de leur accorder un « crédit illimité » pour le cautionnement et l'exécution des travaux de Saint-Géry et de Catus. Et au mois de juin suivant, il s'est engagé à couvrir les besoins du chantier de Lamothe-Fénelon à concurrence de 300 000 F. Deux bonnes opérations pour lui, en apparence, puisque ces facilités sont assorties d'un intérêt à 6,0 % l'an et d'une commission. En réalité, ils ont consommé leurs autorisations de découvert à hauteur de 405 000 F. Heureusement, les intéressés peuvent faire état de lettres attestant que le premier accord, resté verbal, a été donné pour la durée des travaux, estimée à cinq ans, prolongée du délai d'un an de garantie, usuel sur ce type de chantiers, et que les créances ne peuvent être immédiatement exigées[21].

Ainsi, entre l'ancienne et la nouvelle maison, ce sont quasiment 2,45 MF qui ont été avancés aux Juloded et compagnie, sous forme de découvert. Ils pèsent pour 17 % des comptes débiteurs de la banque ! C'est colossal ! Et ceci s'explique. Les opérations de Tinchebray et d'Auvergne ont saigné à blanc l'ancienne maison, les obligeant à faire exploser un découvert qui suivant une lettre du 9 janvier 1878, juste avant le rachat par l'État du Clermont-Tulle, n'était semble-t-il

20. AD du Finistère : 4 E 12/308. En 1873, obligation a été faite à la Banque de France de créer des succursales locales.
21. Information dans un document daté du 12 juin 1885, établi par l'avocat Joseph Brunet.

que de 168 000 F [22]. Et, avec ce taux élevé d'intérêts assorti d'une commission auquel ils souscrivent, avec le répondant qu'ils acceptent sur leurs biens propres, ils sont des clients idéaux pour une banque en bonne santé. Il est facile de comprendre la séduction exercée sur Henri Lemonnier, et la difficulté pour celui-ci de rester ferme dans ses suppliques quand il leur demande de modérer leurs besoins ou de les reformuler parce que lui-même a du mal à suivre [23].

Maintenant, la faillite étant déclarée, quels interlocuteurs les Juloded ont-ils en face d'eux, et dans quel état d'esprit sont ceux-ci ? Autour du président du Tribunal de Commerce, Charles Chevillotte, s'est constituée une équipe de quatre négociants brestois, Paul Breton, Hippolyte Levasseur, Albert Fauré de Lalène-Laprade, Henri Benoît. Faisant partie des soixante plus gros actionnaires de la banque, ces cinq hommes ont intérêt à gérer fermement et intelligemment la récupération des créances, qui les touchent désormais directement. Par conséquent, cette fois-ci, plus question de rester sur des accords verbaux. Le 24 octobre 1883, un compromis détaillé est signé devant Louis Michel Raillard, notaire à Brest. D'un côté est présent François-Louis Soubigou, agissant en son nom personnel et en celui de Victor Radenac, Louis Radenac, et Louis Colbert. Il a à ses côtés, son frère Jean-Pierre, son fils Auguste, ses trois gendres, Louis Abgrall, Laurent Boucher, François Boucher, et enfin Alain Quéinnec. En face, interviennent les liquidateurs du Comptoir, et Paul Fournier, le directeur local de la Banque de France. Rappelant les montants en jeu, cet acte notarié stipule qu'ils sont frappés, au profit de l'une et l'autre banque, d'un intérêt annuel de 6,0 %, et précise clairement que sont offertes en garantie les sommes dues par Louis Sarlin.

Un tel taux sur un capital de 2,45 MF, la note est très lourde ! Et ce n'est pas tout ! Les contraintes de l'accord ne se limitent pas à ce seul aspect professionnel. Elles sont plus terribles encore ! En attente des décisions judiciaires à venir, aux formulations difficiles à préjuger, les entrepreneurs de Plounéventer se voient contraints d'offrir d'autres garanties plus immédiates, en l'occurrence l'ensemble de leurs terres libres de droits, c'est-à-dire non hypothéquées dans l'emprunt signé anciennement à Laval, qui vient d'être renouvelé, le 18 mai, à hauteur de 203 000 F. Désormais, ce sont 620 à 650 hectares, soit plus d'une quarantaine de propriétés, sur lesquels pèsent les aléas des procès en cours avec les clients auvergnats. Il y a vraiment de quoi trembler. Et le sénateur qui, lors de ce renouvellement avait obtenu mainlevée sur ses biens propres et pouvait se croire complètement dégagé des affaires de travaux publics, se retrouve totalement impliqué pour ses 180 hectares personnels, et son propre logis de Mesgloaguen [24].

---

22. Une autre lettre parle déjà, le 29 octobre 1879, d'un découvert de 1,40 MF après comptabilisation de l'emprunt de Laval, vente des terrains de Paris et versement de 577 000 F par Jean-Pierre Soubigou. Ceci laisse supposer que le changement de portage des intérêts du Clermont-Tulle, qui a eu lieu entre-temps, a provoqué une rupture sérieuse dans le paiement des mensualités prévues au contrat. À cette date, seule l'infrastructure entre Tulle et Eygurande est recettée. *La Construction Lyonnaise* d'août 1879.
23. Ils représentent 25 % du montant des comptes courants du Comptoir après intégration des pertes. Soit en quelque sorte, 25 % des clients solvables de la banque.
24. AD du Finistère : 4 E 12/308. Du coup la mainlevée ne pourra avoir lieu à Laval qu'en 1887. AD de Mayenne : 3 E 8/637 et 3 E 8/691, Fonds Henri Auguste Dubois.

Pour autant, la pression ne se relâche pas. Le journal *Le Finistère* du 30 septembre 1885, sentant les Juloded en difficulté, révèle l'importance de cette dette, même s'il ne la chiffre qu'à 2 MF, et relaye la rumeur comme quoi grâce leur a été faite de payer les intérêts dus depuis deux ans, laissant entendre qu'en contrepartie le sénateur a imposé la candidature de son nouvel interlocuteur financier comme représentant des conservateurs.

Le fait semble techniquement peu crédible. Les liquidateurs aux opinions politiques antagonistes se surveillent certainement mutuellement. Tout au plus peut-on imaginer que Charles Chevillotte, sachant, via François-Louis Soubigou et Edouard Le Guen dont il est très proche, que la sentence sur l'Auvergne semble devoir leur être favorable, a, peut-être, convaincu ses collègues de percevoir les intérêts en différé au moment du prononcé du jugement définitif. Le cadeau serait alors les intérêts composés. Et encore ! Pourquoi en ce cas Jean-Pierre Soubigou jugerait-il nécessaire de se faire assister par Joseph Brunet, un ex-sénateur dont le fauteuil voisinait quelques mois plus tôt avec celui de François-Louis au palais du Luxembourg et qui est toujours conseiller général de Corrèze ? Pourquoi aller chercher ce maître du barreau, avocat à la Cour d'Appel de Paris, ex-magistrat radié lors de l'épuration politique faite par Jules Grévy deux ans plus tôt, ex-ministre du gouvernement du Seize-Mai, si la question des relations avec les liquidateurs est si bien engagée ? Peu importe pour le journal. Pouvoir lancer, en pleine campagne législative, une telle accusation de ce qui aujourd'hui serait qualifié d'abus de bien sociaux est une aubaine pour les adversaires républicains de François-Louis Soubigou et de Charles Chevillotte[25].

À vitesse réduite

Rien d'étonnant dans ces conditions que les années qui suivent immédiatement ne soient pas des années de grandes soumissions. La rémunération des nombreux chantiers déjà acquis est consacrée, en priorité, à la reconstitution du cash, toute nouvelle prise de risque est devenue folie impossible à assumer. Et on comprend d'autant mieux l'émotion, sans doute un peu arrosée, d'Alain Quéinnec proclamant en plein café le montant attribué par le Tribunal de Commerce de la Seine statuant en première instance en janvier 1886 contre Louis Sarlin[26]. Menant certes ses affaires un peu à part, mais concerné par l'ancienne maison, impliqué dans les travaux de Catus, et naturellement solidaire avec le reste de la caste, il peut, comme tous les autres Juloded, souffler un peu[27]. Les jeunes Soubigou respireront aussi ce jour-là, puisque leurs oncles se proposeront pour rembourser leurs dettes à leur place[28].

---

25. Ragots et commérages circulent aussi, comme celui qui accuse Auguste, le fils de Nicolas Soubigou, d'être sorti de sa caste pour partir à Callac épouser Jenny Capitaine simplement parce qu'elle était une riche héritière. Lettre écrite par lui à son oncle François-Louis Soubigou le 15 décembre 1884.
26. La mémoire familiale, rapportée par les descendants, atteste que ce ne fut pas seulement Alain Quéinnec qui se retrouva, à cette occasion, dans un état d'euphorie extrême suscité par de multiples libations, mais qu'il en fut de même pour tous. Et tant les maîtres que les domestiques : Louis Morvan, le grand valet du sénateur Soubigou, ne réussit jamais, ce soir-là, à rejoindre sa chambre sous les combles et dut se résigner à dormir dans l'écurie.
27. Lettre de Laurent Boucher à François-Louis Soubigou du 23 janvier 1886. AP : Famille Boucher.
28. Lettre entre les deux cousins Auguste du 10 février 1887.

Puis en mars de cette même année 1886, une autre banque brestoise voit le jour avec laquelle travailleront désormais les Juloded. Elle s'appelle la Société Bretonne de Crédit et de Dépôt, et, ses actionnaires sont plusieurs des liquidateurs du Comptoir sous la présidence d'Hippolyte Levasseur. Un républicain à la place d'un monarchiste. Si la politique facilite certaines affaires, elle n'en empêche aucune [29].

Le mois suivant, le nom Soubigou réapparaît dans une adjudication. Il s'agit, en l'occurrence, d'un tronçon de la ligne de Crest à Aspres les Veynes destinée à permettre la jonction entre Valence et la ligne descendant de Grenoble vers la côte méditerranéenne via Sisteron, et plus loin jusqu'à Briançon. C'est le chantier de Luc-en-Diois, emporté contre 17 concurrents avec un rabais de 32 %, que va aussi piloter Joseph Soubigou. Un chantier difficile où le poids financier des ouvrages d'art pèse pour les trois quarts du coût dans l'estimation initiale des ingénieurs de l'État. Parmi ceux-ci, le plus spectaculaire est le pont métallique, franchissant le chaos de rochers du Claps qu'un effondrement de la montagne voisine a créé en 1442, dont ils construisent les deux piles maçonnées pour lesquelles ils descendent à 15 m et 19 m pour trouver une assise solide. Et les trois souterrains qui se suivent près de là, et qui, avec la galerie voûtée reliant deux d'entre eux, totalisent une longueur de presque 1 km, ne sont pas des plus simples. Malgré les augmentations de dépenses acceptées par le Ministère qui, en 1892, porteront le total autorisé à 2,31 MF au lieu des 1,42 MF de l'adjudication, l'affaire se révélera déficitaire de 67 500 F [30].

En décembre 1888, ils postulent sans succès sur l'un des lots du projet destiné à assurer la continuité jusqu'à Mauriac de la liaison existant entre Eygurande et Vendes/Largnac, l'ancien tronçon de Louis Colbert que l'État exploite depuis le début novembre précédent et qu'il va rétrocéder dans l'année au P.-O. [31]. Sur ces opérations, les affrontements entre soumissionnaires sont plus ardents que jamais. Ainsi, en août, sur le lot 3 de Vendes à Mauriac, pourtant modeste à moins de 1 MF, ils sont évincés avec une offre à - 25 % contre une autre à - 35 %. Au mois de décembre, sur le lot 1 de la même ligne où ils sont vingt-quatre concurrents, ils perdent à -18 % contre encore - 35 %, sur un projet de près de 2 MF ne comportant pas moins de cinq grands ouvrages d'art sur une longueur de 3,2 km. Les compétences et les appétits se sont popularisés [32].

Puis les affaires reprennent. En 1889, ils interviennent en région parisienne sur des ouvrages d'art de la ligne de Mantes à Argenteuil. Comme les instructions ministérielles invitent la Compagnie de l'Ouest-État à réduire l'emploi de la pierre de taille pour tout ce qui n'est pas viaduc sur la Seine, c'est un tablier métallique fourni par la Société de Constructions de Levallois-Perret, ancienne

29. AD du Finistère, 4 E 12/32. La banque est créée à dater du 1er janvier 1886.

30. L'accroissement du budget est partiellement dû au marché de gré à gré qu'ils signent pour les fondations du pont, encore à l'étude lors de l'appel d'offres. Détails techniques : AD de la Drôme : 105 S 21. Heureusement la variole qui décime, début 1887, les ouvriers des lots 8 et 9 épargne leurs équipes.

31. AD du Cantal : 5 S 57. La ligne Eygurande-Largnac sera coupée en 1950 par la construction du barrage de Bort, et, celle de Bort-Aurillac fermée en 1994. Les mines de Vendes et Champagnac, qui avaient tant mobilisé les esprits, ont disparu en 1951 et 1957.

32. Amédée Radenac est, lui aussi éliminé, à -21 % comme il le sera encore six mois plus tard entre Largnac et Vendes à - 27 % contre - 38 %, un très court trajet, mais difficile dont la construction avait été différée d'un commun accord entre les parties du temps du Clermont-Tulle. AD du Cantal : 5 S 57.

Société Eiffel, qui est posé sur les massives piles-culées en maçonnerie décorées de pilastres qu'ils réalisent pour le pont jeté au-dessus de l'Oise entre Andrésy et Conflans-Sainte-Honorine. Par contre et conformément aux mêmes règles, c'est un viaduc de pierres qu'ils construisent sur la Seine entre l'île de Limay et la ville de Mantes. Avec quatre arches elliptiques de 34 mètres d'ouverture et 10,30 mètres de flèche, s'appuyant sur trois lourdes piles plantées dans le grand bras du fleuve, c'est un bel ouvrage qui, comme l'autre, fera partie des travaux que la Compagnie de l'Ouest choisira de présenter à l'Exposition Universelle de 1900 à Paris[33].

L'année 1890 les voit entre Bourges et Cosnes-sur-Loire. Un chantier réalisé dans des conditions hivernales particulièrement dures. Pendant l'hiver 1893/1894, la température ne dépasse pas - 7 degrés pendant deux mois. Le sol, les rivières, les canaux, tout gèle, et quand vient la débâcle leurs installations sont emportées par le fleuve en crue. Construire les piles du pont sur la Loire qui les obligent à descendre leurs caissons d'air comprimé à plus de 14 mètres dans le lit du fleuve, relève de l'exploit. Ils vivent là des moments difficiles. Rien d'étonnant à ce que cette affaire soit déficitaire, pour une somme d'ailleurs importante de 130 500 F, malgré les réclamations de Jean-Pierre Soubigou près du Conseil de préfecture. Faible compensation, ce projet ira lui aussi à l'Exposition Universelle de 1900, bien évidemment sous la bannière de la Compagnie d'Orléans et non la leur[34].

Enfin, c'est en 1891, qu'ils contractualisent leur participation à la construction de ce réseau breton défendu par le conseiller général et sénateur François-Louis Soubigou. Le neveu Jean-Louis « bian » intervient à Berrien sur la ligne tant débattue de Carhaix à Morlaix, la première à être ouverte au service, et dans les Côtes-du-Nord, à Grâces, sur un chantier de terrassement[35].

Toujours intéressés par les ouvrages d'art, ils postulent en avril 1893 pour la construction d'un pont parisien. Mais éliminés avec un rabais trop faible, 10 % contre 15 %, ils ne pourront se prévaloir d'avoir été les constructeurs de cet ouvrage rendu célèbre en 1913 par Guillaume Apollinaire[36]. Bien loin de là, misant sur leur savoir-faire en moyenne montagne, ils signent au mois de juillet un marché au Pays basque sur la ligne à voie unique que construit la Compagnie du Midi dans la vallée de la Nive pour joindre Bayonne à Saint-Jean-Pied-de-Port. Une affaire de 1,15 MF après remise de 36 %, avec quelques petits ouvrages d'art, ponceaux et souterrains, pour l'embranchement d'Ossès à Saint-Étienne-

33. Travaux initialisés en 1889. L'ensemble de la ligne est ouvert à l'exploitation le 1er juin 1892. AD des Yvelines : 2 F 108 et S 53, pour l'ouvrage sur l'Oise, détruit en juin 1940 par un bombardement, et S 53, pour celui sur la Seine. Et aussi *Rapport du jury international* pour l'Exposition universelle.

34. *Le Bâtiment* du 20 juillet 1890, et CHAN : F/14/13748. Le pont sur la Loire comporte quatorze travées de 58 mètres d'axe en axe pour un développement total de 826 mètres, supportant un tablier métallique. *Rapport du jury international* pour l'Exposition universelle. Un peu plus loin sur la même ligne, les Radenac, père et fils associés, s'en sortent mieux sur un chantier quatre fois plus cher, près de 3,5 MF.

35. *Le Bâtiment* du 8 février 1891, et, AD des Côtes-d'Armor : 42 S 3. Parallèlement, Alain Quéinnec est à Pont-Melvez et près de Callac en direction de Guingamp, pour des bâtiments et des ouvrages d'art dont un petit viaduc sur le Léguer.

36. *Le Bâtiment* du 30 avril 1893.

de-Baïgory qui, dit-on, pourrait joindre plus tard Pampelune [37]. Et enfin au mois d'octobre, revenus en région parisienne, ils obtiennent l'aménagement de la gare de Saint-Cloud sur la ligne de Paris Saint-Lazare à Versailles. Un petit contrat de 210 000 F, objet d'une grande satisfaction pour le maire de la ville qui défend ce projet depuis plus de vingt ans, après la destruction pendant les hostilités franco-allemandes de la principale gare située à proximité des grilles du château, se heurtant, sans cesse au mauvais vouloir de la Compagnie de l'Ouest, et à l'opposition de la famille Pozzo di Borgo peu soucieuse de voir amputer de quelques centaines de mètres carrés ses dix ou douze hectares de parcs et jardins [38].

L'année suivante, 1894, ils obtiennent la construction, dans le lit de la Seine entre Oissel et Tourville, des piles en maçonnerie destinées à supporter les nouveaux ponts nécessaires aux réaménagements que fait la Compagnie de l'Ouest-État sur les voies quittant Rouen vers Paris. Un chantier assez technique, avec construction de ponts de service, d'une estacade pour supporter une grue à vapeur, et usage de caissons à air comprimé. Et à l'arrivée un troisième ouvrage pour l'Exposition Universelle de 1900, sous la bannière cette fois-ci du constructeur des tabliers métalliques, la société Kessler et Cie [39].

Cette compétence qu'ils ont acquise de savoir intervenir en milieu humide pour des fondations et de la maçonnerie, leur permet, après avoir échoué sur l'appel d'offres de la nouvelle entrée avec sas éclusé du Havre et d'une jetée à Saint-Nazaire, de prendre en charge des travaux de génie civil en milieu marin comme à Dieppe où ils construisent, de septembre 1897 à mars 1900, des quais à marée sur un contrat de 1,26 MF, après rabais de 21 % [40].

Plus tard, en juin 1900, ils reviennent en Finistère et obtiennent le lot 2 sur une autre ligne du réseau breton joignant Carhaix à Châteaulin [41]. En janvier 1901, leurs soumissions pour une extension de la gare de Nantes et la réalisation de la seconde voie entre Montaigu et La Roche sur Yon ne sont pas retenues. Puis ils opèrent sur des tracés moins tourmentés à Montmartin-sur-mer, entre Coutances et Régneville dans la Manche. Enfin, en 1903, quittant totalement les régions jusque-là pratiquées, ils interviennent en Lorraine, leur seul chantier dans l'Est de la France. C'est le chantier de Tiercelet sur la ligne interconnectant celle de Longwy à Villerupt avec Briey et semble-t-il le tout dernier de cette aventure entrepreneuriale [42].

---

37. Lettre d'Auguste Soubigou, fils de Nicolas, à son oncle Jean-Pierre, datée du 30 avril 1894. *Le Bâtiment* du 2 juillet 1893. La prolongation techniquement difficile vers Pampelune sera bien vite abandonnée.
38. *Le Bâtiment* du 8 octobre 1893, et AM de Saint-Cloud.
39. Chantiers réalisé entre 1893 et 1895. AD de Seine-Maritime : 3 S 76. C'est là que Pierre Soubigou a la douleur de perdre son épouse Marie-Anne Boucher, le 25 octobre 1893.
40. Affaire adjugée le 30 juillet 1896. *Le Bâtiment* du 4 juin, et, du 2 et du 6 août 1896. Il semble que leurs espoirs d'adjudication aient été un peu déçus, puisque, ayant initialement demandé à pouvoir construire deux cantines et deux caves associées, leurs emprises se restreignent à une seule cantine et une seule cave, huit ou dix semaines plus tard. Seul le poulailler échappe aux restrictions. AD de Seine-Maritime : 4 S 1145, ADM : DD^2 1780. En août de cette même année, ils échouent aussi sur le même type de travaux à Saint-Nazaire.
41. Pour 700 000 F. *Le Bâtiment* du 27 juin 1901.
42. C'est là que Denis Pérouse, le directeur des chemins de fer au ministère des Travaux publics, écrit à l'un des cousins, Auguste Soubigou, en décembre 1905. CHAN : F/14/13766.

Fin de parcours

Car l'aventure commencée par Yves Prigent en 1837 s'arrête. Après ces tout derniers chantiers, la société Prigent et Cie, devenue Radenac et Cie, devenue Jean-Pierre Soubigou et Cie, et enfin Soubigou et Cie, cesse d'exister. Ils ne participent pas à la construction du réseau des Chemins de fer départementaux du Finistère, que préside Armand Allain-Launay. Peut-être face à l'opposition de ce groupe d'une vingtaine d'entrepreneurs locaux plus modestes qui, en juillet 1902, déposent près du préfet et des conseillers généraux, une pétition demandant le lotissement de ces chantiers prévus initialement en un seul tenant, pour éviter que seuls « les grands capitalistes » puissent soumissionner[43]. Il est vrai que le conseiller général François-Louis Soubigou n'est plus là pour les informer et les aider discrètement, et qu'avec le décès de Jean-Pierre Soubigou, le 21 décembre 1905, la génération des « anciens » disparaît totalement, laissant la place aux « jeunes ». Des jeunes qui sont déjà devenus eux aussi des anciens. Pierre Soubigou part en mars 1910, et Auguste Soubigou, le fils de Nicolas, le 13 août de la même année. L'autre Auguste, le fils de François-Louis, meurt à 58 ans en sa maison de Plounéventer le 12 novembre suivant, sa santé minée par les longs séjours menés par tous les temps sur les chantiers, en ayant pris ses distances avec les opérations depuis un long moment déjà[44]. Puis, Jean-Louis, décède de son côté à Pleyber-Christ en septembre 1912. Et en 1916, c'est le tour de Joseph. Comme si le fil rouge commencé avec la naissance de François-Louis Soubigou s'était fragilisé et quasiment rompu au passage du siècle. Seul Alain Quéinnec leur survivra jusqu'en 1930, un an après avoir été reçu chevalier de la Légion d'honneur pour son investissement dans la promotion et l'élevage du cheval, en particulier à travers le journal créé par lui en décembre 1907 : *La Bretagne Hippique*[45].

Que dire donc de cette période entrepreneuriale commencée en 1882 ?

L'ensemble paraît flatteur. Des chantiers bien diversifiés et adaptés à un savoir-faire reconnu. Une série de contrats de belle nature et à bonne valeur ajoutée, faisant travailler des équipes de spécialistes, tailleurs de pierres, maçons, mécaniciens, plutôt que des milliers de manœuvres. Cette période d'activité présente toutes les apparences de la réussite et de la profitabilité. Malheureusement, la réalité est bien plus dure. La relecture de la vie de l'entreprise entre sa création et son extinction sous un angle d'analyse économique et financière donne une tout autre image. Ce qui apparaît, au premier abord, comme un choix d'opérations bien ciblées résulte moins d'une option marketing délibérée que d'une nécessité financière.

43. Pétition du 31 juillet 1902, publiée dans le journal *Le Bâtiment*. Les chemins de fer départementaux du Finistère feront l'objet de deux conventions différentes. En novembre 1890 avec des entrepreneurs venus du Mans, Messieurs Arthur Joly, François Baert, et les frères Paul et Edmond Beldant. En février 1908 avec Messieurs Favre et Chalumeau.

44. Il résilie son engagement militaire en 1894, atteint de « rhumatismes goutteux », lui interdisant toute activité physique majeure. ADT : 5Ye 60893. Il se consacrera cependant jusqu'à sa mort à sa charge de maire de Plounéventer, transmise par son oncle Jean-Pierre en 1902.

45. AD du Finistère 64 U 13.

Déjà, au départ, si les jeunes ont agi sous la bannière de la nouvelle maison, il leur a été impossible, compte tenu des solidarités familiales et de la mise en commun globale des ressources de la caste, de ne pas se sentir freinés par l'attente des décisions judiciaires du Clermont-Tulle, conditionnant le règlement définitif de tous les découverts du Comptoir du Finistère, y compris les leurs. Et même quand est arrivée la fin heureuse des différents procès de cette affaire exceptionnelle, ils n'ont pas retrouvé la liberté de manœuvre qu'ils étaient en droit d'espérer. Car si les nouveaux clients, c'est-à-dire les ingénieurs de l'État en poste dans les départements, n'avaient rien de traficoteurs, ils n'en étaient pas pour autant de bonne composition, et obtenir, de leur part, les rallonges nécessaires pour couvrir les imprévus et rendre les contrats correctement bénéficiaires a relevé parfois de l'exploit.

Ainsi solder les comptes du département du Lot, s'est révélé tout aussi difficile que d'arracher aux griffes de Louis Sarlin et de sa compagnie les millions dus par contrat. La recette des deux lots de Catus et de Lamothe-Fénelon sur la ligne de Brive à Montauban s'est fort mal passée, pour un enjeu de taille puisqu'il s'agissait de solder six années de travaux difficiles, sur les bases d'un budget initial de plus de 5 MF, où ils n'avaient eu aucun répit puisque, dès le lendemain de l'adjudication, le client avait exigé que 900 ouvriers soient en place à Catus, et que les restrictions budgétaires de 1883 les avaient très vite contraints à minimiser leur développement.

De fort désagréables surprises ont ensuite nécessité des modifications significatives aux conditions prévues dans le cahier des charges. La roche à l'entrée du souterrain de Saint-Denis, côté Brive, a présenté tant d'éboulements que les ingénieurs des Ponts et Chaussées ont dû repenser la disposition et le volume de maçonnerie, la faisant monter fort haut au-dessus des voies et lui donnant plus de fruit afin de mieux résister à la pression. Des tranchées, creusées dans des terres argileuses et marneuses se décomposant à l'air, ont nécessité des maçonneries additionnelles. De trop nombreux éléments gélifs sont apparus dans le ballast qu'ils ont fourni, issu pourtant des déblais prévus aux plans. La préparation de ce même ballast a été mal exécutée, au point que, mécontent, le client l'a fait retirer en régie par une autre entreprise et a demandé à en être indemnisé. Enfin, les dépenses sanitaires ont largement dépassé les budgets prévus par les obligations légales.

Si la question des muraillements supplémentaires a été réglée par un complément de marché de 284 000 F, pour tout le reste, chacun s'est plaint de l'autre. Du coup, le désaccord est monté au Conseil de préfecture du Lot qui, sur la base d'une expertise qu'il avait prescrite, a pris un arrêté, le 13 septembre 1890, accordant à l'État un peu plus de 13 000 F d'indemnités à prélever sur les 2,40 MF du décompte du lot de Catus notifié aux entrepreneurs le 30 janvier 1889. Devant cet arbitrage qu'il a jugé insuffisant, l'ingénieur en chef des Ponts et Chaussées, Jean-Pierre Lacaze, a fait appel devant le Conseil d'État, quatre semaines plus tard. De leur côté, les Soubigou ont déposé, pour le lot de Lamothe-Fénelon, cent six chefs de réclamation pour un montant de 1,58 MF, additionnel au décompte de l'Administration présenté le 28 mai pour 2,811 MF.

Face à de tels chiffres, impossible de s'entendre. Mémoires et observations contradictoires se sont succédé de part et d'autre. À Jean-Louis Soubigou, représentant son oncle Jean-Pierre, qui avançait que la liberté ne lui avait pas été laissée de choisir ses lieux d'approvisionnement en pierres de ballastage, son interlocuteur a rétorqué qu'il aurait pu trouver de bons matériaux « à la surface du sol dans les champs avoisinants » dont « les propriétaires auraient été enchantés de se débarrasser », ajoutant dans son rapport pour faire bonne mesure : « Un entrepreneur devrait-il avoir besoin d'ordres de services pour se conformer aux prescriptions du devis ? », tout en sachant pertinemment que le degré d'initiative qu'il leur a laissé était très faible. Il ne s'est quasiment pas passé une année sans que ne se soient échangés des arguments écrits contradictoires[46].

Côté Lamothe-Fénelon, des experts ont été nommés en juillet 1894 aux fins d'arbitrer sur les réclamations déposées par les Soubigou[47]. À raison d'un expert pour chacune des parties, entrepreneur, Conseil de préfecture, Administration, ces trois hommes ont effectué pas moins de 1 800 vacations avant de déposer leurs rapports en mai 1897. Pour quarante-quatre réclamations ils ont conclu conjointement qu'elles devaient être chiffrées à 64 600 F. Pour les soixante-deux autres, le moins disant les a évaluées à 605 000 F. Tout pouvait paraître réglé. Hélas, non ! Ses ingénieurs ayant estimé que l'ensemble ne valait pas plus de 57 000 F, le directeur des Chemins de Fer a fait litière du rapport de son propre expert, et, le 28 septembre, a notifié au préfet du Lot que tout paiement était ajourné. Rien n'était donc résolu.

Quelque temps après, le 29 avril 1898, le Conseil d'État a pris sa décision sur le chantier de Catus où les experts avaient consommé presque autant de vacations, ramenant l'indemnité due à l'État à 1 669 F mais autorisant que soient retenus sur le décompte final les frais de régie engagés pour trier le ballast. Du coup, l'arrêté du Conseil de préfecture s'est trouvé à revoir et l'affaire a pris très mauvaise tournure pour les entrepreneurs puisque des montants résiduels, en principe acquis, de 92 000 F et de 183 000 F, ont été bloqués et les requêtes supplémentaires destinées à couvrir les excédents de dépenses en sont devenues très incertaines. Ils se sont réellement trouvés pris à la gorge[48].

Il leur a fallu attendre le 30 novembre 1900 pour que le Conseil de préfecture statue à nouveau sur les deux chantiers, leur accordant un dépassement de 629 000 F pour Lamothe-Fénelon et de 598 000 F pour Catus. L'affaire a semblé close. Pourtant rien n'était réglé puisque l'Administration s'est entêtée et a déposé deux recours contre lesquels ils n'ont pu que se pourvoir de leur côté.

Désespérant de trouver une issue favorable à cette trop longue affaire, Pierre Soubigou, mettant toute fierté de caste entre parenthèses, est allé, en mars 1901, trouver Armand Considère pour solliciter une intervention de sa part, en tant qu'ingénieur du corps des Ponts et Chaussées, près de ses autorités parisiennes. Il ne semble pas que la lettre, pourtant fort élogieuse, reçue par l'inspecteur général Paul Étienne, ait produit beaucoup d'effets puisque, fatigués, épuisés, usés d'une telle bataille, les entrepreneurs de Plounéventer ont accepté, le 6 août

46. Lettre du 5 avril 1887, de Jean-Louis Soubigou au préfet du Lot, et rapport de l'ingénieur Roger Couvrat-Desvergnes du 8 mai 1888. AD du Lot : 74 S 24.
47. Ils choisissent comme expert Fernand Schloesing, X 1872, installé à Monflanquin comme ingénieur civil.
48. ENPC : Annales des P & C, (1899). CHAN : AL//2443. CHAN : F/14/13766.

1902, une transaction très onéreuse avec la direction des chemins de fer. Ils ont lâché 450 000 F, et sacrifié une partie des intérêts sur les sommes qui leur étaient dues. Le ministère en a informé le Conseil d'État le 9 mars 1903, et celui-ci a enfin pu, le 19 février 1904, déclarer : « il n'y a lieu de statuer », clôturant ainsi définitivement tous ces démêlés [49].

Vingt-quatre ans pour faire rentrer le solde des décomptes définitifs et les indemnités complémentaires, très loin des 3,38 MF demandés, très loin des sommes estimées par les experts, avec un mandatement incluant quelques intérêts ne partant, hélas, que du 5 mai 1889, soit bien après la fin des travaux et des dépenses, et, comme l'avait fait remarquer Pierre Soubigou à Armand Considère, calculés à 4 % quand les emprunts imposés par les besoins de trésorerie l'avaient été à 6 %.

Ce million de francs qui rentrait dans les caisses fut quand même le bien venu. Un décompte intermédiaire, interne à l'entreprise et établi au 31 décembre 1902, avait chiffré à 436 500 F le bénéfice sur Lamothe-Fénelon et à 161 000 F la perte sur Catus, soit un solde positif de 275 000 F, c'est-à-dire moins de 5 %, encore une fois avant frais généraux, et probablement hors frais de justice. Sans cet ultime règlement, le Lot eût été à la limite de la rentabilité, voire en pertes.

À côté de cela, leur autre décision de monter au Conseil d'État pour Cahors à Capdenac pour récupérer 76 000 F, en mars 1898, là où le Conseil de préfecture du Lot leur avait accordé plus de 100 000 F cinq ans plus tôt, parait une erreur dérisoire [50].

Les limites d'un modèle d'entreprise

Que conclure de tout ceci ? Ont-ils vraiment mal géré techniquement leurs chantiers comme l'ont affirmé les ingénieurs du client ? Ont-ils été maladroits dans leurs relations avec les ingénieurs de l'État, c'est-à-dire du client Administration ? Auraient-ils dû éviter ces contrats et ne traiter qu'avec la Compagnie de l'Ouest, aux mœurs entrepreneuriales plus équilibrées et où l'ancien sénateur aurait pu voir l'influence résiduelle de son ami Eugène Caillaux agir comme une protection occulte ? Aux yeux de François-Louis Soubigou, la réponse fut oui, et il y eut un coupable et un seul, le neveu Jean-Louis, Jean-Louis « bian » que, très tôt, il accusa de ne pas être « fort en habileté et en combinaison [51] ». Qu'en fut-il réellement ?

À Lamothe-Fénelon comme à Catus, comme à Saint-Géry, le jeune Jean-Louis eut à gérer les relations de chantier avec l'ingénieur des Ponts et Chaussées Roger Couvrat-Desvergnes et à négocier les indemnités avec son patron, Jean-Pierre Lacaze. Et visiblement, le courant ne passa pas entre ces hommes, malgré les rapports rédigés par l'entrepreneur, montrant un esprit d'une grande clarté,

49. La lettre adressée à Paul Étienne est datée du 7 mars 1901. CHAN : F/14/13766.
50. La décision les concernant ne clôt pas le dossier. En mars 1904, la Cour des Comptes critiquera la manière dont les calculs ont été faits par l'Administration. Et en septembre 1911, leur expert en sera encore à discuter avec la direction des chemins de fer pour récupérer des intérêts qu'une rédaction ambiguë d'un des arrêtés du Conseil d'État semblerait lui avoir accordés. CHAN : F14/13766.
51. L'expression est dans une lettre du 18 février 1880.

soucieux du détail et de la précision, sûr de son jugement, peut-être juste un peu trop ferme pour quelqu'un en position de solliciteur.

François-Louis Soubigou lui reprocha de ne pas être à ses affaires, de ne pas respecter ses fournisseurs ou sous-traitants, de laisser filer les situations gênantes. Et ce fut peut-être vrai. En 1891, quand le conducteur de travaux des Ponts et Chaussées du Lot fit la synthèse de l'état des décomptes des différents lots, toutes les demandes de dépassement sauf une étaient chiffrées. Celle qui faisait exception était celle de Jean-Louis Soubigou [52]. Les chantiers routiers qu'il dirigea seul en Bretagne et sur lesquels il refusa toute observation familiale se soldèrent par une perte de 314 500 F en 1902, alors que, bien avant sa faillite de 1883, le directeur du Comptoir du Finistère avait sonné l'alerte sur leur gestion.

Le personnage ne manquait pourtant pas d'idées sur la manière dont devait être gérée une entreprise. Il n'avait pas vingt-quatre ans qu'il s'exprimait sur l'organisation de ce qui était alors Radenac et Cie, qu'il ne rejoignit pourtant que début 1877. Il recommandait de repenser l'encadrement intermédiaire et de créer de véritables fiches de poste en différenciant le chef de chantier « qui n'est qu'un travailleur bien dévoué » du chef de file auquel « on peut confier une affaire plus importante avec plusieurs chefs de chantier ». Il défendait avec pertinence un financement par emprunts privés à 4,5 % ou 5,0 % plutôt que par découverts bancaires à 6 %. Pour assurer les cautionnements, il préconisait l'achat de rentes sur l'État, apportant un revenu annuel, en place de l'usage des liquidités et des hypothèques sur les terres, qui coûtaient cher. Il poussait à partager le pouvoir avec d'autres entrepreneurs. Conscient des potentialités conflictuelles que portait un accord d'entreprise purement verbal et qui ne reposait que sur la seule modération de tous, il suggéra de définir la participation de chacun préalablement à toute soumission suivant une classification des affaires à cinq niveaux, concluant d'une manière prémonitoire : « Je suis convaincu que c'est la condition indispensable d'une bonne entente. » Des options que « l'oncle François » interpréta peut-être comme mettant en doute, dans un cas les capacités financières de la caste, dans l'autre cas son propre jugement vis-à-vis des deux acteurs extérieurs qu'il avait fait coopter.

D'où lui vint cette liberté de parole face aux anciens ? D'une différence générationnelle ? Il ne semble pas que ses cousins, quels qu'ils soient, s'en soient permis autant dans un milieu où « l'on n'interrogeait pas ses parents [53] ». D'un niveau de formation lui donnant le sentiment d'un droit particulier à l'autorité ? Il avait fait de brillantes études au Collège de Lesneven, mais si la généalogie familiale, écrite vers 1902 par l'une de ses cousines, le donne comme ingénieur des Arts et Métiers, l'école ne le recense pas aujourd'hui dans ses listes d'anciens élèves [54].

52. ENPC : 4.20237.
53. Expression d'une personne de la caste lors d'un entretien.
54. Réponse formelle donnée par la direction actuelle de l'École des Arts et Métiers pour l'ensemble des sites de formation. Il n'est pas, non plus, ingénieur des Arts et Manufactures, et non plus d'une École catholique d'Arts et Métiers dont la création ne vint que bien plus tard. Quant au CNAM, s'il dispense des formations techniques en province dès 1825, son premier diplôme date de 1924.

Alors, peut-être simplement que, fils aîné du fils aîné de Jean-Marie Soubigou, financièrement très à l'aise, il surestima son rang au sein de la famille face à un oncle qui n'était « que » le quatrième des enfants de Kergréguen [55]. Celui-ci le dit indirectement dans une lettre du 13 janvier 1878 : « L'orgueil des enfants de Jean-Louis, leur fera un grand tort, et leur manque de tact et de savoir-vivre éloignera d'eux leurs plus proches parents. » Manquer de tact ? C'était avoir oublié que l'aura familiale de l'oncle sénateur ne provenait pas seulement de sa place dans l'ordre des naissances ou de sa fortune personnelle, mais avait été transcendée, trente-cinq ans plus tôt, par son élection de représentant du peuple. Une élection où, pour la première fois et dans un contexte très compétitif, quelqu'un de la caste était passé d'une position d'influence locale à celle d'un rôle national. Manquer de savoir-vivre ? C'était ne pas respecter les règles de préséance, non écrites, qui dictaient les usages entre les générations. À son âge, émettre des recommandations spontanées, que les anciens n'imaginaient même pas solliciter, c'était s'attribuer une responsabilité non reconnue. C'était mettre en cause le mode de fonctionnement qui avait depuis des lustres porté la réussite sociale du groupe. C'était introduire un doute dans un système de références que tous les autres respectaient comme une loi quasi divine. Grave péché ! D'autant plus grave que les oncles, contraints et forcés par la conjoncture, en vinrent à constater la justesse de ses raisonnements et à appliquer les principes proposés, se donnant à eux-mêmes le sentiment d'avoir plié devant le plus jeune [56].

Au long des années, François-Louis Soubigou pesa de tout son poids sur son frère Jean-Pierre pour qu'il rognât les ailes de l'activiste neveu, refusant de le rémunérer comme un bon encadrant et encore moins comme le partenaire financier qu'il estimait être. Quand Jean-Pierre semblait voir « un géant », l'autre questionnait : « Qu'a-t-il donc fait le Directeur ? » et refusait de transiger sur les demandes chiffrées auxquelles celui-ci estimait avoir droit dans l'exercice de son activité pour le compte de Radenac et Cie. Les relations se tendirent. Trop obstinés, trop fiers, les deux hommes ne surent pas composer l'un avec l'autre. Pendant cette première période, alors que lui-même et tous les anciens se déplaçaient relativement peu sur les nombreux chantiers, François-Louis Soubigou refusa d'admettre que c'était sur le bon travail de la nouvelle génération que reposait la réussite technique et économique des opérations. Refuser que son fils soit rétribué, vouloir payer les autres 120 F ou 150 F par mois, au prétexte qu'ils étaient tous défrayés de leurs frais matériels d'hébergement et de voyages, c'était les rémunérer à peine plus que des ouvriers spécialisés [57]. Ce que ne vou-

55. François-Louis Soubigou estime, en janvier 1878, que son neveu perçoit une rente annuelle de 6 000 F, hors travaux. Par comparaison, entre 1870 et 1900, Jean-Pierre ou Auguste Soubigou sont classés en tête des personnes les plus riches de Plounéventer avec 8 000 F de revenu tout compris, tandis que Joseph déclare 3 000 à 4 000 F. Des montants qui eux sont calculés après paiements des intérêts des emprunts ou des découverts.

56. Une autre hypothèse plausible sur l'origine de ce conflit intrafamilial porte sur les conditions de soumission du chantier du port du Conquet en 1873. La soumission de - 11 % faite par le neveu en concurrence avec celle de Jean Prigent pourrait avoir été faite sans concertation et donc considérée comme inamicale par l'adjudicataire qui aurait reproché vertement à son ex-beau-frère de ne pas savoir gérer son entourage.

57. Lettre comminatoire de François-Louis Soubigou à son frère Jean-Pierre, du 6 septembre 1880. En 1886, dans le Lot, les mieux payés sont les appareilleurs à 8 F par jour ou les mécaniciens à 7 F, voire plus. Est cité un mécanicien italien réputé, ayant dix ans d'ancienneté, qui touche 10 F. AD du Lot : 69 S 3.

lut pas voir le neveu, c'est que le fait d'avoir participé directement aux garanties de l'emprunt de Laval ne lui donnait pas plus de droits qu'à ses cousins dont les héritages se trouvaient suspendus à la mainlevée des cautions acceptées par leurs pères. Et ne vouloir être impliqué que dans les seules affaires bénéficiaires, excluant par exemple celles de Tinchebray, ne conforta pas sa demande d'être traité en participant responsable[58].

Quand l'organisation se fit autour de son oncle Jean-Pierre, il s'arc-bouta sur les positions qu'il avait ainsi affichées, d'autant qu'il eut le sentiment d'être l'objet d'une surveillance indirecte et injuste, et probablement réelle, qui l'exaspéra et le poussa à s'isoler de tous y compris de son frère Joseph, et, à prendre cette décision qu'il mûrissait depuis quatre ans de ne pas participer au renouvellement de 1892 avec ses cousins[59].

Au fil du temps, l'affaire passa de la réclamation à l'énervement, de la méfiance au soupçon, de la menace au rejet total, qui se traduisit par une citation en justice lancée vers tous ceux qu'il considérait avoir eu quelques responsabilités dans la direction de l'entreprise, ou plutôt des entreprises. Malgré une ultime médiation de Laurent Boucher à la demande de son beau-père, une longue et triste affaire commença le 27 mai 1894 au tribunal de commerce de Morlaix, où, par exploit d'huissier, Jean-Louis Soubigou assigna son oncle François-Louis, comme il assigna tous ses oncles et cousins, et, Victor Radenac et Louis Colbert, en réclamant la dissolution de la société et la nomination d'un liquidateur judiciaire. L'affaire fut jugée le 25 octobre 1895, avec mise hors de cause des associés non Soubigou et nomination d'experts[60]. Soit par tactique, soit par élégance, le neveu se fit conseiller par un avocat légitimiste convaincu, Léon Jénouvrier, qui commença par approcher l'oncle dans une démarche d'accord amiable qui malheureusement n'aboutit pas. La suite se termina en appel au désavantage du plaignant et neveu, et malgré l'appui du ténor du barreau rennais[61]. Le 19 septembre 1910, le fils de François-Louis écrivit à son cousin Louis, notaire à Lesneven : « Jean-Louis a perdu sur toute la ligne », ajoutant qu'ils pouvaient tous se féliciter d'avoir résisté. Le règlement définitif traîna encore en longueur bien au-delà du décès des anciens. Et seul la mort du plaignant, en septembre 1912, éteignit enfin un conflit intrafamilial que l'entêtement des deux principaux protagonistes dramatisa au-delà du raisonnable et dont l'enjeu financier, certes important puisque de l'ordre de 127 000 F, aurait cependant justifié un compromis rapide et salvateur pour les intérêts de tous[62].

58. Pour les chemins vicinaux qu'il tint à gérer seul, il ne put se retourner contre qui que ce soit. Par contre ceux-ci entrèrent dans le décompte de tous.
59. Il parle déjà « d'arrêter le service général » dans une lettre à ses cousins datée du 27 juillet 1888.
60. Si les statuts de Radenac et Cie avaient été écrits en tant que SNC comme Jean-Pierre Soubigou et Cie, les associés Victor Radenac, Louis Colbert et leurs héritiers, n'auraient pu se dégager de cette affaire aussi facilement.
61. Léon Jénouvrier, associé à son collègue quimpérois, le fils Ponthier de Chamaillard, a fait condamner le *Journal de Seine-et-Oise* sur plainte d'un groupe de curés bretons qui s'estimaient diffamés.
62. Montant calculé intérêts compris par le comptable Couloigner pour la période du 24 janvier 1877 au 31 décembre 1890, et destiné à préparer une négociation. Le tribunal de commerce de Morlaix attribuera au neveu une part de 45 000 F dans les pertes de Tinchebray et de 48 000 pour les salaisons. (Lettre d'Edouard Le Guen à Auguste Soubigou, du 15 octobre 1904.)

Au vu d'une telle attitude, il peut être tentant de lui attribuer effectivement une totale responsabilité dans les difficultés à solder les chantiers du Lot. Il est certain que face à ce client très dur, un peu de souplesse et une négociation face à face eurent été plus efficaces que les lettres recommandées, aussi assorties de précisions et de détails furent-elles. Pour autant, il faut reconnaître que d'autres entrepreneurs s'opposèrent aux notifications de décomptes qui leur furent faits, et que trois d'entre eux montèrent aussi au Conseil d'État dont Alain Quéinnec lui-même, dont le cas est illustratif de ce qui se passa dans ce département[63].

Pour celui-ci, qui avait obtenu en mai 1881 le chantier de Beynat, 5700 mètres de longueur entre le ruisseau de Barsanges et La Reyne, les travaux se terminèrent en 1883. Il demanda alors, conformément aux conditions contractuelles, la restitution de la moitié de sa caution, une belle somme de 40 000 F. Mais quand l'ingénieur ordinaire transmit la demande à son patron, celui-ci lui répondit: « L'insuffisance des crédits mis à notre disposition ne permettant pas d'accueillir la demande de M. Quéinnec, nous estimons qu'il n'y a pas lieu de donner suite[64]… » Certes les budgets venaient d'être amputés, mais il n'était question que d'une caution dont le remboursement était presque un dû. Alors pourquoi ? La lecture complète de la note de l'ingénieur en chef montre qu'il s'agissait bien plutôt de mettre sous pression le demandeur en vue des négociations à venir sur le solde de tout compte. Le bras de fer qui se préparait était bien plus le fait du client que de l'entrepreneur.

En effet, dans la petite vallée où s'étire la voie, au pied de sommets qui approchent les mille mètres, il y avait à creuser des souterrains, et plus particulièrement celui du Puy Richard, le plus long de tous avec ses 871 mètres, où les ingénieurs de l'État avaient fait une erreur d'orientation sur la galerie d'essai. Quand l'entrepreneur commença à percer, la roche se révéla bien plus dure que prévu. Très logiquement au vu du décompte qui lui arriva en juillet 1884 pour un montant de 1,86 MF, il protesta devant le Conseil de préfecture, puis devant le Conseil d'État qui désavoua le premier et lui renvoya le dossier pour expertise. Têtue, l'administration contesta en retour et l'affaire revint au Conseil d'État. Et c'est seulement le 16 juin 1899 qu'elle fut close par une décision ramenant l'indemnité précédemment calculée de 142 000 F à un peu plus de 20 000 F, bien loin des 245 000 F demandés. Heureusement, le faible rabais initial, 1 % seulement, sauva vraisemblablement la marge[65]. Là aussi, ce fut un bien long parcours de dix-huit ans, pour un piètre résultat. Il est donc clair que les relations difficultueuses de l'entreprise de Plounéventer, représentée par Jean-Louis Soubigou, avec l'Administration, ne furent pas un cas unique dans le département du Lot, et que la sévérité de François-Louis Soubigou à l'égard de son neveu, au moins sur

63. Avec, raisons techniques ou diplomatie, un nombre de chefs de réclamation trois à quatre fois moindre.
64. Avis notifié le 22 mai 1883. AD de Corrèze: 5 S 21.
65. AD de Corrèze: 5 S 21. ENPC: Annales des P & C, (1895 et1901). CHAN: AL//1588 et AL//2453. Sur son autre chantier de Lamativie, Alain Quéinnec est un peu plus heureux. Il travaille dans les pittoresques gorges de la Cère, où plusieurs tunnels sont creusés dans une roche si solide qu'elle ne nécessite pas de maçonner l'intérieur de l'ouvrage. Par contre, sur d'autres points il y a des éboulements, des interventions d'urgence, et une réfection injustifiée d'un pont lui est imposée. Il ira aussi au Conseil d'État qui ne réduira « que » de 25 % les indemnités calculées par le conseil de préfecture, les fixant à 210 500 F, plus les intérêts. CHAN: AL// 2499. Description de cette ligne dans *Le Rail* de décembre 2004-janvier 2005.

ces chantiers-là, fut excessive et reste un peu une tache indélébile sur l'objectivité et l'impartialité de ses jugements [66].

Et sans doute oublia-t-il trop vite que cette surveillance et ce contrôle qu'il imposait à son fils et à ses neveux n'aurait jamais été acceptés, venant de son propre père ou de ses oncles, par le jeune Julod rejoignant seul la Salle de Carton sur les bords de la Seine.

66. Lui-même ne fut pas toujours des plus rigoureux, oubliant ainsi de préciser lors d'acquisitions de biens que ses fonds étaient issus de la vente de propriétés ayant appartenu à son épouse. D'où difficultés lors de sa succession. Lettre de son fils à son cousin Louis, notaire à Lesneven. AD du Finistère : 78 J 33, Fonds Maître Perret.

Chapitre XIV

Images, image

Enfin, le portrait de François-Louis Soubigou ne serait pas complet si n'étaient pas évoqués quelques faits plus ou moins marquants, quelques critiques souvent acides et parfois virulentes lancées par ses adversaires, quelques actes personnels et symboliques, toutes ces petites choses qui contribuèrent à construire l'image du Julod de Plounéventer dans l'univers social et familial qui fut le sien, et même au-delà. Comme dans toute vie publique semée de réussites et d'échecs, comme dans toute vie d'homme construite d'amitiés et de détestations, comme dans toute vie aussi longue, il y en eut plusieurs qui permettent, malgré la distance, d'illustrer encore aujourd'hui quelques aspects de sa personnalité plus profonds ou plus secrets que ceux transparaissant directement à travers ses actes.

Pendant sa période sénatoriale, où il apparut comme une sorte de symbole de l'implication de l'Église dans la vie finistérienne, non pas seulement la vie politique mais aussi celle de tous les jours, les quelques piques de la presse parisienne, déjà citées pour l'essentiel, restèrent du domaine d'une aimable caricature qui l'amusèrent certainement lui-même. Que faire d'autre que de sourire quand on lit dans un article, repris par le journal adverse *Le Finistère:* « Est-ce une vie, je vous le demande, que de voir constamment passer le feutre de Soubigou dans le ciel de ses nuits conjugales [1] ? » Cette allusion transparente au soutien dont il disposait de la part du clergé léonard qui passait pour amener les épouses à utiliser absolument tous les moyens à leur disposition pour influencer leurs maris et les amener à « bien voter » n'avait rien de réellement méchant dans un monde et à une époque où des coups bas très durs furent portés de part et d'autre, amenant certains à des affrontements parfois sanglants [2].

Pour le reste, élu discret, il ne fut pas brocardé sous les hourdis médiocres de la Salle de Carton et à peine plus parmi les velours et les ors du Palais du Luxembourg. La seule situation où il fut en vedette fut celle des débats qui entourèrent son invalidation de 1885, où il fut vraiment la cible principale et quasi unique d'un parti adverse qui savait le poids électoral qu'il représentait. Et encore, si les attaques sur sa conduite près des délégués en la ville de Quimper

1. *Le Finistère* du 15 juillet 1885.
2. Le XIXe siècle fut jalonné de duels, dont certains mortels, pour un mot de trop dans un article de journal, une phrase un peu brutale à la tribune, une rumeur trop assassine. Parmi ceux-ci, l'un des plus médiatiques, suscité par l'opposition violente entre les journaux *La Presse* et *Le National,* vit Émile de Girardin tuer son concurrent Armand Carrel d'un coup d'épée.

furent sans pitié, en particulier sur le financement de leurs libations, elles ne touchèrent pas ce qui pouvait apparaître comme le plus incongru près de certains de ses adversaires : sa celtitude. Et pour cause ! Le thème était trop dangereux. La solidarité bretonne aurait pu se traduire transversalement aux clivages politiques, personne ne pouvant ignorer l'attachement général des représentants de la Bretagne à leur culture et à leurs traditions, qu'ils soient légitimistes tel le baron de Lareinty ou républicains comme Louis Hémon [3]. Pour le reste, les verbatim existants des débats de l'Assemblée Constituante ou du Sénat ne conservent mémoire d'aucune pique particulière à son égard. N'intervenant que sur des sujets neutres, n'assurant pas de responsabilités médiatisables, le prendre à parti n'offrait aucun avantage à ses collègues républicains qui usaient leur éloquence sur des personnages bien plus en vue comme Monseigneur Freppel ou Vincent de Kerdrel.

La situation fut différente localement où ses adversaires, ne pouvant être accusés de parisianisme méprisant, étaient plus à l'aise pour chercher à mettre l'homme en difficulté. Tout laisse à penser cependant que l'appellation de « roi des Julots » ne le desservit pas vraiment, qui voulait pourtant opposer l'héritier des riches fabricants de toiles de Plounéventer et autres lieux, à une majorité d'électeurs descendant d'ouvriers et ouvrières tisserands. Ce qu'on peut légitimement supposer c'est qu'il reçut plus ce sobriquet comme un compliment que comme une attaque. Sinon, pourquoi serait-il resté cet homme « reconnaissable de loin à la silhouette de son chapeau gigantesque et de son inséparable parapluie » ? Pourquoi aurait-il orné, aux grandes occasions, le ruban noir de ce chapeau de « castor extra » d'une grande boucle d'argent étincelante de tous ses brillants, attestation visible de la position sociale importante de son propriétaire en son pays de Léon [4] ? Et malgré ces moqueries, malgré ces lazzis, jamais il ne sacrifia pour lui-même et ses proches aux modes venues de Paris, se sentant hors d'atteinte des critiques d'un monde auquel il ne reconnaissait aucune légitimité pour le juger lui.

Et, cette identité bretonne qu'il affirma lui-même si fort, fut une des valeurs qu'il veilla à inculquer aux enfants de sa famille. Curieusement, il ne s'attacha à la transmettre que via la tenue vestimentaire, négligeant l'importance de la langue comme vecteur de transmission irremplaçable d'une culture et d'un mode de pensée. Peut-être parce que sa caste d'appartenance s'en détachait plus vite que le reste de la population paysanne, à l'image de la population des villes qui avait depuis plus longtemps fait ce choix. Peut-être parce que cette langue, qu'il pratiquait pourtant parfaitement, ne représentait pas à ses yeux l'ouverture de la Bretagne au Monde et à la modernisation qui lui paraissaient nécessaires. Toujours est-il que, quand il emmena ses trois filleuls avec lui pour leur faire

3. Louis Hémon fut, en janvier 1903, l'un de ceux qui combattirent le plus vigoureusement la circulaire d'Émile Combes imposant le français comme seule langue d'usage entre le clergé et ses ouailles. Le baron de Lareinty chercha l'incident, lors de l'invalidation de 1885, expliquant que critiquer le comportement de François-Louis Soubigou dans les cafés de Quimper auprès des délégués sénatoriaux c'était attaquer toute la Bretagne. Mais personne ne le suivit.

4. La phrase est du journal *Le Finistère* du 14 janvier 1885. Un exemplaire du chapeau et la boucle d'argent ont traversé le temps. D'après Balzac, le chapeau de soie se vendait quinze francs, et celui de castor, de lapin en fait, jusqu'à trente. *Scènes de la vie parisienne* et *Scènes de la vie politique.*

découvrir la capitale, il ne transigea pas sur leur présentation vestimentaire, et le sens ou les valeurs qu'ils devaient lui attribuer. Et les badauds qui flânaient ce jour-là sur les Champs-Élysées, purent croiser un vieil homme en costume du Léon accompagné d'un petit garçon, et de deux petites filles enveloppées de leurs longs châles de cachemire descendant jusqu'à terre, tous trois portant fièrement leurs plus beaux habits aux broderies de Bretagne[5].

Le patrimoine religieux

Cet attachement à ses racines, se traduisit aussi favorablement vis-à-vis de sa commune natale, et ceci dès son élection de représentant du peuple à l'Assemblée Constituante de la Deuxième République. Quand il apparut alors sur la scène électorale, la question de la séparation du religieux et du politique ne se posait pas dans des termes très tranchés, même si les républicains les plus affirmés s'inquiétaient déjà fortement de l'influence des pasteurs sur leurs ouailles[6]. Mais la révolution de février ne coupa pas l'Église de l'État, réconciliant même « le peuple républicain et le prêtre catholique », suivant l'expression de George Sand dans ses Souvenirs de 1848. Plusieurs évêques s'y rallièrent rapidement et publiquement. Il y eut cette circulaire, déjà citée, de Monseigneur Graveran à son clergé pour bénir la nouvelle république, ou cette autre de l'évêque de Saint-Brieuc précisant que « le jour des élections, avant la première messe, on chantera l'hymne Veni Creator, avec le verset et l'oraison analogue[7] ». Et dans quasiment toutes les manifestations importantes, les plus hautes autorités du clergé officièrent. Ce fut donc très naturellement et très simplement que le jeune représentant du peuple venu de Plounéventer utilisa sa position d'élu national au bénéfice de la modeste église de son village natal.

Ceci se passa à la mi-année 1848. À cette date et après quelques mois d'euphorie, la Commission Exécutive, confrontée à de lourdes difficultés financières demanda des économies à tous ses ministères. À celui de l'Intérieur qui chapeautait la Direction des Beaux-Arts, comme aux autres. Mais le 8 juin 1848, Robert Bouhier de l'Écluse, représentant de la Vendée, monta au créneau pour expliquer que, de même que l'on avait « compris avec raison qu'il était nécessaire de voter des fonds à l'effet de venir au secours des ouvriers sans ouvrage », il relevait « de la gloire de la République d'encourager les Beaux-Arts et les lettres », et proposa, en conséquence, d'accorder un crédit de 300 000 F pour que soient aidés ces « hommes d'intelligence et souvent de génie » qui, à raison de la crise financière, se trouvaient sans travail[8]. Le 16 juillet, l'adoption de la proposition déchaîna l'enthousiasme de *La Gazette nationale* qui fit remarquer que, jusque-là, les hommes de lettres et les artistes n'avaient pas obtenu « l'honneur d'être assimilés à des travailleurs et que quiconque n'avait pas la force physique de

5. Information attestée par ses descendants. Les trois filleuls étaient ses petits-enfants : Gabrielle, fille d'Elisa et de Louis Abgrall : Anna, fille de Françoise et de Laurent Boucher : Auguste, fils de Louise et de François Boucher. L'événement eut vraisemblablement lieu entre les années 1893 et 1895.
6. Tel Eugène La Roëllerie, l'éphémère préfet du Finistère qui en fit rapport dans ses lettres à son Commissaire général Michel Rocher. SAF, bulletin CIV (1976).
7. Citée par *L'Ami de la Religion, journal ecclésiastique, politique et littéraire,* du mardi 21 mars 1848.
8. AAN : Impressions 268.

remuer la pelle ou la pioche était condamné à mourir de faim [9] ». Ayant compris l'usage qu'il pouvait faire de cette décision, François-Louis Soubigou s'entremit immédiatement pour obtenir un « tableau de sainteté » tout à fait officiellement destiné à l'église de sa commune natale. Il se montra convaincant, puisqu'une décision, prise le 19 septembre, accorda une somme de 500 F à un peintre installé dans la très récente et très belle Galerie Vivienne à Paris, « le citoyen L. M. Petit », avec mission de réaliser une copie d'un tableau du Musée National. C'est l'artiste lui-même qui fut chargé de proposer l'œuvre qui lui paraissait la mieux adaptée [10]. L'Espagne était alors à la mode. L'accord se fit très rapidement pour une *Vierge aux langes,* attribuée à Murillo, aussi appelée *Vierge à l'Enfant Jésus* [11]. Le copiste s'étant mis immédiatement au travail, le résultat put être recetté le 25 mai suivant. Juste à temps ! Le lendemain, vendredi 26 mai 1849, l'Assemblée Constituante achevait ses travaux, fermant définitivement ses portes, et le « Citoyen représentant du peuple » François-Louis Soubigou entrait dans l'anonymat politique pour une longue période. Après avoir rendu un peu plus chaleureux le projet de lettre préparé par son cabinet, Bertrand Lacrosse, qui assurait l'intérim du ministère de l'Intérieur après le départ de Caussidière, prévint le requérant à son adresse parisienne : « Monsieur et Cher Collègue, j'ai l'honneur de vous adresser l'arrêté par lequel j'attribue… J'ai été heureux de saisir cette occasion de vous être agréable [12]. » De son côté, le directeur des Beaux-Arts chargé de l'expédition à ses frais vers Plounéventer, informa les autres intéressés. S'il fit sa notification au maire de Plounéventer via le préfet, respectant ainsi la voie hiérarchique, c'est en direct qu'il informa le recteur [13]. La laïcité restait encore à inventer. Depuis cette date, la commune détient un souvenir artistique, indirect et durable, d'un peintre sévillan du XVIIe siècle, une de ces vierges d'Espagne que Balzac décrivait comme « enivrée de bonheur par la conception du Christ [14] ».

Ce ne fut pas la seule contribution de François-Louis Soubigou, et de ses proches, au patrimoine religieux de leur village [15]. En 1872, la Fabrique dont ils étaient des membres actifs décida de reconstruire l'église paroissiale tout en préservant et consolidant le clocher d'origine dont la partie haute, vieille pourtant d'à peine plus d'un siècle, était prête à s'effondrer sur les fidèles. Ce fut son frère Joseph qui prit en main les opérations nécessaires pour obtenir l'accord des autorités de tutelle, civiles et religieuses, à la fois pour lancer les travaux mais plus encore pour aliéner une partie des biens de la même Fabrique, opération

9. De nouvelles pressions budgétaires ayant eu lieu, c'est Victor Hugo qui, en novembre suivant, puis en avril 1849, défendra les intérêts des artistes. *La Gazette Nationale, journal du Peuple et de l'armée*, du 16 juillet 1848.
10. L. M. Petit pourrait être Louis Marie Petit, né le 22 février 1784 à Fontainebleau.
11. L'église de Plounéventer ne fut pas la seule à bénéficier de la reproduction d'une œuvre de Murillo. Il en fut de même pour une Assomption à Châteaugiron en Mayenne l'année 1842, pour une Sainte Famille à Clermont-de-l'Hérault en 1843, ou encore une Vierge au chapelet à Provins, etc. CHAN : F/2/0049 – dossier 55.
12. CHAN : F1 dII S 7.
13. CHAN : F21/0049 – dossier 55.
14. Balzac, parlant de Murillo, in *Études philosophique. Les Marana* (1832).
15. Les informations qui suivent sont issues des archives diocésaines, et de Jean-Marie LE BRAS, *Plounéventer des origines à nos jours* (1986).

compliquée par la difficulté à en démontrer la propriété, vue l'ancienneté de leur possession. Les signatures enfin obtenues, les travaux furent menés bon train et l'ensemble, reconstruit ou restauré, fut consacré par Monseigneur Nouvel de la Flèche en août 1874[16]. À l'intérieur du monument, de nouveaux autels et de nouveaux vitraux furent progressivement installés que financèrent les principales familles influentes de la paroisse qu'étaient les Prigent, Soubigou, Quéinnec. Le futur sénateur fit personnellement offrande d'une statue du Sacré-Cœur, peut-être influencé dans son choix par la construction initialisée en juin 1875 de la basilique de Montmartre à Paris autour de laquelle une collecte était organisée nationalement et pour laquelle les enfants de la famille inscrivaient leur obole[17]. Sa contribution fut modeste, 400 F, comparée aux 2 500 F de l'autel de la Vierge et de son vitrail, offerts par la famille de son premier beau-père et associé, Yves Prigent[18]. Mais peut-être avait-il participé aux donations qui avaient complété les ressources propres de la Fabrique pour atteindre les 97 000 F nécessaires aux travaux. Ce qui est certain, c'est qu'il s'entremit activement en décembre 1885, usant de sa position de sénateur, pour arracher au directeur des Cultes du Ministère de l'Intérieur l'autorisation de vendre d'autres biens de la paroisse pour financer la construction d'un nouveau presbytère que réclamait le recteur, puis encore quelques mois plus tard, pour en faire approuver les plans.

Et puis il n'y a pas de commune bretonne sans calvaires. Au XIXe siècle, le territoire de Plounéventer en était, bien évidemment, déjà bien parsemé, avec certains très anciens comme Penguilly ou Croas Kerdannoc, érigés au milieu du XVIe siècle. Cependant, près de Mesgloaguen, aucun ne sanctifiait les lieux[19]. L'église paroissiale était proche avec sa croix de mission construite par le sculpteur Yann Larc'hantec en 1867. Seulement celle-ci, implantée au cœur du cimetière, ne protégeait que les défunts dormant là de leur dernier sommeil. Aussi, en 1895, l'ex-sénateur fit-il dresser près de chez lui un long fût de granit de six mètres de haut supportant le Christ en croix, veillant lui sur les vivants.

Le grand vitrail

Cependant, l'élément le plus représentatif de l'importance qu'il représenta pour le clergé finistérien n'est pas dans les diatribes des journalistes ou des adversaires politiques. Il n'est pas plus à Plounéventer où sa contribution personnelle allait de soi de par sa position sociale et le poids de sa famille dans les instances tant civiles que paroissiales. Il est à quelques kilomètres de là, dans la basilique du Folgoët, tout près de Lesneven. Cette église du XVe siècle avait lourdement pâti de la période révolutionnaire, nombre d'éléments décoratifs ou religieux en ayant été brisés ou mutilés. Faute d'entretien pendant les années qui avaient suivi, le porche s'était effondré. Tous les vitraux avaient disparu. Fort heureusement au début du XIXe siècle, quelques paroissiens avaient entrepris de la sauver, sauf que, malgré

16. Le porche sud, du XVIIe siècle, fut conservé.
17. AHAP : livre d'or des consécrations individuelles au Sacré-Cœur.
18. Vitrail réalisé par Émile Hirsch à Paris, suivant un carton de Yann Dargent, peintre né à Saint-Servais, ancienne trêve de Plounéventer.
19. Une maison achetée par François-Louis Soubigou, en mars 1856, du vivant de sa seconde épouse.

leurs efforts, il avait été nécessaire d'attendre 1840 pour que quelques travaux de consolidation partielle fussent entrepris. Puis lorsqu'en 1854 l'Église avait accordé une place privilégiée à la Vierge à travers le dogme alors décrété de l'Immaculée Conception, ce sanctuaire était devenu l'objet d'une attention particulière de la part du Clergé local. Un pèlerinage y avait lieu régulièrement rassemblant des fidèles venus de tout le Léon, et parmi eux François-Louis Soubigou. Ce ne fut cependant qu'en 1887, que l'abbé François Aimé Roull, le principal du collège de Lesneven, obtint de Léon XIII qu'une cérémonie de couronnement soit organisée dans le sanctuaire léonard. Celle-ci rassembla une foule si considérable au mois de septembre 1888, venue pieusement écouter le long sermon de Monseigneur Freppel, que, le jour même, l'évêque de Quimper, Monseigneur Lamarche, prit la décision de faire réaliser un vitrail qui commémorât cet événement.

Ce fut le chanoine Lucien Rossi, l'un des seconds rôles de l'invalidation de 1885, qui se chargea de piloter l'opération auprès du verrier parisien Émile Hirsch. La mission qui lui fut confiée fut de représenter les principaux participants à la cérémonie. Au total plus de cinquante personnages avec, bien évidemment, les ecclésiastiques, abbés, chanoines, évêques, si nombreux eux-mêmes. Bien évidemment parmi ces derniers, celui de Quimper, le cardinal Place archevêque de Rennes, et l'homme du jour Charles Émile Freppel. Et enfin quelques laïcs, en nombre limité, ce qui rend leur présence d'autant plus significative. Et là, parmi ceux-ci, sur ce grand vitrail éclairé par le soleil de midi, à la gauche du visiteur, celui-ci peut voir un beau vieillard reconnaissable entre tous. C'est François-Louis Soubigou, encadré dit-on des comtes Émile de Kermenguy et Aymar de Blois.

Un admirateur inconditionnel

Cette représentation par l'image, dans un contexte religieux, aux frontières du politique, n'est pas le seul souvenir exprimant encore aujourd'hui les traits du Julod de Plounéventer[20]. Au Salon de 1881, fut remarqué un sculpteur breton de vingt-huit ans qui présentait un plâtre de « Cathelineau, général vendéen, jurant de défendre sa foi ». L'artiste, s'était spécialisé dans les œuvres à caractère religieux et royaliste, et choisissait de préférence des sujets qui lui permettaient d'associer l'un et l'autre thème. Cette œuvre lui valut une médaille de troisième classe. Foi et contre-révolution de 1793 en pays d'Ouest, il ne pouvait obtenir moins ! Comment François-Louis Soubigou et lui se rencontrèrent-ils ? Firent-ils connaissance devant cette œuvre[21] ! Le fait est obscur. Toujours est-il que de telles convictions ne pouvaient que le rapprocher du sénateur, et lui faire rechercher sa clientèle. C'est ce qui eût lieu, et, en 1883, il exécuta pour lui un buste en terre cuite qui marqua le début d'un long attachement s'exprimant par des lettres régulières alternant reconnaissance infinie et sollicitations financières. Le

20. Informations issues pour l'essentiel de : AP : Famille Boucher, ainsi que de René Kerviler, in *Répertoire de Bio-Bibliographie bretonne*, et abbé Hervouet, in *Un artiste breton,* BnF : 8-LN27-47454.
21. L'homme, né à Saint-Nazaire, avait un parcours atypique. À l'âge de onze ans il était parti comme mousse dans l'Océan Indien avant de revenir définitivement à terre six ans plus tard pour entreprendre sa formation artistique en atelier et se consacrer à son art. En 1883, il décrocha une subvention de 5 000 F au compte de l'État, pour l'acquisition par le Musée de Nantes d'une statue d'Anne de Bretagne.

modèle devint même, sans qu'il soit possible de juger de la spontanéité de son acceptation, le parrain de l'un des huit enfants de l'artiste, une petite fille. Sans doute emporté par sa générosité, ou peut-être réellement séduit par le talent de son correspondant, le destinataire des missives se laissa « taper » pendant plusieurs années au prétexte d'emprunts amicaux que l'édition imminente de nouvelles œuvres devait permettre de rembourser. Au nouvel an 1889, la dette fut établie à 250 F et valut à François-Louis des vœux particulièrement aimables : « Cher Monsieur, vous êtes toujours aussi bon. L'on doit aussi avoir toujours le même cœur pour vous aimer... ». Un mois et demi plus tard, les œuvres, éditées par la fonderie Barbedienne, rapportaient plus de « seize cents francs » à leur auteur qui le déclarait, fièrement et naïvement à la fois, à son « bienfaiteur », avant de réclamer à nouveau 100 F au mois d'août, tout en se déclarant prêt à transiger. « Si vous ne pouviez pas 100 f, au moins 50 f. » Le comble de la flagornerie fut une lettre du 19 février de cette même année où, ayant réalisé la statue de Du Guesclin pour le monument du comte de Chambord à Sainte Anne d'Auray, il écrivit à celui qu'il appelait son « véritable ami » : « J'ai pris la tête du Breton sur votre buste que j'ai à la maison [22]. » En 1892 le total atteignit les 500 F, somme n'incluant, bien évidemment, ni le prix du buste initial ni les sommes ayant fait l'objet d'un don et non classées dans les emprunts [23].

L'histoire ne dit pas si le sénateur de Plounéventer intervint vraiment, cette année-là, pour défendre la candidature de son admirateur au sein du comité chargé de l'érection de la statue de Monseigneur Freppel au Folgoët, un comité fort transitoire où il fut personnellement peu actif. Elle ne dit pas plus s'il soutint ou non les mérites de l'ébauche de plâtre présentée, en 1896, pour le bronze du général le Flô à Lesneven pour lequel fut préférée la proposition de Cyprian Godebski. Quant à avoir cherché à l'introduire près du comte de Paris comme l'autre le lui demandait aussi, il est plausible d'en douter [24]. Toujours est-il que, vivant chichement, Alfred Caravanniez continua ses sollicitations dans une relation qui finit par se gâter quand François-Louis Soubigou, sans doute fatigué de ces multiples courriers éplorés et décidé à couper les ponts, demanda fermement à son admirateur de rembourser son dû [25]. Ce fut là, sans doute, la dernière anecdote des relations de François-Louis Soubigou avec le monde artistique breton, et avec le monde artistique en général, puisqu'il disparut quelques mois plus tard.

22. Fait cité par René Kerviler, et surtout confirmé par Alfred Caravanniez dans une lettre datée du 17 février 1889. AP : Famille Boucher.
23. Annotation de la main de François-Louis Soubigou sur une lettre d'Alfred Caravanniez du 11 mars 1892.
24. La statue de l'évêque fut réalisée par Yves Hernot, et attendit l'été 1902 pour être installée.
25. Brouillon d'une lettre de François-Louis Soubigou à Alfred Caravanniez datée du 9 février 1900. Suivant une lettre de janvier 1901, adressée au directeur des Beaux-Arts par Paul Dubois, sculpteur alors fort célèbre, Alfred Caravanniez était alors effectivement dans la misère. CHAN : AJ/52/322.

Chapitre XV

Adieu au monde

Il est des adieux qui valent des bonjours.
Xavier Grall
Solo et autres poèmes

« L'an mil neuf cent deux, ce jour d'hui dix-sept février à une heure du soir, devant nous Jean-Pierre Soubigou, maire et officier d'état-civil de la commune de Plounéventer, sont comparus Auguste Soubigou, entrepreneur de travaux publics âgé de 49 ans, demeurant à Plounéventer, fils du défunt, et, Laurent Boucher, maître tanneur, maire de Lampaul et y domicilié âgé de 35 ans, gendre du défunt, lesquels nous ont déclaré que Soubigou François-Louis, ex-sénateur et conseiller général du Finistère, veuf de premières noces de Marie-Jeanne Prigent et secondes noces de Françoise Allançon, âgé de 83 ans, né à Plounéventer, domicilié en cette commune, fils de feus Jean-Marie Soubigou et Marie-Yvonne Josèphe Martin décédés à Plounéventer, est décédé ce jour à Mesgloaguen en cette commune à 11 heures du matin [1]. »

Une semaine après l'anniversaire de ses 83 ans, venait de s'éteindre François-Louis Soubigou. On dit qu'à son neveu, Louis Soubigou, prêtre économe à Pont-Croix, qui l'interrogeait sur la crainte qu'il pouvait avoir en voyant la mort approcher, il aurait répondu très sereinement: « Oh ! Non mon garçon. » La réponse, si elle n'est vraie, est au moins vraisemblable [2].

Le surlendemain, mercredi 19 février 1902 à 10 heures du matin, eut lieu la cérémonie des obsèques. Les familles Soubigou, Quéinnec, Prigent, Boucher, Abgrall se retrouvaient unies dans la peine comme elles l'avaient été auprès du disparu dans sa vie privée, professionnelle, et, publique. Autour d'elles, la foule était très dense des amis, des relations de travail et de commerce, des alliés politiques ou de ceux qui malgré leurs différences d'idées avaient pu apprécier l'homme derrière l'entrepreneur, le cultivateur, l'élu d'un parti.

Quatre hommes encadraient le cercueil, tenant les cordons du poêle: Albert de Mun, qui perdait son principal soutien local, Louis Pichon, jadis député et devenu sénateur deux ans auparavant, Edouard Le Guen, l'ami de longue date,

1. AM de Plounéventer: état-civil.
2. Propos rapporté dans une plaquette biographique concernant François-Louis Soubigou, rédigée en breton par l'abbé Jean-Marie Perrot, et, traduite en français par Jean Geffroy, arrière-petit-fils du sénateur. Collection privée.

l'ancien sénateur, celui-là même qui avait vécu lui aussi les pénibles épisodes de l'invalidation de 1885, enfin Émile Villiers, député du Finistère lui aussi[3].

La levée du corps fut assurée par le supérieur du séminaire de Pont-Croix. Puis Jean-Louis Simon, recteur de Plounéventer, chanta la messe devant cette foule où le Clergé était fortement représenté puisque plus de cinquante prêtres avaient tenu à accompagner, une dernière fois, le défunt.

Devant la fosse grande ouverte, Albert de Mun, prononça l'éloge funèbre du disparu, insistant sur le caractère chrétien de celui qui l'avait « honoré de son patronage », lui adressant le « tribut de [son] affectueuse reconnaissance », et rappelant que « pendant de longues années », cet élu était demeuré « dans le Parlement, la vivante image de cette terre du Léon qu'il aimait de l'amour passionné qu'elle inspire à ses enfants[4] ». Puis à leur tour, s'exprimèrent Edouard Le Guen, Émile Villiers, et enfin Léopold Maissin, représentant du canton au conseil général du Finistère et vice-président de cette institution qui venait de perdre celui qui était son doyen d'âge depuis plusieurs années[5]. Tout était dit.

François-Louis Soubigou repose, aujourd'hui, dans le cimetière qui entoure l'église de Plounéventer. La tombe est ornée d'un haut-relief sculpté dans la pierre de kersanton par Yann Larc'hantec, cette pierre si tendre au ciseau du sculpteur, et qui devient si dure quand l'artiste la quitte[6]. Le défunt est debout, visible à mi-corps, tranquillement appuyé contre une console, le visage quasi souriant, et désormais tête nue comme il sied devant Dieu pour un Breton croyant. Une sculpture qualifiée par l'écrivain Louis Le Guennec de « belle tête de vieillard, en costume bas – breton », ajoutant que « M. Soubigou fut l'une des physionomies les plus sympathiques et les plus originales de la politique finistérienne[7] ».

Sur le monument, heureusement préservé, les rares passants peuvent lire cette épitaphe écrite en lettres capitales :

> ICI REPOSE FRANCOIS-LOUIS SOUBIGOU, NE LE 11 FEVRIER 1819, DEPUTE EN 1848, SENATEUR DE 1876 A 1894, CONSEILLER GENERAL DEPUIS 1871, DECEDE A MESGLOAGUEN LE 17 FEVRIER 1902.

Plus bas, une phrase tirée des *Béatitudes* de l'*Évangile de saint Matthieu* veille sur lui : *Beati misericordes quoniam ipsi misericordiam consequatur*[8].

Tous les journaux du département, amis comme opposants, publièrent un article nécrologique détaillé. Il ne peut être intéressant de les citer tous, il y aurait des redites. Mais sans doute le plus objectif, le plus sincère, fut-il son adversaire principal, celui qui avait été si virulent, si tenace, lors de l'invalidation de 1885,

---

3. Louis Gabriel Pichon avait été élu sénateur le 28 janvier 1900. Edouard Le Guen ne l'était plus depuis son échec du 7 janvier 1894. Émile Villiers était député depuis le 20 août 1893.
4. *La Résistance (journal catholique et royaliste)* du 22 février 1902. Le journaliste chargé de rédiger la notice nécrologique ne fut certainement pas félicité par sa direction, ayant maladroitement attribué au défunt le prénom de « Pierre ».
5. Léopold Maissin, directeur de la poudrerie du Moulin Blanc à Guipavas, avait été candidat républicain malheureux contre Émile Villiers aux élections législatives d'août 1889 dans la deuxième circonscription de Brest.
6. Yann Larc'hantec, sculpteur installé à Landerneau, (1829-1913).
7. Louis Le Guennec, *Le Finistère monumental,* tome I, *Morlaix et sa région* (1979). L'expression « belle tête de vieillard, en costume bas-breton » a été reprise par Guillaume Toscer in *Le Finistère pittoresque.*
8. « Heureux les miséricordieux, car ils obtiendront miséricorde ! » (Matthieu 5,7.)

le journal *Le Finistère*. Résumant en quelques phrases la carrière et l'influence politique réelle du défunt, il écrivit :

> « Ce n'est pas le moment de formuler un jugement sur la carrière politique de M. Soubigou. Qu'il nous soit permis, cependant, de faire remarquer que les républicains du Finistère n'ont pas trouvé pendant trente années durant, d'adversaire plus acharné et plus intraitable que cet ancien représentant de 1848, élu alors comme républicain [9]. »

C'était, directement, reconnaître que la droite locale venait de perdre un leader de premier ordre, et le Léon son particularisme électoral. Et enfin, que les joutes politiques à venir seraient désormais plus classiques, « le vieux chineur légendaire » n'étant plus là [10].

Chez les républicains, plusieurs de ceux qu'il avait affrontés n'étaient plus là non plus. Entre autres, Xavier Blanc, le courtois président de la Commission d'enquête de 1885, mort en juin 1896. Et des deux leaders finistériens qui l'avaient le plus contré cette fois-là et plus tard, seul restait Louis Hémon encore en pleine activité à la Chambre des députés, Joseph Astor étant décédé en octobre 1901 [11].

Côté entreprise, de la grande équipe de pionniers, de « ces manieurs de millions et ces remueurs d'armées de travailleurs », François-Louis Soubigou était l'un des derniers à disparaître [12]. Parti son beau-père Yves Prigent, il y avait bien longtemps, confiant sans doute d'avoir laissé son entreprise entre de bonnes mains. Décédés, encore jeunes, Gabriel Quéinnec et Jean Prigent. Disparu dans la force de l'âge Jean-Louis Quéinnec sans avoir vu la fin de ce très grand chantier des opérations d'Auvergne où il s'était tant investi. Mort aussi Louis Colbert, sans doute inquiet pour ses neveux des conséquences à venir du procès en cours intenté par Jean-Louis Soubigou. De même, Alexandre Siben, Albert Rostand, Louis Sarlin, Eugène Caillaux, Jules Hunebelle, d'autres encore [13]. Si Victor Radenac avait vu le nouveau siècle apparaître, ce n'avait été que pour le quitter très vite, le 2 janvier 1901. Seul parmi les anciens restait Jean-Pierre Soubigou, pour relativement peu de temps. Le 21 décembre 1905 il serait à son tour emporté [14].

La France était maintenant sillonnée de près de 44 000 km de voies ferrées quand ils l'avaient connue en leur jeunesse dépourvue de tous moyens de communication sérieux, de quelque nature que ce soit. Des liaisons complémentaires se construisaient encore, mais globalement, ce marché où leur présence avait été si forte, approchait de la saturation. Pour les entrepreneurs de travaux publics,

9. *Le Finistère* du 18 février 1902. Article identique publié par *Le Réveil morlaisien* le 22 février.
10 Expression extraite d'une chanson, *La messe des délégués*, publiée par *La Dépêche* du 20 avril 1890 qui l'avait empruntée à l'autre journal républicain, *Le Finistère*.
11. Et capable, en janvier 1903, de s'opposer à Émile Combes pour la défense de l'enseignement de la langue bretonne. Louis Hémon, qui avait commencé sa carrière de député en février 1876, ne la quittera qu'en février 1912, deux ans avant sa mort.
12. L'expression, très illustrative, est du journal *Le Bâtiment* du 1er janvier 1888.
13. Ils sont décédés respectivement en mars 1882, novembre 1891, décembre 1891, octobre 1896, janvier 1901. Adolphe Hunebelle va disparaître en octobre 1902.
14. Faute du ruban rouge des services militaires et civils rendus à la nation, il partira avec une décoration le touchant certainement beaucoup, celle de chevalier de l'Ordre de Saint Grégoire le Grand, décernée par le Vatican.

l'avenir était désormais sur les routes qu'il fallait repenser, redessiner, renforcer, pour supporter ces étranges automobiles que deux cents constructeurs fabriquaient partout dans le pays, et qui, se multipliant, provoquaient une usure si forte des chaussées que de nombreux conseils généraux nommaient des commissions spéciales sur le sujet et tentaient d'imposer l'usage des pneumatiques. Il se disait même que les Américains en épandant du pétrole sur le sol, et les Italiens, près de Lugo, en couvrant les chaussées par du goudron venu des usines à gaz, avaient obtenu de bons résultats [15] ! Les grands investisseurs, toujours plus prospectifs, regardaient vers d'autres inventions récemment apparues et dont parlaient les journaux. Aviation, téléphone, cinéma, toutes ces nouvelles technologies montaient en puissance, et de multiples intervenants issus d'une nouvelle génération les développaient avec passion. Une page industrielle essentielle du XIXe siècle était tournée [16].

Une page où ils avaient tenu leur rôle, faisant passer une petite entreprise perdue dans un modeste village de Basse-Bretagne et employant quelques ouvriers transfuges du monde agricole pour empierrer routes et chemins locaux, en une structure d'importance nationale utilisant les techniques de l'époque. La démarche entrepreneuriale, modestement initialisée à Plounéventer en 1837 par un chantier routier à 2400 F avait changé de dimension avec ce premier contrat de voie ferrée à Questembert, certainement sous l'influence forte de François-Louis Soubigou et la caution de son beau-père. La suite avait été une belle aventure. Plus de 700 km de voies ferrées dont la quasi-totalité du réseau d'une région. Quelques milliers d'autres pour les routes et les chemins vicinaux. Un chiffre d'affaires cumulé approchant les 85 MF entre l'ancienne et la nouvelle maison. Bon an mal an, une activité de 2,5 MF avec des pointes à 4 MF les meilleures années, et qui, entre les spécialistes employés directement et les terrassiers fournis par les sous-traitants, avait fait travailler entre 1500 et 3000 employés suivant les projets et suivant les saisons. Un bilan en apparence satisfaisant.

Mais un bilan en trompe l'œil. Car quels furent les résultats financiers ? D'excellents au départ quand l'euphorie régnait dans les services de l'État et dans ceux des compagnies concessionnaires, ils diminuèrent avec le temps quand ce qu'aujourd'hui les économistes appelleraient la « bulle ferroviaire » se dégonfla, s'accompagnant de faillites spectaculaires comme celle de Clermont-Tulle, et subissant la récession de 1882-1883. Leurs bénéfices furent alors écrasés par la puissance et la duplicité des donneurs d'ordres, et, dilués par toutes ces années de procédures aux tribunaux de commerce, aux Conseils de Préfectures, aux tribunaux civils, aux tribunaux d'appel, au Conseil d'État. À l'arrivée, quand les « jeunes » cessèrent leur activité ils clôturèrent les comptes sur un résultat d'ensemble très honorable, semble-t-il, mais sans plus.

Les documents existants pour la maison Soubigou et Cie parlent pour la période de 1881 à 1902 de pertes, parfois « faibles » comme à Luc-en-Diois avec 67500 F, parfois importantes comme les chemins vicinaux du neveu Jean-

15. *L'Illustration* du 15 février 1902.
16. Téléphone : Graham Bell, 1876. Aviation : Clément Ader, 1890. Cinéma : les frères Lumière, 1895.

Louis avec plus de 315 000 F. Il y en eut aussi à Niort, Catus, Cosnes-sur-Loire, Guingamp... En face de cela, les affaires rentables ou équilibrées furent réelles comme Saint-Géry, Lamothe-Fénelon, Mézel, Conflans-Sainte-Honorine, le réseau breton... Le bilan d'ensemble donna un résultat net d'environ 453 000 F, semble-t-il. La somme paraît belle. Hormis que rapportée à vingt et un ans d'existence et répartie entre tous les intervenants, il resta pour chacun d'eux moins de 4 000 F annuels. Le double du gain d'un mécanicien payé 7 F la journée qui aurait travaillé 300 jours par an. Le double certes, mais pas plus, avec des risques financiers personnels énormes [17]. À comparer aussi aux revenus de François-Louis Soubigou provenant des fermes achetées au marquis et au comte de Lescoët, en 1865, qui lui rapportèrent pendant la même période 2 450 F par an, pour un simple investissement initial de 60 000 F [18].

Pour l'ancienne maison, Clermont-Tulle fut la plus grande et la meilleure affaire de l'après-guerre. Un morceau de bravoure qui bloqua leur expansion en gelant trop longtemps leurs ressources financières, et en inhibant leur goût du risque. Mais auraient-ils pu résister à l'attrait apparent d'une telle opération conçue dans l'euphorie des dernières années du Second Empire ? Le souvenir des beaux contrats du Nantes-Châteaulin ou du Rennes-Brest était trop aveuglant qui leur avaient permis toutes ces acquisitions de terres et de fermes, confortant leur position sociale plus encore que leur richesse. Et comment imaginer la rouerie commerciale d'un Louis Sarlin, ou s'effrayer à l'avance de la maîtrise professionnelle d'un Albert Rostand et d'un Alexandre Siben ? Il eût été nécessaire de refaire l'histoire de cette longue et tortueuse gestation, de ce réseau tant désiré par les populations, et, en fait, simple spéculation de financiers de second rang entourant Guillaume Narjot de Toucy. Seul Victor Radenac aurait pu le soupçonner. Mais le rêve était trop fort.

Avec tout cela, aurait-il pu en être autrement ? D'autres choix marketing ou industriels auraient-il été possibles ? Et à quel prix ?

D'abord et avant tout, en organisant statutairement l'entreprise. Pendant la première période, quand ils se firent connaître sous l'appellation Prigent et Cie ou Radenac et Cie, tout reposa sur la solidarité de classe, telle qu'ils la concevaient, telle que François-Louis la décrivit régulièrement, directement ou par sous-entendus, dans ses lettres à son frère Jean-Pierre, et à laquelle Victor Radenac se rallia naturellement, entraînant avec lui l'adhésion en demi-teinte de Louis Colbert. Aucun document écrit ne fut rédigé comme l'attestent clairement les textes conservés aux Archives du Finistère à Quimper. Ce procédé, qui leur donnait une souplesse certaine, empêcha ce qu'un autre choix de structure eût permis et qui leur fut suggéré maintes fois par Jean-Louis « bian ». Que celui-ci ait été un bon opérationnel ou pas, les principes qu'il édictait eurent été bénéfiques à la profitabilité de l'ensemble, et plus encore à sa solidité et sa pérennité [19].

17. AD du Lot : 69 S 3. Quant à François-Louis Soubigou, si son activité de sénateur fut génératrice de dépenses spécifiques, l'indemnité était quand même de 9 000 F.
18. AD de Mayenne : 3 E 8/439, Fonds Henri Auguste Dubois.
19. L'absence de contrat écrit est surtout confirmée par deux points. L'un est le mémoire de Louis Colbert qui, sans cela, n'eût pu être produit. L'autre est le texte fondateur de la société Jean-Pierre Soubigou et Cie qui, sinon, aurait inclus les conditions de reprise des contrats en cours.

Société anonyme avec des actionnaires solides et diversifiés au lieu de son statut ambigu de SNC, l'entreprise eût mieux traversé ces périodes difficiles que furent celles des procès. Certes, après 1881, ils tinrent des assemblées générales entre eux, et sans doute avant cette date se concertèrent-ils fréquemment, mais ce ne fut visiblement pas suffisant. Plus structurée, l'entreprise eût normalisé la gestion des conflits internes, évitant les remontrances de Louis Colbert en 1888, ou celles, permanentes, du neveu mécontent de ne pas être reconnu comme un partenaire de premier rang. Avec des actionnaires diversifiés, ses appels vers des capitaux extérieurs eurent été moins coûteux. Mais ceci eût aussi signifié partage du pouvoir avec des personnes extérieures à la caste, non cooptées, probablement inconnues, et donné une visibilité extérieure des affaires de la famille.

Cette propension à privilégier l'autofinancement, à refuser la cotation boursière, par crainte de voir s'éparpiller et se diluer le pouvoir dans l'entreprise ne fut cependant pas une caractéristique propre à Radenac et Cie ou à Soubigou et Cie. En cette fin du XIXe siècle, ce fut une volonté commune à toutes les PME-PMI française que de ne pas ouvrir leur capital, une attitude entretenue par le manque d'intérêt des banques nationales à leur égard. Le cas de la Société Linière du Finistère en fut localement un autre exemple. Dans le cas présent des Juloded, l'inquiétude fut certainement aggravée par les conclusions qu'ils purent tirer de l'observation de leurs propres clients. Entre le Clermont-Tulle, manipulée par des financiers ne pensant qu'à vendre pour réaliser des plus-values, et Montsecret à Chérencé-le-Roussel pilotée par des ingénieurs incapables de rassembler le tour de table nécessaire, ils avaient appris. Quant aux grandes compagnies, contrôlées par la haute finance et avides d'absorber ou de tuer la concurrence, ils les avaient vues à l'œuvre avec les fournisseurs qu'ils étaient.

D'autres ne firent pas cette analyse. D'autres choisirent une évolution de leur entreprise en montant dans la chaîne de la valeur par la construction de superstructures, et l'exploitation. Un homme proche d'eux fit ce choix. Bon ingénieur, ayant fait son expérience sur les chantiers du Massif central, bien appuyé et conseillé par son père, Amédée Radenac réalisa plusieurs chantiers du métro parisien, et participa, en 1899, à la fondation de la Compagnie Française des Tramways à Vapeur de Versailles à Maule. Puis il obtint la concession de la ligne de tramways destinée à relier Pornic à Paimbœuf. Très loin de Plœuc et de Paris, et certainement grâce à l'appui de la Graineterie Française et de son cousin Louis, il signa, à Madagascar, pour celle de la voie ferrée de Tananarive à Mahatsara. Tout ceci pour se retrouver mis en faillite en avril 1900, à 47 ans[20]. Et quant à ceux qui comme leur confrère briochin, Charles Baratoux, partirent

20. À l'annonce de la faillite, le conseil général de Loire-Inférieure résilia l'accord pour le tramway, dévaluant la créance détenue par Amédée sur son associé, Émile Don Simoni. La concession malgache fut jugée comme actif litigieux et écartée du bilan. Seule celle du tramway versaillais fut estimée sérieuse. Amédée Radenac décéda à Bort le 5 septembre 1905, et la liquidation de sa société traîna jusqu'en avril 1911. AC de Paris : D 14 U carton 122 dossier 253. AD de Loire-Atlantique : 1267 S 1. ECP : *Bulletin de l'Association amicale des anciens élèves* (1905).

vers des aventures américaines à la suite de Ferdinand de Lesseps, ils en revinrent bien vite effrayés des difficultés rencontrées[21].

Qu'eurent-ils dû faire ? Le recul du temps rend le jugement aisé. À défaut de s'organiser en société anonyme, peut-être eût-il été préférable de quitter le métier des travaux publics au meilleur moment possible en vendant les droits acquis sur les chantiers, et en se concentrant sur la gestion des terres, leur véritable « cœur de métier », et pourquoi pas, puisqu'elle fut profitable une fois l'erreur du bœuf salé épongée, sur le développement des subsistances pour l'armée et les haras, en capitalisant sur les capacités de production des centaines d'hectares de terres familiales et en se battant contre le seul adversaire sérieux en ce domaine, La Graineterie Française. Difficile de penser que cette tentation n'effleura pas l'esprit de François-Louis Soubigou quand il s'allia avec Louis Radenac après la guerre franco prussienne : exécuter le contrat du Clermont-Tulle, et, parallèlement, lancer et faire rapidement monter en puissance cette nouvelle activité de Guingamp pour ne plus activer que celle-ci, une fois les affaires d'Auvergne terminée. Mais les dirigeants du client ne leur laissèrent pas le choix. Et c'eût été une autre histoire, moins risquée, plus sereine, plus ennuyeuse.

Alors quelle image garder de cet homme ? Quelle fut sa part de « l'anecdote humaine » que ces pages ont essayé de rappeler ?

Professionnellement, il ne fut pas seul. Il ne se lança ni ne réussit isolément. Sans la volonté et l'intelligence d'Yves Prigent, sans l'appui fidèle des autres Soubigou, sans l'efficace participation personnelle des Quéinnec, cette activité de travaux publics lancée à partir du village de Plounéventer n'eut pas existé. Pour sa part, il sut être la caution morale qui les conforta tous à miser leurs biens et leur réputation sur des chantiers lointains, et, à accepter des relations en dents de scie avec les associés, parfois difficiles, que furent Victor Radenac et son neveu, ou plus encore Louis Colbert. S'il prit un peu de distance avec ces derniers une fois les opérations finies, il avait auparavant su comprendre combien leurs compétences professionnelles pouvaient être utiles et même indispensables pour l'affaire du Clermont-Tulle. Il fut celui qui tissa les liens indispensables avec des hommes clés du monde des chemins de fer, tel Eugène Caillaux dont il fréquenta le salon lors de ses séjours parisiens. Malgré cet entregent, malgré sa compréhension précoce de l'intérêt de miser sur cette nouvelle technologie de progrès qu'étaient les « lignes de fer », il ne passa pas du monde des pionniers à celui des professionnels, et de celui des entrepreneurs à celui des chefs d'entreprise. Mélange de modernisme et de tradition, il fut simplement pendant un long moment un étonnant représentant de ce patronat prôné par Frédéric Le Play.

Totalement étranger à l'ambition effrénée d'un Gaudissard, il ne chercha jamais à aller au-delà de son métier d'origine et à paraître. Son attachement imprescriptible à la terre, vue comme le seul bien qui compte, cette diversification financièrement périlleuse dans le négoce des fourrages et des viandes, une fidélité inconditionnelle à sa Bretagne natale, ne lui permirent pas d'évoluer, comme Louis Sarlin ou Jules Hunebelle, d'une situation de notable provincial

21. Charles Baratoux, entrepreneur de travaux publics et maire de Saint-Brieuc, se positionna un moment comme sous-traitant sur la construction du canal de Panama. Une hypothèse que les jeunes Soubigou évoquèrent un très bref instant entre eux.

à celle d'acteur parisien important du monde des affaires, d'une position d'entrepreneur à celle d'industriel. En quoi ses relations tumultueuses et distantes avec Hippolyte Chavanon eurent-elles une réelle efficacité pour ses affaires, face à celles de Louis Sarlin et du richissime Hubert Debrousse, le propriétaire des journaux *Le Courrier de la France* et *La Presse,* qui régalait tout Paris dans les salons particuliers du restaurant La Maison Dorée, le lieu de rendez-vous le plus côté, le plus cher, le plus galant, des grands boulevards parisiens[22] ? Comment comparer la belle maison de maître de Mesgloaguen régulièrement honorée de la présence amicale et distante d'Albert de Mun, et, la superbe propriété du fils du corroyeur d'Aire-sur-la-Lys où venaient briller dans des réceptions mondaines le baron Haussmann et Adolphe Thiers ? Et de même, quoi de commun entre les beaux portraits de famille, faits sur commande pour les entrepreneurs de Plounéventer, et les somptueuses collections de tableaux ou de bronzes coûteux ornant l'hôtel particulier du natif d'Ansouis au 27 rue de Courcelles à Paris[23].

Politiquement, son attachement à l'héritage royaliste, pour lui indissociablement lié à sa foi catholique, fut sans faille, ne se ralliant au comte de Paris qu'après que le destin eût apporté à celui-ci une légitimité jusque-là contestée. Contrairement à ce qui fut parfois dit, sa participation à la Deuxième République n'en fit pas un républicain. Peut-être jugea t-il seulement, suivant l'expression de Lamartine qu'il avait pu entendre en direct à la tribune de l'Assemblée Constituante, qu'il pouvait être « beau dans l'histoire d'avoir tenté la République[24] ». Fidèle support d'Albert de Mun, il ne s'impliqua pour autant pas dans les organisations militantes promues par celui-ci. Son enracinement loin des villes commerçantes et ouvrières de Brest et Morlaix, son appartenance sociale, son grand âge plus encore, l'en laissèrent éloigné[25]. Capable de sympathiser avec un opposant modéré et respectable comme Armand Rousseau, il soutint fidèlement ses amis de droite sans adhérer à l'extrémisme qui poussa certains d'entre eux à des attitudes rigides et arrogantes, finalement profondément nocives à leur cause.

Peut-être privé trop tôt d'une influence féminine adoucissante, il prit, au sein de sa caste, la pose de l'homme de référence, celui qu'on n'interroge pas mais qui dit ce qui est bien et ce qui est mal, gardant une certaine distance avec ses enfants

22. Comme entrepreneur de travaux publics, Hubert Debrousse était surnommé le « père pot-de-vin ». Ce qui lui avait fort bien réussi, puisqu'il disposait sur la fin de sa vie d'une fortune estimée à 47 MF. Il avait fait fortune en Algérie lors de la construction des chemins de fer algériens. APP : Ba 1027. Une pratique peu compatible avec le mode de pensée des hommes de Plounéventer.
23. Lors de la vente successorale du fils Sarlin, commencée le 2 mars 1918, furent présentés aux enchères de nombreux tableaux : 15 Corot dont certains issus de collections célèbres, 7 Delacroix, 6 Jongkind, et aussi Millet, Daubigny, Fromentin, Isabey, Moreau, etc. On décompta 23 bronzes de Barye. Et le 4 mars, furent dispersées des meubles du XVIIIe et des tapisseries des Flandres, d'Aubusson, de la Savonnerie. BnF : 8-V36-11089. L'un de ces bronzes a été vendu, en 2003, pour 354 700 dollars chez Christie's à New York. Pour autant, ni Louis Sarlin, ni Jules Hunebelle n'oublièrent leurs racines. L'un repose, avec son frère Eugène, dans un mausolée du cimetière d'Ansouis, sa ville natale à laquelle il avait fait don d'une maison pour y établir un hospice. L'autre fonda une bourse perpétuelle à l'École des Arts et Métiers de Châlons-sur-Marne pour les enfants d'Aire-sur-la-Lys. APP : Ba 1122.
24. Lamartine, in *Discours prononcé à l'Assemblée Nationale, le 6 octobre 1848*.
25. C'est son neveu Louis Soubigou, notaire à Lesneven et futur député, qui en 1888 devint le premier président de l'ACJF du Finistère, l'Association catholique de la jeunesse de France créée deux ans plus tôt à Paris par Albert de Mun et stimulée localement par l'abbé, et futur prélat du pape, Joseph Dulong de Rosnay.

qui le vouvoyaient. Trop enfermé dans cette attitude, oublieux de ses propres faiblesses, il ne sut pas trouver les mots et la manière pour composer avec son neveu Jean-Louis, peut-être trop semblable au fougueux et intransigeant représentant du peuple de 1848 qui, en compagnie d'André Découvrant et Hippolyte Tassel, réclamait des comptes aux membres du gouvernement et interpellait Hugues Querret par voie de presse. L'entreprise y perdit certainement beaucoup.

Son image peut rester celle d'un homme qui sut, en une période où la Bretagne n'avait pas une aura de progrès, mobiliser ses amis, construire des relations hors de son milieu social d'origine, investir tous ses moyens propres et ceux de sa parentèle, et rassembler leurs énergies autour d'un projet majeur. S'il le fit parfois avec un peu trop d'impulsivité et de vigueur, ce fut par attachement aux valeurs humaines fortes que lui avait inculquées son éducation familiale et scolaire. S'il le fit pour lui-même et les siens, il faut lui reconnaître de l'avoir toujours fait en ne reniant jamais la fierté d'une position sociale solidement plantée en sa terre d'origine, et teintée d'une celtitude sereine et convaincue.

En cette année 1902, parut un livre d'Anatole Le Braz qui eût intéressé le sénateur. Le titre : *La Terre du passé*. Dans le chapitre consacré à ce que l'auteur lui-même a nommé le « Léon noir », nous pouvons lire : « Les jours d'élections sénatoriales dans le Finistère, la délégation du Léon présente un singulier spectacle : beaucoup de ces délégués sont des ecclésiastiques, et l'on dirait un clan de paysans conduit en pèlerinage par ses prêtres. » L'ancien sénateur de Plounéventer eût certainement souri en lisant ce texte qui lui eût rappelé ces moments animés et excitants, la veille et le jour des élections sénatoriales du 25 janvier 1885 à Quimper. Un ultime clin d'œil à cette invalidation si mouvementée[26].

Enfin, comme un symbole affichant que le destin effaçait déjà définitivement une partie de l'histoire politique récente, brûla, le 11 novembre de cette même année, la Galerie de Guise du château d'Eu, ce lieu où, mêlé à ses amis royalistes, orléanistes et légitimistes confondus, François-Louis Soubigou, vêtu de son plus bel habit brodé, sanglé dans son turban, et tenant respectueusement son grand chapeau à la main, avait fait allégeance au Prétendant à la couronne en partance pour l'exil[27].

La France, et avec elle la Bretagne, étaient désormais devenues définitivement républicaines.

26. Cette année allait être celle des expulsions de congrégations, expulsions qui auraient tant peiné le défunt. C'est un autre Soubigou, Louis, le futur député, qui s'impliquerait dans les actions, parfois violentes comme au Folgoët le 18 août, destinées à retarder les opérations des forces de l'ordre.

27. Le château d'Eu, devenu depuis lors Musée Louis-Philippe, a bénéficié de restaurations importantes entre 2000 et 2003. Les cicatrices de l'incendie ont été effacées, et, les portraits de la galerie, sauvés des flammes en 1902, rachetés et réinstallés. Ouvert à tous les vents et rongé par les intempéries, Kergréguen, le manoir d'enfance de François-Louis Soubigou disparaîtra bientôt totalement si rien n'est fait. La belle maison du bourg où il vécut une fois marié puis veuf, Mesgloaguen, est heureusement préservée.

Repères croisés sur la période

21-01-1793	Exécution de Louis XVI.
25-02-1793	Levée des 300 000 hommes.
23-03-1793	Bataille de Kerguidu.
27-07-1794	Chute de Robespierre (9 thermidor).
18-05-1804	Proclamation de l'Empire.
xx-xx-1810	Décès de Nicolas Soubigou (grand-père).
06-04-1814	Abdication de Napoléon.
01-03-1815	Débarquement de Napoléon au golfe Juan.
18-06-1815	Waterloo.
08-07-1815	Retour de Louis XVIII à Paris.
25-12-1817	Naissance de Louis Sarlin (père).
24-08-1818	Naissance d'Albert Rostand.
11-02-1819	**Naissance de François-Louis Soubigou**.
25-07-1819	Naissance de Victor Radenac.
13-02-1820	Assassinat du duc de Berry.
29-09-1820	Naissance du duc de Bordeaux, futur comte de Chambord.
27-05-1824	Naissance de Louis Colbert.
16-09-1824	Décès de Louis XVIII, avènement de Charles X.
01-10-1828	Ouverture officielle du chemin de fer d'Andrézieux à Saint-Étienne.
02-08-1830	Abdication de Charles X.
09-08-1830	Le duc d'Orléans devient Roi des Français, sous le nom de Louis-Philippe Ier.
26-08-1837	Ouverture officielle de la ligne de Paris au Pecq.
11-06-1842	Loi Legrand organisant la topologie du réseau ferré.
27-07-1846	Mariage de François-Louis Soubigou et de Marie-Jeanne Prigent.
29-03-1847	Décès de Marie-Jeanne Prigent (première épouse).
23-02-1848	Début de la Révolution de 1848 à Paris.
24-02-1848	Mise en place du Gouvernement Provisoire.
27-02-1848	Création des Ateliers Nationaux.
04-05-1848	Ouverture solennelle de l'Assemblée Constituante.
15-05-1848	L'Assemblée envahie par les manifestants.
21-06-1848	Décret sur les ouvriers des Ateliers Nationaux.
24-06-1848	Début d'une insurrection de 3 jours à Paris.
03-10-1848	Loi sur l'enseignement agricole (Charles Tourret).
04-11-1848	Vote de la Constitution.
30-12-1848	Louis Napoléon Bonaparte, Président de la République.
26-05-1849	Séance de clôture de l'Assemblée Constituante.
17-07-1851	Mariage de François-Louis Soubigou et de Marie-Françoise Allançon.
02-12-1851	Coup d'État de Louis Napoléon.

19-09-1852	Naissance d'Auguste Soubigou (fils).
14-10-1854	Naissance de Elisa Soubigou (fille).
18-04-1856	Décès de Jean-Marie Soubigou (père).
09-11-1856	Naissance de Françoise Soubigou (fille).
15-04-1857	Inauguration de la ligne de Paris à Rennes.
05-08-1858	Naissance de Louise Soubigou (fille).
12-09-1858	Décès de Marie-Françoise Allançon (seconde épouse).
03-03-1863	Décès d'Yves Prigent.
25-04-1865	Inauguration de la ligne de Rennes à Brest.
19-07-1870	Déclaration de guerre à la Prusse.
01-09-1870	Défaite de Sedan.
04-09-1870	Déchéance de Napoléon III. Proclamation du Gouvernement provisoire.
28-01-1871	Armistice.
08-02-1871	Élection d'une nouvelle Assemblée nationale.
18-03-1871	Début de l'insurrection de la Commune.
10-05-1871	Traité de Francfort.
28-05-1871	Reprise de Paris par les troupes « Versaillaises ». Fin de la Commune.
31-08-1871	Thiers Président de la République.
08-10-1871	François-Louis Soubigou élu pour la première fois conseiller général du Finistère.
24-05-1873	Mac-Mahon Président de la République.
09-04-1874	Signature du contrat initial avec Louis Sarlin.
24-02-1875	Loi constitutionnelle sur l'organisation du Sénat.
25-02-1875	Loi constitutionnelle sur l'organisation des pouvoirs publics, incluant l'amendement Wallon.
16-07-1875	Loi constitutionnelle sur le rapport entre les pouvoirs.
30-01-1876	Élections sénatoriales générales. François-Louis Soubigou est élu.
16-05-1877	Démission de Jules Simon. Cabinet de Broglie, dit du Seize-Mai.
22-06-1877	Dissolution de la Chambre des Députés.
18-05-1878	Exploitation du Chemin de Fer de l'Ouest confiée à l'État.
30-01-1879	Démission de Mac-Mahon.
16-06-1879	Loi sur l'enseignement départemental et communal de l'agriculture (Pierre Tirard).
03-11-1879	Retour du Gouvernement et des Assemblées à Paris.
25-09-1879	Décès de Jean-Louis Quéinnec.
06-06-1880	Monseigneur Freppel élu député de Brest.
21-09-1880	Signature de la recette provisoire du Clermont-Tulle.
23-09-1880	Ministère Jules Ferry.
16-06-1881	Loi sur gratuité de l'enseignement primaire public.
01-01-1882	Lancement de la SNC Louis Radenac et Cie, avec comme associé Laurent Boucher.
28-03-1882	Loi rendant l'école obligatoire pour les enfants de 6 à 13 ans.

03-05-1882	Création de la société Jean-Pierre Soubigou et Cie.
05-06-1881	Inauguration du Clermont-Tulle.
24-08-1883	Décès du comte de Chambord.
20-10-1883	Faillite du Comptoir du Finistère.
25-01-1885	Renouvellement par tiers du Sénat. François-Louis Soubigou élu.
22-05-1885	Décès de Victor Hugo.
26-06-1885	Invalidation des élections sénatoriales du Finistère.
26-07-1885	Nouvelles élections sénatoriales pour le Finistère. François-Louis Soubigou réélu.
24-07-1886	Expulsion des chefs des familles ayant régné en France.
24-03-1888	Dernier jugement en appel du Clermont-Tulle.
12-11-1891	Décès d'Albert Rostand.
16-12-1891	Décès de Louis Sarlin (père).
22-12-1891	Décès de Monseigneur Freppel.
06-03-1892	Monseigneur d'Hulst élu député de Brest.
06-01-1894	Échec total de la liste conservatrice aux élections sénatoriales du Finistère.
21-01-1894	Albert de Mun élu député de Morlaix.
21-02-1895	Décès de Louis Colbert.
07-01-1895	Dernier échec de François-Louis Soubigou aux élections sénatoriales.
08-10-1896	Décès d'Eugène Caillaux.
06-11-1896	Décès de Monseigneur d'Hulst.
10-12-1896	Décès d'Armand Rousseau.
07-01-1897	L'abbé Hippolyte Gayraud élu député de Brest 3.
29-08-1897	L'abbé Hippolyte Gayraud réélu après invalidation.
02-01-1901	Décès de Victor Radenac.
01-07-1901	Loi interdisant l'enseignement aux congrégations non autorisées.
21-07-1901	Réélection de François-Louis Soubigou au conseil général du Finistère.
17-02-1902	**Décès de François-Louis Soubigou.**
09-12-1905	Loi de séparation de l'Église et de l'État.

Sources et bibliographie

SOURCES

Tous les montants utilisés dans le texte ont été arrondis à partir des chiffres détaillés issus des différentes archives, et qui, bien naturellement, ont été en leur temps notés au centime près.

Rapport, fait en nom de la Commission d'enquête sur les élections sénatoriales du département du Finistère. Annexe au procès-verbal de la séance du 21 mai 1885. Par M. Xavier Blanc, sénateur. (Paris, P. Mouillot, imprimeur du Sénat, 1885).

Extraits du *JO* des 26-27 juin 1885, discussion du rapport sur les élections sénatoriales du Finistère. (Imprimerie du *JO* – 1886).

Plaquette biographique de quatre pages rédigée en breton par l'abbé Jean-Marie Perrot et traduite en français par feu Jean Geffroy, arrière-petit-fils de François-Louis Soubigou.

Article de presse, signé Stéphane Strowski, traitant de la réalisation en céramique par la maison Fouillen du portrait de François-Louis Soubigou.

Généalogie Soubigou, par Marie Josèphe Yvonne Soubigou, religieuse au Carmel de Brest. *(Ce document a été initialisé vers 1902 par une personne coupée du monde depuis trente ans. Enrichi en 1935, il est à utiliser avec précautions car il contient quelques erreurs manifestes.)*

Archives

Cotes 78 J 31 et 78 J 32, Fonds Maître Perret, des archives départementales du Finistère contenant un très grand nombre de lettres signées, mais pas seulement, de différents Soubigou. Ces dossiers contiennent aussi un récapitulatif des affaires depuis l'origine, établi en 1887, et un mémoire sur les affaires de Guingamp rédigé par Louis Colbert en 1888. Ces deux documents ne sont pas exempts d'anomalies légères pour des actions qui ont été menées, pour certaines d'entre elles, quelques dizaines d'années plus tôt. *(Sauf précision contraire, les références des lettres signées François-Louis, Jean-Pierre, Jean-Louis Soubigou, et les décomptes des diverses affaires sont celles de ces deux cotes.)*

Archives privées et efforts de mémoire des descendants des Juloded de Plounéventer.

Archives privées (AP) des familles de Pierre Lefranc et Albert Rostand.

Archives du Sénat et Archives de l'Assemblée nationale.

Archives nationales : CHAN à Paris. CAMT à Roubaix. CAOM à Aix en Provence.

Archives nationales de la SNCF au Mans.

Archives de la préfecture de police de Paris (APP).

Archives municipales ou communales (AM ou AC), état-civil et autres : Plounéventer, Ansouis, Bort-les-Orgues, Brest, Châtillon, Châteaubriant, Clamart, Dieppe, Landerneau, Landivisiau, Longwy, Lunéville, Meudon, Nancy, Paris, Plœuc-sur-Lié, Quimper, Rennes, Roubaix, Saint-Cloud, Saint-Pol-de-Léon, Saint-Thégonnec, Versailles.

Archives Départementales (AD) : Pyrénées-Atlantiques à Pau, Calvados à Caen, Cantal à Aurillac, Corrèze à Tulle, Côtes-d'Armor à Saint-Brieuc, Drôme à Valence, Eure à Evreux, Finistère à Quimper et à Brest, Ille-et-Vilaine à Rennes, Loire-Atlantique à Nantes, Lot à Cahors, Maine-et-Loire à Angers, Mayenne à Laval, Meurthe-et-Moselle à Nancy, Morbihan à Vannes, Nord à Lille, Orne à Alençon, Puy-de-Dôme à Clermont-Ferrand, Seine-Maritime à Rouen, Tarn-et-Garonne à Montauban, Yvelines à Saint-Quentin-en-Yvelines, Hauts-de-Seine à Nanterre, Val-d'Oise à Pontoise.

Archives diocésaines de Quimper (ADQ), d'Angers (ADA), et de Paris (AHAP).

Archives de l'Université catholique d'Angers (UCO), et de l'Université catholique de Paris.

Centres de Documentation de l'École centrale (ECP), et de l'École des Arts et Métiers.

Archives de la Défense, Armée de terre à Vincennes (ADT), Marine à Vincennes et à Brest (ADM).

Centre des Archives économiques et financières (CAEF) du ministère des Finances et de l'Industrie.

Services de Documentation *du Journal Officiel (JO)* et de *La Vie du Rail.*

Services de documentation et archives des chambres de commerce et d'industrie (CCI) : Brest, Morlaix, Paris.

Bibliothèques

Bibliothèque du CDES (École militaire) ; bibliothèque Dosne-Thiers ; bibliothèque de l'École nationale supérieure des Ponts et Chaussées (fonds ancien) ; Bibliothèque historique (Hôtel Lamoignon) et bibliothèque administrative de la Ville de Paris (Hôtel de Ville) (BHL et BAVP) ; bibliothèque Mazarine ; bibliothèque municipale (Les Amours jaunes) et médiathèque de Morlaix ; bibliothèque de la Maison de Balzac ; bibliothèque municipale et universitaire de Clermont-Ferrand (fonds du patrimoine) ; Bibliothèque nationale de France (BnF) et son service de textes en ligne Gallica ; Centre de recherches bretonnes et celtiques, à Brest (CRBC) ; Bibliothèque numérique d'histoire régionale du Nord-Pas-de-Calais (Nordnum) ; Cité des Sciences et de l'Industrie (CSI).

Publications périodiques

Les *Bulletins* annuels de la Société archéologique du Finistère (SAF) avec, en particulier, les articles de Christian Ménard, *La révolution de 1848 dans le Finistère*, et de Marie-Thérèse Cloître, *Aspects de la vie politique dans le département du Finistère de 1848 à 1870* (1872). *Les Cahiers de l'Iroise,* publiés par la Société d'études du Léon. Les *Mémoires* de la Société d'histoire et d'archéologie de Bretagne. *Les Cahiers du Trégor,* publiés par le Club d'archéologie et d'histoire de Bégard. Les *Annales de Bretagne et des Pays de l'Ouest,* publiées par les Presses universitaires de Rennes, avec en particulier l'article de Michel Denis, *Le monarchisme libéral. Le Moniteur. Le Journal officiel. L'Illustration.* La *Revue d'histoire des chemins de fer,* publiée par l'AHICF. La revue *Le Rail.* La revue *Le Train* et son numéro spécial sur l'*Ouest-État. Chemins de fer régionaux et urbains,* publiés par la FACS-UNECTO. Les différents périodiques professionnels du XIXe siècle sur le bâtiment et les travaux publics. Les différents journaux politiques finistériens parus sous la IIe et la IIIe République.

Internet

Les sites Web : du Sénat ; de l'Assemblée nationale avec sa présentation du *Dictionnaire des Parlementaires,* Adolphe Robert et Gaston Cougny (dir.), *1889;* de l'École polytechnique ; du CNAM ; de l'Institut national de la langue française.

ÉLÉMENTS BIBLIOGRAPHIQUES

Ouvrages consultés, et non cités au fil des pages :

L'affaire Philippart (1877).

AGULHON (M.), *1848, ou l'apprentissage de la République* (1992).

ALLAIN (Y.), *Mémoire, Université de Clermont-Ferrand* (1975).

ANGLERAUD (B.), PÉLISSIER (C.), *Les dynasties lyonnaises* (2003).

ARNAUDIÈRE (F.), *Histoire de l'Opéra d'Alger* (1941).

AVENEL (H.), *Comment vote la France* (1894).

AVRIL (J.-L.), *Mille Bretons, dictionnaire biographique* (2002).

BARROS (M.), *Les fortifications en Ile-de-France* (sd).

BEAU DE LOMÉNIE (E.), *Les responsabilités des dynasties bourgeoises* (1943, 1947).

BERTRAND (P.), *Souvenirs de la ligne de Tinchebray* (1970).

BLAVIER (Y.), *La Société linière du Finistère* (1999).

BOURRIGAUD (R.), *Le développement agricole au XIXe siècle en Loire-Atlantique.* (1994).

BRAUDEL (F.), LABROUSSE (C.), *Histoire économique et sociale de la France du XIXe siècle* (1970).

BRICKA (C.), *Cours de chemins de fer* (ENPC) (1894).

BROUMISCHE (J.-F.), *Voyage en Finistère en 1829, 1830 et 1831* (1977).

CAHEN (L.), MATHIEZ (A.), *Les lois françaises de 1815 à nos jours* (1906).

CARON (F.), *Histoire des chemins de fer en France*, 1740-1883 (1997).

CASTEL (Y.-P.), *Atlas des croix et calvaires du Finistère* (1980).

CATY (R.), RICHARD (E.), ECHINARD (P.), *Les patrons du Second Empire – Marseille* (1999).

CHASTENET (J.), *Gambetta* (1968).

CLARETIE (J.), *La vie à Paris – 1897* (1898).

COISEL (N.), LE BIHAN (A.), OMNÈS (M.-P.), *Bibliographie de la presse française, 1865-1944, Le Finistère* (1973).

CONSIDÈRE (A.), *Notice sur la vie et les travaux de M. Fénoux* (1899).

CRBC (J.-Y. VEILLARD, J. NÉRÉ, J.-Y. JÉZÉQUEL, M-Th CLOITRE), *Études sur la presse en Bretagne aux XIXe et XXe siècles* (1981).

DEMEURE (A.), *Les chemins de fer français en 1860* (1860).

DE KORT (F.), *Mézarnou en Plounéventer* (1981).

DRUMONT (E.), *La fin d'un monde* (1889).

DUCHÂTELLIER (A.), *Recherches statistiques sur le Finistère (*1835).

DULAC (H.), *Almanach des 25 000 adresses des principaux habitants de Paris, ouvrage utile aux habitants et aux étrangers (*1841).

ELÉGOËT (L.), *Les Juloded – Grandeur et décadence d'une caste paysanne en Basse-Bretagne* (1996).

Encyclopédie générale des transports, La Vie du rail.

FAGE (R.), *Excursions limousines* (1880-1883).

FROTIER DE LA MESSELIÈRE (H.), *Filiations bretonnes* (1912-1986).

GESTIN (Y.), *Finistériens de marque*, 1956).

GOUIN (E.), *Manuel pratique de construction* (1877).

GRÉVY (J.), *La République des opportunistes* (1998).

HAUTCŒUR (P.-C.), *Le marché financier français entre 1870 et 1900 (sur www.delta.ens.fr)*

HERVOUET (A.), *Un artiste breton* (1900).

HILLAIRET (J.), *Évocation du Vieux Paris* (1953).

ILLIO (J.-B.), *Plœuc, autrefois et aujourd'hui* (1947).

JACQMIN (F.), *Les Chemins de fer pendant la guerre de 1870-1871 (*1874).

JOANNE (A.), *Atlas historique et statistique des chemins de fer français* (1859).

JOLLY (J.) (dir.), *Dictionnaire des parlementaires français,* 1889 à 1940 (1960).

KERVILER (R.), *Répertoire général de bio-bibliographie bretonne* (1886-1978).

LAMOUSSIÈRE (Ch.), *Le personnel de l'administration préfectorale (*1998 et 2001).

LAVOLLÉE (C.), *Les chemins de fer et l'enquête parlementaire* (1872).

LE BRAS (J.-M.), *Plounéventer des origines à nos jours* (1986).

LE GALL (R.), *Voyage autour de la Chambre* (2003).

LE GOFF (J.-Y.), *Châteaux et manoirs du canton de Landivisiau* (2003). – *Châteaux et manoirs du canton de Saint-Pol-de-Léon* (1989).

MAISTRE (J. de), *Du pape* (1821).

MARTIN (H. ET L.), *Le Finistère face à la modernité entre 1850 et 1900* (2004).

MÉNARD (J.), *Traîtres et pillards* (1895).

NEYMARCK (A.), *Finances contemporaines* (1902).

OGÈS (L.), *L'Agriculture dans le Finistère au milieu du XIXe siècle* (1949).

PALAU (F. ET M.), *Le Rail en France* (2001-2004).

PAPIN (Y.), *Précis chronologique d'histoire de France* (1981).

PASCAL (J.), *Les députés bretons de 1789 à 1983* (1983).

PICARD (A.), *Les Chemins de fer français, étude historique en trois volumes (*1884).

PITOU (F.) (dir.), *Élites et notables de l'Ouest* (2003).

PONTZEN (E.), *Procédés généraux de construction* (1891).

ROCHEGUDE (marquis de), *Promenades dans toutes les rues de Paris* (1810).

ROGARD (V.), *Les Catholiques et la question sociale, Morlaix 1840-1914* (1997).

ROUSSEAU (A.), *Souvenirs de famille* (1973).

ROUSSEAU (H.), *Aux premiers temps de Keremma* (1986).

SAVINA (J.), *Notre vieux Quimper* (1950).

SÉVÈNE (L.), *notes prises au cours de Monsieur Sévène* (ENPC) (1876-1877).

SIEGFRIED (A.), *Tableau politique de la France de l'Ouest sous la Troisième République* (1913).

SIRINELLI (J.-F.) (dir.), *Histoire des droites en France (*1992).

SORBIER (M.), *Les petits trains de Corrèze* (2003).

STOSKOPF (N.), *Les patrons du Second Empire – Banquiers et financiers parisiens* (2002).

TANGUY (J.), *Une ville bretonne sous la Révolution, Saint-Pol-de-Léon* (1903).

TOCQUEVILLE (A.), *Œuvres complètes,* t. XII (1991).

TOUCHARD (J.), *Aux origines du catholicisme social, Louis Rousseau* (1968).

VIGIER (Ph.), *La Seconde République* (1967).

VILAIN (L.-M.), *Les chemins de fer de montagne français* (1964)

VIOLEAU (H.), *Un homme de bien, Yves Michel Gabriel Gilart de Keranflec'h (*1861).

WACHÉ (B.) (dir.), *Militants catholiques de l'Ouest, XIXe-XXe siècle* (2004).

Tous ouvrages, parlant de l'aventure des chemins de fer au XIXe siècle, de la vivacité des passions politiques qui enflammèrent cette époque, des balbutiements de la révolution agricole, des scandales financiers et autres, ou décrivant ces personnages, parfois célèbres, parfois oubliés, qui croisèrent de près ou de loin le chemin tenace et fidèle de François-Louis Soubigou, entouré de ses frères, cousins et associés.

Index des noms de personnes

C

L

S

T

Table des matières

Collection « Histoire »
Dirigée par Hervé Martin et Jacqueline Sainclivier

Michel Bochaca et Jean-Luc Sarrazin (dir.),
Ports et littoraux de l'Europe atlantique. Transformations naturelles et aménagements humains (XIVe-XVIe siècles), 2007, 272 p.

David Rivaud,
Les villes et le roi. Les municipalités de Bourges, Poitiers et Tours et l'émergence de l'État moderne (v. 1440-v. 1560), 2007, 350 p.

Philippe Meyzie,
La table du Sud-Ouest et l'émergence des cuisines régionales, 1700-1850, 2007, 432 p.

Nicole Gonthier,
« Sanglant Coupaul ! » « Orde Ribaude ! » Les injures au Moyen Âge, 2007, 200 p.

Vincent Bernaudeau,
La justice en question. Histoire de la magistrature angevine au XIXe siècle, 2007, 352 p.

Anne Vauthier-Vézier,
L'estuaire et le port. L'identité maritime de Nantes au XIXe siècle, 2007, 236 p.

Rita Compatangelo-Soussignan et Christian-Georges Schwentzel (dir.),
Étrangers dans la cité romaine. « "Habiter une autre patrie" : des incolae *de la République aux peuples fédérés du Bas-Empire »*, 2007, 272 p.

Luc Capdevila,
Une guerre totale, Paraguay, 1864-1870. Essai d'histoire du temps présent, 2007, 514 p.

Tangi Villerbu,
La Conquête de l'Ouest. Le récit français de la nation américaine au XIXe siècle, 2007, 308 p.

Benoît Grenier,
Seigneurs campagnards de la Nouvelle France. Présence seigneuriale et sociabilité rurale dans la vallée du Saint-Laurent à l'époque préindustrielle, 2007, 412 p.

Micheline Baulant (textes rassemblés et édités par Arlette Schweitz, Gérard Béaur et Anne Varet-Vitu),
Meaux et ses campagnes. Vivre et survivre dans le monde rural sous l'Ancien Régime, 2007, 418 p.

Séverine Debordes-Lissillour,
Les sénéchaussées royales de Bretagne. La monarchie d'Ancien Régime et ses juridictions ordinaires (1532-1790), 2006, 470 p.

Yves Coativy,
La monnaie des ducs de Bretagne. De l'an mil à 1499, 2006, 456 p.

Jean Balcou, Georges Provost et Yvon Tranvouez (dir.),
Les Bretons et la Séparation, 1795-2005, 2006, 448 p.

Guy Saupin (dir.),
Villes atlantiques dans l'Europe occidentale du Moyen Âge au XXe siècle, 2006, 480 p.

Annie Antoine et Cédric Michon (dir.),
Les sociétés au XVIIe siècle. Angleterre, Espagne, France, 2006, 512 p.

Yves Lafond,
La mémoire des cités dans le Péloponnèse d'époque romaine (IIe siècle avant J.-C.-IIIe siècle après J.-C.), 2006, 388 p.

Charles Frostin,
Les Pontchartrain, ministres de Louis XIV. Alliances et réseau d'influence sous l'Ancien Régime, 2006, 600 p.

Michel Dreyfus, Michèle Ruffat, Vincent Viet, Danièle Voldman avec la collaboration de Bruno Valat,
Se protéger, être protégé. Une histoire des assurances sociales en France, 2006, 352 p.

Sandro Landi,
Naissance de l'opinion publique dans l'Italie moderne. Sagesse du peuple et savoir de gouvernement de Machiavel aux Lumières, 2006, 240 p.

Yvon Tranvouez,
Catholiques en Bretagne au XXe siècle, 2006, 240 p.

Agnès Lahalle,
Les écoles de dessin au XVIIIe siècle. Entre arts libéraux et arts mécaniques, 2006, 360 p.

Claudine Auliard,
La diplomatie romaine. L'autre instrument de la conquête. De la fondation à la fin des guerres samnites (753-290 av. J.-C.), 2006, 344 p.

Philippe Haudrère (dir.),
Pour une histoire sociale des villes. Mélanges offerts à Jacques Maillard, 2006, 456 p.

Jörg Ulbert et Gérard Le Bouëdec (dir.),
La fonction consulaire à l'époque moderne. L'affirmation d'une institution économique et politique (1500-1700), 2006, 428 p.

Danielle Tartakowsky et Françoise Tétard (dir.),
Syndicats et associations. Concurrence ou complémentarité ?, 2006, 490 p.

Frédéric Caille,
La figure du sauveteur. Naissance du citoyen secoureur en France, 1780-1914, 2006, 320 p.

Jean Hocquet et Jean-Luc Sarrazin (dir.) avec la collaboration de Gildas Buron,
Le sel de la Baie. Histoire, archéologie, ethnologie des sels atlantiques, 2006, 416 p.

Michel Molin (dir.),
Les régulations sociales dans l'Antiquité, 2006, 428 p.

Noëlle Dauphin (dir.),
George Sand. Terroir et histoire, 2006, 304 p.

Françoise Michaud-Fréjaville, Noëlle Dauphin et Jean-Pierre Guilhembet (dir.),
Entrer en ville, 2006, 328 p.

David Bellamy,
Geoffroy de Montalembert (1898-1993). Un aristocrate en République, 2006, 344 p.

Marie-Claude Pingaud,
Faire ses partages. Terres et parentèles dans le Perche, XIXe-XXe siècles, 2006, 226 p.

Antoine Follain (dir.),
Les justices locales. Dans les villes et villages du XVe au XIXe siècle, 2006, 408 p.

Vincent Milliot (dir.),
Les mémoires policiers, 1750-1850. Écritures et pratiques policières du siècle des Lumières au Second Empire, 2006, 416 p.

Alban Gautier,
Le festin dans l'Angleterre anglo-saxonne, V^e-XIe siècle, 2006, 284 p.

Julien Papp,
La Hongrie libérée. État, pouvoirs et société après la défaite du nazisme (sept. 1944-sept. 1947), 2006, 368 p.

Pierrick Pourchasse,
Le commerce du Nord. Les échanges commerciaux entre la France et l'Europe septentrionale au XVIIIe siècle, 2006, 392 p.

James B. Collins (traduit par André Rannou et publié sous la dir. de Gauthier Aubert et Philippe Hamon),
La Bretagne dans l'État royal. Classes sociales, États provinciaux et ordre public de l'Édit d'Union à la révolte des bonnets rouges, 2006, 396 p.

Clément Thibaud,
Républiques en armes. Les armées de Bolívar dans les guerres d'indépendance du Venezuela et de la Colombie, 2006, 430 p.

Serge Bianchi et Roger Dupuy (dir.),
La Garde nationale entre nation et peuple en armes. Mythes et réalités, 1789-1871, 2006, 560 p.

Martine Barilly-Leguy,
« Livre de mes Anciens grand pères ». Le livre de raison d'une famille mancelle du Grand Siècle (1567-1675), 2006, 466 p.

Lydie Bodiou, Dominique Frère et Véronique Mehl avec la collaboration d'Alexandre Tourraix,
L'expression des corps. Gestes, attitudes, regards dans l'iconographie antique, 2006, 392 p.

François Clément, John Tolan et Jérôme Wilgaux (dir.),
Espaces d'échanges en Méditerranée. Antiquité et Moyen Âge, 2006, 272 p.

Francis Prost et Jérôme Wilgaux (dir.),
Penser et représenter le corps dans l'Antiquité, 2006, 416 p.

Hervé Piant,
Une justice ordinaire. Justice civile et criminelle dans la prévôté royale de Vaucouleurs sous l'Ancien Régime, 2006, 308 p.

Enrique Fernández-Domingo,
Le négoce français au Chili, 1880-1929, 2006, 376 p.

Jean-François Chanet,
Vers l'armée nouvelle. République conservatrice et réforme militaire, 1880-1919, 2006, 324 p.

Frank Mercier,
La Vauderie d'Arras. Une chasse aux sorcières à l'automne du Moyen Âge, 2006, 414 p.

Jean-Philippe Passaqui,
La stratégie des Schneider. Du marché à la firme intégrée (1836-1914), 2006, 406 p.

Bruno Restif,
*La révolution des paroisses. Culture paroissiale et Réforme catholique en Haute Bretagne aux XVI*e *et XVII*e *siècles*, 2006, 420 p.

Marc Bergère et Luc Capdevila (dir.),
Genre et événement. Du masculin et du féminin en histoire des crises et des conflits, 2006, 176 p.

Bernard Chevalier,
Guillaume Briçonnet (v. 1445-1514). Un cardinal-ministre au début de la Renaissance, 2005, 448 p.

Isabelle von Bueltzingsloewen (dir.),
« Morts d'inanition ». Famine et exclusions en France sous l'Occupation, 2005, 312 p.

Benoît Cursente et Mireille Mousnier (dir.),
Les territoires du médiéviste, 2005, 464 p.

Frédéric Chauvaud et Jacques Péret (dir.),
Terres marines. Études en hommage à Dominique Guillemet, 2005, 368 p.

Jean-Paul Salles,
La Ligue communiste révolutionnaire (1968-1981). Instrument du Grand Soir ou lieu d'apprentissage ?, 2005, 432 p.

Luc Forlivesi, Georges-François Pottier et Sophie Chassat (dir.),
Éduquer et punir. La colonie agricole et pénitentiaire de Mettray (1839-1937), 2005, 256 p.

Jean-Claude Caron et Frédéric Chauvaud (dir.),
Les campagnes dans les sociétés européennes. France, Allemagne, Espagne, Italie (1830-1930), 2005, 272 p.

Bernard Delpal et Olivier Faure (dir.),
*Religion et enfermements (XVII*e*-XX*e *siècles)*, 2005, 248 p.

Michel Heichette,
*Société, sociabilité, justice. Sablé et son pays au XVIII*e *siècle*, 2005, 324 p.

Marie Salaün,
L'école indigène. Nouvelle-Calédonie, 1885-1945, 2005, 280 p.

Élyane Bressol, Michel Dreyfus, Joël Hedde et Michel Pigenet (dir.),
La CGT dans les années 1950, 2005, 488 p.

Philippe Joutard et Thomas Wien (dir.),
Mémoires de Nouvelle-France. De France en Nouvelle-France, 2005, 392 p.

Jean-Michel Cauneau et Dominique Philippe (texte établi, traduit, présenté et annoté par),
Chronique de l'État breton, 2005, 608 p.

Ronan Viaud,
Le syndicalisme maritime français. Les organisations, les hommes, les luttes (1890-1950), 2005, 278 p.

Stéphane Perréon,
*L'armée en Bretagne au XVIII*e *siècle. Institution militaire et société civile au temps de l'intendance et des États*, 2005, 418 p.

Robert ALLEN,
Les tribunaux criminels sous la Révolution et l'Empire, 1792-1811, 2005, 324 p.

Annie CRÉPIN,
Défendre la France. Les Français, la guerre et le service militaire de la guerre de Sept Ans à Verdun, 2005, 428 p.

Jean-Clément MARTIN,
La Révolution à l'œuvre. Perspectives actuelles dans l'histoire de la Révolution française, 2005, 384 p.

Annie ANTOINE (dir.),
La maison rurale en pays d'habitat dispersé de l'Antiquité au XXe siècle, 2005, 428 p.

Frédéric LE MOIGNE,
Les évêques français de Verdun à Vatican II. Une génération en mal d'héroïsme, 2005, 376 p.

Nadine VIVIER (dir.),
Ruralité française et britannique, XIIIe-XXe siècles. Approches comparées, 2005, 256 p.

Loïc VADELORGE,
Rouen sous la IIIe République. Politiques et pratiques culturelles, 2005, 446 p.

Dominique BARTHÉLEMY et Olivier BRUAND (dir.),
Les pouvoirs locaux dans la France du Centre et de l'Ouest (VIIIe-XIe siècles). Implantation et moyens d'action, 2005, 254 p.

Cécile TREFFORT et Mathias TRANCHANT (dir.),
L'abbaye de Maillezais. Des moines du marais aux soldats huguenots, 2005, 486 p.

Marie CHARVET,
Les fortifications de Paris. De l'hygiénisme à l'urbanisme, 1880-1919, 2005, 314 p.

Hugues DE CHANGY,
Le mouvement légitimiste sous la monarchie de Juillet (1833-1848), 2005, 424 p.